Mathematik Primarstufe und Sekundarstufe I + II

Herausgegeben von
Friedhelm Padberg, Universität Bielefeld, Bielefeld
Andreas Büchter, Universität Duisburg-Essen, Essen

Die Reihe „Mathematik Primarstufe und Sekundarstufe I + II" (MPS I+II) ist die führende Reihe im Bereich „Mathematik und Didaktik der Mathematik". Sie ist schon lange auf dem Markt und mit aktuell rund 60 bislang erschienenen oder in konkreter Planung befindlichen Bänden breit aufgestellt. Zielgruppen sind Lehrende und Studierende an Universitäten und Pädagogischen Hochschulen sowie Lehrkräfte, die nach neuen Ideen für ihren täglichen Unterricht suchen.

Die Reihe MPS I+II enthält eine größere Anzahl weit verbreiteter und bekannter Klassiker sowohl bei den speziell für die Lehrerausbildung konzipierten Mathematikwerken für Studierende aller Schulstufen als auch bei den Werken zur Didaktik der Mathematik für die Primarstufe (einschließlich der frühen mathematischen Bildung), der Sekundarstufe I und der Sekundarstufe II.

Die schon langjährige Position als Marktführer wird durch in regelmäßigen Abständen erscheinende, gründlich überarbeitete Neuauflagen ständig neu erarbeitet und ausgebaut. Ferner wird durch die Einbindung jüngerer Koautorinnen und Koautoren bei schon lange laufenden Titeln gleichermaßen für Kontinuität und Aktualität der Reihe gesorgt. Die Reihe wächst seit Jahren dynamisch und behält dabei die sich ständig verändernden Anforderungen an den Mathematikunterricht und die Lehrerausbildung im Auge.

Konkrete Hinweise auf weitere Bände dieser Reihe finden Sie am Ende dieses Buches und unter http://www.springer.com/series/8296

Friedhelm Padberg · Andreas Büchter

Elementare Zahlentheorie

4., überarbeitete und aktualisierte Auflage

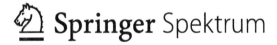 Springer Spektrum

Friedhelm Padberg
Fakultät für Mathematik
Universität Bielefeld
Bielefeld, Deutschland

Andreas Büchter
Fakultät für Mathematik
Universität Duisburg-Essen
Essen, Deutschland

Mathematik Primarstufe und Sekundarstufe I + II
ISBN 978-3-662-56807-1

Die Deutsche Nationalbibliothek verzeichnet diese Publikation in der Deutschen Nationalbibliografie; detaillierte bibliografische Daten sind im Internet über http://dnb.d-nb.de abrufbar.

Springer Spektrum

Verantwortlich im Verlag: Ulrike Schmickler-Hirzebruch

Gedruckt auf säurefreiem und chlorfrei gebleichtem Papier

Springer Spektrum ist ein Imprint der eingetragenen Gesellschaft Springer-Verlag GmbH, DE und ist ein Teil von Springer Nature.
Die Anschrift der Gesellschaft ist: Heidelberger Platz 3, 14197 Berlin, Germany

Hinweis der Herausgeber

Dieser Band von Friedhelm Padberg und Andreas Büchter führt in die Elementare Zahlentheorie ein. Der Band erscheint in der Reihe Mathematik Primarstufe und Sekundarstufe I + II. Insbesondere die folgenden Bände dieser Reihe könnten Sie unter mathematikdidaktischen oder mathematischen Gesichtspunkten interessieren:

- C. Geldermann/F. Padberg/U. Sprekelmeyer: Unterrichtsentwürfe Mathematik Sekundarstufe II
- G. Greefrath: Didaktik des Sachrechnens in der Sekundarstufe
- G. Greefrath/R. Oldenburg/H.-S. Siller/V. Ulm/H.-G. Weigand: Didaktik der Analysis für die Sekundarstufe II
- K. Heckmann/F. Padberg: Unterrichtsentwürfe Mathematik Sekundarstufe I
- K. Krüger/H.-D. Sill/C. Sikora: Didaktik der Stochastik in der Sekundarstufe
- F. Padberg/S. Wartha: Didaktik der Bruchrechnung
- H.-J. Vollrath/H.-G. Weigand: Algebra in der Sekundarstufe
- H.-J. Vollrath/J. Roth: Grundlagen des Mathematikunterrichts in der Sekundarstufe

- A. Büchter/H.-W. Henn: Elementare Analysis
- A. Filler: Elementare Lineare Algebra
- S. Krauter/C. Bescherer: Erlebnis Elementargeometrie
- H. Kütting/M. Sauer: Elementare Stochastik
- F. Padberg/A. Büchter: Vertiefung Mathematik Primarstufe – Arithmetik/Zahlentheorie
- F. Padberg/R. Danckwerts/M. Stein: Zahlbereiche
- B. Schuppar: Geometrie auf der Kugel – Alltägliche Phänomene rund um Erde und Himmel
- B. Schuppar/H. Humenberger: Elementare Numerik für die Sekundarstufe

Bielefeld/Essen, Januar 2018   Friedhelm Padberg/Andreas Büchter

Einleitung

Wir beschäftigen uns in diesem Band mit der *Elementaren Zahlentheorie*, das ist jenes mathematische Teilgebiet, in dem Zahlen mit Mitteln der Arithmetik untersucht werden. Hauptzielgruppe unseres Bandes sind **Studierende des Lehramts** aller Schulformen sowie **Lehrkräfte** mit dem Fach Mathematik. In Orientierung an den mathematischen Fragestellungen, die in der Schule betrachtet werden, legen wir meist den Zahlbereich der *natürlichen Zahlen* bzw. an einigen Stellen den Zahlbereich der *ganzen Zahlen* zugrunde. (In der Mathematik betrachtet man darüber hinausgehend auch verallgemeinerte Zahlbereiche.)

Dieser Band zur Elementaren Zahlentheorie wird schon seit über 45 Jahren erfolgreich in der Lehrerausbildung eingesetzt und entwickelte sich sehr rasch zum **Standardwerk**. In diesen Band fließen langjährige Erfahrungen aus entsprechenden Lehrveranstaltungen ein – und zwar nicht nur eigene, sondern auch von zahlreichen Kolleginnen und Kollegen, die uns vielfältige Hinweise gegeben haben. Auch die vorliegende vierte Auflage ist wiederum deutlich überarbeitet und aktualisiert worden. Sie wurde erstmals von einem **Autorenteam** geschrieben: Friedhelm Padberg (Universität Bielefeld) hat insbesondere die Kap. 2, 3, 4, 5, 7 und 9 überarbeitet, Andreas Büchter (Universität Duisburg-Essen) die Kap. 6, 8, 10 und 11.

Gemeinsam wurde von uns das Kap. 1 als umfangreicher **Schnupperkurs** konzipiert, der sprachlich bewusst auf dem Niveau der Schule dargestellt ist. Abseits der Fachsystematik versuchen wir hier, durch vier motivierende Problemstellungen (Summen zweier Primzahlen, Differenz zweier Quadratzahlen, Häufigkeit von Freitag, dem 13., und Sicherheit der neuen „Internationalen Bankkontonummer" IBAN gegenüber Eingabefehlern) zur *aktiven* Auseinandersetzung mit der Elementaren Zahlentheorie anzuregen und so das Interesse für die „Königin der Mathematik" (Carl Friedrich Gauß) zu wecken.

Die **mathematischen Schwerpunkte** dieses Bandes kann man leicht dem bewusst ausführlich gehaltenen Inhaltsverzeichnis entnehmen. So beschäftigen wir uns in Kap. 2 mit den grundlegenden Begriffen Teiler, Vielfache und Restgleichheit bzw. Kongruenz. Im Mittelpunkt der Kap. 3 und 4 stehen die Primzahlen unter sehr unterschiedlichen Gesichtspunkten. Auf dieser Grundlage können wir uns in Kap. 5 auf verschiedenen Zugangswegen mit den Begriffen größter gemeinsamer Teiler und kleinstes gemeinsames Vielfaches auseinandersetzen. Die Restgleichheit bzw. Kongruenz wird in Kap. 6 wieder aufgegriffen, in dem Mengen von Resten (Restklassenmengen) als Prototypen für wichtige algebraische Strukturen (wie Gruppen und Körper) betrachtet werden; außerdem werden hier klassische Sätze der Elementaren Zahlentheorie für die folgenden Kapitel bereitgestellt.

Die beiden folgenden Kapitel nutzen zuvor erarbeitete zahlentheoretische Resultate, um einen **tieferen fachlichen Hintergrund zu zentralen Themen der Sekundarstufe I** zu entwickeln: Mittelpunkt von Kap. 7 ist eine elegante und gut verständliche Ableitung wichtiger Teilbarkeitsregeln sowie die Betrachtung ihrer Abhängigkeit vom zugrunde liegenden Stellenwertsystem. In Kap. 8 werden die Fragen, für welche Brüche die Dezimalentwicklungen endlich sind und warum die unendlichen Dezimalentwicklungen periodisch sein müssen, sowie weitere zentrale Fragen zu Dezimalbrüchen und allgemein zu Systembrüchen systematisch geklärt.

In zwei weiteren Kapiteln beschäftigen wir uns mit **aktuellen Anwendungen** der Elementaren Zahlentheorie, die zeigen, dass zunächst rein innermathematisch gewonnene Erkenntnisse sich später auch als äußert nützlich für das tägliche Leben erweisen können: Sowohl das manuelle Eingeben als auch das elektronische Einlesen oder die Übermittlung von Daten, z. B. Artikel- oder Medikamentennummern (EAN/PZN), Bankdaten (IBAN) oder Informationen auf Bahntickets oder elektronischen Briefmarken (Matrix-Codes), sind grundsätzlich fehleranfällig. Das Erkennen und Korrigieren dieser Fehler mit Mitteln der Elementaren Zahlentheorie wird in Kap. 9 gründlich thematisiert. In Kap. 10 geht es dann u. a. um die sichere Verschlüsselung von Daten, deren Bedeutung im digitalen Zeitalter nicht überschätzt werden kann.

Der vorliegende Band endet mit einem kurzen **Ausblick auf eine Vertiefung** der Elementaren Zahlentheorie, nämlich die Theorie der quadratischen Reste; diese Theorie wird als Höhepunkt der Elementaren Zahlentheorie und Ausgangspunkt der modernen Zahlentheorie, die auch Mittel aus anderen mathematischen Bereichen nutzt, betrachtet.

Für die Darstellung und Auswahl der Inhalte aus der Elementaren Zahlentheorie in diesem Band sind **folgende Punkte charakteristisch**:

- Wir legen besonderen Wert auf eine *sorgfältige* Erarbeitung **grundlegender Begriffe**.
- Existieren *verschiedene* Zugangswege zu zentralen Begriffen oder Sachverhalten, so werden die **unterschiedlichen Zugangsmöglichkeiten** zumindest skizziert (beispielsweise bei der Einführung der Teilbarkeitsrelation, bei der Einführung der Primzahlen oder bei der Einführung des ggT und kgV).
- Die Fülle an anschaulichen **Beispielen** dient meist der Motivierung oder Verdeutlichung von Sätzen und Definitionen oder bereitet gelegentlich auch schon nachfolgende Beweise vor.
- Wir stellen die Beweise unter **heuristischen Gesichtspunkten** oft sehr ausführlich und schrittweise dar, um so das Verständnis zu erleichtern. Überhaupt bemühen wir uns generell bei allen Formulierungen um eine besonders gute und leichte Lesbarkeit (unsere Zielsetzung: nicht so elegant und knapp, sondern so *verständlich* wie möglich).

- Wir verwenden in diesem Band **verschiedene Begründungsniveaus**. Wir beschränken uns nicht nur auf formale Beweise mit Variablen, sondern verwenden an geeigneten Stellen auch anschauliche Beweisstrategien.
- An passenden Stellen weisen wir auf **aktuelle Internetadressen** hin. Diese vermitteln beispielsweise Informationen über neueste Ergebnisse (z. B. im Umfeld der Primzahlen) oder Direktzugriffe auf ergänzende oder vertiefende Literatur.
- Weit **über 200 Aufgaben** ermöglichen eine selbstständige Erarbeitung vieler Fragestellungen. Um bei den Lösungen rezeptives Lernen möglichst zu verhindern und eigenaktives Lernen weitestmöglich zu fördern, werden selten vollständige Lösungen angegeben, sondern meist nur **Lösungshinweise**.
- Last, but not least: Die **Auswahl der Inhalte** aus dem Gebiet der Elementaren Zahlentheorie erfolgt auch in dieser Neuauflage unter dem zentralen Gesichtspunkt, notwendiges **mathematisches Hintergrundwissen** für einen *guten* Mathematikunterricht bereitzustellen, um so zu einem fundierten Berufswissen der (zukünftigen) Lehrkräfte für Mathematik beizutragen.

Für das gewohnt zuverlässige und professionelle Schreiben insbesondere der von Friedhelm Padberg verantworteten Kapitel bedanken wir uns ganz herzlich bei Frau Anita Kollwitz.

Bielefeld/Essen, Januar 2018 Friedhelm Padberg
Andreas Büchter

Inhaltsverzeichnis

1.1 Natürliche Zahlen als Summe zweier Primzahlen

Wir können beispielsweise die natürlichen Zahlen 6 und 9 als Summe von zwei **Primzahlen** (vgl. Abschn. 3.1) schreiben:

$$6 = 3 + 3$$
$$9 = 2 + 7$$

Gilt dies auch für weitere natürliche Zahlen, vielleicht sogar für alle natürlichen Zahlen? Betrachten wir hierzu zunächst die natürlichen Zahlen bis 10, so erhalten wir:

$$4 = 2 + 2$$
$$5 = 2 + 3$$
$$6 = 3 + 3$$
$$7 = 2 + 5$$
$$8 = 3 + 5$$
$$9 = 2 + 7$$
$$10 = 3 + 7 = 5 + 5$$

Bemerkung

Wir beginnen hier erst bei der Zahl 4, da die Zahlen 1 bis 3 offensichtlich nicht als Summe zweier Primzahlen geschrieben werden können (1 ist keine Primzahl; vgl. Abschn. 3.1).

Lassen sich so auch *alle übrigen* natürlichen Zahlen ab 4 als Summe zweier – nicht notwendig verschiedener – Primzahlen schreiben? Die Antwort ist *nein*; denn schon die nächste Zahl 11 lässt sich so *nicht* darstellen, wie man durch Ausprobieren sofort feststellt. Während sich die Zahlen 12 bis 16 wiederum als Summe zweier – nicht notwendig verschiedener – Primzahlen darstellen lassen, klappt dies bei der Zahl 17 zum zweiten Mal nicht mehr. Beide bisherigen Ausnahmen sind **ungerade Zahlen**.

© Springer-Verlag GmbH Deutschland, ein Teil von Springer Nature 2018
F. Padberg, A. Büchter, *Elementare Zahlentheorie*,
Mathematik Primarstufe und Sekundarstufe I + II

Untersucht man dagegen ausschließlich **gerade Zahlen** – unter Einsatz mächtiger Computer und in Teamarbeit hat man diese Untersuchungen heute schon bis hin zu sehr großen Zahlen hochgeschraubt –, so hat man bislang *keine einzige* Ausnahme gefunden. So hat *Matti K. Sinisalo* die Darstellbarkeit gerader Zahlen als Summe zweier Primzahlen schon 1993 bis 400 Milliarden als zutreffend verifiziert, *Jörg Richstein* 1998 bis 400 Billionen ($4 \cdot 10^{14}$) und in jüngerer Zeit *Oliveira e Silva* bis mindestens 400 Billiarden (Quelle: https://primes.utm.edu; 13.07.2017). Dennoch ist diese Aussage hierdurch natürlich **nicht** bewiesen, sondern es handelt sich hierbei unverändert um eine **Vermutung**. In der Mathematik geht man allerdings heute davon aus, dass diese Vermutung richtig ist – ein Beweis konnte aber bislang noch nicht gefunden werden. Erstaunlicherweise wurde diese Vermutung schon vor über 275 Jahren von *Christian von Goldbach* (1690–1764) aufgrund einer relativ kleinen Datenbasis aufgestellt und ist die nach ihm benannte

Goldbachsche Vermutung
Jede gerade Zahl (ab 4) ist darstellbar als Summe zweier (nicht notwendig verschiedener) Primzahlen.

Bezüglich der Goldbachschen Vermutung ist bis heute beispielsweise bewiesen, dass jede „genügend große" natürliche Zahl als Summe von höchstens vier Primzahlen und jede *ungerade* Zahl größer als $3^{3^{15}}$ als Summe von drei Primzahlen darstellbar ist. (Hierbei hat allerdings die so harmlos aussehende Zahl $3^{3^{15}}$ 6 846 165 Ziffern!) Man hat auch bewiesen, dass jede genügend große *gerade* Zahl als Summe aus einer Primzahl und einer aus höchstens zwei Primzahlen multiplikativ zusammengesetzten Zahl darstellbar ist (vgl. Scheid [34], S. 420). Hiermit hat man sich zwar einem Beweis der Goldbach'schen Vermutung schon stark *genähert* – mehr aber immer noch nicht!

Während die Goldbachsche Vermutung also bis heute *unverändert unbewiesen* ist, können wir im folgenden Abschnitt die – durchaus komplexer klingende – Aussage über Primzahlen relativ leicht beweisen.

1.2 Primzahlen als Differenz zweier Quadratzahlen

Untersuchen wir die Primzahlen 5, 7 und 11, so entdecken wir folgende, sehr überraschende Darstellung als Differenz:

$$5 = 9 - 4 \qquad 7 = 16 - 9 \qquad 11 = 36 - 25$$

Diese **Primzahlen** lassen sich also jeweils als Differenzen von Quadratzahlen, genauer sogar noch als **Differenzen benachbarter Quadratzahlen** darstellen. Gilt diese Aussage für weitere Primzahlen, gilt sie gar für *alle* Primzahlen? 2 lässt sich so offenbar *nicht* als Differenz darstellen; denn bei benachbarten Quadratzahlen ist die eine stets eine gerade (warum?), die andere eine ungerade Zahl (warum?), also die Differenz eine ungerade Zahl (warum?). Ausprobieren bei 3, 13, 17 und 19 ergibt: $3 = 4-1$; $13 = 49-36$; $17 = 81-64$ und $19 = 100 - 81$. Wir vermuten daher:

Vermutung
Jede Primzahl (außer 2) lässt sich als Differenz zweier unmittelbar benachbarter Quadratzahlen darstellen.

Begründung mit Punktmustern
Diese Aussage können wir leicht und anschaulich mit Punkt- oder Plättchenmustern begründen, wie die folgenden Punktmuster der Quadratzahlen von 1^2 bis 5^2 gut erkennen lassen:

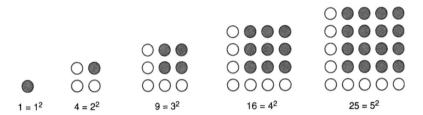

Wir sehen: Die Quadratzahl $1 = 1^2$ (schwarzer Punkt) steckt vollständig in der Quadratzahl 4. Die Zahl 4 ist um $2 \cdot 1 + 1$ größer (weiße Punkte) als 1. Die Quadratzahl $4 = 2^2$ (schwarze Punkte) steckt vollständig in der Quadratzahl 9. Die Zahl 9 ist um $2 \cdot 2 + 1$ (weiße Punkte) größer als 4. Die Quadratzahl $9 = 3^2$ (schwarze Punkte) steckt vollständig in der Quadratzahl 16. Die Zahl 16 ist um $2 \cdot 3 + 1$ (weiße Punkte) größer als 9. Die Quadratzahl $16 = 4^2$ (schwarze Punkte) steckt vollständig in der Quadratzahl 25. Die Zahl 25 ist um $2 \cdot 4 + 1$ (weiße Punkte) größer als 16. Der **Unterschied** zwischen aufeinanderfolgenden Quadratzahlen (weiße Plättchen) beträgt also der Reihe nach $3 = 2 \cdot 1 + 1$; $5 = 2 \cdot 2 + 1$; $7 = 2 \cdot 3 + 1$; $9 = 2 \cdot 4 + 1, \ldots$ Also lässt sich jede **ungerade** Zahl ab 3 als Differenz zweier unmittelbar benachbarter Quadratzahlen darstellen. (Es gilt auch: $1^2 = 1^2 - 0^2$.) Da alle Primzahlen größer als 2 ungerade Zahlen sind und somit eine Teilmenge aller ungeraden Zahlen bilden, gilt obige Aussage auch für **Primzahlen größer als 2**.
    Daher gilt:

Satz 1.1
Jede Primzahl (außer 2) lässt sich als Differenz zweier unmittelbar benachbarter Quadratzahlen darstellen.

    Viel kürzer, aber nicht so anschaulich ist der folgende Beweis mit Variablen:

Beweis
$(n + 1)^2$ und n^2 mit $n \in \mathbb{N}$ sind jeweils zwei unmittelbar benachbarte Quadratzahlen. Für ihre Differenz gilt: $(n + 1)^2 - n^2 = n^2 + 2 \cdot n + 1 - n^2 = 2 \cdot n + 1$ mit $n \in \mathbb{N}$. Also

gilt $2 \cdot n + 1 = (n + 1)^2 - n^2$ für alle $n \in \mathbb{N}$, folglich lassen sich alle ungeraden Zahlen ab 3, daher auch alle Primzahlen außer 2, als Differenz zweier unmittelbar benachbarter Quadratzahlen darstellen.   □

Bemerkung
Bei der Darstellung als Differenz gibt es zwischen **ungeraden Primzahlen** und **sonstigen ungeraden Zahlen** einen *deutlichen* Unterschied. Ungerade Zahlen, die keine Primzahlen sind, lassen sich oft auf *viele* verschiedene Arten als Differenz von Quadratzahlen darstellen (Beispiel: $225 = 113^2 - 112^2$; $225 = 39^2 - 36^2$; $225 = 25^2 - 20^2$; $225 = 17^2 - 8^2$), ungerade Primzahlen dagegen stets nur auf *genau eine* Art. Es gilt:

Satz 1.2
Jede ungerade Primzahl lässt sich auf *genau eine* Art als Differenz zweier Quadratzahlen darstellen. Hierbei sind die Quadratzahlen jeweils unmittelbar benachbart.

Beweis
p sei eine ungerade Primzahl. Es gelte $p = a^2 - b^2$ mit $a, b \in \mathbb{N}$. Dann folgt wegen der dritten binomischen Formel direkt $p = (a + b) \cdot (a - b)$. Da p Primzahl ist, muss der größere Faktor $a + b$ gleich p, der kleinere Faktor $a - b$ gleich 1 sein:

$$a + b = p$$
$$a - b = 1$$

Seitenweise Addition bzw. seitenweise Subtraktion ergibt

$$2a = p + 1, \text{ also } a = \frac{p + 1}{2};$$
$$2b = p - 1, \text{ also } b = \frac{p - 1}{2}.$$

Also sind die Quadratzahlen a^2 und b^2 in der Differenzdarstellung

$$p = a^2 - b^2$$

durch p *eindeutig* festgelegt, und sie sind wegen $a - b = 1$, also $a = b + 1$, unmittelbar benachbart.   □

Bemerkung
Neben allen ungeraden Zahlen lassen sich auch alle durch 4 teilbaren Zahlen als Differenz von zwei Quadratzahlen darstellen; nur die geraden Zahlen, die beim Teilen durch 4 den Rest 2 lassen, sind *nicht* als Differenz von zwei Quadratzahlen darstellbar.

1.3 Freitag, der 13. – ein Unglückstag?

Für viele Menschen gilt die 13 als Unglückszahl. Darum kommt in vielen Hotels nach der 12. direkt die 14. Etage, und es gibt oft keine Zimmer mit der Nummer 13. Auch folgt bei vielen Airlines wie beispielsweise der Lufthansa auf die 12. Sitzreihe unmittelbar die 14. Es gibt dort also keine 13. Sitzreihe. Allerdings ist diese Einschätzung der 13 als Unglückszahl keineswegs in allen Kulturkreisen einheitlich, in Japan beispielsweise gilt die 13 im Gegenteil als Glückszahl.

Noch deutlich problematischer als die 13 allein ist für viele Menschen die Kombination aus *13* und *Freitag*, also beispielsweise ein Datum wie *Freitag, der 13. März*. Nach Zahlen der Kaufmännischen Krankenkasse steigt die Zahl der Krankmeldungen an Freitagen, die auf den 13. fallen, rapide an – und zwar auf das Drei- bis Fünffache des Monatsdurchschnitts (vgl. WELT, 13.01.2017). Hierbei ist natürlich unklar, ob diese Menschen tatsächlich erkranken oder nur aus Vorsicht bzw. Angst vor diesem „unglücksbringenden" Datum lieber zuhause bleiben. Für die These einer aus Aberglauben gespeisten Vorsicht sprechen auch Zahlen des ADAC (Quelle: s. o.): Die Unfallstatistik der letzten Jahre zeigt danach eindeutig, dass an einem *Freitag, den 13.*, nicht mehr, sondern *weniger* Verkehrsunfälle passieren. Auch eine Auswertung der Zürcher Versicherung ergibt, dass an Freitagen, die auf den 13. fallen, *weniger* Schadensfälle verzeichnet werden als an allen anderen Freitagen im Jahr (Quelle: Wikipedia, Stichwort: Freitag, der 13., 19.07.2017). Eine naheliegende Erklärung für diese – sich scheinbar widersprechenden – Befunde: Die Datumskombination *Freitag, der 13.*, beeinflusst viele Menschen, und sie verhalten sich daher an diesen Tagen besonders vorsichtig und aufmerksam.

Allerdings gilt nicht überall auf der Welt – nicht einmal überall in Europa – ein *Freitag, der 13.*, als unglücksbringendes Datum. So gilt in Italien *Freitag, der 17.*, als Unglücksdatum oder in Griechenland *Dienstag, der 13.*

Häufigkeit von Freitag, dem 13.

Sehen wir uns Kalender beispielsweise aus den Jahren 2017 und 2018 an, so haben beide Jahre *zweimal* diese Datumskombination. Die Frage ist naheliegend, ob dies für *jedes* Jahr so gilt, oder ob es auch Jahre gibt, in denen *Freitag, der 13.*, keinmal, einmal oder sogar öfter als zweimal vorkommt.

Zur Beantwortung der Frage stellen wir zunächst folgende **Vorüberlegungen** an: Zählen wir beispielsweise von **Dienstag** aus um 14, 42 oder 63 Tage weiter, so gelangen wir jeweils wieder auf einen Dienstag; denn nach jeweils sieben Tagen kommen wir wieder auf einen Dienstag und 14, 42 bzw. 63 sind jeweils *Vielfache von 7*. Ein (mühsames) Weiterzählen etwa mittels Fingern ist also nicht nötig. Zählen wir um 15, 43 oder 64 Tage weiter, so gelangen wir jeweils von Dienstag ausgehend auf einen Mittwoch, weil $15 = 2 \cdot 7 + 1$, $43 = 6 \cdot 7 + 1$, $64 = 9 \cdot 7 + 1$ bzw. $15 : 7 = 2R1$, $43 : 7 = 6R1$; $64 : 7 = 9R1$ gilt. Entsprechend gelangen wir beim Weiterzählen um 74 oder 97 Tage wegen $74 : 7 = 10R4$ und $97 : 7 = 13R6$ von Dienstag ausgehend auf Samstag ($+4$) bzw. Montag ($+6$). Beim Weiterzählen auf der Ebene von Wochentagen sind also für das

Ergebnis nicht die Zahlen, um die wir weiterzählen, wie beispielsweise 42, 64, 74 oder 97, entscheidend, sondern nur die *Reste* 0, 1, 4 oder 6, den diese Zahlen bei Division durch 7 lassen. Daher spricht man hier auch von einem Reste-Rechnen „modulo" 7. Mit diesem Reste-Rechnen beschäftigen wir uns genauer noch im Abschn. 2.5 (Kongruenzrelation/ Restgleichheitsrelation) sowie beispielsweise in den Kap. 6 und 7.

Ordnen wir im Folgenden den Tagen Montag, Dienstag, ..., Sonntag der Reihe nach 0, 1, 2, 3, 4, 5, 6 zu und kürzen wir den *Wochentag* des 13. Januar in dem von uns zunächst zu analysierenden **Nichtschaltjahr** mit n ab, so gilt $0 \leq n \leq 6$. Da der Januar 31 Tage hat, verschiebt sich der Wochentag im Februar um drei Tage ($31 : 7 = 4R3$), also von n auf $n + 3$. Der Februar hat in einem Nichtschaltjahr 28 Tage, also gilt für den 13. März unverändert $n + 3$. Da der März 31 Tage hat, gilt für den 13. April $(n + 3) + 3 = n + 6$. Der April hat 30 Tage. Daher verschiebt sich der Wochentag des 13. Januars am 13. Mai auf den Wochentag $(n + 6) + 2 = n + 8$ und damit auf den Wochentag $n + 1$. Betrachten wir entsprechend noch die restlichen Monate des Jahres, so erhalten wir **folgende Tabelle**:

13. Januar	13. Februar	13. März	13. April	13. Mai	13. Juni
(31 T)	(28 T)	(31 T)	(30 T)	(31 T)	(30 T)
n	$n + 3$	$n + 3$	$n + 6$	$n + 1$	$n + 4$

13. Juli	13. August	13. September	13. Oktober	13. November	13. Dezember
(31 T)	(31 T)	(30 T)	(31 T)	(30 T)	(31 T)
$n + 6$	$n + 2$	$n + 5$	n	$n + 3$	$n + 5$

(n: Wochentag des 13. Januars).

Wir erhalten folgende **Häufigkeitsverteilung**:

n	$n + 1$	$n + 2$	$n + 3$	$n + 4$	$n + 5$	$n + 6$
2×	1×	1×	3×	1×	2×	2×

Wir können jetzt die Frage nach der Häufigkeit des „Unglückstags" **Freitag, der 13.**, für Nichtschaltjahre beantworten:

- Ist der 13. Januar in einem Nichtschaltjahr ein Donnerstag, Mittwoch oder Montag, dann gibt es in diesen Jahren *nur einmal* einen Freitag, den 13., und zwar am 13. Mai (Donnerstag), am 13. August (Mittwoch) oder am 13. Juni (Montag).
- Ist der 13. Januar ein Freitag, Samstag oder Sonntag, dann gibt es in diesen Jahren *zweimal* Freitag, den 13., und zwar an 13. Januar und 13. Oktober (Freitag), am 13. April und 13. Juli (Samstag) oder am 13. September und 13. Dezember (Sonntag).
- Fällt der 13. Januar auf einen Dienstag, so ist dies der GAU für Abergläubige. In diesen Jahren gibt es dreimal diesen Unglückstag, und zwar am 13. Februar, am 13. März und am 13. November.

- In Nichtschaltjahren ist also kein Jahr *frei* vom „Unglücksdatum" Freitag, der 13. Die Häufigkeit schwankt zwischen einmal und dreimal.

Die Überlegungen können auch völlig analog für **Schaltjahre** durchgeführt werden (Aufgabe). Wegen der jetzt 29 Tage im Februar fällt der 13. März auf den Wochentag $n + 4$ und entsprechend ändern sich die Wochentage des 13. in den Folgemonaten.

Wollen wir den Wochentag des 13. Januars für die Vergangenheit oder die Zukunft berechnen, so müssen wir berücksichtigen, dass es seit Beginn des Gregorianischen Kalenders im Jahre 1582 alle vier Jahre ein Schaltjahr gibt. Dies gilt auch für die „Jahrhundertjahre" 1600 und 2000, nicht aber für die Jahrhundertjahre 1700, 1800, 1900 und 2100, ... Wegen der Schaltjahrregeln wiederholt sich der Gregorianische Kalender alle 400 Jahre.

1.4   Welche Fehler erkennt die IBAN?

Wer auf eine Überweisung wartet, hofft natürlich, dass der Auftraggeber die richtigen Bankdaten verwendet. Und wer eine Überweisung tätigt, hofft, vor allem bei größeren Beträgen, dass er die Bankdaten auch richtig eingibt. Je mehr Daten er eingeben muss, desto höher ist natürlich die Gefahr, einen Fehler zu machen. So kann man sich schnell bei einer Ziffer vertippen oder zwei benachbarte Ziffern vertauschen. Seit dem 1. Februar 2016 muss bei Überweisungen in der EU die **Internationale Bankkontonummer IBAN** verwendet werden, die in Deutschland *stets* 22 Zeichen umfasst. Vorher genügten die Bankleitzahl (acht Zeichen) und die Kontonummer (bis zu zehn Zeichen, häufig weniger), die auch Bestandteil der längeren IBAN sind. Ist das Risiko von Falschüberweisungen durch **Eingabefehler** durch die Einführung der IBAN gestiegen?

Um diese Frage beantworten zu können, müssen wir zunächst den Aufbau der IBAN betrachten. Allgemein kann sie international aus bis zu 34 Zeichen bestehen (vgl. abgebildeten Ausschnitt eines Überweisungsträgers).

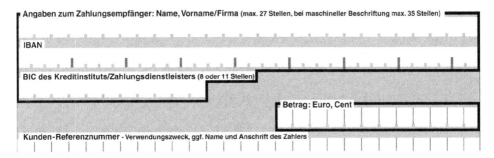

Die IBAN beginnt immer mit zwei Buchstaben für das Land des Kontoinhabers ($L_1 L_2$, Ländercode), auf die zwei Prüfziffern ($p_1 p_2$, zweistellige Prüfsumme) folgen. Daran schließen sich bis zu 30 Zeichen zur Kontoidentifikation an (auch „Basic Bank Account

Number" BBAN genannt); in Deutschland sind dies 18 Zeichen, die aus der achtstelligen Bankleitzahl ($b_1 \ldots b_8$), ggf. „Füllnullen", die vor die Kontonummer gesetzt werden, und der Kontonummer bestehen („Füllnullen" und Kontonummer müssen zusammen zehn Zeichen $k_1 \ldots k_{10}$ ergeben):

$$L_1 L_2 \; p_1 p_2 \; b_1 b_2 b_3 b_4 b_5 b_6 b_7 b_8 \; k_1 k_2 k_3 k_4 k_5 k_6 k_7 k_8 k_9 k_{10}$$

Im Unterschied zu den anderen Bestandteilen der IBAN enthalten die beiden **Prüfziffern** keine eigenständige Information. Mit der *zweistelligen Prüfsumme* soll vielmehr erreicht werden, dass häufig auftretende Eingabefehler erkannt werden können. Wenn man z. B. bei einem Überweisungsversuch im Online-Banking automatisiert die Meldung „IBAN ungültig" erhält, so gibt es eine Unstimmigkeit durch einen Eingabefehler. Vergleichbare Möglichkeiten der Fehlererkennung gab es bei der Überweisung nur mit Bankleitzahl und Kontonummer nicht. Da die IBAN aber recht lang ist und vielerlei Eingabefehler passieren können, stellt sich die Frage, ob alle bzw. welche Eingabefehler erkannt werden. Möchten wir diesen Fragen nachgehen, müssen wir betrachten, wie die Prüfsumme gebildet wird; anschließend können wir mit ersten Beispielen für Eingabefehler erste Antworten finden.

Berechnung der Prüfsumme

Die Berechnung der zweistelligen Prüfsumme wird nach den Vorgaben einer internationalen Norm (ISO 7064) durchgeführt. Wir stellen das Verfahren hier für deutsche IBANs in fünf Schritten dar und führen die Berechnung anschließend konkret an einem (fiktiven) Beispiel durch.

1. Zunächst werden die beiden Prüfziffern auf null gesetzt, also $p_1 = 0$ und $p_2 = 0$.
2. Anschließend werden die ersten vier Zeichen der IBAN ($L_1 L_2 \; p_1 p_2$) an das Ende der Zeichenfolge, also hinter die BBAN ($b_1 \ldots b_8 \; k_1 \ldots k_{10}$), gestellt. Insgesamt erhalten wir:

$$b_1 b_2 b_3 b_4 b_5 b_6 b_7 b_8 \; k_1 k_2 k_3 k_4 k_5 k_6 k_7 k_8 k_9 k_{10} \; L_1 L_2 \; 00$$

3. Nun werden beide Buchstaben des Ländercodes ($L_1 L_2$) durch jeweils zwei Ziffern ($l_{1_1} l_{1_2}$ bzw. $l_{2_1} l_{2_2}$) ersetzt, die sich ergeben, wenn man zur Position des Buchstaben im lateinischen Alphabet neun addiert (z. B. $A = 1 + 9 = 10$, $B = 2 + 9 = 11, \ldots$, $Z = 26 + 9 = 35$). So entsteht eine Folge mit nun 24 Ziffern:

$$b_1 b_2 b_3 b_4 b_5 b_6 b_7 b_8 \; k_1 k_2 k_3 k_4 k_5 k_6 k_7 k_8 k_9 k_{10} \; l_{1_1} l_{1_2} l_{2_1} l_{2_2} \; 00$$

4. Die 24 Ziffern werden nun als 24-stellige Zahl im Dezimalsystem aufgefasst. Für diese Zahl wird berechnet, welcher Rest r mit $0 \leq r < 97$ bei Division durch 97 übrig bleibt.
5. Nun wird der Rest von 98 subtrahiert und wir erhalten mit $p = 98 - r$ die Prüfsumme p. Die Prüfziffern p_1 und p_2 werden nun so gewählt, dass sie die Prüfsumme zweistellig darstellen; d. h., wenn die Prüfsumme als Resultat der Subtraktion eigentlich einstellig ist, wird $p_1 = 0$ gewählt.

Wenn die fünf Schritte richtig durchgeführt worden sind, führt die Addition der Prüfsumme mit der obigen 24-stelligen Zahl (3.) zur folgenden Zahl

$$b_1b_2b_3b_4b_5b_6b_7b_8 \; k_1k_2k_3k_4k_5k_6k_7k_8k_9k_{10} \; l_{1_1}l_{1_2}l_{2_1}l_{2_2} \; p_1p_2,$$

die aufgrund ihrer Konstruktion bei Division durch 97 den Rest 1 lässt (warum?). Diese
Eigenschaft wird bei eingegebenen IBANs zur **Validierung der Prüfsumme** genutzt.

Beispiel für die Berechnung der Prüfsumme
Wir verdeutlichen dieses Verfahren an einem fiktiven Beispiel mit Deutschland als
Land, der (nicht vergebenen) Bankleitzahl 12345678 und der achtstelligen Kontonum-
mer 31415926:

- Aufgrund der bekannten Angaben können wir bis auf die Prüfziffern alle Stellen der
  IBAN angeben. Da die Prüfziffern für die Berechnung der Prüfsumme im ersten Schritt
  auf null gesetzt werden, erhalten wir nach dem ersten Schritt:

$$DE \; 00 \; 12345678 \; 0031415926$$

  Dabei mussten wir der Kontonummer zwei „Füllnullen" voranstellen, um in diesem
  Abschnitt zehn Zeichen zu erhalten.
- Nun müssen die ersten vier Zeichen an das Ende der Zeichenfolge gestellt werden.
  Anschließend werden „D" und „E" durch „13" und „14" ersetzt, sodass wir nach dem
  zweiten und dritten Schritt folgende Zeichenfolge haben:

$$12345678 \; 0031415926 \; 1314 \; 00$$

- Jetzt folgt der aufwändigste Schritt, der ohne geeigneten Taschenrechner oder ein pas-
  sendes Computerprogramm recht zeitintensiv ist. Wir müssen herausfinden, welchen
  Rest die Zahl 123 456 780 031 415 926 131 400 bei Division durch 97 lässt. Grundsätzlich kann dies mit einem üblichen Verfahren zur schriftlichen Division[1] ermittelt
  werden, alternativ findet man im Internet auch Rechenprogramme, die dies erledigen
  können[2]. Als Ergebnis erhalten wir:

$$123\,456\,780\,031\,415\,926\,131\,400 : 97 = 1\,272\,750\,309\,602\,226\,042\,591 \text{ Rest } 73$$

- Nun müssen wir den Rest 73 noch von 98 subtrahieren, wodurch wir als Prüfsumme 25
  erhalten. Für die IBAN müssen wir also $p_1 = 2$ und $p_2 = 5$ setzen. Insgesamt erhalten
  wir die formal gültige IBAN:

$$DE \; 25 \; 12345678 \; 0031415926$$

---

[1] Für genauere Details vgl. Padberg/Büchter [23], S. 56 ff.
[2] Z. B. http://www.arndt-bruenner.de/mathe/scripts/dividieren1.htm; hier muss der Rest durch Multiplikation der Nachkommastellen des Quotienten mit dem Divisor gewonnen werden.

Bei *Zweifel* an ihrer formalen Gültigkeit kann diese IBAN mit der *Validierung der Prüfsumme* überprüft werden. Tatsächlich gilt

$$123\,456\,780\,031\,415\,926\,131\,425 : 97 = 1\,272\,750\,309\,602\,226\,042\,591 \text{ Rest } 1$$

und die *formale Gültigkeit* der IBAN wurde – neben der korrekten Durchführung des Verfahrens – auch auf diesem Weg *bestätigt*. ■

Tippfehler an genau einer Stelle

Was passiert nun, wenn uns bei dieser fiktiven, aber formal *gültigen* IBAN an genau einer der 22 Stellen ein Tippfehler unterläuft? Wird dieser stets entdeckt? Für die Betrachtung erster Beispiele ist es sinnvoll zu unterscheiden, in welchem Abschnitt der IBAN der Tippfehler auftritt:

- Passiert der Tippfehler bei einem der beiden Buchstaben des Ländercodes, dann sind bis zu zwei Stellen der Zahl betroffen, für die bei der *Validierung der Prüfsumme* berechnet wird, welchen Rest sie bei Division durch 97 lässt. Wenn aus dem Tippfehler eine Änderungen des Restes folgt, kann der Fehler automatisch erkannt werden. Wir müssen folglich untersuchen, welche Tippfehler bei einem der beiden Buchstaben des Ländercodes zu einem anderen Rest führen.
- Tritt der Tippfehler bei einer Ziffer der Prüfsumme (Prüfziffer) auf, so kann dies stets automatisch erkannt werden. Denn: Bei der Berechnung der Prüfsumme werden die Prüfziffern zunächst auf null gesetzt und *nur* die anderen Abschnitte der IBAN sind relevant. Durch das oben beschriebene Verfahren erhält man stets eine eindeutig bestimmte (warum?) Prüfsumme aus der Menge $\{02, 03, \dots, 98\}$. Wenn nun beim Eingeben der IBAN nur bei einer Ziffer der Prüfsumme ein Tippfehler auftritt, so fällt dies bei der *Validierung der Prüfsumme* durch einen falschen Rest auf (warum?).
- Schließlich kann sich der Tippfehler noch im Bereich der 18 Zeichen der BBAN befinden. Anders als beim Ländercode können dann nicht zwei Stellen betroffen sein, sondern stets nur eine Stelle der Zahl, für die bei der *Validierung der Prüfsumme* berechnet wird, welchen Rest sie bei Division durch 97 lässt. Wir müssen also auch hier untersuchen, welche Tippfehler bei einer Ziffer der BBAN zu einem anderen Rest führen.

Da der Tippfehler im Bereich des Ländercodes recht auffällig ist – es handelt sich genau um die beiden Buchstaben in der IBAN und zudem um die beiden ersten Zeichen – und der Tippfehler im Bereich der Prüfziffern stets automatisch erkannt wird, beschränken wir uns an dieser Stelle auf erste Untersuchungen zum **Tippfehler im Bereich der 18 Zeichen der BBAN**. Umfassender untersuchen wir die Sicherheit der IBAN dann im Abschn. 9.5.

Angenommen der Tippfehler tritt an der *vorletzten Stelle* unserer IBAN auf, d. h., anstelle der 2 wird eine andere Ziffer, z. B. 5, eingegeben (die 5 liegt im Nummernblock vieler Tastaturen direkt über der 2):

$$DE\ 25\ 12345678\ 0031415\underline{95}6$$

Welche **Auswirkung** hat dieser Tippfehler bei der Validierung der Prüfsumme *auf den Rest*? Für die Beantwortung dieser Frage müssen wir also den Rest ermitteln, den die folgende Zahl (warum?) bei Division durch 97 lässt:

$$12345678\ 0031415956\ 1314\ 25$$

Wir erhalten:

$$123\,456\,780\,031\,415\,956\,131\,425 : 97 = 1\,272\,750\,309\,602\,226\,351\,870\ \text{Rest}\ 35$$

Bei der Validierung der Prüfsumme tritt also ein von 1 verschiedener Rest auf, sodass der untersuchte Tippfehler **automatisch entdeckt** werden kann.

Nun wissen wir, dass der *konkret* betrachtete Tippfehler bei unserer *konkret* betrachteten IBAN von einem Computer entdeckt werden kann. Wir möchten aber *allgemein* beurteilen, welche Möglichkeiten der Erkennung eines Tippfehlers an genau einer Stelle das IBAN-Prüfziffernverfahren (zunächst im Bereich der BBAN) bietet. Müssen wir dann für *alle* gültigen IBANs und *alle* Ziffern im Bereich der BBAN *alle* möglichen Tippfehler *einzeln* prüfen? Der Aufwand wäre offensichtlich praktisch nicht zu leisten, obwohl es sich nur um eine erste betrachtete Fehlerart handelt. Die in den folgenden Kapiteln hergeleiteten und bewiesenen Sätze der Elementaren Zahlentheorie (zur Teilbarkeitsrelation, zum Rechnen mit Kongruenzen bzw. Resten und zu Primzahlen) werden uns in Abschn. 9.5 dabei helfen, die Untersuchung für unsere erste betrachtete Fehlerart – und einige weitere Fehlerarten – *vollständig* und ohne konkreten Rechenaufwand abzuschließen.

Einen **ersten Schritt zur Verallgemeinerung und Vereinfachung** unserer obigen exemplarischen Untersuchung eines Tippfehlers gehen wir aber noch hier mit Überlegungen auf dem **Niveau der Sekundarstufe I**. Wir betrachten weiterhin die vorletzte Stelle unserer IBAN und möchten eine Aussage über alle neun möglichen Tippfehler (welche?) erhalten:

- Für die Möglichkeit der automatischen Erkennung des Tippfehlers ist wichtig, ob der Rest, der bei der Validierung der Prüfsumme entsteht, durch den Tippfehler von 1 verschieden ist.
- Andersherum betrachtet bedeutet dies, dass der Tippfehler **nicht automatisch erkannt** werden kann, wenn der *Rest*, der bei der Validierung der Prüfsumme entsteht, trotz des Tippfehlers *gleich 1* ist.
- Wir müssen also der Frage nachgehen, *wann* zwei unterschiedliche Zahlen den gleichen Rest, nämlich 1, bei Division durch 97 lassen. Offensichtlich passt 97 öfter in die größere der beiden Zahlen, wobei der gleiche Rest übrig bleibt. Insgesamt wird deutlich, dass zwei unterschiedliche Zahlen genau dann den **gleichen Rest** bei Division durch 97 lassen, wenn sich die beiden Zahlen um ein **Vielfaches** von 97 unterscheiden.
- Die nächste Frage, der wir nachgehen müssen, lautet also, ob es durch den Tippfehler passieren kann, dass sich die „richtige" und die „falsche" Zahl, die bei der *Validierung*

der Prüfsumme durch 97 dividiert werden müssen, um ein Vielfaches von 97 unterscheiden. Durch die Umstellung der IBAN bei der *Validierung der Prüfsumme* ist die Zehnmillionenstelle (unterstrichen) relevant:

$$123\,456\,780\,031\,415\,9\underline{2}6\,131\,425 : 97 = 1\,272\,750\,309\,602\,226\,042\,591 \text{ Rest } 73$$

Wenn anstelle der 2 eine falsche Ziffer eingegeben wird, dann unterscheidet sich die „falsche" Zahl von der „richtigen" um 10 000 000, 20 000 000, 30 000 000, 40 000 000, 50 000 000, 60 000 000 oder 70 000 000 (warum?). Wir müssen also überprüfen, ob einer dieser Unterschiede ein Vielfaches von 97 ist.

- Dies können wir mit der Division durch 97 erledigen, da *genau* die Vielfachen von 97 bei Division durch 97 keinen Rest (bzw. den Rest 0) lassen. Damit haben wir die Zahlen, die dividiert werden müssen, gegenüber dem ersten Beispiel von 24 Stellen auf acht Stellen verkleinert! Wir erhalten:

$$10\,000\,000 : 97 = 103\,092 \text{ Rest } 76$$
$$20\,000\,000 : 97 = 206\,185 \text{ Rest } 55$$
$$30\,000\,000 : 97 = 309\,278 \text{ Rest } 34$$
$$40\,000\,000 : 97 = 412\,371 \text{ Rest } 13$$
$$50\,000\,000 : 97 = 515\,463 \text{ Rest } 89$$
$$60\,000\,000 : 97 = 618\,556 \text{ Rest } 68$$
$$70\,000\,000 : 97 = 721\,649 \text{ Rest } 47$$

Da keinmal der Rest 0 auftritt, sind die möglichen Unterschiede zwischen der „richtigen" und der „falschen" Zahl in keinem Fall ein Vielfaches von 97, sodass der **Tippfehler** an der vorletzten Stelle unserer IBAN **stets automatisch erkannt** werden kann.

Unsere Betrachtung der vorletzten Stelle lässt sich sogar **einfach** auf alle deutschen IBANs **verallgemeinern**: Da wir nur diese Stelle betrachtet haben, spielen die konkreten Ziffern der anderen Stellen für unsere Überlegungen keine Rolle. Allerdings können bei anderen IBANs durch Tippfehler an der vorletzten Stelle zwischen der „richtigen" und der „falschen" Zahl auch Unterschiede von 80 000 000 oder 90 000 000 entstehen (wann?). Für diese Unterschiede erhalten wir bei Division durch 97:

$$80\,000\,000 : 97 = 824\,742 \text{ Rest } 26 \qquad \text{bzw.} \qquad 90\,000\,000 : 97 = 927\,835 \text{ Rest } 5$$

Wiederum handelt es sich also nicht um Vielfache von 97 und wir können insgesamt feststellen, dass der Tippfehler an der vorletzten Stelle einer **beliebigen** deutschen IBAN *stets* automatisch erkannt werden kann. Somit haben wir eine erste Verallgemeinerung unserer konkreten Betrachtung erfolgreich geleistet. Eine weitere Verallgemeinerung auf andere Stellen der IBAN wäre mit vergleichbaren Überlegungen grundsätzlich möglich, aber insgesamt doch recht aufwändig.

In Abschn. 9.5 können wir diese und weitere Verallgemeinerungen mühelos vornehmen und damit auch zeigen, wie praktisch eine gute Theorie ist. Dann können wir beweisen, dass **alle Tippfehler an genau einer** (beliebigen) **Stelle** einer IBAN *stets* automatisch entdeckt werden können. Das Gleiche gilt für die **Vertauschung von genau zwei Ziffern** einer IBAN, sofern die restlichen Zeichen richtig eingegeben wurden. Außerdem wird deutlich werden, welche Vorteile die Verwendung des zunächst möglicherweise merkwürdig anmutenden Divisors 97 bei der IBAN hat.

Teiler, Vielfache, Reste

2

Ausgehend von einer anschaulichen Sachsituation definieren wir im *ersten* Abschnitt die *Teilbarkeits- und Vielfachenrelation* zunächst in der Menge $\mathbb{N}$ der natürlichen Zahlen und danach auch in der umfassenderen Menge $\mathbb{Z}$ der ganzen Zahlen. Wir greifen an *einigen* Stellen dieses Bandes auf die Definition in $\mathbb{Z}$ zurück, da so die entsprechenden Beweise leichter werden, weil *keine* Fallunterscheidungen notwendig sind.

Im *zweiten* Abschnitt thematisieren wir ausgehend von der Untersuchung von Pfeildiagrammen *die* Eigenschaften der Teilbarkeits- und Vielfachenrelation, die sie als *Ordnungsrelation* charakterisieren. Insbesondere die Transitivität benötigen wir im Folgenden an verschiedenen Stellen dieses Bandes, so etwa in den folgenden Kap. 3, 4 und 5.

Die Verträglichkeit der Teilbarkeits- und Vielfachenrelation mit der Addition, Subtraktion und Multiplikation steht im Mittelpunkt des *dritten* Abschnitts. Wir leiten hier die *Summen-*, *Differenz-* und *Produktregeln* ab – Regeln, auf die wir ebenfalls im weiteren Aufbau dieses Bandes häufiger zurückgreifen.

Während in den Abschn. 2.1 bis 2.3 der Rest bei Verwendung der Divisionssprechweise *speziell* jeweils *null* ist, beschäftigen wir uns im *vierten* Abschnitt generell mit der Division mit Rest. Wir beweisen hier den für viele Bereiche wichtigen *Satz von der Division mit Rest*. Auf dieser Grundlage können wir im *fünften* Abschnitt die *Restgleichheitsrelation* (Kongruenzrelation) einführen und wichtige Eigenschaften dieser Relation ableiten.

2.1 Definition

Zur Einführung der Teilbarkeits- und Vielfachenrelation gehen wir von folgender **Sachsituation** aus:

Vor Pia liegen 18 Walnüsse auf dem Tisch. Diese will sie *gleichmäßig* in Netze verpacken. Welche verschiedenen Möglichkeiten gibt es, wenn stets alle Nüsse *restlos* verpackt werden sollen?

Pia kann zwei Netze mit jeweils 9, drei Netze mit jeweils 6, sechs Netze mit jeweils 3 oder neun Netze mit jeweils 2 Nüssen füllen. Ferner kann sie 18 Netze mit jeweils 1 Nuss oder ein einziges Netz mit allen 18 Nüssen füllen. Dagegen kann Pia beispielsweise nicht jeweils 5 Walnüsse gleichmäßig und restlos in Netze verpacken. Hierbei bleiben vielmehr 3 Nüsse übrig.

Wir können die verschiedenen Möglichkeiten **enaktiv** mit Nüssen und Netzen oder **ikonisch** gewinnen.[1] Wesentlich schneller lassen sich die verschiedenen Möglichkeiten jedoch rein auf der **Zahlenebene** bestimmen. Wir können nämlich offensichtlich 18 Walnüsse genau dann jeweils restlos zu dritt in Netze füllen, wenn die **Division** 18 : 3 ohne Rest aufgeht. Das Ergebnis 6 gibt uns die Anzahl der Netze an. Dagegen können wir die 18 Walnüsse *nicht* restlos zu fünft in Netze packen, da bei der Division 18 : 5 der *Rest* 3 bleibt.

Statt durch Rückgriff auf die Division können wir die verschiedenen Möglichkeiten aber auch gleichwertig mithilfe der **Multiplikation** bestimmen. Wir können nämlich die 18 Nüsse genau dann restlos und gleichmäßig zu dritt in Netze packen, wenn es eine natürliche Zahl n gibt mit $n \cdot 3 = 18$. Hierbei gibt uns die natürliche Zahl n – in diesem Beispiel die Zahl 6 – die Anzahl der Netze an. Dagegen können wir die 18 Walnüsse *nicht* restlos und gleichmäßig in Netze zu fünft verpacken, da es keine natürliche Zahl n gibt mit $n \cdot 5 = 18$; denn die Zahl 3 ist wegen $3 \cdot 5 = 15$ zu klein, der Nachfolger 4 wegen $4 \cdot 5 = 20$ aber schon zu groß. Besteht zwischen zwei natürlichen Zahlen a und b eine entsprechende Beziehung wie in unserem Beispiel zwischen 3 und 18, also die Beziehung $n \cdot a = b$, so sagen wir knapp: *a ist Teiler von b* bzw. *b ist ein Vielfaches von a*. Besteht dagegen zwischen zwei natürlichen Zahlen a und b eine entsprechende Beziehung wie zwischen 5 und 18, so sagen wir hierzu kurz: *a ist kein Teiler von b* bzw. *b ist kein Vielfaches von a*. Wir halten dies fest als:

Definition 2.1 (Teiler/Vielfache)
Die natürliche Zahl a heißt genau dann ein *Teiler* der natürlichen Zahl b, wenn (mindestens) eine natürliche Zahl n existiert mit $n \cdot a = b$. Dann heißt gleichzeitig b *Vielfaches von a*. In beiden Fällen benutzen wir die Schreibweise $a \mid b$ und lesen sie im Fall der Teilbarkeitsbeziehung von links nach rechts *a teilt b* oder *a ist ein Teiler von b*, im Fall der Vielfachenbeziehung von rechts nach links als *b ist ein Vielfaches von a*.   ◆

---

[1] Die Division wird in der Grundschule anschaulich über die Grundvorstellungen des *Aufteilens* und des *Verteilens* eingeführt. Für genauere Details vgl. F. Padberg/C. Benz: Didaktik der Arithmetik für Lehrerausbildung und Lehrerfortbildung, Heidelberg 2011, S. 152 ff. Der beim vorstehenden Beispiel beschrittene Weg entspricht der Grundvorstellung des *Aufteilens*. Beim Aufteilen wird eine gegebene Ausgangsmenge *restlos* in *gleichmächtige* Teilmengen (Teilmengen mit jeweils gleicher Elementanzahl) zerlegt. Gesucht ist die Anzahl der Teilmengen.

Bemerkungen

(1) Ist *a kein Teiler von b* bzw. *b kein Vielfaches von a*, so schreiben wir hierfür kurz $a \nmid b$.

(2) Aufgrund der Definition 2.1 ist unmittelbar klar: a ist genau dann ein Teiler von b, wenn b ein Vielfaches von a ist.

(3) Bei der Verwendung der Teilbarkeits- und Vielfachenrelation legen wir in diesem Band meist die Menge $\mathbb{N} = \{1, 2, 3, \ldots\}$ der natürlichen Zahlen oder die Menge $\mathbb{N}_0$ der natürlichen Zahlen einschließlich der Null zugrunde. Beim Übergang zu $\mathbb{N}_0$ kommen bei entsprechender Erweiterung der Definition 2.1 nur folgende Teilbarkeits- und Vielfachenaussagen hinzu: $0 \nmid n$ für alle $n \in \mathbb{N}$, $n \mid 0$ für alle $n \in \mathbb{N}$ sowie $0 \mid 0$ (vgl. Aufgaben 1 und 2). Daher betrachten wir im Folgenden die Teilbarkeits- und Vielfachenrelation *meist* in der Menge $\mathbb{N}$ der natürlichen Zahlen.

(4) In Definition 2.1 fordern wir die Existenz „*(mindestens) einer* Zahl" mit $n \cdot a = b$. Bei Beschränkung auf $\mathbb{N}$ könnten wir dort „*genau eine* Zahl" fordern. Beim Übergang zu $\mathbb{N}_0$ und zu den ganzen Zahlen $\mathbb{Z}$ gilt dies jedoch nicht mehr generell (Ausnahme: $0 \mid 0$). Für *alle* natürlichen und ganzen Zahlen n gilt dort $n \cdot 0 = 0$.

(5) Wir definieren die Teilbarkeits- und Vielfachenrelation in Definition 2.1 durch Rückgriff auf die *Multiplikation* und nicht durch Rückgriff auf die Division, da dieser Ansatz beim Beweisen von Eigenschaften der Teilbarkeits- und Vielfachenrelation vorteilhafter ist und so auch der direkte Zusammenhang zwischen Teilern und Vielfachen besser sichtbar wird. Die Rückführung auf die Multiplikation passt auch gut zur Hochschulmathematik, in der ohnehin nur Addition und Multiplikation als innere Verknüpfungen betrachtet werden und Subtraktion und Division als Verknüpfung mit den Inversen (entspricht der Umkehroperation).

(6) Beim Dividieren zweier Zahlen können *von null verschiedene Reste* auftreten, beim Teilen im Sinne von Definition 2.1 dagegen nicht. In diesem Sinne ist also das Teilen ein *Spezialfall* des Dividierens. Ferner ist beim Teilen und Dividieren die gesuchte Information unterschiedlich: Beim Teilen wollen wir nur wissen, *ob* eine Zahl in einer zweiten Zahl enthalten ist, beim Dividieren dagegen zusätzlich, *wie oft* der Divisor im Dividenden enthalten ist.

(7) Die Menge aller Teiler einer natürlichen Zahl a bezeichnen wir als **Teilermenge** $T(a)$, die Menge aller Vielfachen einer natürlichen Zahl a als **Vielfachenmenge** $V(a)$. So gilt beispielsweise $T(18) = \{1, 2, 3, 6, 9, 18\}$ oder $V(6) = \{6, 12, 18, 24, \ldots\}$. Ist a ein Teiler von b, gilt also $n \cdot a = b$, so ist wegen der Gültigkeit des Kommutativgesetzes bezüglich der Multiplikation auch n ein Teiler von b. Wir nennen a und n **komplementäre Teiler** (bezüglich b). Wir können Teilermengen $T(a)$ mithilfe dieser komplementären Teiler oder – noch wesentlich effektiver – mithilfe der Primfaktorzerlegung von a bestimmen (vgl. Kap. 4).

Ganze Zahlen

Gelegentlich betrachten wir in diesem Band auch die Teilbarkeits- und Vielfachenrelation in der umfassenderen Menge $\mathbb{Z} = \{\ldots, -3, -2, -1, 0, 1, 2, 3, \ldots\}$ der **ganzen Zahlen**, um so Beweise – durch den damit möglichen Verzicht auf sonst notwendige Fallunterscheidungen bei ausschließlicher Benutzung von $\mathbb{N}$ – *einfacher* durchführen zu können. Völlig analog zur Definition 2.1 können wir definieren:

Definition 2.2 (Teiler/Vielfache in $\mathbb{Z}$)

Die ganze Zahl a heißt genau dann *Teiler* der ganzen Zahl b, wenn (mindestens) eine ganze Zahl z existiert mit $z \cdot a = b$. Dann heißt gleichzeitig b *Vielfaches* von a. Anderenfalls gilt: a ist *kein* Teiler von b bzw. b ist *kein* Vielfaches von a. (Die Kurzschreibweisen $a \mid b$ bzw. $a \nmid b$ sowie die Sprechweisen bleiben gegenüber $\mathbb{N}$ unverändert.)   ◆

Bemerkungen

(1) Wir beziehen uns im Folgenden nur dann auf die Definition 2.2, wenn wir dies ausdrücklich erwähnen, ansonsten beziehen wir uns auf die Definition 2.1.

(2) Insbesondere betrachten wir im Folgenden im Regelfall nur *positive* Vielfache natürlicher Zahlen. Betrachten wir *ganzzahlige* Vielfache – dies geschieht z. B. in Teilen von Kap. 5 –, so verwenden wir hierfür der Deutlichkeit halber statt $V(a)$ das Symbol $M(a)$. So gilt beispielsweise $M(2) = \{\ldots, -4, -2, 0, 2, 4, \ldots\}$.

2.2 Teilbarkeits- und Vielfachenrelation als Ordnungsrelationen

2.2.1 Veranschaulichung durch Pfeildiagramme

Betrachten wir die Teilbarkeits- und Vielfachenrelation nicht nur zwischen *zwei* gegebenen Zahlen, sondern in einer *umfangreicheren* Zahlenmenge, so können wir sie durch **Pfeildiagramme** veranschaulichen. Hierzu ordnen wir jeder Zahl der Menge eindeutig einen Punkt der Zeichenebene zu. Gilt für zwei Zahlen a und b unserer Menge a *teilt* b, so zeichnen wir einen Pfeil von a nach b; gilt b *ist ein Vielfaches* von a, so zeichnen wir einen Pfeil von b nach a. Offensichtlich können wir so zu einer gegebenen Menge viele – äußerlich verschiedene – Pfeildiagramme zeichnen. Hierbei stimmen entsprechende Pfeildiagramme zur Teilbarkeits- und Vielfachenrelation jeweils bis auf den folgenden Punkt überein: Sämtliche Pfeile verlaufen jeweils umgekehrt. Zweckmäßigerweise ordnen wir die Zahlen in der Ebene so an, dass das Pfeildiagramm möglichst übersichtlich bleibt. So können wir für die Menge $A = \{3, 4, 6, 8, 9, 12\}$ beispielsweise folgendes Pfeildiagramm für die *Teilbarkeitsrelation* erhalten:

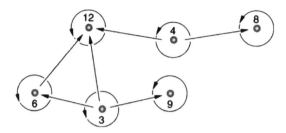

Bei dem zugehörigen Pfeildiagramm für die *Vielfachenrelation* verlaufen sämtliche Pfeile – bis auf die „Ringpfeile" – jeweils umgekehrt.

Analysieren wir verschiedene Pfeildiagramme, so können wir u. a. folgende Beobachtungen machen:

- *Jede* Zahl besitzt jeweils einen **Ringpfeil**.
- Es gibt in den Pfeildiagrammen **nie Doppelpfeile**, also Pfeile, die zwei verschiedene Zahlen a und b in *beiden* Richtungen miteinander verbinden.

In algebraischer Formulierung bedeuten diese Eigenschaften:

- Für alle $a \in \mathbb{N}$ gilt $a \mid a$. Wir sagen hierzu: Die Teilbarkeits- und Vielfachenrelation ist **reflexiv**.
- Für $a \neq b$ kann nie gleichzeitig $a \mid b$ und $b \mid a$ gelten. Wir können dies logisch gleichwertig umformulieren in: Aus $a \mid b$ und $b \mid a$ folgt $a = b$. Wir sagen: Die Teilbarkeits- und Vielfachenrelation sind **identitiv oder antisymmetrisch**.

Wir halten diese Aussagen fest als:

Satz 2.1
Für alle $a, b \in \mathbb{N}$ gilt:

1. $a \mid a$ (reflexiv)
2. Aus $a \mid b$ und $b \mid a$ folgt $a = b$ (identitiv oder antisymmetrisch).

Beweis

1. Wegen $1 \cdot a = a$ für alle $a \in \mathbb{N}$ ergibt sich die Reflexivität direkt durch Rückgriff auf die Definition 2.1.
2. Aus $a \mid b$ und $b \mid a$ folgt nach Definition 2.1: Es gibt natürliche Zahlen n und m mit $n \cdot a = b$ und $m \cdot b = a$. Durch Einsetzen der ersten Gleichung in die zweite Gleichung

erhalten wir:

$$m \cdot (n \cdot a) = a$$
$$\implies \quad (m \cdot n) \cdot a = a \quad \text{(Assoziativgesetz)}$$
$$\implies \quad m \cdot n = 1 \quad \text{(Streichungsregel in } \mathbb{N})$$
$$\implies \quad m = 1 \text{ und } n = 1 \quad (m > 1 \vee n > 1 \Rightarrow m \cdot n > 1)$$
$$\implies \quad a = b \quad \text{(Einsetzen)} \qquad \square$$

Bemerkung

Während die Reflexivität auch bei dem Studium der Teilbarkeits- und Vielfachenrelation in der **Menge $\mathbb{Z}$ der ganzen Zahlen** offensichtlich gültig bleibt, gilt dies *nicht* für die Identitivität, wie schon das Gegenbeispiel ($2|-2$ und $-2|2$, aber es gilt $2 \neq -2$) zeigt. Allerdings stimmen in diesem Beispiel die *Absolutbeträge* beider Zahlen überein. Dies ist kein Zufall. Vielmehr können wir leicht zeigen, dass in $\mathbb{Z}$ aus $a|b$ und $b|a$ stets $|a| = |b|$ folgt.

Überbrückungspfeile/Transitivität

Durch die Analyse verschiedener Pfeildiagramme können wir auch zu folgender weiterer Vermutung gelangen: Gibt es einen Pfeil von einer Zahl a zu einer Zahl b und gleichzeitig auch einen Pfeil von dieser Zahl b zu einer dritten Zahl c, dann gibt es stets auch einen *direkten* Pfeil von a nach c (**Überbrückungspfeil**). Algebraisch formuliert lautet diese Vermutung: Für alle $a, b, c \in \mathbb{N}$ gilt: Aus $a \mid b$ und $b \mid c$ folgt $a \mid c$. Wir nennen diese Eigenschaft **Transitivität** und formulieren:

Satz 2.2 (Transitivität)

Für alle natürlichen Zahlen a, b, c gilt:
    Aus $a \mid b$ und $b \mid c$ folgt $a \mid c$.

Beweis

Aus $a \mid b$ und $b \mid c$ folgt: Es gibt natürliche Zahlen m und n mit der Eigenschaft $m \cdot a = b$ und $n \cdot b = c$. Setzen wir die erste Gleichung in die zweite ein, so erhalten wir:

$$n \cdot (m \cdot a) = c$$
$$\implies \quad \underbrace{(n \cdot m)} \cdot a = c \quad \text{(Assoziativgesetz)}$$
$$\implies \quad q \quad \cdot a = c \quad (q = n \cdot m, \; q \in \mathbb{N})$$
$$\implies \quad a \mid c \quad \text{(Definition 2.1)} \qquad \square$$

Bemerkungen

(1) Wir können viele Eigenschaften der Teilbarkeits- und Vielfachenrelation – so auch die Transitivität – gut auf **verschiedenen Begründungsniveaus**[2] beweisen. Neben dem hier durchgeführten Beweis mit Variablenbenutzung können wir die Transitivität beispielsweise auch mit einer *beispielgebundenen Beweisstrategie* auf der *ikonischen Repräsentationsebene* begründen (vgl. Aufgabe 6).

(2) Untersuchen wir die Teilbarkeits- und Vielfachenrelation statt in der Menge $\mathbb{N}$ der natürlichen Zahlen in der **Menge $\mathbb{Z}$ der ganzen Zahlen**, so gilt auch dort die Transitivität (vgl. Aufgabe 7).

2.2.2 Ordnungsrelation

Die Teilbarkeits- und Vielfachenrelation in $\mathbb{N}$ ist also reflexiv, identitiv und transitiv. Relationen mit diesen Eigenschaften bezeichnen wir als **identitive Ordnungsrelationen**[3]. Wir nennen reflexive und transitive Relationen **Ordnungsrelationen**, weil sie die Elemente einer gegebenen Menge nach bestimmten Gesichtspunkten *ordnen*. So bewirkt die Transitivität, dass die Elemente einer gegebenen Menge in „Ketten" aufeinanderfolgender Elemente angeordnet werden können. Wegen der Identitivität kann hierbei die Reihenfolge zweier Elemente nicht vertauscht werden. Weitere identitive Ordnungsrelationen sind die $\leq$-Relation in $\mathbb{N}$ (oder in Teilmengen von $\mathbb{N}$) sowie die $\subseteq$-Relation in Mengen von Mengen. Hierbei existiert allerdings zwischen der $\leq$-Relation und der $\subseteq$-Relation ein wichtiger Unterschied: Je zwei Elemente aus $\mathbb{N}$ können wir stets bezüglich „$\leq$" vergleichen (**totale Ordnung**), dies gilt dagegen nicht für die $\subseteq$-Relation, wie an Beispielen leicht abgeklärt werden kann. Der bislang schon oft benutzte und hier nicht weiter erläuterte Begriff einer **Relation** in einer Menge – beispielsweise der natürlichen Zahlen – kann durch Rückgriff auf die Begriffe „Teilmenge" und „Kreuzprodukt" präzisiert werden (für genauere Details vgl. Padberg/Büchter [23], S. 157 ff.).

---

[2] Vgl. Padberg/Büchter [23], S. 89–94, S. 96 ff. In diesem Band gehen wir gründlich auf verschiedene Begründungsniveaus ein und beweisen dort auch die Transitivität beispielsweise auf drei verschiedenen Begründungsniveaus.

[3] Vgl. Padberg/Büchter [23], S. 175 ff. Die Terminologie bei Ordnungsrelationen ist allerdings in der Literatur durchaus *nicht einheitlich*.

2.3   Summen- und Produktregel

Zwei gegebene wahre Gleichheitsaussagen – beispielsweise $a = b$ und $c = d$ – dürfen wir stets seitenweise addieren und erhalten so mit $a + c = b + d$ wiederum eine wahre Gleichheitsaussage. Gilt Entsprechendes wie bei der Gleichheitsrelation auch bei der *Teilbarkeits-* bzw. *Vielfachenrelation*? Betrachten wir als Beispiel $2 \mid 6$ und $4 \mid 12$. Die Addition der linken Seiten ergibt $2 + 4 = 6$, die Addition der rechten Seiten ergibt $6 + 12 = 18$ und es gilt $(2 + 4) \mid (6 + 12)$; denn $6 \mid 18$. Entsprechendes gilt auch für das Beispiel $3 \mid 18$ und $2 \mid 12$; denn $(3 + 2) \mid (18 + 12)$, da $5 \mid 30$. Die Untersuchung weiterer Beispiele zeigt jedoch, dass wir *keineswegs* zwei Teilbarkeits- bzw. Vielfachenaussagen *stets* seitenweise addieren dürfen (Beispiel: $3 \mid 9$ und $6 \mid 12$, aber $9 \nmid 21$), sondern dass dies in dieser Form nur in *wenigen* Sonderfällen funktioniert.

2.3.1   Summenregel

Dennoch ist die Teilbarkeits- bzw. Vielfachenrelation mit der Addition in gewisser Weise *verträglich*, nur nicht in dieser allgemeinen Form. Folgendes Beispiel weist uns in die richtige Richtung: Gilt $7 \mid 140\,217$? Wir haben zwei verschiedene Möglichkeiten, die Richtigkeit dieser Teilbarkeits- bzw. Vielfachenaussage zu beurteilen. *Ein* (hier aufwändiger) Weg, der jedoch immer beschritten werden kann, ist die schriftliche Division von $140\,217$ durch 7. Die Zahl $140\,217$ können wir aber auch sehr leicht in zwei Summanden zerlegen, nämlich in $140\,000$ und 217, bei denen wir *ohne* (schriftliche) Rechnung direkt sehen, dass sie durch 7 teilbar sind. *Falls* wir aus der Teilbarkeit zweier Zahlen durch 7 auf die Teilbarkeit ihrer *Summe* durch 7 schließen können, verfügen wir über einen zweiten, wesentlich eleganteren Weg zur Entscheidung der Frage, ob $7 \mid 140\,217$ gilt. *Dass* dieser Schluss stets erlaubt ist, sagt aus:

Satz 2.3 (Summenregel)
Für alle natürlichen Zahlen a, b, c gilt:
   Aus $a \mid b$ und $a \mid c$ folgt $a \mid (b + c)$.

Beweis
Aus $a \mid b$ und $a \mid c$ folgt: Es gibt natürliche Zahlen m und n mit der Eigenschaft $m \cdot a = b$ und $n \cdot a = c$. Seitenweise Addition dieser beiden Gleichungen ergibt:

$$m \cdot a + n \cdot a = b + c$$
$$\implies \quad \underbrace{(m + n)} \cdot a = b + c \quad \text{(Distributivgesetz)}$$
$$\implies \qquad q \quad \cdot a = b + c \quad (q = m + n,\ q \in \mathbb{N})$$
$$\implies \qquad a \mid (b + c) \quad \text{(Definition 2.1)} \qquad \qquad \square$$

Bemerkungen

(1) Die Summenregel können wir auf **verschiedenen Begründungsniveaus** beweisen[4], so beispielsweise neben diesem Beweis mit Variablenbenutzung auch mittels einer beispielgebundenen Beweisstrategie (vgl. Aufgabe 8).
(2) Ersetzen wir im Beweisgang von Satz 2.3 jeweils den Begriff *natürliche Zahl* durch das Wort *ganze Zahl*, so bleibt der Beweis gültig. Damit gilt Satz 2.3 nicht nur für natürliche Zahlen, sondern sogar für die umfassendere **Menge $\mathbb{Z}$ der ganzen Zahlen**.
(3) Gilt in Satz 2.3 nur *eine* der beiden Voraussetzungen, also beispielsweise $a \mid b$ und $a \nmid c$, so gilt auch der dortige Schluss *nicht* mehr. Vielmehr gilt dann (vgl. Aufgabe 9): Aus $a \mid b$ und $a \nmid c$ folgt $a \nmid (b + c)$.

2.3.2 Differenzregel

Besteht ein Satz 2.3 entsprechender Zusammenhang auch zwischen der Teilbarkeits- bzw. Vielfachenrelation und der *Subtraktion*? Während wir bei der Addition zweier natürlicher Zahlen *stets* wieder eine natürliche Zahl als Summe erhalten, trifft dies für die Subtraktion *nicht* uneingeschränkt zu. Die Differenz $b - c$ zweier natürlicher Zahlen b und c ist nämlich nur genau dann wieder eine natürliche Zahl, wenn $b > c$ gilt. Bei der Formulierung der Differenzregel in $\mathbb{N}$ müssen wir also voraussetzen, dass $b > c$ gilt. Wir erhalten:

Satz 2.4 (Differenzregel)
Für alle natürlichen Zahlen a, b, c mit $b > c$ gilt:
  Aus $a \mid b$ und $a \mid c$ folgt $a \mid (b - c)$.

Bemerkung
Formulieren wir die Differenzregel für die umfassendere **Menge $\mathbb{Z}$ der ganzen Zahlen**, so ist keinerlei Fallunterscheidung nötig. In diesem Fall gilt:
  Für alle *ganzen* Zahlen a, b, c gilt: Aus $a \mid b$ und $a \mid c$ folgt $a \mid (b - c)$.

Beweis
Aus $a \mid b$ und $a \mid c$ folgt: Es gibt natürliche Zahlen m und n mit

$$m \cdot a = b \quad \text{und} \quad n \cdot a = c \quad \text{und} \quad b > c.$$

---

[4] Vgl. Padberg/Büchter [23], S. 76 ff.

Seitenweise Subtraktion dieser beiden Gleichungen ergibt wegen $b > c$:

$$m \cdot a - n \cdot a = b - c$$

$$\implies \quad \underbrace{(m - n)} \cdot a = b - c \quad \text{(Ausklammern von } a \mid \text{Distributivgesetz;}$$
$$m > n \text{ (warum?) und } b > c\text{)}$$

$$\implies \qquad q \quad \cdot a = b - c \quad (q = m - n \in \mathbb{N} \text{ und } b - c \in \mathbb{N})$$

$$\implies \qquad a \mid (b - c) \quad \text{(Definition 2.1)} \qquad\qquad\qquad \square$$

Bemerkungen

(1) Satz 2.4 gestattet es, Teilbarkeits- bzw. Vielfachenuntersuchungen in speziellen Fällen zu *vereinfachen*, wie folgendes Beispiel zeigt: Gilt $8 \mid 7992$?
Offensichtlich gilt $8 \mid 8$ und $8 \mid 8000$, also gilt wegen Satz 2.4 damit auch $8 \mid (8000 - 8)$, also $8 \mid 7992$.

(2) Ist in Satz 2.4 *genau eine* der beiden Voraussetzungen *nicht* erfüllt, gilt also beispielsweise $a \nmid b$ und $a \mid c$, so folgt $a \nmid (b - c)$ (vgl. Aufgabe 12).

2.3.3 Produktregeln

Die Teilbarkeits- bzw. Vielfachenrelation ist mit der *Addition und Subtraktion* in gewissem Umfang verträglich. Gilt Entsprechendes auch für die Teilbarkeits- bzw. Vielfachenrelation und die *Multiplikation*? Gehen wir hier völlig analog vor wie bei der Addition und Subtraktion, so müssen wir überprüfen, ob aus $a \mid b$ und $a \mid c$ auch $a \mid (b \cdot c)$ folgt. Dies trifft zu (vgl. Aufgabe 13). Bei der Addition und Subtraktion gilt zusätzlich: Ist *genau eine* der beiden Voraussetzungen *nicht* erfüllt, so teilt a nicht mehr die Summe und auch nicht mehr die Differenz bzw. die Summe und auch die Differenz sind kein Vielfaches mehr von a. Gilt Entsprechendes auch bei der Multiplikation? Die Antwort ist *nein*; denn wir werden im Folgenden zeigen, dass aus $a \mid b$ stets $a \mid n \cdot b$ folgt – unabhängig davon, ob $a \mid n$ oder $a \nmid n$ gilt. Es gilt nämlich:

Satz 2.5 (Produktregel)
Für alle natürlichen Zahlen a, b, n gilt:
Aus $a \mid b$ folgt $a \mid (n \cdot b)$.
Mit anderen Worten: Teilt a eine Zahl b, so teilt a auch alle $n \cdot b$ mit $n \in \mathbb{N}$ bzw. ist b ein Vielfaches von a, so gilt dies auch für alle Vielfachen von b.

Beweis

Wegen $a \mid b$ gibt es ein $m \in \mathbb{N}$ mit

$$m \cdot a = b$$
$$\implies \quad n \cdot (m \cdot a) = n \cdot b \quad \text{(Multiplizieren mit } n)$$
$$\implies \quad \underbrace{(n \cdot m)} \cdot a = n \cdot b \quad \text{(Assoziativgesetz)}$$
$$\implies \quad q \quad \cdot a = n \cdot b \quad (q = n \cdot m, \ q \in \mathbb{N})$$
$$\implies \quad a \mid (n \cdot b) \quad \text{(Definition 2.1)} \qquad \square$$

Bemerkung

Ersetzen wir im Beweisgang von Satz 2.5 jeweils $\mathbb{N}$ durch $\mathbb{Z}$, so haben wir die Produktregel für **ganze Zahlen** bewiesen.

Satz 2.5 ist ein Spezialfall folgender allgemeiner Produktregel:

Satz 2.6 (Allgemeine Produktregel)

Für alle natürlichen Zahlen a, b, c, d gilt:

Aus $a \mid b$ und $c \mid d$ folgt $(a \cdot c) \mid (b \cdot d)$.

Beweis

Aus $a \mid b$ und $c \mid d$ folgt: Es gibt natürliche Zahlen m, n mit

$$m \cdot a = b \text{ und } n \cdot c = d$$
$$\implies \quad (m \cdot a) \cdot (n \cdot c) = b \cdot d \quad \text{(seitenweise Multiplikation)}$$
$$\implies \quad \underbrace{(m \cdot n)} \cdot (a \cdot c) = b \cdot d \quad \text{(Assoziativgesetz und Kommutativgesetz,}$$
$$\text{vgl. Aufgabe 16)}$$
$$\implies \quad q \quad \cdot (a \cdot c) = b \cdot d \quad (q = m \cdot n, q \in \mathbb{N})$$
$$\implies \quad (a \cdot c) \mid (b \cdot d) \quad \text{(Definition 2.1)} \qquad \square$$

Bemerkungen

(1) Im Zusammenhang mit der Summenregel haben wir gesehen, dass eine *entsprechende* Aussage für die Addition *nicht* gilt.

(2) Wir können Satz 2.5 auch als Spezialfall von Satz 2.6 für $c = 1$ auffassen; denn da für *alle* $d \in \mathbb{N}$ gilt $1 \mid d$, umfasst Satz 2.6 insbesondere auch die Aussage von Satz 2.5.

(3) Setzen wir in Satz 2.6 speziell $c = d$, so erhalten wir:

Aus $a \mid b$ folgt stets $(a \cdot d) \mid (b \cdot d)$.

Bemerkung

Ersetzen wir im Beweisgang von Satz 2.6 stets $\mathbb{N}$ durch $\mathbb{Z}$, so haben wir hiermit diesen Satz für alle **ganzen Zahlen** bewiesen.

Die Teilbarkeits- bzw. Vielfachenrelation sowie die Addition und Multiplikation sind nicht nur jeweils *getrennt* in gewissem Umfang miteinander verträglich, sondern es gilt auch folgende *kombinierte* Summen- und Produktregel:

Satz 2.7 (Kombinierte Summen- und Produktregel)

Für alle natürlichen Zahlen a, b, c, r und s gilt:

Aus $a \mid b$ und $a \mid c$ folgt $a \mid (r \cdot b + s \cdot c)$.

Beweis

Wegen der Produktregel (Satz 2.5) gilt für alle natürlichen Zahlen a, b, c, r und s:

Aus $a \mid b$ folgt $a \mid (r \cdot b)$.

Aus $a \mid c$ folgt $a \mid (s \cdot c)$.

Durch Anwendung der Summenregel (Satz 2.3) folgt hieraus $a \mid (r \cdot b + s \cdot c)$.   □

Bemerkung

Ersetzen wir im Beweisgang von Satz 2.7 jeweils $\mathbb{N}$ durch $\mathbb{Z}$, so haben wir Satz 2.7 für **ganze Zahlen** bewiesen.

2.4 Division mit Rest

Bislang haben wir uns gründlich mit der Teilbarkeits- und Vielfachenrelation beschäftigt. Hierbei gilt $a \mid b$, also a ist Teiler von b bzw. b ist ein Vielfaches von a, genau dann, wenn es ein $n \in \mathbb{N}$ gibt mit $n \cdot a = b$. Alternativ hätten wir $a \mid b$ auch grundsätzlich mittels der Division einführen können, nämlich über die Division mit dem Rest 0. Im Fall $a \nmid b$ bleibt bei der Division jeweils ein Rest $r \neq 0$ übrig. Es ist daher naheliegend, wenn wir uns in diesem und dem folgenden Abschnitt mit Divisionen beschäftigen, bei denen ein **Rest** $r \neq 0$ übrig bleibt.

Beispiel

Dividieren wir 583 durch 37, so erhalten wir 15 als Quotienten und es bleibt 28 als Rest übrig. Multiplikativ[5] aufgeschrieben erhalten wir also $583 = 15 \cdot 37 + 28$.   ∎

---

[5] Wir verwenden hier die multiplikative Schreibweise und nicht die Restschreibweise $583 : 37 = 15$ Rest 28, da erstere bei der Formulierung und dem Beweis von Sätzen gegenüber der Restschreibweise Vorteile bietet.

Gibt es noch **andere Möglichkeiten**, 583 als Summe aus einem „Vielfachen" von 37 und einem „Rest" darzustellen? Bezeichnen wir den Faktor von 37 mit q und den „Rest" mit r, so bedeutet dies, nach Lösungen der Gleichung $583 = q \cdot 37 + r$ zu suchen. Lassen wir für q und r beliebige ganze Zahlen zu, so besitzt diese Gleichung unendlich viele Lösungen. So gilt beispielsweise:

$$\vdots$$

$$583 = 13 \cdot 37 + 102$$

$$583 = 14 \cdot 37 + 65$$

$$583 = 15 \cdot 37 + 28$$

$$583 = 16 \cdot 37 - 9$$

$$583 = 17 \cdot 37 - 46$$

$$\vdots$$

Vergleichen wir bei diesen Gleichungen die „Reste", so sehen wir, dass nur in *einem* Fall die uns vertraute **Normierung der Reste** erfüllt ist, dass nämlich der Rest kleiner ist als der Divisor (im Beispiel kleiner als 37) und zugleich nicht negativ.

Verlangen wir diese Normierung für den Rest, so sind bei der Division mit Rest der Quotient wie auch der Rest *stets eindeutig* bestimmt. Es gilt nämlich:

Satz 2.8 (Division mit Rest)
Zu $a, b \in \mathbb{N}$ gibt es stets **genau ein** Paar $q, r \in \mathbb{N}_0$, sodass $a = q \cdot b + r$ mit $0 \le r < b$ gilt.

Bemerkungen

(1) $0 \le r < b$ ist eine suggestive Kurzschreibweise für die Forderungen: Es muss gelten: 1) $0 \le r$, also $r \ge 0$ und zugleich 2) $r < b$. Der Rest muss also zwischen 0 (einschließlich) und b (ausschließlich) liegen.

(2) Der Satz von der Division mit Rest bleibt auch richtig, wenn wir statt $a, b \in \mathbb{N}$ fordern $a, b \in \mathbb{Z}$ mit $b \ge 1$. In diesem Fall gibt es ebenfalls eindeutig bestimmte Zahlen $q, r \in \mathbb{Z}$, sodass gilt: $a = q \cdot b + r$ mit $0 \le r < b$. Der Beweis läuft analog zu dem folgenden Beweis (vgl. z. B. Remmert/Ullrich [30], S. 21).

(3) Den Beweis von Satz 2.8 führen wir in zwei Schritten. Im *ersten* Schritt zeigen wir, dass es zu $a, b \in \mathbb{N}$ stets **mindestens ein Paar** $q, r \in \mathbb{N}_0$ gibt, sodass $a = q \cdot b + r$ mit $0 \le r < b$ gilt (**Existenzbeweis**). Im *zweiten* Schritt zeigen wir, dass es zu $a, b \in \mathbb{N}$ stets **genau ein Paar** $q, r \in \mathbb{N}_0$ gibt, sodass $a = q \cdot b + r$ mit $0 \le r < b$ gilt (**Eindeutigkeitsbeweis**).

Beweis

1. **Existenzbeweis**

   Wir unterscheiden zwei Fälle:

   Fall 1   a < b

   Es gilt $a = 0 \cdot b + a$.

   Hierbei erfüllen $q = 0$ und $r = a$ die gestellten Anforderungen, denn es gilt $q, r \in \mathbb{N}_0$ und $0 \leq r < b$.

   Fall 2   a ≥ b

   Wir betrachten die nichtleere Menge $M = \{a - x \cdot b \,|\, x \in \mathbb{N}$ und $a - x \cdot b \geq 0\}$. Wegen $a \geq b$ enthält M nämlich mindestens das Element $a - 1 \cdot b$. Das *kleinste*[6] Element r der Menge M werde bei der Einsetzung von q für x angenommen, also $r = a - q \cdot b$. Dann ist einerseits $r = a - q \cdot b \geq 0$ und andererseits $r - b = a - q \cdot b - b = a - (q+1) \cdot b < 0$, daher $r < b$, also insgesamt $0 \leq r < b$.

   Wir haben hiermit gezeigt:

   Zu $a, b \in \mathbb{N}$ gibt es **stets mindestens ein Paar** $q, r \in \mathbb{N}_0$, sodass $a = q \cdot b + r$ mit $0 \leq r < b$ gilt.

2. **Eindeutigkeitsbeweis**

   Es sei neben (1) $a = q \cdot b + r$ mit $q, r \in \mathbb{N}_0$ und $0 \leq r < b$ auch (2) $a = q_1 \cdot b + r_1$ mit $q_1, r_1 \in \mathbb{N}_0$ und $0 \leq r_1 < b$ eine *zweite* Darstellung, zudem gelte ohne Beschränkung der Allgemeinheit[7] $q_1 \geq q$. Dann folgt $q_1 \cdot b \geq q \cdot b$, also $r_1 \leq r$. Wir subtrahieren seitenweise die beiden Darstellungen von a und erhalten so $0 = (q_1 - q) \cdot b + r_1 - r$, also auch $r - r_1 = (q_1 - q) \cdot b$.

   Wegen $(r - r_1) \in \mathbb{N}_0, (q_1 - q) \in \mathbb{N}_0$ und $b \in \mathbb{N}$ folgt hieraus $b \mid (r - r_1)$. Wegen $r_1 \leq r$, $r_1, r \in \mathbb{N}_0$, $0 \leq r < b$ und $0 \leq r_1 < b$ folgt $0 \leq r - r_1 < b$. Die einzige Zahl, die b im Zahlenabschnitt von 0 (einschließlich) bis b (ausschließlich) teilt, ist die Zahl Null, also gilt $r - r_1 = 0$ und damit $r = r_1$.

   Einsetzen von $r - r_1 = 0$ in $r - r_1 = (q_1 - q) \cdot b$ ergibt $0 = (q_1 - q) \cdot b$, also $q_1 = q$. Die beiden Darstellungen stimmen also *völlig* überein.

   Wegen der durch **1.** sichergestellten Existenz gibt es daher zu $a, b \in \mathbb{N}$ **stets genau ein Paar** $q, r \in \mathbb{N}_0$, sodass $a = q \cdot b + r$ mit $0 \leq r < b$ gilt.   □

---

[6] An dieser Stelle greifen wir auf das **Prinzip vom kleinsten Element** zurück: „Jede nichtleere Menge M von natürlichen Zahlen enthält ein kleinstes Element" (vgl. Padberg/Dankwerts/Stein [20], S. 18 ff.). Dieses Prinzip ist eine wichtige Besonderheit der natürlichen Zahlen und gilt so *keineswegs* für beliebige Zahlenmengen. So gilt dieses Prinzip beispielsweise weder bei den ganzen Zahlen noch bei den Brüchen (Beispiel Menge der Stammbrüche $\frac{1}{n}$).

[7] Für den zweiten Fall $q_1 \leq q$ verläuft der Beweis völlig entsprechend.

2.5   Kongruenzrelation/Restgleichheitsrelation

Auf der Grundlage des Satzes von der Division mit Rest führen wir jetzt die Restgleich-
heits- oder Kongruenzrelation ein und leiten einige einfache Eigenschaften dieser Relation
ab. Wir verwenden im Folgenden meist die Bezeichnung **Kongruenzrelation**, da dies die
in der Mathematik übliche Bezeichnung ist. Die Bezeichnung Restgleichheitsrelation lässt
dagegen den mathematischen Hintergrund besser erkennen. Die Kongruenzrelation gestattet es, viele zahlentheoretische Sachverhalte übersichtlich aufzuschreiben und elegant zu
beweisen. Wir werden sie daher im Folgenden an vielen Stellen verwenden.

Dividieren wir zwei gegebene natürliche oder ganze Zahlen beispielsweise durch 6, so
können *zwei* verschiedene Fälle auftreten.

Fall 1
$$27 = 4 \cdot 6 + 3 \qquad\qquad -16 = (-3) \cdot 6 + 2$$
$$33 = 5 \cdot 6 + 3 \qquad\qquad -40 = (-7) \cdot 6 + 2$$

Beide Zahlen (27 und 33 bzw. -16 und -40) lassen bei Division durch 6 jeweils **denselben Rest**, nämlich 3 bzw. 2. Wir sagen hierfür kurz: 27 und 33 sind **restgleich** bzw.
kongruent bei Division durch 6 bzw. -16 und -40 sind *restgleich* bzw. *kongruent* bei
Division durch 6. Hierbei muss für den Rest die vom Satz von der Division mit Rest
(Satz 2.8) vertraute **Normierung** gelten: $0 \le r < 6$. Wir schreiben die Restgleichheit
kurz auf in der Form

$$27 \equiv 33 \ (6) \qquad \text{bzw.} \quad -16 \equiv -40 \ (6).$$

Hierbei erinnert das Zeichen $\equiv$ für die Restgleichheit bewusst an das *Gleichheitszeichen*,
denn zwischen beiden Relationen besteht ein enger Zusammenhang (s. u.).

Fall 2
$$28 = 4 \cdot 6 + 4 \qquad\qquad -16 = (-3) \cdot 6 + 2$$
$$33 = 5 \cdot 6 + 3 \qquad\qquad -32 = (-6) \cdot 6 + 4$$

28 und 33 bzw. -16 und -32 lassen bei Division durch 6 jeweils verschiedene Reste.
Daher sind 28 und 33 bei Division durch 6 **nicht restgleich** bzw. **nicht kongruent**, und
Gleiches gilt auch für -16 und -32. Wir schreiben dies knapp auf in der Form

$$28 \not\equiv 33 \ (6) \qquad \text{bzw.} \quad -16 \not\equiv -32 \ (6).$$

Wir definieren entsprechend:

Definition 2.3 (Kongruenzrelation)
Seien $a, b \in \mathbb{Z}, m \in \mathbb{N}$. Wir sagen: a ist *kongruent* b bei Division durch m (Kurzschreibweise $a \equiv b \ (m)$) genau dann, wenn a und b bei Division durch m denselben Rest r

mit $0 \leq r < m$ lassen. Andernfalls sagen wir: a ist *inkongruent* b bei Division durch m
$(a \not\equiv b \ (m))$. $a \equiv b \ (m)$ nennen wir eine *Kongruenz*.   ♦

Beispiele

$$93 \equiv 79 \ (7); \quad \text{denn der Rest ist jeweils 2.}$$

$$-37 \equiv 12 \ (7); \quad \text{denn der Rest ist jeweils 5.}$$

$$-38 \not\equiv 13 \ (7); \quad \text{denn die Reste sind unterschiedlich (4 bzw. 6).}$$

$$58 \not\equiv 14 \ (5); \quad \text{denn die Reste sind unterschiedlich (3 bzw. 4).}$$ ∎

2.5.1   Seitenweise Addition von Kongruenzen

Gleichungen dürfen wir *seitenweise addieren*. Gilt Entsprechendes auch für Kongruenzen
mit gleicher Divisionszahl?

$$20 \equiv 14 \ (3) \quad \text{(Rest jeweils 2)}$$

$$34 \equiv 25 \ (3) \quad \text{(Rest jeweils 1)}$$

Gilt auch $20 + 34 \equiv 14 + 25 \ (3)$?

In diesem Beispiel gilt $54 \equiv 39 \ (3)$, denn:

$$54 = 18 \cdot 3 + 0$$
$$39 = 13 \cdot 3 + 0 \quad \text{(Rest jeweils 0)}$$

Weitere Beispiele führen zu der Vermutung:

Satz 2.9 (Seitenweise Addition von Kongruenzen)
Seien $a, b, c, d \in \mathbb{Z}, m \in \mathbb{N}$. Dann gilt:

$$\text{Aus} \quad a \equiv b \ (m) \quad \text{und} \quad c \equiv d \ (m)$$

$$\text{folgt} \quad a + c \equiv b + d \ (m).$$

Beweis
Wegen $a \equiv b \ (m)$ lassen a und b bei Division durch m denselben Rest r_1, wegen
$c \equiv d \ (m)$ lassen c und d bei Division durch m denselben Rest r_2.

Es gilt daher:[8]

$$a = q_1 \cdot m + r_1 \qquad b = q_2 \cdot m + r_1$$
$$c = q_3 \cdot m + r_2 \qquad d = q_4 \cdot m + r_2$$

---

[8] Vgl. Bemerkung 2 nach Satz 2.8

Für $a + c$ bzw. $b + d$ gilt also:

$$a + c = (q_1 + q_3) \cdot m + (r_1 + r_2) \qquad\qquad b + d = (q_2 + q_4) \cdot m + (r_1 + r_2)$$

- Ist $\mathbf{r_1 + r_2 < m}$, so entnehmen wir direkt schon diesen beiden Gleichungen, dass $a + c \equiv b + d \ (m)$ gilt.
- Ist $\mathbf{r_1 + r_2 = m}$, so lassen $a + c$ und $b + d$ beide bei Division durch m denselben Rest, nämlich 0, also gilt auch in diesem Fall $a + c \equiv b + d \ (m)$.
- Ist $\mathbf{r_1 + r_2 > m}$, so erhalten wir bei der Division von $r_1 + r_2$ durch m in beiden Gleichungen jeweils ein Vielfaches von m, das wir zu $(q_1 + q_3) \cdot m$ bzw. $(q_2 + q_4) \cdot m$ hinzufügen, sowie jeweils *denselben Rest*, also gilt auch in diesem Fall und damit in *allen* Fällen:

$a + c$ und $b + d$ lassen bei Division durch m denselben Rest, also gilt stets:

$$\text{Aus} \qquad a \equiv b \ (m) \quad \text{und} \quad c \equiv d \ (m)$$

$$\text{folgt} \qquad a + c \equiv b + d \ (m). \qquad\qquad\qquad \square$$

Bemerkung

Satz 2.9 sagt also aus, dass wir Kongruenzen mit gleicher Divisionszahl *seitenweise addieren* dürfen – genauso wie wir es von Gleichungen her gewohnt sind. Wir dürfen auch völlig analog Kongruenzen seitenweise subtrahieren (vgl. Aufgabe 31).

2.5.2   Seitenweise Multiplikation von Kongruenzen

Dürfen wir auch Kongruenzen mit gleicher Divisionszahl *seitenweise multiplizieren*? Betrachten wir zunächst zwei Beispiele:

$$7 \equiv 4 \ (3) \qquad\qquad -5 \equiv 7 \ (4)$$
$$8 \equiv 5 \ (3) \qquad\qquad -11 \equiv 5 \ (4)$$

In beiden Beispielen dürfen wir seitenweise multiplizieren, denn es gilt $56 \equiv 20 \ (3)$, da 56 und 20 bei Division durch 3 beide denselben Rest lassen, nämlich den Rest 2; und es gilt auch $55 \equiv 35 \ (4)$, da sowohl 55 als auch 35 den Rest 3 bei Division durch 4 lassen. Weitere Beispiele führen zu der Vermutung:

Satz 2.10 (Seitenweise Multiplikation von Kongruenzen)
Seien $a, b, c, d \in \mathbb{Z}, m \in \mathbb{N}$. Dann gilt:

$$\text{Aus} \qquad a \equiv b \ (m) \quad \text{und} \quad c \equiv d \ (m)$$

$$\text{folgt} \qquad a \cdot c \equiv b \cdot d \ (m).$$

Beweis

Wegen $a \equiv b \ (m)$ lassen a und b bei Division durch m denselben Rest r_1, wegen $c \equiv d \ (m)$ lassen c und d bei Division durch m denselben Rest r_2, es gilt daher:

$$a = q_1 \cdot m + r_1 \qquad\qquad b = q_2 \cdot m + r_1$$
$$c = q_3 \cdot m + r_2 \qquad\qquad d = q_4 \cdot m + r_2$$

Für $a \cdot c$ bzw. $b \cdot d$ gilt also:

$$
\begin{aligned}
a \cdot c &= (q_1 \cdot m + r_1) \cdot (q_3 \cdot m + r_2) \\
&= (q_1 \cdot q_3 \cdot m + q_1 \cdot r_2 + q_3 \cdot r_1) \cdot m + r_1 \cdot r_2 \\
b \cdot d &= (q_2 \cdot m + r_1) \cdot (q_4 \cdot m + r_2) \\
&= (q_2 \cdot q_4 \cdot m + q_2 \cdot r_2 + q_4 \cdot r_1) \cdot m + r_1 \cdot r_2
\end{aligned}
$$

Ist $\mathbf{r_1 \cdot r_2 < m}$, so können wir direkt aus diesen beiden Gleichungen schon ablesen, dass $a \cdot c \equiv b \cdot d \ (m)$ gilt.

Ist $\mathbf{r_1 \cdot r_2 = m}$ bzw. $\mathbf{r_1 \cdot r_2 > m}$, können wir völlig analog wie beim Beweis von Satz 2.9 argumentieren. Wir haben somit gezeigt, dass in *allen* Fällen $a \cdot c$ und $b \cdot d$ bei Division durch m denselben Rest lassen, dass also stets gilt:

$$\text{Aus} \qquad a \equiv b \ (m) \quad \text{und} \quad c \equiv d \ (m)$$
$$\text{folgt} \qquad a \cdot c \equiv b \cdot d \ (m). \qquad\qquad\qquad \square$$

Bemerkung

Wir können also Kongruenzen mit gleicher Divisionszahl *seitenweise multiplizieren* – genauso wie wir es von Gleichungen her gewohnt sind. Bei der Ableitung der **Teilbarkeitsregeln** im Kap. 7 greifen wir zentral auf die Kongruenzrelation zurück. Dort wenden wir häufig einen *Spezialfall* von Satz 2.10 an, den wir daher hier als eigenen Satz formulieren:

Satz 2.11 (Multiplizieren von Kongruenzen)

Seien $a, b \in \mathbb{Z}, m, n \in \mathbb{N}$. Dann gilt:

Aus $a \equiv b \ (m)$ folgt $n \cdot a \equiv n \cdot b \ (m)$.

Bemerkung

Da $n \equiv n \ (m)$ für alle $n \in \mathbb{N}$ gilt, liefert die Anwendung von Satz 2.10 direkt Satz 2.11. Wir können Satz 2.11 auch durch Rückgriff auf Satz 2.9 beweisen. Satz 2.11 sagt aus, dass wir Kongruenzen mit gleicher Divisionszahl mit derselben natürlichen Zahl *multiplizieren* dürfen – genauso wie dies auch bei Gleichungen stets möglich ist. Dagegen können wir Kongruenzen mit gleicher Divisionszahl *nicht* unbefangen durch dieselbe natürliche Zahl *dividieren*, selbst wenn sie als Faktor in den Zahlen auf beiden Seiten der Kongruenz enthalten ist (vgl. Aufgabe 32).

2.5.3 Einsatzgebiete der Kongruenzrelation

Die hier eingeführte Restgleichheits- bzw. Kongruenzrelation wird in diesem Band an vielen Stellen eine wichtige Rolle spielen. Dies gilt insbesondere für Kap. 6 (Kongruenzen, Restklassenmengen und klassische Sätze), Kap. 7 (Stellenwertsysteme und Teilbarkeitsregeln), Kap. 10 (Verschlüsselung und digitale Signaturen – RSA & Co.) und den Ausblick in Kap. 11 (Quadratische Reste).

2.6 Aufgaben

1. Beweisen Sie:
   Für alle $n \in \mathbb{N}$ gilt:
   a) $n \mid 0$
   b) $0 \nmid n$
2. Begründen Sie, dass $0 \mid 0$ gilt. Erläutern Sie den Unterschied zwischen dieser Teilbarkeitsaussage und allen übrigen Teilbarkeitsaussagen. Begründen Sie, warum zwar $0 \mid 0$ gilt, jedoch $0 : 0$ nicht definiert ist.
3. Welche der folgenden Aussagen sind wahr, welche falsch?
   a) $13 \mid 104$
   b) $-17 \mid 119$
   c) $-18 \nmid -126$
   d) $19 \mid -77$
4. Beweisen oder widerlegen Sie:
   a) Für alle $a \in \mathbb{Z}$ gilt: $a \mid a$.
   b) Für alle $a, b \in \mathbb{Z}$ gilt: Aus $a \mid b$ und $b \mid a$ folgt $a = b$.
5. Zeichnen Sie jeweils ein Pfeildiagramm zu der Menge
   a) $\{3, 4, 5, 8, 10, 16\}$,
   b) $\{1, 2, 4, 5, 6, 10, 12\}$.
6. Begründen Sie die Transitivität der Teilbarkeitsrelation mithilfe einer beispielgebundenen Beweisstrategie auf der ikonischen Repräsentationsebene.
7. Beweisen Sie:
   Für alle $a, b, c \in \mathbb{Z}$ gilt: Aus $a \mid b$ und $b \mid c$ folgt $a \mid c$.
8. Beweisen Sie die Summenregel (Satz 2.3) mithilfe einer beispielgebundenen Beweisstrategie.
9. Beweisen Sie:
   Für alle natürlichen Zahlen a, b, c gilt:
   Aus $a \nmid b$ und $a \mid c$ folgt $a \nmid (b + c)$.
10. Beweisen oder widerlegen Sie:
    Aus $a \nmid b$ und $a \nmid c$ folgt $a \nmid (b + c)$.
11. Beweisen Sie Satz 2.4 mithilfe einer beispielgebundenen Beweisstrategie.

12. Beweisen Sie:
    Für alle natürlichen Zahlen a, b, c mit $b > c$ gilt:
    Aus $a \nmid b$ und $a \mid c$ folgt $a \nmid (b - c)$.

13. Beweisen Sie:
    Für alle natürlichen Zahlen a, b, c gilt:
    Aus $a \mid b$ und $a \mid c$ folgt $a \mid (b \cdot c)$.

14. Beweisen oder widerlegen Sie:
    Für alle natürlichen Zahlen a, b, c gilt:
    Aus $a \mid b$ und $a \mid c$ folgt $a^2 \mid (b \cdot c)$.

15. Beweisen Sie:
    Für alle ganzen Zahlen a, b, z gilt:
    Aus $a \mid b$ folgt $a \mid (z \cdot b)$.

16. Beim Beweis von Satz 2.6 wenden wir beim Übergang von $(m \cdot a) \cdot (n \cdot c) = b \cdot d$ zu $(m \cdot n) \cdot (a \cdot c) = b \cdot d$ mehrfach das Assoziativ- und Kommutativgesetz an. Schreiben Sie den Übergang *Schritt für Schritt* auf.

17. Begründen Sie die Produktregel in $\mathbb{N}$ mithilfe einer beispielgebundenen Beweisstrategie.

18. Begründen Sie die Produktregel in $\mathbb{N}$ (Satz 2.5) durch Rückgriff auf die Summenregel.

19. Verdeutlichen Sie zunächst durch zwei Beispiele, und beweisen Sie dann:
    Aus $a \mid b$ folgt $T(a) \subseteq T(b)$.

20. Verdeutlichen Sie zunächst durch zwei Beispiele, und beweisen Sie dann:
    Aus $T(a) \subseteq T(b)$ folgt $a \mid b$.

21. Beweisen Sie:
    Für alle $a \in \mathbb{Z}$ gilt $1 \mid a$.

22. Beweisen oder widerlegen Sie:
    Für alle $a, b, t \in \mathbb{N}$ gilt:
    Aus $t \mid (a \cdot b)$ folgt $t \mid a$ oder $t \mid b$.

23. Führen Sie den Eindeutigkeitsbeweis von Satz 2.8 Schritt für Schritt für den Fall durch, dass $q_1 \leq q$ gilt.

24. Nennen Sie jeweils fünf natürliche Zahlen, die restgleich sind zu 7 bei Division durch 8, sowie fünf natürliche Zahlen, die nicht restgleich sind zu 7 bei Division durch 8.

25. Nennen Sie jeweils fünf negative ganze Zahlen, die restgleich sind zu 8 bei Division durch 9, sowie fünf negative ganze Zahlen, die nicht restgleich sind zu 8 bei Division durch 9, und begründen Sie dies jeweils.

26. Beweisen Sie:
    Seien $a, b \in \mathbb{Z}, m \in \mathbb{N}$. Dann gilt:
    Aus $a \equiv b \ (m)$ folgt $m \mid (a - b)$.

27. Beweisen Sie:
    Seien $a, b \in \mathbb{Z}, m \in \mathbb{N}$. Dann gilt:
    Aus $m \mid (a - b)$ folgt $a \equiv b \ (m)$.

28. Beweisen Sie:

Seien $a, b \in \mathbb{Z}, m \in \mathbb{N}$. Dann gilt:

$a \equiv b \ (m)$ gilt genau dann, wenn stets eine Zahl $q \in \mathbb{Z}$ existiert mit $a = b + q \cdot m$.

29. Beweisen oder widerlegen Sie:

    a) Aus $a \equiv b \ (m)$ folgt $a^2 \equiv b^2 \ (m)$.

    b) Aus $a^2 \equiv b^2 \ (m)$ folgt $a \equiv b \ (m)$.

30. Erläutern Sie:

Es sei $m \in \mathbb{N}, a \in \mathbb{Z}$. Dann gilt:

$m \mid a$ genau dann, wenn $a \equiv 0 \ (m)$.

31. Beweisen Sie:

Seien $a, b, c, d \in \mathbb{Z}, m \in \mathbb{N}$. Dann gilt:

Aus $a \equiv b \ (m)$ und $c \equiv d \ (m)$ folgt $a - c \equiv b - d \ (m)$.

32. Verdeutlichen Sie an Beispielen, dass aus $z \cdot a \equiv z \cdot b \ (m)$ *nicht* $a \equiv b \ (m)$ folgt. Nennen Sie drei Beispiele, bei denen wir seitenweise durch z dividieren dürfen und wo dennoch die Restgleichheit erhalten bleibt, sowie drei Beispiele, bei denen dies nicht geht.

33. a) Auf welche Ziffer endet die Zahl 3^4, auf welche Ziffer die Zahl 3^{85} im Dezimalsystem?

    b) Welchen Rest lässt 2^4 bei Division durch 5, welche Reste lassen 2^{404} bzw. 2^{406} bei Division durch 5 im Dezimalsystem?

34. Beweisen Sie:

Alle ungeraden Quadratzahlen lassen bei Division durch 8 im Dezimalsystem den Rest 1.

Primzahlen

3

Nach der Vorstellung verschiedener anschaulicher Wege zur Einführung von Primzahlen im ersten Abschnitt lernen wir im Abschn. 3.2 ein schnelles, effektives und überraschend einfaches Siebverfahren zur Bestimmung sämtlicher Primzahlen bis zu beliebig großen, fest vorgegebenen natürlichen Zahlen kennen. Der so mögliche Blick auf die Verteilung der Primzahlen innerhalb der natürlichen Zahlen zeigt uns in Abschn. 3.3 unerwartet starke Unregelmäßigkeiten auf: Neben eng benachbarten Primzahlen selbst bei sehr großen Zahlen gibt es auch schon relativ früh große primzahlfreie Zahlenabschnitte. Daher liegt die Frage nach der Anzahl der Primzahlen (endlich viele oder unendlich viele?) nahe. Die spannende Frage nach der Existenz von Formeln, die uns idealerweise sämtliche Primzahlen in der richtigen Abfolge produzieren, sowie ein Blick auf den berühmten Primzahlsatz stehen im Mittelpunkt der Abschn. 3.5 und 3.6. Neueste Ergebnisse von der Jagd nach immer größeren Primzahlen finden sogar Eingang in die Tagespresse. Wir gehen hierauf im Abschn. 3.7 genauer ein. Vollkommene Zahlen faszinieren viele Mathematiker schon seit Jahrhunderten. Sie stehen in engem Zusammenhang mit speziellen Primzahlen, die bei der Primzahljagd eine zentrale Rolle spielen. Daher thematisieren wir die vollkommenen Zahlen hier im Abschn. 3.8. Wir beenden dieses Kapitel mit einigen leicht verständlichen, dennoch bis heute ungelösten Primzahlproblemen.

3.1 Primzahlen – unterschiedliche Gesichter

Primzahlen haben verschiedene Gesichter. Entsprechend kann man sie im Unterricht der Klasse 5 bzw. 6 oder auch schon am Ende der Grundschulzeit auf unterschiedlichen Wegen anschaulich einführen.

Als Einstieg in dieses Kapitel stellen wir drei Wege vor, die schwerpunktmäßig jeweils einen *anderen* Gesichtspunkt betonen.

© Springer-Verlag GmbH Deutschland, ein Teil von Springer Nature 2018
F. Padberg, A. Büchter, *Elementare Zahlentheorie*,
Mathematik Primarstufe und Sekundarstufe I + II

Weg 1

Ben besitzt viele verschiedene *Vervielfachungsmaschinen* $\boxed{\cdot 2}$, $\boxed{\cdot 3}$, $\boxed{\cdot 4}$, ... Diese Maschinen können verdoppeln, verdreifachen, vervierfachen, ...

Ben bekommt einen Großauftrag, 100 große Zahlen zu versechsfachen. Plötzlich bemerkt er, dass ausgerechnet die Maschine $\boxed{\cdot 6}$ defekt ist. Was tun? Sein Freund Jonas hat eine rettende Idee: „Du hast doch noch die Maschinen $\boxed{\cdot 2}$ und $\boxed{\cdot 3}$. Benutze doch einfach diese!" Nachdem so der Auftrag durchgeführt worden ist, bemerkt Jonas: „Du kannst deinen Betrieb aber noch stark rationalisieren. Du hast viele überflüssige Maschinen. Verkaufe diese und behalte nur die Maschinen, die *unentbehrlich* sind."

Weg 2

Ein Tyrann besitzt ein großes *Gefängnis* mit 1000 Einzelzellen. Außerdem gibt es in diesem Gefängnis 1000 Wärter. Einmal im Jahr lässt der Tyrann einige Gefangene nach folgender, merkwürdiger Methode frei:

Die 1000 Wärter gehen an allen 1000 Zellen vorbei. Der erste Wärter macht an jeder Tür ein Kreuz, der zweite an jeder zweiten Tür, der dritte an jeder dritten Tür usw. Es werden all die Gefangenen freigelassen, an deren Tür *genau zwei* Kreuze sind. Welche Zellentüren werden geöffnet?

Weg 3

Vor uns liegen 12 gleich große, quadratische *Plättchen*. Wie viele verschiedene Rechtecke können wir mit diesen Plättchen legen? Wie viele mit 13, 15, 20 Plättchen? Gibt es auch Plättchenmengen, aus denen wir nur *genau ein* Rechteck bilden können?

Ein **Vergleich** der drei Wege ergibt:

Beim *Weg 1* wird die Eigenschaft der Primzahlen, Bausteine der natürlichen Zahlen zu sein, betont. Auf diesen Aspekt gehen wir im folgenden Kap. 4 genauer ein. Aber auch die Unzerlegbarkeit von Primzahlen kann hier gut thematisiert werden. Der *Weg 2* stellt über den engen Zusammenhang von Vielfachen- und Teilbarkeitsrelation (vgl. Abschn. 2.1) die Anzahl der Teiler von Primzahlen in den Vordergrund. Die Unterschiede bei der Darstellung natürlicher Zahlen als Produkt von zwei Faktoren wird beim *Weg 3* enaktiv herausgestellt. So wird die Unzerlegbarkeit der Primzahlen gut sichtbar.

Bei allen drei Wegen fällt die *Sonderrolle* der Zahl 1 deutlich ins Auge.

Die vorgestellten Wege lassen erkennen, dass **Primzahlen** durchaus **unterschiedliche Gesichter** besitzen:

- Primzahlen sind **unzerlegbar**.
- Primzahlen sind **Bausteine** der natürlichen Zahlen.
- Primzahlen besitzen **genau zwei Teiler**.

Für ein volles Verständnis der Primzahlen sind *alle drei* Gesichtspunkte wichtig. Für eine praktikable Definition, die so auch in der Schule verwendet werden kann, eignet sich der *dritte* Gesichtspunkt am besten.

Alle **Nicht-Primzahlen** (mit Ausnahme der 1) enthalten mindestens drei Teiler; also neben der Zahl a selbst und 1 mindestens einen weiteren Teiler $b \in \mathbb{N}$. Dann gibt es ein $c \in \mathbb{N}$ mit $c \cdot b = a$, und es gilt $c \neq 1$ und $c \neq a$. Wir können daher in diesem Fall a stets als **Produkt zweier Faktoren** $c, b \in \mathbb{N}$ schreiben, die beide von 1 und a verschieden sind. Wir definieren daher insgesamt:

Definition 3.1
Natürliche Zahlen, die genau zwei Teiler besitzen, nennen wir **Primzahlen**.
Natürliche Zahlen, die mindestens drei Teiler besitzen, nennen wir **zusammengesetzte Zahlen**. ◆

Die Zahl 1 ist als einzige natürliche Zahl weder eine Primzahl noch eine zusammengesetzte Zahl. Obwohl sie unzerlegbar ist, rechnen wir sie aus Zweckmäßigkeitsgründen *nicht* zu den Primzahlen und schließen sie durch Definition 3.1 aus (vgl. auch Abschn. 4.3). Die kleinste zusammengesetzte Zahl ist folglich die Zahl 4.

Ein Vergleich der natürlichen Zahlen hinsichtlich ihrer Unzerlegbarkeit ergibt deutliche Unterschiede zwischen der Multiplikation und der Addition: Bei der *Addition* gibt es in $\mathbb{N}$ nur *ein* unzerlegbares Element, nämlich die Zahl 1, und hieraus können wir alle natürlichen Zahlen additiv erhalten. Bei der *Multiplikation* gibt es dagegen in $\mathbb{N}$ *viele* unzerlegbare Elemente, nämlich die Primzahlen, aus denen wir alle natürlichen Zahlen multiplikativ erhalten (vgl. Abschn. 4.3).

3.2 Bestimmung von Primzahlen – Sieb des Eratosthenes

Wenn wir sämtliche Primzahlen beispielsweise bis 100 oder 1000 durch Rückgriff auf die Primzahldefinition bestimmen, so ist dies sehr mühsam. Erfreulicherweise hat der griechische Mathematiker Eratosthenes (etwa 284 bis 200 v. Chr.) schon vor gut 2200 Jahren ein recht einfaches, mechanisch anzuwendendes Verfahren gefunden, wie man sämtliche Primzahlen bis zu einer gegebenen natürlichen Zahl n schnell und effektiv bestimmen kann. Dieses nach ihm benannte Verfahren heißt **Sieb des Eratosthenes**.

Satz vom kleinsten Teiler
Zur **Begründung** des Siebverfahrens benötigen wir vorweg genauere Kenntnisse über die **kleinsten Teiler** gegebener natürlicher Zahlen. Da die 1 Teiler jeder natürlichen Zahl ist, untersuchen wir nur die kleinsten Teiler $t \neq 1$. Wir betrachten beispielsweise die Zahlen zwischen 60 und 70. Wir erhalten:

Die Zahlen 60, 62, 64, 66, 68 und 70 haben die 2, die Zahlen 63 und 69 haben die 3, die Zahl 65 hat die 5, die Zahl 61 hat die 61 und die Zahl 67 hat die 67 als kleinsten Teiler $t \neq 1$. Diese Beispiele lassen uns schon vermuten:

Satz 3.1

Der **kleinste**, von 1 verschiedene Teiler einer natürlichen Zahl $a > 1$ ist stets eine **Primzahl**.

Bemerkung

Die natürliche Zahl 1 besitzt nur die 1 als Teiler. Daher müssen wir in Satz 3.1 fordern, dass $a > 1$ gilt.

Beweis

Beim Beweis unterscheiden wir die beiden Fälle, dass a entweder eine Primzahl oder keine Primzahl ist.

- **Fall 1**

  Wenn a eine **Primzahl** ist, so besitzt a nach Definition genau zwei Teiler, nämlich 1 und a. Also ist der kleinste, von 1 verschiedene Teiler von a die Zahl a, also eine *Primzahl*.

- **Fall 2**

  Ist die von 1 verschiedene Zahl a **keine Primzahl**, so besitzt a *mindestens* drei Teiler, nämlich die Teiler 1, a sowie mindestens einen oder auch mehrere weitere („nichttriviale") Teiler. Für alle nichttrivialen Teiler b von a gilt, dass sie zwischen 1 und a liegen. Aus $b \mid a$ mit $a, b \in \mathbb{N}$ folgt nämlich: Es gibt ein $n \in \mathbb{N}$ mit $n \cdot b = a$. Aus $n \geq 1$ folgt $b \leq a$ und wegen $b \in \mathbb{N}$ insgesamt $1 \leq b \leq a$. Daher gibt es auf jeden Fall nur *endlich* viele nichttriviale Teiler von a. Also besitzt diese Menge einen *kleinsten* Teiler[1], den wir mit t bezeichnen und für den $t \neq 1$ gilt. Wir behaupten: Dieser kleinste Teiler $t \neq 1$ von a ist eine Primzahl. Wir beweisen diese Behauptung *indirekt* und nehmen daher an:

  Dieser kleinste Teiler $t \neq 1$ ist *keine* Primzahl. Dann besitzt dieser kleinste Teiler $t \neq 1$ von a *mindestens* drei Teiler 1, t_1 und t mit $1 < t_1 < t$. Dann gilt $t_1 \mid t$ (da t_1 laut Voraussetzung ein Teiler von t ist) und $t \mid a$ (da t laut Voraussetzung ein Teiler von a ist), also gilt wegen der Transitivität der Teilbarkeitsrelation (Satz 2.2) $t_1 \mid a$ mit $1 < t_1 < t$.

  Durch unsere Annahme sind wir also zu einem *Widerspruch* gelangt; denn laut Voraussetzung sollte t der *kleinste* Teiler von a sein. Aufgrund unserer Annahme ergibt sich jedoch, dass die noch *kleinere* Zahl $t_1 \neq 1$ ebenfalls ein Teiler von a ist. Also war unsere Annahme *falsch*.

  Daher gilt auch im Fall 2: Der kleinste Teiler $t \neq 1$ von a ist eine *Primzahl*. Hiermit haben wir Satz 3.1 vollständig bewiesen. □

---

[1] Wegen des Prinzips vom kleinsten Element (vgl. Abschn. 2.4) besitzt sogar *jede* nichtleere Teilmenge der natürlichen Zahlen ein kleinstes Element.

Bemerkung

Wir analysieren kurz den vorstehenden *indirekten Beweis* (im Fall 2): Für den kleinsten Teiler $t \neq 1$ jeder natürlichen Zahl $a > 1$ gilt *entweder t* ist eine Primzahl *oder t* ist keine Primzahl. Wir nehmen beim vorstehenden Beweis zunächst an, dass t keine Primzahl ist, dass also der zweite Teil der vorstehenden Alternative[2] wahr ist. Wir gelangen jedoch hierbei unmittelbar zu einem Widerspruch. Daher ist der zweite Teil obiger Alternative falsch und daher der erste Teil wahr. Also ist t eine Primzahl.

Anordnung der natürlichen Zahlen

Bei dem Sieb des Eratosthenes kann man die natürlichen Zahlen bis n grundsätzlich beliebig angeordnet notieren. Häufig findet man in der Literatur eine Anordnung in *zehn* Spalten vor – entsprechend der Basis 10 unseres dezimalen Stellenwertsystems. Die von uns im Folgenden gewählte Anordnung in *sechs Spalten* (zuzüglich der 1 in einer Extraspalte) bietet jedoch den Vorteil, dass wir so die Primzahlen besonders effektiv aussieben und gleichzeitig eine überraschende Aussage über die Form aller Primzahlen (größer als 3) ganz nebenbei mitbeweisen können. Wir bestimmen im Folgenden exemplarisch die Primzahlen bis 31 und notieren hierzu zunächst sämtliche natürliche Zahlen bis 31:

$$
\begin{array}{ccccccc}
1 & 2 & 3 & 4 & 5 & 6 & 7 \\
 & 8 & 9 & 10 & 11 & 12 & 13 \\
 & 14 & 15 & 16 & 17 & 18 & 19 \\
 & 20 & 21 & 22 & 23 & 24 & 25 \\
 & 26 & 27 & 28 & 29 & 30 & 31
\end{array}
$$

Folgendermaßen sieben wir jetzt die Primzahlen aus den Zahlen von 1 bis 31 aus:

1. Wir streichen die Zahl 1, da sie keine Primzahl ist.
2. Die nächste Zahl 2 ist eine Primzahl. Alle Vielfachen von 2 (mit Ausnahme von 2 selbst) sind zusammengesetzte Zahlen und werden daher gestrichen, indem wir jede zweite Zahl (von 2 aus) streichen.
3. Die nächste Zahl nach der Zahl 2, die nicht von diesen Streichungen betroffen ist, ist die Zahl 3. Sie ist *daher* eine Primzahl. Alle Vielfachen von 3 (mit Ausnahme von 3 selbst) sind zusammengesetzte Zahlen und werden daher gestrichen, indem wir jede dritte Zahl (von 3 aus) streichen.
4. Die nächste Zahl nach der Zahl 3, die noch nicht gestrichen ist, ist die Zahl 5. Sie ist *daher* eine Primzahl. Alle Vielfachen von 5 (mit Ausnahme von 5 selbst) sind zusammengesetzte Zahlen und werden daher gestrichen, indem wir von 5 ausgehend jede fünfte Zahl streichen.
5. Untersuchen wir jetzt die Tabelle, so sehen wir, dass überraschenderweise schon *sämtliche* Primzahlen bis 31 ausgesiebt sind. Das Untersuchen der Vielfachen von 7, 11,

---

[2] Vgl. Padberg/Büchter [23], S. 104 f.

13 usw. liefert in dieser Tabelle keine weiteren Streichungen von zusammengesetzten Zahlen mehr.

Das Siebverfahren hat zu folgendem Ergebnis geführt:

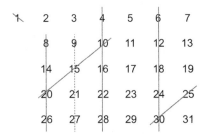

Bemerkung

Wegen unserer speziellen Anordnung der natürlichen Zahlen können wir die Vielfachen von 2 und 3 besonders leicht und bequem streichen: Wir müssen nämlich nur – wie in der vorstehenden Tabelle schon realisiert – die kompletten Spalten unter 2 (außer 2), 3 (außer 3), 4 und 6 streichen. Auch die Vielfachen von 5 lassen sich leicht streichen: Sie liegen mit Ausnahme von 5 auf zueinander parallelen Geraden durch 10 und 25 (vgl. Aufgabe 7).

Aus dem vorgestellten Siebverfahren ergibt sich unmittelbar, dass Primzahlen größer als 3 ausschließlich nur noch in den beiden Spalten liegen können, die direkt *vor* bzw. direkt *nach* den Vielfachen von 6 liegen. Daher gilt:

Satz 3.2

Alle Primzahlen größer als 3 sind Vorgänger oder Nachfolger der Vielfachen von 6, sind also darstellbar in der Form $6 \cdot n - 1$ oder $6 \cdot n + 1$ mit $n \in \mathbb{N}$.

Bemerkungen

(1) Die *Umkehrung* dieses Satzes gilt nicht, wie wir z. B. an der zusammengesetzten Zahl $25 = 6 \cdot 4 + 1$ erkennen können.
(2) Mithilfe des Satzes 3.2 können wir uns beispielsweise die Primzahlen bis 100 leicht merken. Wir müssen nur die (wenigen) Vorgänger und Nachfolger der Vielfachen von 6 im Zahlenraum bis 100 daraufhin untersuchen, ob sie Primzahlen sind. Die zusammengesetzten Zahlen der Form $6 \cdot n + 1$ oder $6 \cdot n - 1$ (wie z. B. 25, 35, 49) sind leicht zu erkennen, die einzige etwas schwieriger als zusammengesetzte Zahl zu erkennende Zahl ist die 91 ($= 7 \cdot 13$).

Drei zentrale Verständnisfragen

Für ein gründliches Verständnis des Siebverfahrens insbesondere bei größeren Zahlen müssen wir die folgenden **drei Fragen** noch beantworten:

1. Können wir uns beim Siebverfahren generell auf die Streichung der echten Vielfachen von *Primzahlen* beschränken?
   Ja, denn die Vielfachen von *zusammengesetzten Zahlen* werden stets schon vorher „automatisch" gestrichen. Ihr kleinster, von 1 verschiedener Teiler ist nach Satz 3.1 nämlich immer eine (kleinere) Primzahl. Also sind sie als Vielfache dieser kleineren Primzahl schon vorher gestrichen worden. Dies gilt jeweils für die zusammengesetzte Zahl wie auch für alle ihre Vielfachen (Aufgabe 9).

2. Im Rahmen des Siebverfahrens haben wir die echten Vielfachen der Primzahl p gestrichen. Ist stets die *nächste*, auf p folgende ungestrichene Zahl eine *Primzahl*?
   Ja! *Wäre* nämlich die nächste, auf p folgende, ungestrichene Zahl *keine* Primzahl, so würde sie als zusammengesetzte Zahl nach Satz 3.1 eine (kleinere!) Primzahl als Teiler besitzen. Sie wäre also schon als Vielfaches dieser kleineren Primzahl gestrichen worden. Daher ist die nächste, auf p folgende ungestrichene Zahl stets eine Primzahl.

3. Bei den Zahlen von 1 bis 31 müssen wir nur alle echten Vielfachen der drei Primzahlen 2, 3 und 5 streichen, um so schon alle Primzahlen bis 31 auszusieben. Wie weit müssen wir bei den Zahlen von 1 bis 50, von 1 bis 100, allgemein von 1 bis n (mit $n \in \mathbb{N}$) gehen?

   a) **Zahlen bis 50**

   Es genügt, die echten Vielfachen der *vier* Primzahlen 2, 3, 5 und 7 zu streichen, um so schon *sämtliche* Primzahlen bis 50 auszusieben. Hierdurch sind auch schon die echten Vielfachen von 11 (und erst recht von den größeren Primzahlen 13, 17, ...) in diesem Zahlenraum restlos gestrichen worden:

   $2 \cdot 11$ ist wegen $2 \cdot 11 = 11 \cdot 2$ schon als Vielfaches von 2,

   $3 \cdot 11$ ist wegen $3 \cdot 11 = 11 \cdot 3$ schon als Vielfaches von 3,

   $4 \cdot 11$ ist wegen $4 \cdot 11 = 11 \cdot 4$ schon als Vielfaches von 2

   gestrichen worden und

   $5 \cdot 11 = 55$ liegt schon außerhalb des Bereichs von 1 bis 50.

   b) **Zahlen bis 100**

   Es genügt auch hier, die echten Vielfachen von den nur *vier* Primzahlen 2, 3, 5 und 7 zu streichen, um so schon *sämtliche* Primzahlen bis 100 auszusieben; denn hierdurch sind auch schon die echten Vielfachen von 11 (und erst recht von den *größeren* Primzahlen 13, 17, ...) in diesem Zahlenraum bis 100 restlos gestrichen worden:

   $2 \cdot 11$ ist wegen $2 \cdot 11 = 11 \cdot 2$ schon als Vielfaches von 2,

   $3 \cdot 11$ ist wegen $3 \cdot 11 = 11 \cdot 3$ schon als Vielfaches von 3,

   $4 \cdot 11$ ist wegen $4 \cdot 11 = 11 \cdot 4$ schon als Vielfaches von 2,

   $5 \cdot 11$ ist wegen $5 \cdot 11 = 11 \cdot 5$ schon als Vielfaches von 5,

   $6 \cdot 11$ ist wegen $6 \cdot 11 = 11 \cdot 6$ schon als Vielfaches von 2,

$7 \cdot 11$ ist wegen $7 \cdot 11 = 11 \cdot 7$ schon als Vielfaches von 7,

$8 \cdot 11$ ist wegen $8 \cdot 11 = 11 \cdot 8$ schon als Vielfaches von 2,

$9 \cdot 11$ ist wegen $9 \cdot 11 = 11 \cdot 9$ schon als Vielfaches von 3

gestrichen worden und

$10 \cdot 11 = 110$ liegt schon außerhalb des Bereichs von 1 bis 100.

c) **Allgemeiner Zusammenhang: Zahlen bis n**

Wir könnten hier analog vorgehen wie in a) und b). Wir beschreiten nun jedoch einen anderen Weg. Wir beweisen: Um alle Primzahlen bis zu einer natürlichen Zahl n auszusieben, genügt es, die Vielfachen aller Primzahlen zu streichen, die kleiner oder gleich $\sqrt{n}$ sind.

Sei c eine beliebige zusammengesetzte Zahl mit $c \leq n$. Dann gilt $c = a \cdot b$ mit $a > 1$ und $b > 1$ und $c \leq n$. Hieraus folgt: $a \leq \sqrt{c}$ oder $b \leq \sqrt{c}$ (wären nämlich a und b beide größer als $\sqrt{c}$, dann würde gelten: $a \cdot b > \sqrt{c} \cdot \sqrt{c} = c$, also $a \cdot b > c$ im Widerspruch zu $a \cdot b = c$), also gilt wegen $c \leq n$ erst recht $a \leq \sqrt{n}$ oder $b \leq \sqrt{n}$. Sei o. B. d. A. $a \leq b$ und sei q der kleinste Teiler ($\neq 1$) von a. Nach Satz 3.1 ist q eine Primzahl. Die Primzahl q mit $q \leq \sqrt{n}$ ist ein Teiler von a, also wegen $c = a \cdot b$ auch ein Teiler von c. Daher ist c schon als Vielfaches von q gestrichen worden. Durch Streichen der Vielfachen aller Primzahlen p mit $p \leq \sqrt{n}$ sieben wir also schon sämtliche Primzahlen bis n aus.

3.3 Verteilung der Primzahlen

Betrachten wir die Verteilung der Primzahlen in der Menge der natürlichen Zahlen, so fällt ihre starke Unregelmäßigkeit auf. Einerseits finden wir viele *eng benachbarte* Primzahlen wie z. B. 2 und 3, 11 und 13, 17 und 19, 29 und 31, 521 und 523 oder 881 und 883, daneben aber auch längere *Primzahllücken*. So liegen beispielsweise zwischen 89 und 97, 113 und 127, 293 und 307, 523 und 541 oder zwischen 887 und 907 keine Primzahlen.

3.3.1 Primzahlzwillinge

Es ist sofort einleuchtend, dass die Primzahlen 2 und 3 die einzigen *unmittelbar benachbarten* Primzahlen sind; denn von zwei unmittelbar benachbarten Zahlen ist stets *eine* gerade und daher – wenn sie größer als 2 ist – eine *zusammengesetzte* Zahl. Aus diesem Grund ist auch 2 die einzige gerade Primzahl. Zwischen allen übrigen Primzahlen liegt mindestens eine Zwischenzahl. Daher nennen wir zwei aufeinanderfolgende Primzahlen p_n und p_{n+1} mit $p_{n+1} - p_n = 2$ **Primzahlzwillinge**. So sind die schon genannten Primzahlpaare 11 und 13, 17 und 19, 29 und 31, 521 und 523 oder 881 und 883 Primzahlzwillinge, aber beispielsweise auch 9929 und 9931 oder die Primzahlen $156 \cdot 5^{202} + 1$

und $156 \cdot 5^{202} - 1$ mit 144 Ziffern. Durch den Einsatz sehr leistungsfähiger Computer ist der Rekord bei den Primzahlzwillingen in den letzten Jahren stark nach oben getrieben worden, so beispielsweise von dem Zwillingspaar

- $217\,695 \cdot 10^{1404} + 1$ und $217\,695 \cdot 10^{1404} - 1$ mit 1410 Ziffern, entdeckt im Jahre 1984, über das Zwillingspaar
- $1\,706\,595 \cdot 2^{11\,235} + 1$ und $1\,706\,595 \cdot 2^{11\,235} - 1$ mit 3389 Ziffern, entdeckt im Jahre 1989, über das Zwillingspaar
- $697\,053\,813 \cdot 2^{216\,352} + 1$ und $697\,053\,813 \cdot 2^{216\,352} - 1$ mit 4932 Ziffern, entdeckt im Jahre 1995, über das Zwillingspaar
- $100\,314\,512\,544\,015 \cdot 2^{171\,960} + 1$ und $100\,314\,512\,544\,015 \cdot 2^{171\,960} - 1$ mit 51\,780 Ziffern, entdeckt im Jahre 2006, über das Zwillingspaar
- $3\,756\,801\,695\,685 \cdot 2^{666\,669} + 1$ und $3\,756\,801\,695\,685 \cdot 2^{666\,669} - 1$ mit 200\,700 Ziffern, entdeckt im Jahr 2011, zum aktuell größten Zwillingspaar (Basis: primes.utm.edu; Stand: 08.05.2017)
- $2\,996\,863\,034\,895 \cdot 2^{1\,290\,000} + 1$ und $2\,996\,863\,034\,895 \cdot 2^{1\,290\,000} - 1$ mit 388\,342 Ziffern, entdeckt im Jahre 2016.

Hierbei sind die größten bekannten Primzahlzwillinge deutlich „kleiner" als die größten bekannten Primzahlen, da für das Aufsuchen von Primzahlzwillingen zwei „sehr große" Primzahlen der Form $p + 2$ und p gefunden werden müssen.

Während wir jedoch schon seit über 2000 Jahren wissen, dass es unendlich viele Primzahlen gibt (vgl. Abschn. 3.4), ist es bis heute noch eine *offene* Frage, ob es endlich viele oder aber unendlich viele Primzahlzwillinge gibt – und dies trotz eines lange Zeit ausgesetzten Preises von 25\,000 US-Dollar für denjenigen, der diese Frage zuerst beantworten könnte (vgl. Abschn. 3.9). Dagegen weiß man schon seit einigen Jahren, dass die Summe der Kehrwerte aller Primzahlzwillinge endlich ist und einen Wert von ungefähr 2 hat. Nur ist eben unbekannt, ob diese Summe aus endlich oder unendlich vielen Summanden besteht.

Als leichte Folgerung aus Satz 3.2 kann man zeigen, dass die Summe von Primzahlzwillingen mit Ausnahme des Paares 3 und 5 stets durch 6 und auch durch 12 teilbar ist und dass die *Zwischenzahl bei Primzahlzwillingen* (bis auf die genannte Ausnahme) stets ein Vielfaches von 6 ist (Aufgabe 11).

3.3.2 Primzahldrillinge/Primzahlvierlinge

Unter **Primzahldrillingen** verstehen wir drei möglichst dicht aufeinanderfolgende Primzahlen. Die naheliegende Idee, drei Primzahlen der Form p, $p + 2$ und $p + 4$ als Primzahldrillinge zu bezeichnen, ist allerdings nicht sehr sinnvoll; denn in diesem Fall wären die Zahlen 3, 5 und 7 die *einzigen* Primzahldrillinge, da für $p > 3$ stets eine der drei Zahlen p, $p + 2$ oder $p + 4$ durch 3 teilbar und daher keine Primzahl ist (vgl. Aufgabe 13).

Daher nennen wir drei Primzahlen der Form p, $p + 2$ und $p + 6$ *Primzahldrillinge*. So sind beispielsweise die Zahlen 41, 43 und 47 oder 107, 109 und 113 oder auch 10 014 491, 10 014 493 und 10 014 497 Primzahldrillinge. Als **Primzahlvierlinge** definieren wir entsprechend vier Primzahlen der Form p, $p + 2$, $p + 6$ und $p + 8$. Die vier Primzahlen 5, 7, 11 und 13 oder auch 294 311, 294 313, 294 317 und 294 319 sind Primzahlvierlinge.

3.3.3 Primzahllücken

Finden wir also selbst für große Zahlen immer noch zwei, drei oder vier eng benachbarte Primzahlen, so gibt es auf der anderen Seite schon bei relativ kleinen Zahlen ungewöhnlich lange Primzahllücken. So liegen zwischen 1327 und 1361 schon 33 zusammengesetzte Zahlen oder zwischen 370 261 und 370 373 sogar 111 aufeinanderfolgende zusammengesetzte Zahlen. Man kann sogar **Primzahllücken beliebiger Länge** konstruieren, wie der folgende Satz aussagt:

Satz 3.3
Zu jeder Zahl $n \in \mathbb{N}$ gibt es n aufeinanderfolgende zusammengesetzte Zahlen.

Bemerkungen

(1) Beim Beweis benutzen wir das Produkt $1 \cdot 2 \cdot \ldots \cdot n$. Dies wird abgekürzt durch $n!$ (gelesen n *Fakultät*).
Also gilt:

$$
\begin{aligned}
2! &= 1 \cdot 2 && = 2 \\
3! &= 1 \cdot 2 \cdot 3 && = 6 \\
4! &= 1 \cdot 2 \cdot 3 \cdot 4 && = 24 \\
n! &= 1 \cdot 2 \cdot 3 \cdot \ldots \cdot n
\end{aligned}
$$

(2) Um den Satz 3.3 griffiger mit n formulieren zu können und nicht mit $n - 1$ formulieren zu müssen, betrachten wir beim Beweisgang $(n + 1)! = 1 \cdot 2 \cdot \ldots \cdot n \cdot (n + 1)$, also z. B. $(2 + 1)! = 3! = 1 \cdot 2 \cdot 3$ oder $(3 + 1)! = 4! = 1 \cdot 2 \cdot 3 \cdot 4$.

Beweisidee

- $(3 + 1)! + 2 = 4! + 2 = 1 \cdot 2 \cdot 3 \cdot 4 + 2$ ist eine *zusammengesetzte Zahl*; denn $2 \mid (1 \cdot 2 \cdot 3 \cdot 4)$ und $2 \mid 2$, also gilt nach der Summenregel $2 \mid (3 + 1)! + 2$.
- Auch die direkt *nachfolgende* Zahl $(3 + 1)! + 3$ ist eine *zusammengesetzte* Zahl. Sie ist durch 3 teilbar, denn $3 \mid (1 \cdot 2 \cdot 3 \cdot 4)$ und $3 \mid 3$, also nach der Summenregel $3 \mid (3 + 1)! + 3$.
- Auch die hierauf direkt *nachfolgende* Zahl $(3 + 1)! + 4$ ist eine *zusammengesetzte* Zahl. Sie ist durch 4 teilbar, denn $4 \mid (1 \cdot 2 \cdot 3 \cdot 4)$ und $4 \mid 4$, also nach der Summenregel $4 \mid (3 + 1)! + 4$.

Die drei unmittelbar aufeinanderfolgenden Zahlen $(3 + 1)! + 2$, $(3 + 1)! + 3$ und $(3+1)!+4$ sind also ausnahmslos *zusammengesetzte* Zahlen. Für die direkt *davor* liegende Zahl $(3+1)!+1$ sowie die direkt sich *anschließende* Zahl $(3+1)!+5$ können wir offenbar *nicht* analog mit der Summenregel argumentieren.

Im nachfolgenden *allgemeinen* Beweis können wir daher nur für die entsprechenden n Zahlen $(n + 1)! + 2, (n + 1)! + 3, \ldots, (n + 1)! + (n + 1)$ die *stets* zutreffende Aussage machen, dass sie *zusammengesetzte* Zahlen sind, während die direkt davor bzw. direkt dahinter liegende Zahl je nach dem konkreten Zahlenwert n sowohl eine Primzahl als auch eine zusammengesetzte Zahl sein kann.

Beweis

Wir geben konstruktiv n aufeinanderfolgende natürliche Zahlen an, die ausnahmslos für jedes $n \in \mathbb{N}$ zusammengesetzte Zahlen sind.

$(n + 1)! + 2$ ist eine *zusammengesetzte Zahl*, denn $2 \mid (1 \cdot 2 \cdot 3 \cdot \ldots \cdot n \cdot (n + 1))$ und $2 \mid 2$, also gilt nach der Summenregel $2 \mid (n + 1)! + 2$.

$(n + 1)! + 3$ ist ebenfalls eine *zusammengesetzte Zahl*, denn $3 \mid (1 \cdot 2 \cdot 3 \cdot \ldots \cdot n \cdot (n + 1))$ und $3 \mid 3$, also gilt nach der Summenregel $3 \mid (n + 1)! + 3$.

$\vdots$

$(n + 1)! + (n + 1)$ ist ebenfalls eine *zusammengesetzte Zahl*, denn es gilt $(n + 1) \mid (1 \cdot 2 \cdot 3 \cdot \ldots \cdot n \cdot (n + 1))$ und $(n + 1) \mid (n + 1)$, also gilt nach der Summenregel $(n + 1) \mid (n + 1)! + (n + 1)$.

Wir haben hiermit gezeigt, dass für jedes $n \in \mathbb{N}$ gilt: $(n + 1)! + 2, (n + 1)! + 3, \ldots$ $(n + 1)! + (n + 1)$ sind n aufeinanderfolgende, zusammengesetzte Zahlen. $\square$

Nutzen von Satz 3.3

Der *praktische* Nutzen von Satz 3.3 zur effektiven Konstruktion von Primzahllücken ist gering, da $n!$ rasch sehr groß wird. Um mit seiner Hilfe eine primzahlfreie Lücke von 99 Zahlen zu erhalten, müssen wir nämlich die 99 zusammengesetzten Zahlen $100! + 2$, $100! + 3, \ldots, 100! + 100$ betrachten. Diese Zahlen sind aber schon unüberschaubar groß, denn sie enthalten jeweils rund 160 Ziffern. Dagegen existiert – wie weiter oben schon erwähnt – zwischen den beiden nur *sechs*ziffrigen Zahlen 370 261 und 370 373 schon eine Primzahllücke der Länge 111. Dagegen ist der Nutzen von Satz 3.3 für *theoretische* Überlegungen groß, denn wir können aus ihm folgern, dass es beispielsweise eine Million oder auch eine Milliarde aufeinanderfolgende Zahlen gibt, die zusammengesetzte Zahlen – also keine Primzahlen – sind. Infolgedessen gibt es *keinen* Höchstabstand für zwei unmittelbar aufeinanderfolgende Primzahlen.

Trotz dieser Primzahllücken beliebiger Länge kann man Aussagen darüber machen, dass *zwischen* zwei bestimmten natürlichen Zahlen stets garantiert mindestens eine Primzahl liegt. So weiß man, dass für $n > 1$ zwischen jeder natürlichen Zahl n und ihrem Doppelten $2 \cdot n$ stets mindestens eine Primzahl liegt. Eine sehr wahrscheinliche, bislang jedoch noch unbewiesene Vermutung ist ferner die Aussage: Zwischen zwei direkt aufeinanderfolgenden Quadratzahlen liegt stets mindestens eine Primzahl. Leicht beweisen können wir dagegen:

Satz 3.4

Für $n \geq 3$ liegt zwischen n und $n!$ stets mindestens eine Primzahl.

Bemerkung

Wegen $1 = 1!$ und $2 = 2!$ gilt der Satz erst für $n \geq 3$.

Beweis

Wir bilden die Zahl $n! - 1$. Diese ist für $n \geq 3$ stets größer als 1. Daher ist ihr kleinster, von 1 verschiedener Teiler t nach Satz 3.1 stets eine *Primzahl*. Für diesen Teiler t gilt $t \leq n! - 1$, also $t < n!$; gleichzeitig gilt aber auch für diesen Teiler t die Beziehung $t > n$. Wegen $n! = 1 \cdot 2 \cdot 3 \cdot \ldots \cdot n$ teilen nämlich *alle* natürlichen Zahlen, die kleiner oder höchstens gleich n sind, die Zahl $n!$. Speziell für die *Primzahlen* $p \leq n$ gilt diese Aussage also ebenfalls. Diese Primzahlen $p \leq n$ teilen also stets $n!$, daher also *nicht* die um 1 kleinere Zahl $n! - 1$ (vgl. Aufgabe 16). Somit ist die Primzahl t von sämtlichen Primzahlen $p \leq n$ verschieden. Daher muss für diese Primzahl t gelten: $t > n$. Also gibt es in Form des kleinsten, von 1 verschiedenen Teilers t von $n! - 1$ stets eine Primzahl t mit $n < t < n!$.   □

3.4   Wie viele Primzahlen gibt es?

Wir wenden uns jetzt der Frage nach der *Anzahl der Primzahlen* zu. Betrachten wir die natürlichen Zahlen bis 10, so sind die vier Zahlen 2, 3, 5 und 7 Primzahlen – also sind 40 % dieser Zahlen Primzahlen. Unter den Zahlen bis 100 gibt es 25 Primzahlen – 25 % dieser Zahlen sind also Primzahlen. Mit zunehmender Intervalllänge fallen die Primzahlanteile weiter deutlich ab:

Natürliche Zahlen	1–10	1–100	1–1000	1–10 000	1–100 000	1–1 000 000
Primzahlanteile (in %)	40	25	16,8	12,3	9,6	7,8

Hören die Primzahlen schließlich ganz auf?

Auch die folgende Überlegung lässt es plausibel erscheinen, dass mit zunehmender Zahlengröße die Primzahlen immer seltener werden und daher möglicherweise schließlich ganz aufhören: Je größer eine Zahl ist, desto mehr *kleinere* Zahlen gibt es, die alle Teiler dieser Zahl sein können.

Mit einem genial einfachen Beweis zeigte jedoch Euklid schon vor rund 2300 Jahren, dass die Primzahlen *nie* aufhören, dass es also unendlich viele Primzahlen gibt.

Satz 3.5 (Satz von Euklid)

Es gibt unendlich viele Primzahlen.

Beweis

Wir beweisen diesen Satz *indirekt*. Wir gehen von der Annahme aus, dass es nur endlich viele Primzahlen gibt, nämlich die Primzahlen $p_1, p_2, \ldots, p_n$. Wir bilden das Produkt $p_1 \cdot p_2 \cdot \ldots \cdot p_n$ und addieren 1 hinzu. Die so erhaltene Zahl nennen wir im Folgenden kurz a, also $a := p_1 \cdot p_2 \cdot \ldots \cdot p_n + 1$ mit $a > 1$. Die n Primzahlen $p_1, p_2, \ldots, p_n$ sind *keine* Teiler von a, da a bei Division durch jede von ihnen jeweils den Rest 1 lässt. Wegen Satz 3.1 ist jedoch der kleinste Teiler $t \neq 1$ von a stets eine Primzahl. Diese Primzahl ist als Teiler von a von den n Primzahlen $p_1, p_2, \ldots, p_n$ verschieden, da diese a *nicht* teilen. Also gibt es mindestens eine *weitere* Primzahl. Dies ist jedoch ein *Widerspruch* zu unserer Annahme. Also gibt es unendlich viele Primzahlen.   □

Aus Satz 3.5 können wir unmittelbar folgern:

Zu jeder noch so großen Primzahl gibt es stets eine weitere Primzahl, die größer ist. Daher gibt es *keine* größte Primzahl.

Das Faszinierende am Beweis von Satz 3.5 ist, dass er genial einfach ist und zugleich exemplarisch sehr gut die Stärken mathematischer Argumentation aufzeigt. Selbst im gegenwärtigen Computerzeitalter können wir nämlich diesen Satz durch noch so systematisches Ausprobieren mit den leistungsstärksten Computern *nicht* beweisen. Wir können so zwar immer wieder im Laufe der Zeit – nach unseren bisherigen Erfahrungen – vermutlich eine größere Primzahl finden, wir können aber so nicht begründen, dass es keine größte Primzahl gibt.

Bemerkungen

(1) Der Beweis ist *konstruktiv*. Wir erhalten so nämlich ein handfestes „Rezept" zur Konstruktion neuer Primzahlen.

(2) Oft wird beim Beweisgang *fehlerhaft* angenommen, dass das Produkt der gegebenen Primzahlen vergrößert um 1 selbst stets eine *Primzahl* ist. Eine Analyse der Produkte der ersten Primzahlen kann leicht diese falsche Annahme festigen:

$$2 \cdot 3 \qquad\qquad + 1 = 7 \qquad\qquad 7 \qquad \text{ist eine neue Primzahl.}$$

$$2 \cdot 3 \cdot 5 \qquad\quad + 1 = 31 \qquad\quad 31 \qquad \text{ist eine neue Primzahl.}$$

$$2 \cdot 3 \cdot 5 \cdot 7 \qquad + 1 = 211 \qquad 211 \qquad \text{ist eine neue Primzahl.}$$

$$2 \cdot 3 \cdot 5 \cdot 7 \cdot 11 + 1 = 2311 \qquad 2311 \quad \text{ist eine neue Primzahl.}$$

Die Zahlen werden allmählich ziemlich groß. Die Überprüfung, ob sie Primzahlen sind, ist ohne Computerhilfe mühselig. Die Vermutung liegt nahe, dass wir so stets eine neue Primzahl erhalten. Betrachten wir jedoch das Produkt der ersten sechs Primzahlen, so erhalten wir:

$$2 \cdot 3 \cdot 5 \cdot 7 \cdot 11 \cdot 13 + 1 = 30\,031 = 59 \cdot 509$$

30 031 ist also eine *zusammengesetzte* Zahl. Über den kleinsten Teiler $t \neq 1$, nämlich 59, erhalten wir jedoch auch in diesem Fall eine weitere Primzahl.

(3) Euklid hat den Satz 3.5 formuliert in der Form: „Es gibt mehr Primzahlen als jede vorgelegte Anzahl von Primzahlen." Das Wort *unendlich* kommt wegen möglicher Fallstricke bewusst nicht vor. Diese Auffassung vom Unendlichen (... mehr als jede vorgelegte Anzahl von ...) bezeichnet man als die des *potenziell* („möglichen") Unendlichen. Heute kennen wir diese Fallstricke besser. Daher formulieren wir oft kürzer: „Es gibt unendlich viele Primzahlen." Diese Auffassung vom Unendlichen bezeichnet man heute als die des *aktual* („tatsächlich vorhandenen") Unendlichen.

3.5 Primzahlformeln

Viele mathematisch Interessierte haben schon seit langen Zeiten nach *Primzahlformeln* gesucht – also nach Formeln, die im Idealfall **sämtliche Primzahlen der Reihe nach** liefern. Dieses jahrtausendelange Suchen war allerdings bis heute erfolglos, und es ist wegen der sehr unregelmäßigen Verteilung der Primzahlen auch äußerst unwahrscheinlich, dass man jemals eine derartige Formel finden wird.

Lässt sich wenigstens eine Formel angeben, die beim Einsetzen **ausschließlich Primzahlen** liefert, wenn auch *nicht* sämtliche und erst recht nicht der Reihe nach? Mit vielen, mühseligen Rechnungen hat man schon *vor* dem Computerzeitalter *quadratische* Funktionen gefunden, die viele Primzahlwerte annehmen. So liefert $f(n) = n^2 - 79n + 1601$ beim Einsetzen der 80 Zahlen 0, 1, 2, 3, ..., 79 ständig Primzahlen (wenn auch mit Wiederholungen), versagt jedoch erstmalig bei $n = 80$. Diese „Formel" ist also noch weit von der geforderten Idealformel entfernt, die bei Einsetzung *sämtliche* Primzahlen der Reihe nach liefert.

Statt mit quadratischen Funktionen könnte man nun versuchen, mithilfe von *kubischen* Funktionen, allgemein mithilfe von Funktionen vom Grad n, Primzahlformeln aufzustellen, die erfolgreicher arbeiten. Bei all diesen Versuchen kann uns **nie ein voller Erfolg** beschieden sein; denn wir beweisen jetzt mit relativ leichten mathematischen Mitteln, dass es eine einfache Formel der gewünschten Art in Form eines Polynoms $P(x) = a_n \cdot x^n + a_{n-1} \cdot x^{n-1} + \ldots + a_1 \cdot x + a_0$ mit den Koeffizienten $a_i \in \mathbb{Z}$ (für $i = 0, 1, \ldots, n$) und $a_n \neq 0$ nicht geben kann. Der folgende Beweis zeigt ebenfalls wieder die Leistungsfähigkeit mathematischer Argumentationen gut auf. Obige Aussage kann nämlich offenkundig durch Probieren mit noch so leistungsstarken Computern *nicht* vollständig bewiesen werden.

Satz 3.6

Es existiert kein Polynom $P(x) = a_n \cdot x^n + \ldots + a_1 \cdot x + a_0$ vom Grad $n \geq 1$ mit $a_i \in \mathbb{Z}$ (für $i = 0, 1, \ldots, n$), das für alle $x \in \mathbb{Z}$ Primzahlwerte annimmt.

Bemerkung

Wir fordern $n \geq 1$, um den uninteressanten Fall $P(x) = a_0$ auszuschließen; denn jedes Polynom $P(x) = a_0$ nimmt, falls a_0 Primzahl ist, für alle $x \in \mathbb{Z}$ trivialerweise Primzahlwerte, nämlich die Primzahl a_0, an.

Beweis

Wir zeigen, dass jedes Polynom von der in Satz 3.6 geforderten Art (mindestens) eine Nicht-Primzahl als Wert annimmt. Ist $P(0) = a_0$ keine Primzahl, sind wir schon fertig. Anderenfalls, falls also $P(0) = a_0 = p$ und p eine Primzahl ist, folgt für alle $m \in \mathbb{N}$:

$$
\begin{aligned}
P(m \cdot p) &= a_n \cdot (m \cdot p)^n + a_{n-1} \cdot (m \cdot p)^{n-1} + \ldots + a_1 \cdot (m \cdot p) + a_0 \\
&= p \cdot A(m) &&+ a_0 \\
&= p \cdot A(m) &&+ p \\
&= p \cdot (A(m) + 1) \\
\text{mit } A(m) &= \sum_{i=1}^{n} a_i\, p^{i-1} m^i
\end{aligned}
$$

Wegen $n \geq 1$ und $a_n \neq 0$ gibt es nur endlich viele m, für die $A(m) = 0$; denn ein Polynom n-ten Grades besitzt nach dem sogenannten Fundamentalsatz der Algebra (vgl. Padberg u. a. [20], S. 229 ff.) höchstens n Nullstellen. Also gibt es (mindestens) ein $m \in \mathbb{N}$, sodass $P(m \cdot p)$ eine Nicht-Primzahl ist. $\qquad \square$

Obiger Satz ergibt, dass der Versuch, mithilfe von Polynomen Primzahlformeln aufzustellen, die *ausschließlich* Primzahlen liefern, nicht erfolgreich sein kann. Das Bemühen um eine entsprechende Formel, die *nur* Primzahlen liefert, hat also zu keinem Erfolg geführt. Man wird daher die Erwartungen reduzieren und sich fragen, ob es **Formeln** gibt, die zwar nicht ausschließlich Primzahlen, aber wenigstens doch **unendlich viele Primzahlen** liefern.

Offensichtlich gibt es schon Polynome vom Grad $n = 1$, die diese Forderung erfüllen. So nehmen schon $P(x) = x$ und $P(x) = 2 \cdot x + 1$ beim Einsetzen von $x \in \mathbb{N}_0$ unendlich viele verschiedene Primzahlwerte an. Auf der anderen Seite kann man aber auch leicht Polynome vom Grad 1 angeben, die beim Einsetzen von $x \in \mathbb{N}_0$ nur eine oder sogar keine Primzahl als Wert annehmen. So liefern beispielsweise $P(x) = 4 \cdot x + 2$ nur für $x = 0$ eine Primzahl oder $P(x) = 2 \cdot x + 4$ für kein $x \in \mathbb{N}_0$ Primzahlen. Einen völligen Überblick über die Anzahl von Primzahlen, die **Polynome der Form $\mathbf{a \cdot x + b}$** mit $a, b \in \mathbb{N}$ für $x \in \mathbb{N}_0$ annehmen, vermitteln die beiden folgenden Sätze:

Satz 3.7

Haben im Polynom $P(x) = a \cdot x + b$ mit $a, b \in \mathbb{N}$, $x \in \mathbb{N}_0$ die Zahlen a und b mindestens einen von 1 verschiedenen gemeinsamen Teiler, so kann $P(x)$ *höchstens eine* Primzahl als Funktionswert annehmen.

Beweis

Der von 1 verschiedene gemeinsame Teiler von a und b teilt mit a auch $a \cdot x$ und damit nach der Summenregel auch $a \cdot x + b$. Daher liefert $a \cdot x + b$ ständig zusammengesetzte Zahlen als Funktionswerte bis auf eine mögliche Ausnahme: Ist b eine Primzahl, dann gilt $P(0) = b$. Das Polynom nimmt also in diesem Fall eine Primzahl als Funktionswert an.   □

Beispiel

$P(x) = 6 \cdot x + 3$, 3 teilt 6 und 3, ist also ein gemeinsamer Teiler von 6 und 3. $P(0) = 6 \cdot 0 + 3 = 3$. $P(x) = 6 \cdot x + 3$ nimmt also genau eine Primzahl als Funktionswert an, nämlich die 3.   ■

Satz 3.8

Haben im Polynom $P(x) = a \cdot x + b$ mit $a, b \in \mathbb{N}$, $x \in \mathbb{N}_0$ die Zahlen a und b nur 1 als gemeinsamen Teiler, so nimmt $P(x)$ *unendlich oft* Primzahlen als Funktionswerte an.

Satz 3.8 hat schon Dirichlet (1805–1859) bewiesen. Da man zum Beweis jedoch umfangreiche Hilfsmittel aus der Analysis benötigt, kann der Satz hier nicht bewiesen werden. In einigen *Spezialfällen* kann man jedoch die Gültigkeit von Satz 3.8 leicht einsehen, so beispielsweise für $a = 2$ und $b = 1$. Alle Primzahlen außer 2 sind nämlich ungerade Zahlen, also nimmt $P(x) = 2 \cdot x + 1$ für $x \in \mathbb{N}_0$ unendlich oft Primzahlen als Funktionswerte an. Leicht ist auch der Nachweis beispielsweise für $a = 6$ und $b = 5$ (vgl. Padberg [19], S. 83) oder für $a = 3$ und $b = 2$ (vgl. Remmert/Ullrich [30], S. 78).

Durch die Sätze 3.7 und 3.8 überschauen wir die **Polynome vom Grad 1** hinsichtlich ihrer Primzahlanzahlen völlig. Entsprechendes gilt jedoch nicht mehr für die **Polynome vom Grad 2**. So wissen wir nicht einmal, ob das einfachste quadratische Polynom $P(x) = x^2 + 1$ für $x \in \mathbb{N}_0$ unendlich viele Primzahlen liefert.

Bemerkung

Wir haben in diesem Abschnitt nur Primzahlformeln auf Polynom-Basis betrachtet. Natürlich könnten Primzahlformeln auch von anderer Bauart sein.

3.6 Primzahlsatz

Genauere Angaben über die Anzahl – und damit indirekt auch über die Verteilung – der Primzahlen $p \leq n$ für genügend große $n \in \mathbb{N}$ macht der berühmte Primzahlsatz. Die Anzahl $\pi(n)$ der Primzahlen p mit $p \leq n$ wird mit wachsendem n immer „genauer" durch die Zahl $\frac{n}{\ln n}$ beschrieben. Hierbei bezeichnet $\ln n$ den Logarithmus zur Basis e. Genauer gilt

Satz 3.9 (Primzahlsatz)

Mit $\pi(n)$ bezeichnet man die Anzahl der Primzahlen p mit $p \leq n$. Dann gilt:

$$\lim_{n \to \infty} \frac{\pi(n)}{\frac{n}{\ln n}} = 1$$

Ein Beweis dieses Satzes ist an dieser Stelle nicht möglich (vgl. jedoch Scheid [34], S. 335–354). Die enge Beziehung zwischen $\pi(n)$ und $\frac{n}{\ln n}$ haben schon Gauß (1777–1855) und Legendre (1752–1833) auf der Grundlage ihnen vorliegender Primzahltabellen bis zu 1 Million unabhängig voneinander vermutet. Ein Beweis gelang ihnen jedoch nicht, er wurde erst rund 100 Jahre später (1896) erbracht. Ein „elementarer" Beweis ohne Hilfsmittel aus der komplexen Analysis wurde sogar erst in der Mitte des vorigen Jahrhunderts (1948) gefunden.

3.7 Jagd nach Primzahlrekorden

Eine *sehr ergiebige* **Internetadresse** für große Primzahlen und Primzahlrekorde ist:

$\Longrightarrow$ https://primes.utm.edu

Hier findet man u. a.

- einen Überblick zur Entwicklung der größten bekannten Primzahlen seit dem 16. Jahrhundert bis heute;
- Informationen zur größten, zurzeit bekannten Primzahl.

Viele Hinweise liefern auch die beiden Bände von Ribenboim ([32], [31]).

Eine starke Motivation für die fortgesetzte, spannende Jagd nach ständig größeren Primzahlen liefert der Satz von Euklid (Satz 3.5), der uns garantiert, dass die Jagd nie zu Ende geht. Einen sehr hohen Anteil an den größten Primzahlen haben natürliche Zahlen, die speziell in der Form $2^n - 1$ geschrieben werden können. Nach dem französischen Mönch und Zahlentheoretiker Mersenne (1588–1648) werden sie **Mersenne-Zahlen** genannt. Sind sie speziell Primzahlen, nennt man sie **Mersenne-Primzahlen** (vgl. Abschn. 3.8). Bei Mersenne-Zahlen kann wegen ihrer speziellen Form besonders leicht überprüft werden, ob sie Primzahlen sind. Nicht nur Mathematiker, sondern auch „Amateure" beteiligen sich heute im Rahmen des seit 1996 bestehenden *GIMPS-Projektes* (GIMPS: Great Internet Mersenne Prime Search) an der Suche nach immer größeren Mersenne-Primzahlen (vgl. www.mersenne.org). „Amateure" können an dieser Jagd teilnehmen, weil es eine hervorragende, kostenlose Software gibt, die leicht zu installieren und zu benutzen ist. Sie verlangt vom Benutzer kaum mehr als aufzupassen, ob eine größere Mersenne-Primzahl gefunden wird. So wurde beispielsweise der Rekord Anfang 2005 von einem deutschen Arzt mit Namen Nowak gehalten, der sich im Rahmen des GIMPS-Projektes mit seinen Computern an dieser Primzahlsuche beteiligt.

Wie rasch und gewaltig seit Beginn des Computerzeitalters der Primzahlrekord nach oben getrieben wurde, vermittelt die folgende Tabelle (Auswahl nach: primes.utm.edu und primzahlen.de):

Zahl	Ziffern (Anzahl)	Entdeckung (Jahr)
$2^{17} - 1$ $(= 131\,071)$	6	1588
$2^{19} - 1$ $(= 524\,287)$	6	1588
$2^{31} - 1$ $(= 2\,147\,483\,647)$	10	1772 (Euler)
$2^{59} : 179\,951$ $(= 3\,203\,431\,780\,337)$	13	1867
$2^{127} - 1$	39	1876 (Lucas)
$(2^{148} + 1) : 17$	44	1951
$2^{521} - 1$	157	1952
$2^{3217} - 1$	969	1957
$2^{4423} - 1$	1332	1961
$2^{23\,209} - 1$	6987	1979
$2^{44\,497} - 1$	13\,395	1979
$2^{216\,091} - 1$	65\,050	1985
$2^{756\,839} - 1$	227\,832	1992
$2^{3\,021\,377} - 1$	909\,526	1998
$2^{13\,466\,917} - 1$	4\,053\,946	2001
$2^{25\,964\,951} - 1$	7\,816\,230	2005
$2^{30\,402\,457} - 1$	9\,152\,052	2005
$2^{32\,582\,657} - 1$	9\,808\,358	2006
$2^{43\,112\,609} - 1$	12\,978\,189	2008
$2^{57\,885\,161} - 1$	17\,425\,170	2013
$2^{74\,207\,281} - 1$	22\,338\,618	2016
$2^{77\,232\,917} - 1$	23\,249\,425	2017

Während die 1876 von Lucas gefundene 39-ziffrige Primzahl $2^{127} - 1$ glatt 75 Jahre(!) lang bis 1951 Weltrekord blieb, purzeln seitdem durch den Einsatz von Computern die Primzahlrekorde im raschen Takt. Die Anzahl ihrer Ziffern geht gleichzeitig steil nach oben.

Zur Verdeutlichung der gewaltigen Größe der größten gegenwärtig bekannten Primzahl (Stand: 02.03.2018) notieren wir in *jedes* Kästchen einer DIN-A4-Seite karierten Papiers eine Ziffer. So können wir pro DIN-A4-Seite rund 2400 Ziffern unterbringen. Wir benötigen dann fast 10 000(!) Seiten, um die größte Primzahl (Stand: 02.03.2018) aufzuschreiben.

3.8   Vollkommene Zahlen

Primzahlen der Form $2^p - 1$ (mit p Primzahl), also **Mersenne-Primzahlen**, spielen bei der Jagd nach **Primzahlrekorden**, wie wir schon in Abschn. 3.7 gesehen haben, eine zentrale Rolle. Wegen ihrer speziellen Form kann man nämlich relativ leicht überprüfen, ob Zahlen der Form $2^p - 1$ Primzahlen sind. Hier in Abschn. 3.8 werden wir feststellen, dass die Mersenne-Primzahlen daneben auch im Zusammenhang mit sogenannten **vollkommenen Zahlen** (vgl. Definition 3.2) eine wichtige Rolle spielen. Daher ist es naheliegend, die vollkommenen Zahlen an dieser Stelle zu thematisieren.

Vollkommene Zahlen faszinieren viele Mathematiker schon seit Jahrhunderten. Dennoch waren lange Zeit nur wenige vollkommene Zahlen bekannt. Erst im Computerzeitalter gelingt es, ihre Anzahl auf zurzeit 50 (Stand: 02.03.2018) langsam höher zu schrauben. Ob es neben geraden auch *ungerade* vollkommene Zahlen gibt, ist bis heute noch eine offene Forschungsfrage.

Beispiele
Die Zahl 6 besitzt die Teiler 1, 2, 3 und 6. Addieren wir die Teiler, so erhalten wir:

$$1 + 2 + 3 + 6 = 12 = 2 \cdot 6$$

Gibt es *weitere* Zahlen, für die ebenfalls dieser sehr spezielle Zusammenhang gilt? Zur Abkürzung der Sprechweise bezeichnen wir die Summe aller Teiler einer natürlichen Zahl n mit dem Symbol $\sigma(n)$. Es gilt also $\sigma(6) = 2 \cdot 6$.

Betrachten wir die Zahl 28, die 1, 2, 4, 7, 14, 28 als Teiler hat, so gilt auch hier:

$$\sigma(28) = 1 + 2 + 4 + 7 + 14 + 28 = 56 = 2 \cdot 28$$

Dagegen gilt bei 15:

$$\sigma(15) = 1 + 3 + 5 + 15 = 24 < 2 \cdot 15$$

oder bei 12:

$$\sigma(12) = 1 + 2 + 3 + 4 + 6 + 12 = 28 > 2 \cdot 12$$

Offensichtlich können wir alle natürlichen Zahlen in drei Klassen einteilen. Wir definieren daher:

Definition 3.2
Wir nennen eine natürliche Zahl n **vollkommen**, wenn die Summe ihrer positiven Teiler gleich $2 \cdot n$ ist, d. h. wenn $\sigma(n) = 2 \cdot n$. Wir nennen sie **defizient**, wenn $\sigma(n) < 2 \cdot n$, und **abundant**, wenn $\sigma(n) > 2 \cdot n$.   ♦

Vollkommene Zahlen gibt es nur äußerst wenige, ebenso wie es nur sehr wenige vollkommene Menschen gibt. Hiermit begründete Mersenne diese Benennung. Wir untersuchen im Folgenden die vollkommenen Zahlen genauer. Die *geraden* vollkommenen Zahlen lassen sich vollständig durch den Satz von Euklid-Euler charakterisieren (vgl. Satz 3.13). Wir beweisen hierzu zunächst:

Satz 3.10
Ist $2^p - 1$ eine Primzahl, dann ist $2^{p-1} \cdot (2^p - 1)$ eine vollkommene Zahl.

Beispiele

- Für $p = 2$ ist $2^2 - 1 = 3$ eine Primzahl, folglich ist nach Satz 3.10 die Zahl $n = 2^{2-1} \cdot (2^2 - 1) = 2 \cdot 3 = 6$ eine vollkommene Zahl.
- Für $p = 3$ ist $2^3 - 1 = 7$ eine Primzahl. Wir erhalten die vollkommene Zahl $n = 2^2 \cdot (2^3 - 1) = 28$.
- Da für $p = 4$ die Zahl $2^4 - 1 = 15$ keine Primzahl ist, können wir nach Satz 3.10 – vergleiche jedoch Satz 3.13 – keine Aussage über $n = 2^3 \cdot (2^4 - 1) = 8 \cdot 15 = 120$ machen.
- Für $p = 5$ ist $2^5 - 1 = 31$ eine Primzahl, also ist $2^4 \cdot 31 = 496$ eine vollkommene Zahl.
- $p = 6$ scheidet wie $p = 4$ zunächst aus dieser Betrachtung aus (vergleiche jedoch Satz 3.13).
- Für $p = 7$ ist $2^7 - 1 = 127$ eine Primzahl, also ist $2^6 \cdot 127 = 8128$ eine vollkommene Zahl.   ∎

Bemerkung
Wir werden in Satz 3.11 zeigen, dass $2^p - 1$ höchstens dann eine Primzahl ist, wenn der *Exponent p* eine *Primzahl* ist. Daher benennen wir schon hier den Exponenten durch p.

Beweis
Die Zahl n habe die Form

$$n = 2^{p-1} \cdot (2^p - 1),$$

wobei $2^p - 1$ eine Primzahl sei.

2^{p-1} und $2^p - 1$ sind *teilerfremd*, da 2^{p-1} eine Zweierpotenz ist, während $2^p - 1$ als ungerade Primzahl keine 2 als Teiler enthält.

$2^p - 1$ besitzt als Primzahl nur die Teiler 1 und $2^p - 1$, also

$$T(2^p - 1) = \{1, 2^p - 1\},$$

2^{p-1} besitzt die Teilermenge

$$T(2^{p-1}) = \{1, 2, 2^2, \ldots, 2^{p-1}\}.$$

Wir erhalten alle Teiler von $n = 2^{p-1} \cdot (2^p - 1)$, indem wir die Teiler von $2^p - 1$ der Reihe nach mit den Teilern von 2^{p-1} multiplizieren, also

$$T(n) = \{1, 2, 2^2, \ldots, 2^{p-1}, 2^p - 1, (2^p - 1) \cdot 2, (2^p - 1) \cdot 2^2, \ldots, (2^p - 1) \cdot 2^{p-1}\}.$$

Die Addition der Teiler ergibt:

$$\begin{aligned}
\sigma(n) &= (1 + 2^1 + 2^2 + \ldots + 2^{p-1}) + (2^p - 1) \cdot (1 + 2^1 + 2^2 + \ldots + 2^{p-1}) \\
&= (1 + 2^p - 1) \cdot (1 + 2^1 + 2^2 + \ldots + 2^{p-1}) \\
&= 2^p \cdot (1 + 2^1 + 2^2 + \ldots + 2^{p-1})
\end{aligned}$$

Da die geometrische Reihe $1 + 2^1 + 2^2 + \ldots + 2^{p-1}$ das Anfangsglied $a_1 = 1$ und den Faktor $q = 2$ hat, besitzt sie den Summenwert $s = 1 \cdot \frac{2^p - 1}{2 - 1} = 2^p - 1$.

Folglich erhalten wir:

$$\sigma(n) = 2^p \cdot (2^p - 1) = 2 \cdot [2^{p-1} \cdot (2^p - 1)] = 2 \cdot n,$$

also ist n eine vollkommene Zahl. $\qquad\square$

Bemerkung

Wir erkennen im Rückblick, dass die Voraussetzung, dass $2^p - 1$ eine Primzahl ist, wesentlich für die Beweisführung ist.

Um mithilfe von Satz 3.10 vollkommene Zahlen bestimmen zu können, müssen wir wissen, für welche Werte von p die Zahl $2^p - 1$ eine Primzahl ist. Wie die Beispiele $p = 4$ und $p = 6$ zeigen, ergibt $2^p - 1$ keineswegs stets eine Primzahl. Genauer gilt:

Satz 3.11

$2^p - 1$ ist *höchstens dann* eine Primzahl, wenn p eine Primzahl ist.

Bemerkung

Die schwache Formulierung *höchstens dann* besagt, dass $2^p - 1$ selbst dann nicht immer eine Primzahl ist, wenn wir für p Primzahlen einsetzen (so gilt beispielsweise $2^{11} - 1 = 2047 = 23 \cdot 89$), dass $2^p - 1$ jedoch sicher dann *keine* Primzahl ist, wenn p eine zusammengesetzte Zahl ist.

Beweis

Sei p eine **zusammengesetzte Zahl** und es gelte:

$p = a \cdot b$ mit $1 < a < p$ und $1 < b < p$. Wir erhalten: $2^p - 1 = 2^{a \cdot b} - 1 = (2^a)^b - 1 = (2^a - 1) \cdot (2^{a \cdot (b-1)} + 2^{a \cdot (b-2)} + \ldots + 2^a + 1)$

Die vorstehende Identität, durch die $2^p - 1$ in zwei Faktoren zerlegt wird, kann man unmittelbar durch Ausmultiplizieren verifizieren; alle Glieder der algebraischen Summe heben sich gegenseitig auf bis auf $2^a \cdot 2^{a \cdot (b-1)} = 2^{a \cdot b}$ und $(-1) \cdot 1 = -1$.

Da beide Faktoren größer als 1 sind, ist $2^p - 1$ eine zusammengesetzte Zahl, also **keine Primzahl**. $\square$

Wesentlich später, nämlich erst im 18. Jahrhundert, wurde durch Euler die *Umkehrung* des Satzes 3.10 bewiesen:

Satz 3.12 (Satz von Euler)
Ist n eine gerade, vollkommene Zahl, so hat n die Form $n = 2^{p-1} \cdot (2^p - 1)$, wobei $2^p - 1$ eine Primzahl ist.

Beweis
n sei eine gerade, vollkommene Zahl. Da n gerade ist, kann man n zerlegen in

$$n = 2^{p-1} \cdot u.$$

Hier sei u eine ungerade Zahl, also muss $p > 1$ sein. Ferner sei $p - 1$ der maximale Exponent von 2. Es gilt $u > 1$, da n im Fall $u = 1$ von der Form $n = 2^{p-1}$ und darum wegen $\sigma(2^{p-1}) = 2^p - 1 \neq 2 \cdot 2^{p-1}$ keine vollkommene Zahl wäre. (Ein Beispiel verdeutliche die Zerlegung: $28 = 4 \cdot 7 = 2^2 \cdot 7$, also gilt hier: $p - 1 = 2$, $u = 7$.)

Wie wir im folgenden Kap. 4 beweisen, ist wegen des Hauptsatzes der Elementaren Zahlentheorie (Satz 4.2) die Primfaktorzerlegung natürlicher Zahlen $a > 1$ eindeutig. Daher haben alle Teiler von n wegen der Eindeutigkeit der Primfaktorzerlegung die Form $2^i \cdot d$ mit $d \mid u$ und $0 \leq i \leq p - 1$. Als Summe $\sigma(n)$ aller Teiler von $n = 2^{p-1} \cdot u$ ergibt sich:

$$\sigma(n) = \sigma(u) \cdot (2^0 + 2^1 + 2^2 + \ldots + 2^{p-1}) = \sigma(u) \cdot (2^p - 1)$$

Da n eine vollkommene Zahl ist, gilt außerdem:

$$\sigma(n) = 2 \cdot n = 2 \cdot 2^{p-1} \cdot u = 2^p \cdot u$$

Wir erhalten folglich:

$$(1) \quad \sigma(u) \cdot (2^p - 1) = 2^p \cdot u$$

$\sigma(u)$ ist definiert als die Summe aller positiven Teiler von u (einschließlich u), also gilt für alle $u > 1 : \sigma(u) > u$. Wir können also schreiben: $\sigma(u) = u + s$ mit $s > 0$. Wir erhalten aus (1) durch Einsetzen:

$$(u + s) \cdot (2^p - 1) = 2^p \cdot u \text{ bzw. } u \cdot 2^p + s \cdot 2^p - u - s = 2^p \cdot u,$$

also:

$$(2) \quad u = (2^p - 1) \cdot s$$

Aus (2) folgt:

$$s \mid u \text{ und } s < u$$

Dann muss aber wegen $\sigma(u) = u + s$ offensichtlich $s = 1$ gelten, also

$$\sigma(u) = u + 1.$$

Wäre nämlich der Teiler s von u größer als 1, besäße u minimal die Teiler $1, s, u$ im Widerspruch zur Annahme $\sigma(u) = u + s$.

Aus $\sigma(u) = u + 1$ folgt: u ist Primzahl, denn jede zusammengesetzte Zahl besitzt ja neben den trivialen Teilern 1 und u mindestens einen weiteren Teiler, also wäre dann $\sigma(u) > u + 1$.

Also ist $u = (2^p - 1) \cdot 1$ Primzahl, und die gerade vollkommene Zahl n besitzt die Darstellung

$$n = 2^{p-1} \cdot (2^p - 1),$$

wobei $2^p - 1$ Primzahl ist. □

Die Zusammenfassung von Satz 3.10 und Satz 3.12 ergibt:

Satz 3.13 (Satz von Euklid-Euler)
Eine gerade Zahl n ist genau dann vollkommen, wenn n die Form $n = 2^{p-1} \cdot (2^p - 1)$ hat und $2^p - 1$ eine Primzahl ist.

Bemerkung
Wir erhalten also **sämtliche geraden vollkommenen Zahlen**, indem wir systematisch in $2^p - 1$ Primzahlen p der Reihe nach einsetzen und überprüfen, ob das Ergebnis eine Primzahl, also eine Mersenne-Primzahl ist. Dann müssen wir diese Mersenne-Primzahlen nur noch jeweils mit 2^{p-1} multiplizieren. Wie wir im Anschluss von Satz 3.10 schon gesehen haben, sind $2^2 - 1 = 3$, $2^3 - 1 = 7$, $2^5 - 1 = 31$ und $2^7 - 1 = 127$ Primzahlen und wir erhalten so die ersten vier vollkommenen Zahlen $6 = 2^1 \cdot 3$, $28 = 2^2 \cdot 7$, $496 = 2^4 \cdot 31$ und $8128 = 2^6 \cdot 127$. Aber auch die Primzahlen $13, 17, 19, 31, 61, 89, 107$ und 127 ergeben bei Einsetzung in $2^p - 1$ Primzahlen, also Mersenne-Primzahlen, und liefern somit über $2^{p-1} \cdot (2^p - 1)$ die nächsten acht vollkommenen Zahlen.

Wie wir schon im vorhergehenden Abschn. 3.7 gesehen haben, ist die Größe der größten bekannten Mersenne-Primzahl mit dem Einsatz von Computern seit Mitte der 1950er-Jahre gewaltig in die Höhe geschnellt und damit auch die größte bekannte vollkommene Zahl. Anfang 2018 kennt man insgesamt 50 vollkommene Zahlen. Die zurzeit größte vollkommene Zahl lässt sich aus der Ende 2017 entdeckten Mersenne-Primzahl $2^{77\,232\,917} - 1$, die rund 23 Millionen Ziffern besitzt (vgl. Abschn. 3.7), berechnen. Den jeweils aktuellen

Stand der größten bekannten Mersenne-Primzahl – und damit auch der größten bekannten vollkommenen Zahl – sowie viele weitere interessante Informationen liefern folgende **Internetadressen:**

$\Longrightarrow$ https://primes.utm.edu
$\Longrightarrow$ www.mersenne.org
$\Longrightarrow$ www.primzahlen.de

Hier findet man auch Hinweise auf weiterführende Literatur.

Satz 3.13 macht keine Aussagen über **ungerade vollkommene Zahlen**. Ja, es ist unbekannt, ob es überhaupt ungerade vollkommene Zahlen gibt. Es sind lediglich stark einschränkende Bedingungen bekannt. So muss eine eventuell existierende ungerade vollkommene Zahl auf jeden Fall größer als 10^{300} sein (vgl. Brent u. a. [4]).

In einigen leichten Fällen kann man direkt nachweisen, dass bestimmte Mengen *ungerader* Zahlen *keine* vollkommenen Zahlen enthalten.

Satz 3.14
Primzahlen und Primzahlpotenzen p^n mit $n > 1$ sind nie vollkommene Zahlen.

Beweis

(1) Wenn p eine Primzahl ist, so hat p die Teiler 1 und p. Also gilt: $\sigma(p) = p + 1 < 2 \cdot p$.
Folglich kann eine Primzahl nie eine vollkommene Zahl sein.
(2) Wenn p^n mit $n > 1$ eine Primzahlpotenz ist, so gilt:

$$T(p^n) = \{1, p, p^2, \ldots, p^{n-1}, p^n\}$$

Wir erhalten:

$$\sigma(p^n) = p^n + (1 + p + \ldots + p^{n-1}) = p^n + \frac{p^n - 1}{p - 1} < p^n + p^n = 2 \cdot p^n,$$

folglich kann auch eine Primzahlpotenz nie eine vollkommene Zahl sein. $\qquad\square$

3.9   Einige offene Primzahlprobleme

Wir beenden dieses Kapitel mit kurzen Hinweisen auf einige heute noch offene Primzahlprobleme. Charakteristisch für die ausgewählten Probleme ist, dass sie zwar leicht zu formulieren und zu verstehen, aber offenbar dennoch nur äußerst schwer zu beweisen sind. Grundlage für die folgende Darstellung ist die *Internetadresse*

$\Longrightarrow$ https://primes.utm.edu

Goldbachsche Vermutung (vgl. auch Abschn. 1.1)
Jede gerade Zahl größer als 2 lässt sich als Summe von zwei Primzahlen darstellen.
  Gleichwertig hierzu ist nach *Euler* die Aussage:
  Jede natürliche Zahl größer als 5 lässt sich als Summe von drei Primzahlen darstellen.
  Die Goldbachsche Vermutung ist auch **gleichwertig** zu der Aussage:
  Jede natürliche Zahl größer als 17 lässt sich als Summe von drei verschiedenen Primzahlen darstellen.
  Bewiesen ist inzwischen:

- Jede gerade Zahl lässt sich als Summe von höchstens sechs Primzahlen darstellen.
- Jede „hinreichend große" gerade Zahl lässt sich als Summe aus einer Primzahl und einer natürlichen Zahl mit nicht mehr als zwei Primfaktoren in ihrer Primfaktorzerlegung darstellen.

Durch starken Rechnereinsatz ist bislang nachgewiesen, dass die Goldbachsche Vermutung für alle geraden Zahlen bis 400 Billiarden ($4 \cdot 10^{17}$) zutrifft.

Goldbachsche Vermutung für ungerade Zahlen
Jede ungerade Zahl größer als 5 lässt sich als Summe von drei Primzahlen darstellen.
  Beim Beweis dieser Vermutung gibt es bislang schon gute Fortschritte. 1937 wurde gezeigt, dass diese Aussage für „hinreichend große" ungerade Zahlen wahr ist. 1956 wurde gezeigt, dass die ungeraden Zahlen größer als $3^{3^{15}}$ sein müssen, und 1989, dass sie „nur" noch größer als $10^{43\,000}$ sein müssen. Allerdings muss der Exponent von 10 noch sehr stark verkleinert werden, bevor alle kleineren Zahlen mit massivem Computereinsatz überprüft werden können.

- **Offene Frage: Lässt sich jede gerade Zahl als Differenz zweier Primzahlen darstellen?**
- **Offene Frage: Gibt es für jede gerade Zahl $2 \cdot n (n \in \mathbb{N})$ unendlich viele Paare aufeinanderfolgender Primzahlen, die sich um $2 \cdot n$ unterscheiden?**

Relativ leicht lässt sich beweisen, dass es für jede natürliche Zahl m eine gerade Zahl $2 \cdot n$ gibt, sodass es mehr als m Paare aufeinanderfolgender Primzahlen gibt mit der Differenz $2 \cdot n$.

- **Vermutung über Primzahlzwillinge**
  Es gibt unendlich viele Primzahlzwillinge.
  Diese Vermutung ist offenbar ein Spezialfall der vorhergehenden Fragestellung für $n = 1$.
- **Offene Frage: Gibt es unendlich viele Primzahlen der Form $n^2 + 1$?**
  Bekannt ist, dass es unendlich viele Primzahlen der Form $n^2 + m^2$ und der Form $n^2 + m^2 + 1 \,(m, n \in \mathbb{N})$ gibt.

- **Offene Frage: Gibt es zwischen zwei aufeinanderfolgenden Quadratzahlen n^2 und $(n+1)^2$ immer eine Primzahl?**

3.10 Aufgaben

1. Primzahlen, deren Spiegelzahl ebenfalls eine Primzahl ist (Beispiel 13, die Spiegelzahl 31 ist ebenfalls eine Primzahl), nennen wir Mirpzahlen. Bestimmen Sie sämtliche Mirpzahlen bis 100.
2. Begründen Sie:
    Sämtliche Primzahlen (> 2) haben die Form $4 \cdot n + 1$ oder $4 \cdot n - 1$ mit $n \in \mathbb{N}$.
3. Primzahlen vom Typ $4 \cdot n + 1$ mit $n \in \mathbb{N}$ heißen Primzahlen erster Ordnung. Diese Primzahlen haben die bemerkenswerte Eigenschaft, dass man sie *alle* auf *genau eine* Art als Summe zweier Quadratzahlen schreiben kann (Beispiel: $5 = 1 + 4$). Stellen Sie die Primzahlen erster Art zwischen a) 20 und 60 sowie b) 80 und 120 als Summe zweier Quadratzahlen dar.
4. Primzahlen vom Typ $4 \cdot n - 1$ mit $n \in \mathbb{N}$ heißen Primzahlen zweiter Art. Untersuchen Sie, ob für diese Primzahlen eine entsprechende Aussage wie für Primzahlen erster Ordnung gilt.
5. Verdeutlichen Sie an einem Beispiel, dass in der Menge der Bruchzahlen keineswegs jede nichtleere Teilmenge ein kleinstes Element besitzt.
6. Überprüfen Sie für alle Exponenten $n \leq 10$, ob $2^n - 1$ eine Primzahl oder eine zusammengesetzte Zahl ist. Notieren Sie die zusammengesetzten Zahlen als Produkt ihrer Primfaktoren.
7. Bestimmen Sie mithilfe des Siebes des Eratosthenes sämtliche Primzahlen zwischen 1 und 100 und begründen Sie, dass bei der Anordnung des Siebes des Eratosthenes in sechs Spalten die Vielfachen von 5 bei geeigneter Zeichnung auf parallelen Geraden liegen. Welche Beobachtung machen Sie bei den Vielfachen von 7 und 11?
8. Bestimmen Sie mithilfe des Siebes des Eratosthenes sämtliche Primzahlen zwischen 1 und 170. Erläutern Sie Ihre Vorgehensweise.
9. Im Rahmen des Siebverfahrens seien schon die echten Vielfachen sämtlicher erforderlicher Primzahlen gestrichen worden. a sei eine zusammengesetzte Zahl. Begründen Sie: Dann sind auch alle *Vielfachen* von a schon gestrichen worden.
10. Bei dem Siebverfahren des Eratosthenes, angewandt auf die natürlichen Zahlen bis 50 000, seien schon die Vielfachen aller Primzahlen von 2 bis 101 gestrichen worden. Welche ist die kleinste zusammengesetzte Zahl, die noch nicht gestrichen worden ist? Begründen Sie Ihre Antwort ausführlich.
11. Beweisen Sie, dass die Summe von Primzahlzwillingen mit Ausnahme des Paares 3 und 5 stets durch 6 und durch 12 teilbar ist.
12. Erläutern Sie durch Rückgriff auf das Sieb des Eratosthenes, dass von drei aufeinanderfolgenden Zahlen stets eine durch 3 teilbar ist.

13. Beweisen Sie:

    Für $n > 3$ ist stets eine der drei Zahlen $n, n + 2$ oder $n + 4$ durch 3 teilbar.

14. Bestimmen Sie sämtliche Primzahldrillinge bis 200.

15. Bestimmen Sie sämtliche Primzahlvierlinge bis 200.

16. Beweisen Sie:

    Keine Primzahl $p \leq n$ ist Teiler von $n! - 1$ (für $n \geq 3$).

17. Bestimmen Sie mithilfe von Satz 3.3 a) vier und b) fünf aufeinanderfolgende natürliche Zahlen, die keine Primzahlen sind. Welches sind die vier bzw. fünf kleinsten, aufeinanderfolgenden, zusammengesetzten Zahlen?

18. Gibt es Primzahlen p, für die gilt:

    $p \mid n$ und $p \mid (n + 1)$ für $n \geq 1$?

19. Notieren Sie ein 3×3-Quadrat aus drei Reihen und drei Spalten. Tragen Sie in die neun Felder die Zahlen 0, 1, 2, 3, 4, 5, 6, 7, 8 so ein, dass die drei Zeilensummen, die drei Spaltensummen und die Summen auf den beiden Diagonalen jeweils eine (je nach Spalte, Zeile oder Diagonale durchaus auch verschiedene) *Primzahl* ergeben.

20. a) Bestimmen Sie für $n = 4, 5$ und 6 den kleinsten Teiler $t \neq 1$ von $n! - 1$.

    b) Begründen Sie *analog zum Beweisgang von Satz 3.4*, dass der kleinste Teiler $t \neq 1$ von $35! - 1$ zwischen 35 und $35!$ liegt.

21. Überprüfen Sie die folgenden Aussagen zunächst an Beispielen. Beweisen oder widerlegen Sie dann:

    a) Keine Primzahl kann Teiler einer anderen Primzahl sein.

    b) Für zwei verschiedene Primzahlen a und b mit $b > 2$ gilt nie $a = b + 3$.

    c) Es gibt zwei Primzahlen, deren Differenz 1 ist.

22. a) Bestimmen Sie alle Primzahlen, deren letzte Ziffer 5 ist.

    b) Warum gibt es keine Primzahl, deren letzte Ziffer 0 ist?

    c) Kann eine Primzahl die Endziffer 4 besitzen?

23. Welche Endziffern kommen bei Primzahlen größer als 10 vor? Nennen Sie jeweils drei Beispiele. Begründen Sie, warum es zu den übrigen Endziffern keine Primzahlen größer als 10 geben kann.

24. Beweisen oder widerlegen Sie:

    Die Anzahl der zusammengesetzten Zahlen zwischen zwei benachbarten Primzahlen (größer als 2) ist stets ungerade.

25. Geben Sie je zwei weitere Beispiele für defiziente und abundante Zahlen an.

26. Zeigen Sie:

    Die Zahl $n \cdot (n + 1)$ ist für $n = 2$ vollkommen, für $n = 3, 4, 5, 6, 7, 8$ und 9 abundant, für $n = 10$ defizient.

27. Zeigen Sie:

    Bildet man die Quersumme einer geraden vollkommenen Zahl $n > 6$ und hieraus eventuell wiederum die Quersumme, bis das Ergebnis einziffrig ist, so erhält man immer 1.

Primzahlen – Bausteine der natürlichen Zahlen 4

Die Primzahlen sind – wie schon kurz in Kap. 3 erwähnt – *Bausteine* der natürlichen Zahlen. Diese zentrale Aussage über die Primzahlen problematisieren wir zunächst in Abschn. 4.1, bevor wir sie in zwei Schritten (Existiert immer eine Zerlegung in Primzahlen? Ist diese stets eindeutig?) in Abschn. 4.2 und 4.3 beweisen. Der so bewiesene *Hauptsatz* spielt in vielen Bereichen der Elementaren Zahlentheorie eine wichtige Rolle. An dieser Stelle ziehen wir in Abschn. 4.4 nur zwei einfache Folgerungen aus ihm: Wir stellen einen leichten Weg zur Bestimmung der Elemente und der Elementanzahlen beliebiger Teilermengen vor und beweisen das sogenannte Primzahlkriterium, das uns einen weiteren Weg zur eindeutigen Charakterisierung von Primzahlen aufzeigt. In den folgenden Kapiteln werden wir noch an vielen Stellen die zentrale Bedeutung des Hauptsatzes kennenlernen.

4.1 Problematisierung

Zerlegen wir eine beliebige, zusammengesetzte natürliche Zahl, etwa 90, in ein Produkt mit natürlichen Zahlen als Faktoren, so erhalten wir im Allgemeinen **viele verschiedene Produktdarstellungen**, so beispielsweise:

$$90 = 2 \cdot 45 = 3 \cdot 30 = 5 \cdot 18 = 6 \cdot 15 = 9 \cdot 10 \qquad \text{(jeweils zwei Faktoren)}$$
$$= 2 \cdot 3 \cdot 15 = 2 \cdot 5 \cdot 9 = 3 \cdot 5 \cdot 6 = 3 \cdot 3 \cdot 10 \qquad \text{(jeweils drei Faktoren)}$$
$$= 2 \cdot 3 \cdot 3 \cdot 5 \qquad \text{(vier Faktoren)}$$

Die Anzahl der Produktdarstellungen erhöht sich deutlich weiter, wenn wir 1 als Faktor zulassen oder die Reihenfolge der Faktoren beachten, also $2 \cdot 45$ und $45 \cdot 2$ als zwei *verschiedene* Produkte zählen.

Von den vorstehend aufgelisteten zehn Produktdarstellungen von 90 enthalten zwei keine und sieben eine oder zwei Primzahlen als Faktoren. Nur *eine* dieser Produktdarstel-

© Springer-Verlag GmbH Deutschland, ein Teil von Springer Nature 2018
F. Padberg, A. Büchter, *Elementare Zahlentheorie*,
Mathematik Primarstufe und Sekundarstufe I + II

lungen, nämlich $90 = 2 \cdot 3 \cdot 3 \cdot 5$, besteht *ausschließlich* aus Primzahlen ("*Primfaktorzerlegung*" von 90). Bis auf die Reihenfolge der Faktoren ist dies die *einzige* Möglichkeit, 90 als Produkt ausschließlich von Primzahlen darzustellen.

Zwei Fragen stellen sich unmittelbar in diesem Zusammenhang:

1. Lässt sich eigentlich *jede* zusammengesetzte natürliche Zahl $a > 1$ als Produkt ausschließlich von Primzahlen darstellen oder – anders formuliert – existiert jeweils (mindestens) eine Primfaktorzerlegung? Wir gehen hierauf genauer im Abschn. 4.2 ein.
2. Falls 1. mit *Ja* beantwortet wird: Ist diese Primfaktorzerlegung *stets* eindeutig? Diese Frage beantworten wir im Abschn. 4.3.

Die Selbstverständlichkeit, mit der häufig angenommen wird, dass nicht nur die Antwort bei 1., sondern selbst die Antwort bei 2. nur *Ja* lauten kann, soll durch die folgenden **drei Beispiele** etwas infrage gestellt werden.

Beispiel 1

Gegeben sei eine große Zahl, beispielsweise **286 378 465**. Mit vielen Mühen haben Sie schließlich eine Primfaktorzerlegung gefunden. Sind Sie wirklich ganz sicher, dass dies die *einzige* Möglichkeit ist? Könnten bei einer anderen schrittweisen Zerlegung einer so großen Zahl am Ende nicht doch noch (ganz) *andere* Primzahlen als Faktoren herauskommen? ■

Beispiel 2

Betrachten Sie die Produkte **$97 \cdot 149$ und $107 \cdot 139$**. Sind Sie – ohne Ausrechnung der Produkte – völlig sicher, dass $97 \cdot 149 \neq 107 \cdot 139$ gilt? Falls Sie von der Eindeutigkeit der Primfaktorzerlegung überzeugt sind und überprüft haben, dass die vier Zahlen 97, 107, 139 und 149 Primzahlen sind, müssten Sie ganz sicher sein. ■

Beispiel 3

Die **Viererwelt V** $= \{1, 4, 8, 12, 16, \ldots\}$, die aus den Vielfachen von 4 und der Zahl 1 besteht, ist unter der *Multiplikation* eng mit der Zahlenwelt $\mathbb{N}$ aller natürlichen Zahlen verwandt. So können wir in V beispielsweise auch Teilbarkeitsuntersuchungen durchführen und Primzahlen einführen. Wir definieren: *a ist **Teiler** von b **in** V genau dann, wenn ein $q \in V$ existiert mit $q \cdot a = b$.* Daher gilt in V genau wie in $\mathbb{N}$ $1|32$, $4|32$, $8|32$ und $32|32$, denn es gilt $32 \cdot 1 = 32$, $8 \cdot 4 = 32$, $4 \cdot 8 = 32$ und $1 \cdot 32 = 32$ mit $32 \in V$, $8 \in V$, $4 \in V$ und $1 \in V$. Dagegen gilt in V $16 \nmid 32$ oder auch $4 \nmid 12$; denn 2 bzw. 3 gehören nicht zu V. Definieren wir **Primzahlen in V** genau wie in $\mathbb{N}$ als Zahlen mit genau zwei Teilern in V, so sind 4, 8, 12, 20, 24 die ersten fünf Primzahlen in V. Besitzen "zusammengesetzte" Zahlen in V auch Primfaktorzerlegungen? Betrachten wir beispielsweise die Zahl 96. Sie gehört zu V und besitzt mit $96 = 4 \cdot 24$ eine Primfaktorzerlegung in V. Aber auch $8 \cdot 12$ ist offenkundig eine *weitere* Primfaktorzerlegung von 96 in V. Dieses einfache Beispiel zeigt schon klar, dass zumindest in der eng mit den natürlichen Zahlen verwandten Viererwelt die Primfaktorzerlegung keineswegs eindeutig ist, zumindestens hier also die Frage (2) nach der Eindeutigkeit der Primfaktorzerlegung *verneint* werden muss.   ∎

4.2 Existenz der Primfaktorzerlegungen

Um die Existenz einer Primfaktorzerlegung beispielsweise von 420 zu zeigen, gibt es zwei grundsätzlich verschiedene Wege:

- Wir zerlegen 420 in ein *beliebiges* Produkt, z.B. in $420 = 20 \cdot 21$, und zerlegen anschließend die Faktoren weiter, bis am Ende nur noch Primzahlen übrig bleiben:

$$420 = 20 \cdot 21$$
$$= 4 \cdot 5 \cdot 3 \cdot 7$$
$$= 2 \cdot 2 \cdot 5 \cdot 3 \cdot 7$$

- Wir spalten Schritt für Schritt den *kleinsten*, von 1 verschiedenen Teiler von 420 usw. ab. Dieser ist nach Satz 3.1 stets eine Primzahl:

$$420 = 2 \cdot 210$$
$$= 2 \cdot 2 \cdot 105$$
$$= 2 \cdot 2 \cdot 3 \cdot 35$$
$$= 2 \cdot 2 \cdot 3 \cdot 5 \cdot 7$$

Hierbei führt der erste, unsystematische Weg vielfach schneller zum Ziel. Dagegen zeigt der zweite, systematische Weg ein Verfahren auf, wie wir stets zu einer gegebenen zusammengesetzten Zahl auf einem eindeutig fixierten Weg eine Primfaktorzerlegung erhalten.

Mithilfe des zweiten Weges können wir jetzt leicht beweisen:

Satz 4.1
Jede von 1 verschiedene natürliche Zahl a besitzt *mindestens eine* Primfaktorzerlegung.

Bemerkungen

(1) Wir haben schon $90 = 2 \cdot 3 \cdot 3 \cdot 5$ als Primfaktorzerlegung von 90 bezeichnet. Allgemein bezeichnen wir das Produkt $a = p_1 \cdot p_2 \cdot \ldots \cdot p_s$ mit den Primzahlen $p_i \, (i = 1, 2, \ldots, s)$ als **Primfaktorzerlegung** von a.

(2) Wir lassen in (1) auch den Fall $s = 1$ zu, bezeichnen also z.B. $7 = 7$ als Primfaktorzerlegung von 7. Dies geschieht, um Satz 1 nicht mit Ausnahmeformulierungen zu belasten – eine bei der Formulierung mathematischer Sätze häufig zu beobachtende Vorgehensweise.

Beweis

Wir unterscheiden verschiedene Fälle und beginnen mit:

- **Fall 1**

  Ist a speziell eine *Primzahl* p_1, so gilt $a = p_1$. Wir sind dann schon fertig, denn im Sinne unserer Verabredung ist dies die Primfaktorzerlegung von a.

- **Fall 2**

  Ist a *keine* Primzahl, so können wir den kleinsten, von 1 verschiedenen Teiler p_1 von a abspalten und erhalten $a = p_1 \cdot n_1$ mit $1 < n_1 < a$ (vgl. Aufgabe 7). Ist n_1 speziell eine *Primzahl*, so liegt hiermit eine Primfaktorzerlegung von a vor und wir sind schon fertig.

- **Fall 3**

  Ist n_1 *keine* Primzahl, dann können wir den kleinsten, von 1 verschiedenen Teiler p_2 von n_1 abspalten und erhalten $n_1 = p_2 \cdot n_2$ mit $1 < n_2 < n_1$. Also gilt insgesamt $a = p_1 \cdot n_1 = p_1 \cdot p_2 \cdot n_2$.

  Ist n_2 speziell eine *Primzahl*, so sind wir fertig, da wir eine Primfaktorzerlegung von a erhalten haben.

- **Fall 4**

  Ist n_2 *keine* Primzahl, dann können wir den kleinsten, von 1 verschiedenen Teiler p_3 von n_2 abspalten und erhalten $n_2 = p_3 \cdot n_3$ mit $1 < n_3 < n_2$. Also gilt insgesamt $a = p_1 \cdot p_2 \cdot n_2 = p_1 \cdot p_2 \cdot p_3 \cdot n_3$. Ist n_3 eine *Primzahl*, so verfügen wir hiermit über eine Primfaktorzerlegung von a und sind fertig.

- **Fall 5**

  Ist n_3 keine Primzahl, dann ...

$\vdots$

Wegen $n_1 > n_2 > n_3 > \ldots > 1$ werden diese Faktoren stets kleiner, bleiben aber alle größer als 1 (vgl. Aufgabe 8). Daher *muss* diese Zerlegung nach *endlich vielen* – nämlich nach allerspätestens a – Schritten mit einer Primzahl $n_s = p_{s+1}$ abbrechen und wir erhalten als eine Primfaktorzerlegung von a die Zerlegung $a = p_1 \cdot p_2 \cdot \ldots \cdot p_{s+1}$. $\square$

4.3   Eindeutigkeit der Primfaktorzerlegungen

Aufgrund von Satz 4.1 wissen wir jetzt, dass jede von 1 verschiedene natürliche Zahl **mindestens eine Primfaktorzerlegung** besitzt. Dass diese durch Satz 4.1 garantierte Primfaktorzerlegung *jeder* natürlichen Zahl $a > 1$ auch *eindeutig* ist, ist die Aussage des nachstehenden Satzes 4.2, der gleichzeitig unsere zweite Frage beantwortet:

Satz 4.2 (Hauptsatz der Elementaren Zahlentheorie)

Jede von 1 verschiedene natürliche Zahl besitzt (bis auf die Reihenfolge der Faktoren) *genau eine* Primfaktorzerlegung.

Beweis

Wir beweisen Satz 4.2 **indirekt** und nehmen dazu an, dass *nicht* für *alle* natürlichen Zahlen $a > 1$ die Primfaktorzerlegung *eindeutig* ist. Dies bedeutet positiv formuliert: Es gibt *mindestens eine* natürliche Zahl, die **zwei (oder mehr) verschiedene Primfaktorzerlegungen** besitzt. Sei a **die kleinste** derartige natürliche Zahl.[1] Dann sei

$$a = p_1 \cdot p_2 \cdot \ldots \cdot p_r$$

eine *erste* Primfaktorzerlegung von a und

$$a = q_1 \cdot q_2 \cdot \ldots \cdot q_s$$

eine *zweite* hiervon *verschiedene* Primfaktorzerlegung[2] von a. Hierbei sind die p_i $(i = 1, 2, \ldots, r)$ und q_j $(j = 1, 2, \ldots, s)$ *Primzahlen*. Dann gilt stets

$$\mathbf{p_i \neq q_j}.$$

Denn wäre $p_i = q_j$ für passende Zahlen i und j, so könnte man beide Seiten der Gleichung

$$p_1 \cdot p_2 \cdot \ldots \cdot p_r = q_1 \cdot q_2 \cdot \ldots \cdot q_s$$

durch dieses p_i dividieren und erhielte damit eine *kleinere* Zahl als a, die größer als 1 wäre und *verschiedene* Primfaktorzerlegungen besäße – im *Widerspruch* zur Minimaleigenschaft von a.

Also gilt speziell auch $\mathbf{p_1 \neq q_1}$. Ohne Beschränkung der Allgemeinheit können wir annehmen:

$$p_1 > q_1$$

Wir bilden jetzt folgende Zahl:

$$\mathbf{n = (p_1 - q_1) \cdot p_2 \cdot p_3 \cdot \ldots \cdot p_r}$$

Wegen $p_1 > q_1$ ist $n \in \mathbb{N}$. Es gilt $1 < n < a$, da $p_1 - q_1 < p_1$ gilt. Daher besitzt n laut Voraussetzung eine **eindeutige Primfaktorzerlegung**.

---

[1] Wir greifen hier auf das Prinzip vom kleinstes Element zurück (vgl. Abschn. 2.4).
[2] Da die Anzahl der Primzahlen bei den Zerlegungen unterschiedlich sein kann, müssen wir zwei verschiedene Indizes r und s wählen.

Wir formen obige Zerlegung von n im Folgenden geeignet um und gelangen so zu einem Widerspruch. Es gilt nämlich:

$$n = (p_1 - q_1) \cdot p_2 \cdot p_3 \cdot \ldots \cdot p_r \qquad\qquad (*)$$
$$= \underbrace{p_1 \cdot p_2 \cdot p_3 \cdot \ldots \cdot p_r}_{} - q_1 \cdot p_2 \cdot p_3 \cdot \ldots \cdot p_r \qquad \text{(Distributivgesetz)}$$
$$= \underbrace{ a }_{} \quad - q_1 \cdot p_2 \cdot p_3 \cdot \ldots \cdot p_r$$
$$= \overbrace{q_1 \cdot q_2 \cdot q_3 \cdot \ldots \cdot q_s}^{} - q_1 \cdot p_2 \cdot p_3 \cdot \ldots \cdot p_r$$
$$= q_1 \cdot (q_2 \cdot q_3 \cdot \ldots \cdot q_s \; - \; p_2 \cdot p_3 \cdot \ldots \cdot p_r) \qquad\quad (**)$$

Wegen (*) und (**) verfügen wir über **zwei Darstellungen von n als Produkt natürlicher Zahlen**. In der Darstellung (**) kommt die **Primzahl** q_1 in der Produktdarstellung von n als *ein* Faktor vor. Wegen der *Eindeutigkeit* der Primfaktorzerlegung von $n < a$ muss auch die Produktdarstellung (*) so weiter zerlegt werden können, dass wir dort **ebenfalls q_1 als Primfaktor** erhalten. Wegen $p_i \neq q_j$ für $i = 1, 2, \ldots, r$ und $j = 1, 2, \ldots, s$ gilt aber speziell auch $q_1 \neq p_i$ (für $i = 2, 3, \ldots, r$). Also kann q_1 nur als Faktor in $p_1 - q_1$ „stecken". Das bedeutet:

$$q_1 \mid (p_1 - q_1)$$
$$\Longrightarrow q_1 \mid p_1 \qquad\qquad\qquad (q_1 \mid q_1; \text{ Summenregel})$$
$$\Longrightarrow \mathbf{q_1 = p_1} \qquad\qquad\qquad (p_1, q_1 \text{ Primzahlen!})$$

Dies steht im **Widerspruch** zu unserer früheren Aussage:

$$q_1 \neq p_1$$

Unsere Annahme, es gäbe mindestens eine natürliche Zahl größer als 1 mit zwei (oder mehr) verschiedenen Primfaktorzerlegungen, führt also zu einem *Widerspruch*. Folglich war diese Annahme **falsch**. Also haben wir hiermit bewiesen:

Jede natürliche Zahl größer als 1 besitzt (bis auf die Reihenfolge der Faktoren) *genau eine* Primfaktorzerlegung. $\qquad\qquad\qquad\qquad\qquad\qquad\qquad\qquad\qquad\qquad\quad\square$

Bemerkungen

(1) Wie in Abschn. 4.1 gezeigt, gilt der Hauptsatz *nicht* in der Viererwelt $V = \{1, 4, 8, 12, 16, \ldots\}$. Dies hängt damit zusammen, dass die am Schluss des Beweises von Satz 4.2 angewandte Summenregel in V nicht gilt (4 | 4 und 4 | 16, aber $4 \nmid 20$ in V). Daher kann vorstehender Beweis nicht auf diese Menge übertragen werden.

(2) Die Primzahlen in der Primfaktorzerlegung einer natürlichen Zahl sind im Allgemeinen nicht paarweise verschieden, so taucht beispielsweise in $60 = 2 \cdot 5 \cdot 3 \cdot 2$ die Primzahl 2 zweimal auf. Wir vereinbaren, die Primzahlen nach ihrer Größe zu ordnen und in Potenzen zusammenzufassen, also beispielsweise $60 = 2^2 \cdot 3 \cdot 5$ zu schreiben, und nennen den so geordneten Ausdruck **normierte Primfaktorzerlegung**.

Es ist im Folgenden für die Formulierung verschiedener Sätze vorteilhafter, die normierte Primfaktorzerlegung $a = p_1^{n_1} \cdot p_2^{n_2} \cdot \ldots \cdot p_s^{n_s}$ einer natürlichen Zahl a durch das **Produktsymbol** „$\prod$" kurz folgendermaßen zu schreiben:

$$a = \prod_{i=1}^{s} p_i^{n_i}$$

(Hierbei wird der Ausdruck $a = \prod\limits_{i=1}^{s} p_i^{n_i}$ gelesen: Produkt über alle $p_i^{n_i}$ für $i = 1, \ldots, s$.)

Im Folgenden werden wir aus Vereinfachungsgründen vielfach den Index i im Produktsymbol von 1 bis ∞ laufen lassen, also alle Primzahlen durchlaufen lassen und hierfür schreiben:

$$a = \prod_{i=1}^{\infty} p_i^{n_i}$$

Hierbei enthält dieses Produkt nur *formal* unendlich viele verschiedene Faktoren, da stets nur endlich viele der Faktoren $p_i^{n_i}$ von 1 verschieden sind; denn für jede Primzahl p_i ergibt p_i^0 stets 1.

Ein **Beispiel** verdeutliche den Sachverhalt:

Wegen $50 = 2^1 \cdot 5^2$ gilt: $50 = \prod\limits_{i=1}^{\infty} p_i^{n_i} = 2^1 \cdot 3^0 \cdot 5^2 \cdot 7^0 \cdot 11^0 \cdot 13^0 \ldots$

Hierbei sind alle noch folgenden Exponenten ebenfalls gleich null.

Satz 4.2 liefert uns einen weiteren Grund, warum wir 1 *nicht* zu den Primzahlen zählen. Wäre nämlich 1 eine Primzahl, so könnte sie mit jeder natürlichen Zahl als Exponent in der Primfaktorzerlegung auftreten. Also wäre der Hauptsatz falsch und damit auch alle im folgenden Abschnitt aus dem Hauptsatz gezogenen Folgerungen.

4.4 Folgerungen

Wir ziehen im Folgenden einige interessante und in der Zahlentheorie äußerst nützliche Folgerungen aus dem Hauptsatz.

4.4.1 Primzahlkriterium

Teilt eine Primzahl ein Produkt zweier natürlicher Zahlen, so teilt sie *mindestens einen* der beiden Faktoren. Diese Aussage gilt in dieser Form *nur* für Primzahlen, ist also eine charakteristische Eigenschaft der Primzahlen. Es gilt nämlich:

Satz 4.3 (Primzahlkriterium)
Die von 1 verschiedene natürliche Zahl d ist genau dann eine *Primzahl*, wenn für alle natürlichen Zahlen a, b gilt: Aus $d \mid a \cdot b$ folgt $d \mid a$ oder $d \mid b$.

Beweisstrategie[3]

- 3 ist eine **Primzahl**. Es gilt beispielsweise 3 | 4·6, da 3 | 24 gilt. Gilt dann *zwangsläufig* 3 | 4 *oder* 3 | 6? Die Antwort ist ja. Wegen des Hauptsatzes muss die Primzahl 3 in der Primfaktorzerlegung von 24 ($= 4 \cdot 6$) vorkommen, also in der Primfaktorzerlegung von 4 *oder* von 6. Daher gilt 3 | 4 oder 3 | 6.

- 12 ist **keine Primzahl**. Es gilt 12 | 3 · 4, da 3 · 4 = 12 und 12 | 12, aber 12 ∤ 3 und 12 ∤ 4. Folglich gilt nicht „12 | 3 *oder* 12 | 4". Dieses Beispiel zeigt eine *Strategie* auf, wie wir generell bei *zusammengesetzten Zahlen d* zeigen können, dass bei ihnen *nicht* für alle natürlichen Zahlen gilt: Aus $d \mid a \cdot b$ folgt $d \mid a$ oder $d \mid b$. Wir müssen nur die zusammengesetzte Zahl d als Produkt zweier von 1 und d verschiedener Faktoren darstellen.

Beweis

- **Erste Beweisrichtung**
  Sei d eine Primzahl, und es gelte $d \mid a \cdot b$. *Wir müssen zeigen:* Dann gilt stets $d \mid a$ oder $d \mid b$. Aus $d \mid a \cdot b$ folgt, dass es eine natürliche Zahl n mit $n \cdot d = a \cdot b$ gibt. Wegen der Eindeutigkeit der Primfaktorzerlegung (Satz 4.2) muss die *Primzahl d* auch in der Primfaktorzerlegung von $a \cdot b$ vorkommen, also in der Primfaktorzerlegung von a *oder* b.
  Also gilt $d \mid a$ oder $d \mid b$.

- **Zweite (umgekehrte) Beweisrichtung**
  Gelte *umgekehrt* für die von 1 verschiedene natürliche Zahl d und für alle natürlichen Zahlen a, b: Aus $d \mid a \cdot b$ folgt $d \mid a$ oder $d \mid b$. *Wir müssen zeigen:* Dann ist d eine Primzahl. Wir führen diesen Beweis mithilfe der hierzu logisch gleichwertigen *Kontraposition*[4] und beweisen: Ist die von 1 verschiedene Zahl d *keine* Primzahl, dann gilt *nicht für alle* $a, b \in \mathbb{N}$: Aus $d \mid a \cdot b$ folgt $d \mid a$ oder $d \mid b$. Positiv formuliert müssen wir also zeigen, dass es in diesem Fall $a, b \in \mathbb{N}$ gibt mit $d \mid a \cdot b$, für die zugleich $d \nmid a$ gilt und $d \nmid b$. Dies können wir jedoch leicht analog zum vorstehenden Beispiel mit der Zahl 12 zeigen: Ist $d \neq 1$ *keine* Primzahl, so können wir d als Produkt zweier Zahlen a und b mit $1 < a < d$ und $1 < b < d$ schreiben, also $d = a \cdot b$. Dann gilt $d \mid a \cdot b$, da $d \mid d$, aber zugleich gilt $d \nmid a$ und $d \nmid b$.
  Hiermit haben wir auch die zweite Beweisrichtung gezeigt und insgesamt Satz 4.3 bewiesen.   □

---

[3] Für die Oder-Verknüpfung (Disjunktion), die Verneinung der Disjunktion sowie wegen des Folgerungsbegriffs vgl. Padberg/Büchter [23], S. 90 f., 94, 109.
[4] Vgl. Padberg/Büchter [23], S. 115 f.

Gegenbeispiel in der Viererwelt

Eine entscheidende Grundlage für die Gültigkeit von Satz 4.3 ist der Hauptsatz der Elementaren Zahlentheorie, wie wir beim Beweisgang bei der ersten Beweisrichtung schon direkt gesehen haben und wie auch folgendes Beispiel aus der Zahlenwelt $V = \{1, 4, 8, 12, 16, \ldots\}$ zeigt. Obwohl 8 eine **Primzahl in V** ist ($2 \notin V!$) und $8 \mid 4 \cdot 16$ wegen $4 \cdot 16 = 64$ und $8 \cdot 8 = 64$ ($8 \in V!$) gilt, folgt in V *nicht* $8 \mid 4$ oder $8 \mid 16$.

4.4.2 Lemma von Euklid

Der erste Teil des Primzahlkriteriums wird auch als *Lemma von Euklid* bezeichnet:

Satz 4.4 (Lemma von Euklid)
Ist p eine Primzahl und gilt $p \mid a \cdot b$, so folgt $p \mid a$ oder $p \mid b$.

Bemerkung zum Hauptsatz

Es gibt verschiedene Wege, den Hauptsatz der Elementaren Zahlentheorie zu beweisen. Bei unserem Weg haben wir zunächst den Hauptsatz bewiesen und hieraus das Lemma von Euklid abgeleitet. Ein anderer Weg ist es – ausgehend vom Satz 2.8 (Division mit Rest) –, zunächst umgekehrt das Lemma von Euklid zu beweisen und hieraus den Hauptsatz abzuleiten. Dies ist der Weg, den vermutlich Euklid beschritten hat. Hierbei bedeutet Lemma Hilfssatz, also Hilfssatz zum Beweis des Hauptsatzes.

Der Hauptsatz lässt sich auch beweisen, indem man – so wie es Zermelo (1871–1953) getan hat – nur auf Rechen- und Anordnungsregeln für natürliche Zahlen und das Prinzip der vollständigen Induktion zurückgreift, nicht aber auf den Satz von der Division mit Rest und auch nicht auf das Lemma von Euklid (für Details vgl. Remmert/Ullrich [30], S. 32). Nach Einschätzung von Remmert/Ullrich ist dieser Zugangsweg zum Hauptsatz „wohl der eleganteste und ‚ökonomischte', aber gewiss nicht unbedingt der didaktisch beste" (a. a. O., S. 32).

4.4.3 Teilermengen

Aus dem Hauptsatz der Elementaren Zahlentheorie folgt unmittelbar das nachstehende Teilbarkeitskriterium:

Satz 4.5
Es sei $b = \prod\limits_{i=1}^{\infty} p_i^{n_i}, a = \prod\limits_{i=1}^{\infty} p_i^{m_i}$ (p_i Primzahl, $n_i, m_i \in \mathbb{N}_0$). Dann gilt:
$b \mid a$ genau dann, wenn $n_i \leq m_i$ für alle $i \in \mathbb{N}$.

Beweis

1. Es gelte $b \mid a$. Dann existiert ein $c \in \mathbb{N}$ mit $c \cdot b = a$. Es besitze c die Primfaktorzerlegung $c = \prod_{i=1}^{\infty} p_i^{k_i}$, also gilt:

$$\prod_{i=1}^{\infty} p_i^{k_i} \cdot \prod_{i=1}^{\infty} p_i^{n_i} = \prod_{i=1}^{\infty} p_i^{m_i} \text{ bzw. } \prod_{i=1}^{\infty} p_i^{k_i+n_i} = \prod_{i=1}^{\infty} p_i^{m_i}$$

Wegen der Eindeutigkeit der Primfaktorzerlegung folgt:
$k_i + n_i = m_i$ für alle i. Da die k_i Exponenten in der Primfaktorzerlegung der natürlichen Zahl c sind, gilt $k_i \geq 0$, folglich: $n_i \leq m_i$ für alle i.

2. Gilt umgekehrt $n_i \leq m_i$ für alle i, so können wir für jedes i ein $k_i \geq 0$ finden, sodass gilt: $n_i + k_i = m_i$. Bilden wir mithilfe der $k_i \geq 0$ die Zahl $c = \prod_{i=1}^{\infty} p_i^{k_i}$, so gilt $c \cdot b = a$, also $b \mid a$. $\qquad \square$

Aus Satz 4.5 ergibt sich direkt folgende Aussage über die Elemente der Teilermenge $T(a)$:

Satz 4.6
Die Teilermenge $T(a)$ der natürlichen Zahl $a = p_1^{n_1} \cdot p_2^{n_2} \cdot \ldots \cdot p_s^{n_s}$ (p_i Primzahl, $n_i \in \mathbb{N}$) besteht genau aus den Zahlen $b = p_1^{\alpha_1} \cdot p_2^{\alpha_2} \cdot \ldots \cdot p_s^{\alpha_s}$ mit $0 \leq \alpha_i \leq n_i$ (für $i = 1, 2, \ldots, s$).

Beispiel
$8575 = 5^2 \cdot 7^3$ besitzt genau folgende Zahlen als Teiler:

$$5^0 \cdot 7^0; \quad 5^0 \cdot 7^1; \quad 5^0 \cdot 7^2; \quad 5^0 \cdot 7^3;$$
$$5^1 \cdot 7^0; \quad 5^1 \cdot 7^1; \quad 5^1 \cdot 7^2; \quad 5^1 \cdot 7^3;$$
$$5^2 \cdot 7^0; \quad 5^2 \cdot 7^1; \quad 5^2 \cdot 7^2; \quad 5^2 \cdot 7^3.$$

In unserem Beispiel sehen wir, dass $8575 = 5^2 \cdot 7^3$ wegen des Beginns mit dem Exponenten 0 sowohl bei 5 als auch bei 7 genau $(2+1) \cdot (3+1) = 12$ Teiler besitzt. Analog kann man bei Kenntnis der Primfaktorzerlegung von a immer direkt die Elementanzahl von $T(a)$ angeben, ohne die Elemente von $T(a)$ zu bestimmen, wie sich leicht als Folgerung aus Satz 4.6 ergibt (vgl. Aufgabe 21). $\qquad \blacksquare$

Satz 4.7
Die Teilermenge $T(a)$ der natürlichen Zahl $a = p_1^{n_1} \cdot p_2^{n_2} \cdot \ldots \cdot p_s^{n_s}$ besitzt genau $(n_1 + 1) \cdot (n_2 + 1) \cdot \ldots \cdot (n_s + 1)$ Elemente.

Beispiel
$600 = 2^3 \cdot 3 \cdot 5^2$
$T(600)$ enthält $(3+1) \cdot (1+1) \cdot (2+1) = 24$ Elemente. $\qquad \blacksquare$

Bemerkung

Für die Sätze 4.6 und 4.7 ist die *Eindeutigkeit* der Primfaktorzerlegung grundlegend, wie man sich leicht am Beispiel der Menge $A = \{1, 2, 4, 6, 8, 10, 12, \ldots\}$ und der Zahl 36 mit den beiden in A gültigen „Primfaktor"-Zerlegungen $36 = 2 \cdot 18 = 6 \cdot 6$ klarmachen kann.

4.4.4 Weiterer Ausblick

Ein wichtiges Kernstück bei der Behandlung der Teilbarkeitslehre ist die Bestimmung gemeinsamer Teiler, gemeinsamer Vielfacher, des größten gemeinsamen Teilers (ggT) sowie des kleinsten gemeinsamen Vielfachen (kgV) gegebener natürlicher Zahlen. Diese Begriffsbildungen werden in der im Unterricht der Sekundarstufe I behandelten **Bruchrechnung** beispielsweise beim Kürzen gegebener Brüche sowie beim Gleichnamig-Machen etwa bei der Addition und Subtraktion von Brüchen benötigt. Für die Bestimmung der gemeinsamen Teiler, der gemeinsamen Vielfachen sowie insbesondere des ggT und des kgV mittels der Primfaktorzerlegung ist der Hauptsatz der Elementaren Zahlentheorie die entscheidende Grundlage. Bei einem anderen Weg der Bestimmung des ggT, beim Euklidischen Algorithmus, wird entscheidend auf die Eindeutigkeit der Division mit Rest zurückgegriffen. Wir gehen hierauf im folgenden Kapitel noch genauer ein.

4.5 Aufgaben

1. Begründen Sie (ohne die Produkte auszurechnen): $13 \cdot 29 \neq 19 \cdot 23$
2. Begründen Sie (ohne die Produkte auszumultiplizieren), welche der folgenden Produkte auf jeden Fall verschiedene Ergebnisse liefern:
   a) $4 \cdot 9 \cdot 7 \cdot 20 \cdot 25$
   b) $6 \cdot 17 \cdot 4 \cdot 5 \cdot 25$
   c) $8 \cdot 22 \cdot 24 \cdot 30$
   d) $8 \cdot 12 \cdot 26 \cdot 15$
3. Führen Sie in der Zahlenwelt $D = \{1, 3, 6, 9, 12, 15, \ldots\}$ die Begriffe *Teiler in D* und *Primzahl in D* ein und überprüfen Sie, ob die Primfaktorzerlegung der zusammengesetzten Zahlen in D eindeutig ist.
4. Bestimmen Sie die normierten Primfaktorzerlegungen von:
   a) 300
   b) 350
   c) 1225
   d) 1001
   e) 1155
   f) 3150
5. Bestimmen Sie in der Aufgabe 4 jeweils den kleinsten, nichttrivialen Teiler.

6. Begründen Sie, dass alle nichttrivialen Teiler der natürlichen Zahl a zwischen 1 und a liegen.

7. Begründen Sie, warum im Beweisgang von Satz 4.1 im Fall 2 für n_1 gilt: $1 < n_1 < a$.

8. Begründen Sie, warum im Beweisgang von Satz 4.1 alle $n_1, n_2, n_3, \ldots$ größer als 1 sind.

9. Nennen Sie drei verschiedene Primfaktorzerlegungen von 24, *falls* wir 1 zu den Primzahlen zählen würden.

10. Überprüfen Sie, ob Satz 4.3 in der multiplikativen Zahlenwelt $D = \{1, 3, 6, 9, 12, 15, \ldots\}$ gilt.

11. Überprüfen Sie, ob Satz 4.5 in der Zahlenwelt $D = \{1, 3, 6, 9, 12, 15, \ldots\}$ gilt.

12. Stellen Sie mithilfe der Primfaktorzerlegung sämtliche Teiler von
    a) 405
    b) 675
    c) 21 609
    übersichtlich in Form eines Rechteckschemas dar. Gehen Sie anhand dieser konkreten Beispiele auch auf den Zusammenhang zwischen den Exponenten in der normierten Primfaktorzerlegung einer Zahl und der Anzahl der Teiler dieser Zahl ein.

13. Bestimmen Sie sämtliche Teiler folgender Teilermengen:
    a) $T(p^2 \cdot q^4)$
    b) $T(p^2 \cdot q \cdot r)$
    (p, q, r paarweise verschiedene Primzahlen)

14. Formulieren Sie – analog zu Satz 4.5 – eine Aussage über die Anzahl der Teiler von
    a) $p^m \cdot q^n$
    b) $p^3 \cdot q^2 \cdot r$
    c) $p^m \cdot q^n \cdot r$
    mit paarweise verschiedenen Primzahlen p, q und r und $m, n \in \mathbb{N}$. Begründen Sie diese Aussage.

15. Nennen Sie zunächst ein entsprechendes Beispiel und beschreiben Sie danach alle natürlichen Zahlen mit genau sieben Teilern.

16. Nennen Sie zunächst zwei unterschiedlich strukturierte Beispiele und beschreiben Sie danach alle natürlichen Zahlen mit genau sechs Teilern.

17. Nennen Sie zunächst zwei unterschiedlich strukturierte Beispiele und beschreiben Sie danach alle natürlichen Zahlen mit genau acht Teilern.

18. Begründen Sie, warum es keine natürliche Zahl mit genau drei verschiedenen Primzahlen in ihrer Primfaktorzerlegung geben kann, die genau sechs Teiler besitzt.

19. Überprüfen Sie die folgende Aussage zunächst an vier Beispielen und begründen Sie dann: Jede Quadratzahl (ab 1) besitzt eine ungerade Anzahl von Teilern.

20. Beweisen Sie:
    Die natürliche Zahl n ist genau dann eine Quadratzahl, wenn alle Exponenten in der normierten Primfaktorzerlegung von n gerade sind.

21. Beweisen Sie Satz 4.7.

22. Welche Zahlen zwischen 1 und 1000 haben in ihrer Primfaktorzerlegung ausschließlich die Primfaktoren

    a) 5 oder 7

    b) 5 und 7?

Größter gemeinsamer Teiler und kleinstes gemeinsames Vielfaches

Die Begriffe *gemeinsamer Teiler* und *gemeinsames Vielfaches* sowie *größter gemeinsamer Teiler* (kurz: *ggT*) und *kleinstes gemeinsames Vielfaches* (kurz: *kgV*) zweier oder auch mehrerer natürlicher Zahlen werden im Mathematikunterricht im fünften bzw. sechsten Schuljahr behandelt. Eine wichtige Zielsetzung ist hierbei – wie schon kurz in Abschn. 4.4.4 erwähnt – die Vorbereitung der **Bruchrechnung**: Der Hauptnenner gegebener Brüche, der bei der Addition, Subtraktion und beim Größenvergleich ungleichnamiger Brüche benötigt wird, ist gleich dem *kgV* ihrer Nenner. Man kürzt Brüche durch gemeinsame Teiler von Zähler und Nenner – meist Schritt für Schritt, in einfachen Fällen aber auch sofort in einem Schritt durch den *ggT*.

Die Begriffe *gemeinsame Teiler* und *größter gemeinsamer Teiler* (*ggT*) lassen sich mithilfe von **Teilermengen** anschaulich einführen und durch Venn-Diagramme gut veranschaulichen, wie wir im *ersten* Abschnitt dieses Kapitels sehen werden. Allerdings stößt dieser Weg bei teilreichen Zahlen rasch an seine Grenzen. Hier führt das Verfahren über die **Primfaktorzerlegung** der gegebenen Zahlen wesentlich schneller zum Ziel (*zweiter* Abschnitt). Da es jedoch kein schnelles systematisches Verfahren zur Bestimmung der Primfaktorzerlegung einer gegebenen Zahl gibt, ist die Bestimmung der Primfaktorzerlegung *größerer* Zahlen immer noch relativ aufwändig. Hier führt der schon mindestens 2500 Jahre alte, sogenannte **Euklidische Algorithmus** sehr rasch und elegant zum Ziel – *ohne* vorherige Bestimmung der Primfaktorzerlegung (*dritter* Abschnitt).

Analog zur Bestimmung der gemeinsamen Teiler und des *ggT* gegebener Zahlen mittels Teilermengen eignen sich auch **Vielfachenmengen** gut für eine anschauliche Einführung von *gemeinsamen Vielfachen* und des *kleinsten gemeinsamen Vielfachen* (*kgV*) gegebener Zahlen (*vierter* Abschnitt). Durch Rückgriff auf die **Primfaktorzerlegung** lässt sich auch die *kgV*-Bestimmung oft stark vereinfachen, wie wir im *fünften* Abschnitt sehen werden. Ein dem Euklidischen Algorithmus entsprechendes Verfahren existiert allerdings *nicht* für die *kgV*-Bestimmung – zumindest nicht direkt. Wegen des im *sechsten* Abschnitt dieses Kapitels bewiesenen **Zusammenhangs zwischen *ggT* und *kgV*** können wir jedoch *indi-*

© Springer-Verlag GmbH Deutschland, ein Teil von Springer Nature 2018
F. Padberg, A. Büchter, *Elementare Zahlentheorie*,
Mathematik Primarstufe und Sekundarstufe I + II

rekt den Euklidischen Algorithmus benutzen, um so ebenfalls *ohne* vorherige Bestimmung der Primfaktorzerlegungen das kgV gegebener Zahlen zu bestimmen.

Im *siebten* Abschnitt gehen wir auf eine weitere wichtige Einsatzmöglichkeit des Euklidischen Algorithmus ein. Mit seiner Hilfe können wir einen vollständigen Überblick gewinnen, welche natürlichen Zahlen c als „**Linearkombination**" $x \cdot a + y \cdot b$ gegebener natürlicher Zahlen a und b darstellbar sind. Deuten wir die Gleichung $x \cdot a + y \cdot b = c$ als spezielle Gleichung, als sogenannte **diophantische Gleichung**, gewinnen wir sogar einen vollständigen Überblick, in welchen Fällen genau diese diophantischen Gleichungen lösbar sind und wie ihre Lösungen dann aussehen.

Wir beenden dieses Kapitel mit der speziellen **quadratischen** diophantischen Gleichung $x^2 + y^2 = z^2$. Wir beantworten anschließend die Frage, ob die verallgemeinerte Gleichung $x^n + y^n = z^n$ mit höheren Exponenten als 2 für einige oder alle Exponenten $n \geq 3$ lösbar ist oder ob sie im Gegenteil generell unlösbar ist („Fermat'sche Vermutung").

5.1 *ggT* und Teilermengen

Der *Begriff* des größten gemeinsamen Teilers (ggT) lässt sich am anschaulichsten mithilfe von Teilermengen einführen. Betrachten wir als Beispiel die Teilermengen von 18 und 24, also $T(18)$ und $T(24)$, so gilt:

- $T(18) = \{1, 2, 3, 6, 9, 18\}$
- $T(24) = \{1, 2, 3, 4, 6, 8, 12, 24\}$.

Offensichtlich sind die Zahlen 1, 2, 3 und 6 Teiler von 18 *und* Teiler von 24, also *gemeinsame Teiler* von 18 und 24. Mithilfe der Durchschnittsmengenbildung[1] können wir die *gemeinsamen* Teiler von 18 und 24 knapp in der Form $T(18) \cap T(24) = \{1, 2, 3, 6\}$ notieren.

Es fällt bei diesem Beispiel auf, dass die Menge der gemeinsamen Teiler von 18 und 24 keine ganz *beliebige* Menge ist, sondern speziell eine *Teilermenge* – und zwar in diesem Beispiel die Teilermenge $T(6)$. Dass dies allgemein bei Mengenoperationen *keineswegs* selbstverständlich ist, erkennen wir, wenn wir von den beiden gegebenen Mengen beispielsweise die *Vereinigungsmenge*[2] bilden. Wir erhalten $T(18) \cup T(24) = \{1, 2, 3, 4, 6, 8, 9, 12, 18, 24\}$ und erkennen, dass die Vereinigungsmenge von zwei Teilermengen zumindest in diesem Beispiel *keine* Teilermenge ist. Es stellt sich die Frage, ob wir in unserem Beispiel bei der Durchschnittsmengenbildung nur zufällig als Ergebnis eine *Teilermenge* erhalten haben oder ob dies vielleicht sogar generell gilt. Eine Antwort auf diese Frage geben wir im Abschn. 5.3.

---

[1] Vgl. Padberg/Büchter [23], S. 127 f.
[2] Vgl. Padberg/Büchter [23], S. 134 ff.

Völlig analog zu dem konkreten Beispiel können wir allgemein definieren:

Definition 5.1 (gemeinsame Teiler, *ggT*)
Gegeben seien zwei Teilermengen $T(a)$ und $T(b)$ mit $a, b \in \mathbb{N}$. Die Elemente von $T(a) \cap T(b)$ nennen wir *gemeinsame Teiler* von a und b. Das größte Element von $T(a) \cap T(b)$ bezeichnen wir als *größten gemeinsamen Teiler* von a und b (kurz: $ggT(a, b)$). ◆

Bemerkungen

(1) Da 1 Teiler jeder natürlichen Zahl ist, besitzen zwei natürliche Zahlen stets mindestens 1 als gemeinsamen Teiler. Haben daher natürliche Zahlen a und b keine *weiteren* gemeinsamen Teiler, so sagen wir: Die Zahlen a und b sind **teilerfremd**. Dies ist also gleichbedeutend mit $ggT(a, b) = 1$.

(2) Alle Teiler von a bzw. b sind kleiner oder höchstens gleich a bzw. b. Also gibt es nur *endlich viele* gemeinsame Teiler, von denen wir daher stets den *größten* gemeinsamen Teiler bestimmen können, nämlich als das Element $d \in T(a) \cap T(b)$ mit der Eigenschaft: Aus $c \in T(a) \cap T(b)$ folgt $c \leq d$.
Daher existiert zu $a, b \in \mathbb{N}$ **stets** der $ggT(a, b)$.

(3) Analog zur Definition 5.1 können wir auch die gemeinsamen Teiler und den größten gemeinsamen Teiler von *drei* oder *mehr* natürlichen Zahlen definieren.

(4) Durch Rückgriff auf die komplementären Teiler können wir Teilermengen nicht zu großer Zahlen relativ leicht bestimmen.[3]

(5) An einigen wenigen Stellen in diesem Band benötigen wir auch die Definition des ***ggT* für ganze Zahlen**. Wir definieren: Seien a und b ganze Zahlen, die nicht beide gleichzeitig null sind. Dann bezeichnen wir die größte ganze Zahl d mit $d \mid a$ und $d \mid b$ als $ggT(a, b)$. Auch in diesem Fall ist der $ggT(a, b)$ stets eine *natürliche* Zahl, denn wegen $1 \mid a$ und $1 \mid b$ gilt stets $d \geq 1$. Ferner gilt offensichtlich $ggT(a, b) = ggT(|a|, |b|)$. Wir nennen zwei ganze Zahlen *teilerfremd*, wenn $ggT(a, b) = 1$ gilt.

Aus der Definition 5.1 folgt unmittelbar (vgl. Aufgabe 8):

Satz 5.1
Für alle $a, b \in \mathbb{N}$ gilt:

1. $ggT(1, a) = 1$
2. Aus $a \mid b$ folgt $ggT(a, b) = a$.

Bei überschaubaren Teilermengen von *zwei* oder *drei* natürlichen Zahlen können wir die gemeinsamen Teiler und den größten gemeinsamen Teiler gut mithilfe von **Venn-Diagrammen** anschaulich darstellen. Bei *zwei* natürlichen Zahlen können insgesamt nur *zwei*

---

[3] Vgl. Padberg/Büchter [23], S. 123.

verschiedene Diagrammtypen auftreten, die durch die folgenden beiden Beispiele verdeutlicht werden:

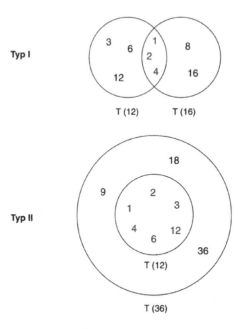

Typ I

T (12)   T (16)

Typ II

T (12)

T (36)

Der Typ II tritt genau dann auf, wenn die eine Teilermenge $T(a)$ eine *Teilmenge* der zweiten Teilermenge $T(b)$ ist (vgl. Aufgabe 3), in allen anderen Fällen hat das Venn-Diagramm die Form des Typs I. In der Schnittmenge liegt dann mindestens die Zahl 1 als gemeinsamer Teiler.

Aber auch bei der Bestimmung von gemeinsamen Teilern und des ggT von *drei* natürlichen Zahlen können Venn-Diagramme eingesetzt werden. Dieser Fall ist allerdings wesentlich aufwändiger und komplizierter als die entsprechende Untersuchung für zwei Zahlen. Wir betrachten exemplarisch ein Venn-Diagramm für *drei* Teilermengen (vgl. auch Aufgabe 4 und 5):

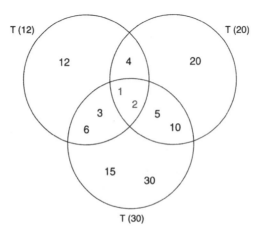

T (12)   T (20)

T (30)

Diesem Venn-Diagramm können wir neben den gemeinsamen Teilern von 12, 20 und 30 auch übersichtlich die gemeinsamen Teiler

- von 12 und 20,
- von 12 und 30 sowie
- von 20 und 30

entnehmen. In dem Diagramm können wir auch leicht all jene Zahlen ablesen, die

- Teiler von 12 *oder* 20 *oder* 30 sind,
- die Teiler von 12, aber *nicht* von 20 und 30 sind,
- die Teiler von 20, aber *nicht* von 12 sind,
- die Teiler von 12 *und* 20, aber *nicht* von 30 sind,

um nur einige Beispiele zu nennen.

5.2 *ggT* und Primfaktorzerlegung

Die Bestimmung der gemeinsamen Teiler und des größten gemeinsamen Teilers zweier Zahlen mithilfe der zugehörigen Teilermengen ist bei größeren und teilreichen Zahlen relativ mühsam. Durch Rückgriff auf die *Primfaktorzerlegung* lässt sich die Bestimmung dieser Teiler oft stark vereinfachen.

5.2.1 Ein Beispiel

Beispiel

$$a = 120 = 2^3 \cdot 3 \cdot 5$$
$$b = 3500 = 2^2 \cdot 5^3 \cdot 7$$

Wegen der Eindeutigkeit der Primfaktorzerlegung enthalten sämtliche *Teiler* von 120 in ihrer Primfaktorzerlegung ausschließlich die Primzahlen 2, 3 oder 5, und zwar 2 höchstens in dritter Potenz sowie 3 und 5 höchstens in erster Potenz. Aus demselben Grund enthalten sämtliche *Teiler* von 3500 in ihrer Primfaktorzerlegung ausschließlich die Primzahlen 2, 5 oder 7, und zwar 2 höchstens in zweiter, 5 höchstens in dritter und 7 höchstens in erster Potenz.

Daher können **gemeinsame Teiler** von 120 und 3500

- **keine Primfaktoren** enthalten, die **weder** in der Primfaktorzerlegung von 120 **noch** in der Primfaktorzerlegung von 3500 vorkommen, wie z. B. die Primzahlen 11 und 13, denn Zahlen mit beispielsweise 11 in der Primfaktorzerlegung teilen weder 120 noch 3500;

- **keine Primfaktoren** enthalten, die nur **entweder** in der Primfaktorzerlegung von 120 **oder** in der Primfaktorzerlegung von 3500 vorkommen, wie beispielsweise die Primzahlen 3 oder 7; denn Zahlen mit einer 3 in der Primfaktorzerlegung können keine Teiler von 3500 und Zahlen mit einer 7 in der Primfaktorzerlegung keine Teiler von 120 sein. Diese Zahlen können daher keine *gemeinsamen* Teiler von 120 und 3500 sein;
- **keine Primzahlpotenzen** enthalten, die zwar in der Primfaktorzerlegung *beider* Zahlen vorkommen, deren Exponent jedoch *größer* ist als der kleinere von den beiden vorkommenden Exponenten (bzw. größer ist als die beiden gleichen Exponenten); denn Teiler von 3500 $= 2^2 \cdot 5^3 \cdot 7$ können beispielsweise keine Potenzen der Primzahl 2 mit dem Exponenten 3 (oder gar höher) in ihrer Primfaktorzerlegung enthalten. Derartige Zahlen können daher keine *gemeinsamen* Teiler von 120 und 3500 sein.

Positiv formuliert enthalten also sämtliche *gemeinsame Teiler* zweier gegebener Zahlen genau *die* Primzahlen in ihrer Primfaktorzerlegung, die *sowohl* bei der ersten *als auch* bei der zweiten Zahl in der Primfaktorzerlegung vorkommen (in unserem konkreten Beispiel also höchstens die Primzahlen 2 und 5). Als Exponent für diese Primzahlen kann jeweils der *kleinere* von den beiden Exponenten genommen werden, sofern die beiden Exponenten verschieden sind, sonst der in beiden Fällen gleiche Exponent (in unserem Beispiel bei 2 also maximal der Exponent 2 und bei 5 maximal der Exponent 1).

Die **größte Zahl**, die wir hieraus bilden können, ist das Produkt aller gemeinsam vorkommenden Primzahlen mit den jeweils maximal möglichen Exponenten (in unserem Beispiel also das Produkt $2^2 \cdot 5$). Also ist der *größte gemeinsame Teiler* von 120 und 3500 die Zahl $20 = 2^2 \cdot 5$.

$$
\begin{aligned}
a = \quad 120 &= 2^3 \cdot 3 \cdot 5 \\
b = 3500 &= 2^2 \quad\ \cdot 5^3 \cdot 7 \\
\hline
ggT(120, 3500) &= 2^2 \quad\ \cdot 5 \\
&= 20
\end{aligned}
$$

5.2.2 Allgemeine Vorgehensweise

Durch Verallgemeinerung dieses Gedankenganges können wir beweisen:

Satz 5.2

Für alle

$$
a = \prod_{i=1}^{\infty} p_i^{m_i}, \ b = \prod_{i=1}^{\infty} p_i^{n_i} \ (p_i \text{ Primzahl}, \ n_i, m_i \in \mathbb{N}_0)
$$

gilt

$$
ggT(a, b) = \prod_{i=1}^{\infty} p_i^{\mathrm{Min}(m_i, n_i)}.
$$

Bemerkung

Min(m_i, n_i) bedeutet das Minimum von m_i und n_i.

Beweis

Wir kürzen ab:

$$d := \prod_{i=1}^{\infty} p_i^{\,\mathrm{Min}(m_i, n_i)}$$

1. $d \in T(a) \cap T(b)$ nach Satz 4.5, da Min$(m_i, n_i) \leq m_i$ und Min$(m_i, n_i) \leq n_i$ für alle i gilt. Also ist d ein *gemeinsamer* Teiler von a und b.

2. $d = ggT(a, b)$, denn für alle $c \in T(a) \cap T(b)$ mit $c = \prod_{i=1}^{\infty} p_i^{k_i}$ gilt nach Satz 4.5: $k_i \leq m_i$ und (zugleich) $k_i \leq n_i$, also $k_i \leq$ Min(m_i, n_i), daher $c|d$ und folglich $c \leq d$. Also ist d der *größte* gemeinsame Teiler von a und b. $\square$

Aus Satz 5.2 folgt unmittelbar die nachstehende, auch im Unterricht gut anwendbare Aussage:

Satz 5.3

Für alle $a, b, n \in \mathbb{N}$ gilt:

$ggT(n \cdot a, n \cdot b) = n \cdot ggT(a, b)$

Beispiel

$ggT(520, 910) = ggT(130 \cdot 4, 130 \cdot 7) = 130 \cdot ggT(4, 7) = 130$ ∎

5.3 *ggT* und Euklidischer Algorithmus

Die Bestimmung gemeinsamer Teiler und des *ggT* mithilfe des *Euklidischen Algorithmus* bietet den Vorteil, dass wir selbst bei größeren Zahlen *ohne* Kenntnis der Primfaktorzerlegung der gegebenen Zahlen sehr elegant und rasch den *ggT* bestimmen können. Dieser Ansatz bietet den zusätzlichen Vorteil, dass der (beweistechnisch nicht leichte) Hauptsatz der Elementaren Zahlentheorie bei diesem Weg – im Gegensatz zum Weg über die Primfaktorzerlegung – *nicht* benötigt wird. Es lässt sich sogar der Hauptsatz der Elementaren Zahlentheorie (Satz 4.2) mithilfe des Euklidischen Algorithmus beweisen (vgl. Remmert/ Ullrich [30], S. 59).

In seiner einfachsten Form beruht dieser Algorithmus auf der wiederholten *Subtraktion* natürlicher Zahlen[4] und lässt sich gut durch die Wegnahme von Strecken geometrisch veranschaulichen und begründen. In der anspruchsvolleren Version – nur diese bezeichnet

---

[4] Vgl. Padberg/Büchter [23], S. 140 ff.

man als Euklidischen Algorithmus (und auf diese beschränken wir uns hier) – beruht er auf der *Division* mit Rest (vgl. Satz 2.8), die bei Bedarf wiederholt angewendet wird. Das Verfahren endet, wenn zum ersten Mal ein Rest bei der Kette von Divisionen null wird. Dieser letzten (oder auch schon der vorletzten) Gleichung können wir direkt den *ggT* entnehmen. Bei diesem Verfahren notiert man die Division bekanntlich als multiplikative Zerlegung.

Wir erläutern den Euklidischen Algorithmus zunächst an einem Beispiel.

5.3.1 Ein Beispiel

Beispiel

$$ggT(546, 247) = ?$$

Wiederholte Division mit Rest ergibt:

$$546 = 2 \cdot 247 + 52$$
$$247 = 4 \cdot 52 + 39$$
$$52 = 1 \cdot 39 + 13$$
$$39 = 3 \cdot 13 + \mathbf{0}$$

Bei der vorstehenden Kette von Gleichungen werden die Reste beständig kleiner (52, 39, 13, 0), bleiben aber ausnahmslos wegen Satz 2.8 größer oder gleich null. Darum bricht die Kette in diesem Beispiel nach vier Schritten mit dem Rest 0 ab. Der Rest in der vorletzten Zeile (13), der ebenfalls auch als Faktor in der letzten Zeile vorkommt, liefert uns den $ggT(546, 247)$. Es gilt also:

$$ggT(546, 247) = 13 \qquad\qquad \blacksquare$$

Begründung

- Wir begründen zunächst, dass wegen

$$546 = 2 \cdot 247 + 52$$

  für den ggT gilt:

$$ggT(546, 247) = ggT(247, 52)$$

  a) Jeder gemeinsame Teiler von 546 und 247 ist nach der Produkt- und der Differenz-regel (Satz 2.5, Satz 2.4) wegen $52 = 546 - 2 \cdot 247$ auch ein Teiler von 52, also auch ein gemeinsamer Teiler von 247 und 52.

b) Umgekehrt ist jeder gemeinsame Teiler von 247 und 52 nach der Produkt- und Summenregel (Satz 2.5, Satz 2.3) wegen $546 = 2 \cdot 247 + 52$ auch ein Teiler von 546, also auch ein gemeinsamer Teiler von 247 und 546.

Daher gilt: Die gemeinsamen Teiler von 546 und 247 sowie von 247 und 52 stimmen überein. Daher stimmen auch ihre **größten** gemeinsamen Teiler überein und es gilt:

$$ggT(546, 247) = ggT(247, 52)$$

- Die vorstehende Argumentation können wir wegen $247 = 4 \cdot 52 + 39$ auch völlig analog auf die gemeinsamen Teiler von 247 und 52 sowie von 52 und 39 anwenden. Wir erhalten:

$$ggT(247, 52) = ggT(52, 39)$$

Wegen $52 = 1 \cdot 39 + 13$ gilt dann auch:

$$ggT(52, 39) = ggT(39, 13)$$

Bei inhaltlicher Argumentation können wir spätestens hier aufhören, da $ggT(39, 13) = 13$ gilt. Um den Beweis des Euklidischen Algorithmus weiter vorzubereiten, betrachten wir aber noch die letzte Zeile:

$$39 = 3 \cdot 13 + 0$$

Trotz der Null können wir auch hier entsprechend argumentieren und erhalten:

$$ggT(39, 13) = ggT(13, 0)$$

Da 13 der größte Teiler von 13 ist, alle natürlichen Zahlen jedoch 0 teilen, gilt $ggT(13, 0) = 13$.
- Wir erhalten so insgesamt:

$$ggT(546, 247) = ggT(247, 52)$$
$$ggT(247, 52) = ggT(52, 39)$$
$$ggT(52, 39) = ggT(39, 13)$$
$$ggT(39, 13) = ggT(13, 0) = 13$$

Daher gilt: $ggT(546, 247) = 13$.

Bemerkung

Da bei dem Satz von der Division mit Rest jeweils der Quotient und der Rest *eindeutig* bestimmt sind, ist damit auch obige Gleichungskette – ausgehend von 546 und 247 – eindeutig und damit auch der *ggT*. Wegen der ständig kleiner werdenden, nicht negativen Reste *muss* der Algorithmus nach endlich vielen Schritten abbrechen.

5.3.2 Verallgemeinerung der zentralen Beweisidee

Völlig analog können wir allgemein die folgende zentrale Beweisidee für den Euklidischen Algorithmus beweisen:

Satz 5.4
Seien $a, b \in \mathbb{N}$. Die Division von a durch b im Sinne des Satzes von der Division mit Rest (Satz 2.8) ergibt $a = q \cdot b + r$ mit $q, r \in \mathbb{N}_0$ und $0 \leq r < b$. Dann gilt:

1. Die gemeinsamen Teiler von a und b ($T(a) \cap T(b)$) und die gemeinsamen Teiler von b und r ($T(b) \cap T(r)$) stimmen überein.
2. Für den größten gemeinsamen Teiler gilt daher $ggT(a, b) = ggT(b, r)$.

Beweis

- Wir zeigen zunächst, dass *jeder* gemeinsame Teiler von a und b auch ein gemeinsamer Teiler von b und r ist.
  Sei t ein beliebiger, gemeinsamer Teiler von a und b. Dann gilt $t \mid a$ und $t \mid b$. Wegen der Produktregel (Satz 2.5) gilt $t \mid q \cdot b$, also wegen $t \mid a$ und der Differenzregel[5] auch $t \mid a - q \cdot b$, also $t \mid r$. Laut Voraussetzung gilt $t \mid b$. Folglich ist t stets auch ein gemeinsamer Teiler von b und r.
- Wir zeigen umgekehrt, dass *jeder* gemeinsame Teiler von b und r auch ein gemeinsamer Teiler von a und b ist.
  Sei t ein beliebiger, gemeinsamer Teiler von b und r, dann gilt $t \mid b$ und $t \mid r$. Wegen der Produkt- und Summenregel gilt dann auch $t \mid q \cdot b + r$, also $t \mid a$. Folglich ist t stets auch ein gemeinsamer Teiler von a und b.
- Wir haben also insgesamt gezeigt, dass die Menge der gemeinsamen Teiler von a und b und die Menge der gemeinsamen Teiler von b und r völlig übereinstimmen. Dann müssen auch ihre *größten* Elemente $ggT(a, b)$ und $ggT(b, r)$ gleich sind und es gilt:

$$ggT(a, b) = ggT(b, r) \qquad\qquad \square$$

5.3.3 Euklidischer Algorithmus

Beim Bestimmen des $ggT(a, b)$ mithilfe mehrfacher Division mit Rest nennen wir die hierbei entstehenden Quotienten der Reihe nach $q_1, q_2, \ldots$, die hierbei entstehenden Reste der Reihe nach $r_1, r_2, \ldots$. Aufgrund unseres Beispiels vermuten wir:

---

[5] Wegen $a - q \cdot b = r$ und $r \geq 0$ gilt $a \geq q \cdot b$.

Satz 5.5 (Euklidischer Algorithmus)
Seien $a, b \in \mathbb{N}$. Durch (ggf. mehrfache) Division mit Rest erhalten wir stets eine – mit dem nach endlich vielen Schritten erstmalig auftretenden Rest 0 – **abbrechende** Kette von Gleichungen

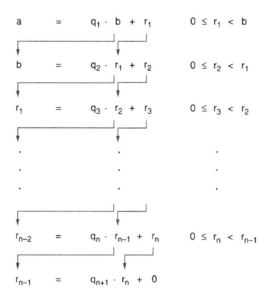

und es gilt $ggT(a, b) = r_n$.

Beweis

- In der Gleichungskette werden die Reste *beständig kleiner*; denn es gilt $b > r_1 > r_2 > \ldots > r_n \geq 0$. Die Gleichungskette muss – da sämtliche Reste größer oder höchstens gleich null sind – *spätestens* nach b Schritten mit einem Rest 0 abbrechen.
- Die Anwendung von Satz 5.4 auf die Gleichungen der Gleichungskette ergibt:

$$ggT(a, b) = ggT(b, r_1)$$

$$ggT(b, r_1) = ggT(r_1, r_2)$$

$$ggT(r_1, r_2) = ggT(r_2, r_3)$$

$$\vdots$$

$$ggT(r_{n-2}, r_{n-1}) = ggT(r_{n-1}, r_n)$$

$$ggT(r_{n-1}, r_n) = ggT(r_n, 0)$$

In der Gleichungskette stimmt jeweils die rechte Seite einer Gleichung mit der linken Seite der *folgenden* Gleichung überein. Wegen $T(0) = \mathbb{N}_0$ gilt für die rechte Seite der letzten Gleichung $ggT(r_n, 0) = r_n$; denn r_n ist der größte Teiler von r_n und es gilt auch $r_n \mid 0$ (warum?). Wir erhalten insgesamt:

$$ggT(a,b) = ggT(b, r_1) = ggT(r_1, r_2)$$
$$= ggT(r_2, r_3) = \ldots = ggT(r_{n-1}, r_n)$$
$$= ggT(r_n, 0) = r_n, \quad \text{also}$$
$$ggT(a,b) = r_n. \hspace{4cm} \square$$

Bemerkung

Beim Beweis von Satz 5.4 haben wir gesehen, dass bei der Division mit Rest $a = q_1 \cdot b + r_1$ nicht nur $ggT(a,b) = ggT(b, r_1)$ gilt, sondern dass auch die Menge der gemeinsamen Teiler von a und b ($T(a) \cap T(b)$) sowie die Menge der gemeinsamen Teiler von b und r ($T(b) \cap T(r)$) gleich sind. Völlig analog wie vorstehend bei der ggT-Bildung erhalten wir für die Mengen der gemeinsamen Teiler:

$$T(a) \cap T(b) = T(b) \cap T(r_1) = T(r_1) \cap T(r_2)$$
$$= T(r_2) \cap T(r_3) = \ldots = T(r_{n-1}) \cap T(r_n)$$
$$= T(r_n) \cap T(0) = T(r_n) \cap \mathbb{N}_0 = T(r_n)$$
$$\text{mit} \quad r_n = ggT(a,b), \quad \text{also}$$
$$T(a) \cap T(b) = T(ggT(a,b)).$$

Wir haben hiermit auch bewiesen: Der Durchschnitt zweier Teilermengen $T(a)$ und $T(b)$ ergibt stets wieder eine *Teilermenge* – und zwar die Teilermenge der $ggT(a,b)$.

Wegen $T(a) \cap T(b) = T(ggT(a,b))$ ergibt sich außerdem, dass jeder gemeinsame Teiler von a und b auch ein Teiler des $ggT(a,b)$ ist.

Weitere Beispiele

• $ggT(8634, 738) = ?$

$$8634 = 11 \cdot 738 + 516$$
$$738 = 1 \cdot 516 + 222$$
$$516 = 2 \cdot 222 + 72$$
$$222 = 3 \cdot 72 + 6$$
$$72 = 12 \cdot 6 + 0$$

Also: $ggT(8634, 738) = 6$

- $ggT(972, 432) = ?$

$$972 = 2 \cdot 432 + 108$$
$$432 = 4 \cdot 108 + 0$$

Also: $ggT(972, 432) = 108$

- $ggT(9657, 549) = ?$

$$9657 = 17 \cdot 549 + 324$$
$$549 = 1 \cdot 324 + 225$$
$$324 = 1 \cdot 225 + 99$$
$$225 = 2 \cdot 99 + 27$$
$$99 = 3 \cdot 27 + 18$$
$$27 = 1 \cdot 18 + 9$$
$$18 = 2 \cdot 9 + 0$$

Also: $ggT(9657, 549) = 9$

Abschließende Bemerkung

Der Euklidische Algorithmus ist beim Einsatz in der Praxis selbst bei sehr großen Zahlen äußerst effizient. Die Anzahl der Iterationen entspricht in etwa der Anzahl der Ziffern der gegebenen Zahlen. Algorithmen mit einigen tausend Iterationen können auf modernen PCs sehr schnell berechnet werden (vgl. Paar/Pelzl [17], S. 185).

5.4   *kgV* und Vielfachenmengen

Die Vielfachenmenge der natürlichen Zahl 3 – kurz geschrieben $V(3)$ – besteht aus den *positiven* Vielfachen von 3. Es gilt $V(3) = \{3, 6, 9, 12, \ldots\}$. Allgemein definieren wir:

Definition 5.2 (Vielfachenmenge)

Die Menge der positiven Vielfachen von $a \in \mathbb{N}$, d. h. die Menge $V(a) = \{x \in \mathbb{N} \mid a \mid x\}$, nennen wir die *Vielfachenmenge* von a.   ◆

Beispiele

- $V(1) = \{1, 2, 3, 4, 5, 6, \ldots\} = \mathbb{N}$
- $V(2) = \{2, 4, 6, 8, 10, 12, \ldots\}$ (Menge aller geraden Zahlen)   ■

Bemerkung

Vergleichen wir Teilermengen $T(a)$ und Vielfachenmengen $V(a)$ mit $a \in \mathbb{N}$, so stellen wir einen deutlichen *Unterschied* fest: Vielfachenmengen besitzen stets unendlich viele Elemente, Teilermengen $T(a)$ mit $a \neq 0$ dagegen stets nur endlich viele Elemente.

Vergleichen wir zwei Vielfachenmengen, etwa $V(2) = \{2, 4, 6, 8, 10, 12, \ldots\}$ und $V(3) = \{3, 6, 9, 12, 15, 18, \ldots\}$, so erkennen wir, dass es Zahlen gibt, die beiden Mengen gleichzeitig angehören, nämlich $6, 12, 18, \ldots$ Wir bezeichnen diese Zahlen als *gemeinsame Vielfache* von 2 und 3. Wir definieren allgemein:

Definition 5.3 (gemeinsame Vielfache, kgV)
Gegeben seien zwei Vielfachenmengen $V(a)$ und $V(b)$ mit $a, b \in \mathbb{N}$. Die Elemente von $V(a) \cap V(b)$ nennen wir *gemeinsame Vielfache* von a und b. Das kleinste Element von $V(a) \cap V(b)$ bezeichnen wir als *kleinstes gemeinsames Vielfaches* von a und b (kurz: $kgV(a,b)$). ◆

Bemerkungen

(1) Zu gegebenen natürlichen Zahlen a und b existieren *stets gemeinsame* Vielfache von a und b, denn $a \cdot b$ ist sowohl ein Vielfaches von a als auch von b. Mit $a \cdot b$ ist aber auch $2 \cdot (a \cdot b), 3 \cdot (a \cdot b), 4 \cdot (a \cdot b), \ldots$ ein gemeinsames Vielfaches von a und b. Die Menge der gemeinsamen Vielfachen von a und b enthält also sogar stets *unendlich viele* Elemente. Wir können daher *nicht* – in Analogie zu den Teilern – *ein größtes* gemeinsames Vielfaches von a und b bestimmen, wohl aber stets ein *kleinstes* gemeinsames Vielfaches.[6]
Zu gegebenen natürlichen Zahlen a, b existiert also stets das $kgV(a,b)$.

(2) Mithilfe der Schnittmengenbildung lässt sich der Begriff der gemeinsamen Vielfachen und des kleinsten gemeinsamen Vielfachen auch leicht für *drei* Zahlen verallgemeinern (vgl. Aufgabe 23).

(3) Gemeinsame Vielfache von zwei natürlichen Zahlen lassen sich durch *Venn-Diagramme* gut veranschaulichen. Entsprechend wie bei Teilermengen können hier insgesamt zwei verschiedene Diagrammtypen auftreten. Auch zur Bestimmung der gemeinsamen Vielfachen und des kgV von *drei* Zahlen können Venn-Diagramme eingesetzt werden.

---

[6] An dieser Stelle greifen wir auf das *Prinzip vom kleinsten Element* zurück (vgl. Abschn. 2.4).

Beispiele (für Venn-Diagramme)

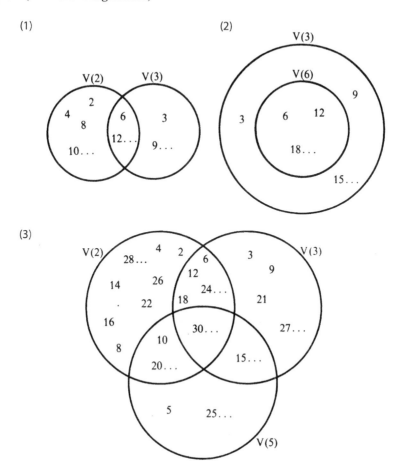

Aus den Venn-Diagrammen (1) bzw. (2) können wir ablesen:

$V(2) \cap V(3) = \{6, 12, \ldots\} = V(6)$

$V(3) \cap V(6) = \{6, 12, 18, \ldots\} = V(6)$

Dem Venn-Diagramm (3) können wir u. a. sehr anschaulich die gemeinsamen Vielfachen und das *kgV* von 2 und 3, von 2 und 5, von 3 und 5, von 2 und 3 und 5 entnehmen, ferner die Vielfachen von 2 oder 3, 2 oder 5, 3 oder 5 sowie von 2 oder 3 oder 5, aber auch die Vielfachen von 2, die keine Vielfachen von 3 sind, oder die Vielfachen von 2, die keine Vielfachen von 3 oder 5 sind, um nur einige Beispiele zu nennen. ∎

Der Durchschnitt zweier Teilermengen ergibt stets wieder eine Teilermenge, und zwar die Teilermenge des zugehörigen *ggT*. Beim Durchschnitt zweier Vielfachenmengen – so beim Einstiegsbeispiel $V(2) \cap V(3)$ – scheinen wir auch wiederum speziell eine *Vielfachenmenge* zu erhalten, und zwar hier $V(6)$, also $V(kgV(2, 3))$. Wir vermuten:

Satz 5.6

Für alle $a, b \in \mathbb{N}$ gilt:

$$V(a) \cap V(b) = V(kgV(a,b))$$

Beweis

Um die Gleichheit der beiden Mengen nachzuweisen, zeigen wir, dass die eine Menge eine Teilmenge der zweiten Menge ist und umgekehrt, dass also gleichzeitig

$$V(kgV(a,b)) \subseteq V(a) \cap V(b) \quad \textbf{und} \quad V(a) \cap V(b) \subseteq V(kgV(a,b))$$

gilt.

- Wir beweisen zunächst $V(kgV(a,b)) \subseteq V(a) \cap V(b)$.

  Sei v ein beliebiges Element aus der Menge $V(kgV(a,b))$, dann gilt $kgV(a,b) \mid v$. Wegen $a \mid kgV(a,b)$ und $b \mid kgV(a,b)$ gilt damit insgesamt wegen der Transitivität $a \mid v$ *und* $b \mid v$, also $v \in V(a) \cap V(b)$. *Jedes* Element von $V(kgV(a,b))$ ist also auch ein Element von $V(a) \cap V(b)$, daher gilt $V(kgV(a,b)) \subseteq V(a) \cap V(b)$.
- Wir beweisen jetzt $V(a) \cap V(b) \subseteq V(kgV(a,b))$.

  Es sei $k = kgV(a,b)$ und v ein beliebiges Element aus der Menge $V(a) \cap V(b)$. Wir zeigen im Folgenden $k \mid v$, also $v \in V(kgV(a,b))$. Wegen des Satzes von der Division mit Rest (Satz 2.8) können wir v durch k dividieren und erhalten so eindeutig bestimmte $q, r \in \mathbb{N}_0$ mit

  $$v = q \cdot k + r \text{ mit } 0 \leq r < k.$$

  Wir zeigen im Folgenden, dass $r = 0$ gilt und damit $k \mid v$.
  Wegen $v \in V(a) \cap V(b)$ gilt $a \mid v$ und $b \mid v$. Wegen $k = kgV(a,b)$ gilt ferner $a \mid k$ und $b \mid k$.
  Wegen der Produkt- und Differenzregel folgt hieraus:
  $a \mid v$ und $a \mid k$, also $a \mid v - q \cdot k$, d. h. $a \mid r$,
  $b \mid v$ und $b \mid k$, also $b \mid v - q \cdot k$, d. h. $b \mid r$.
  Wegen $a \mid r$ *und* $b \mid r$ gilt also $r \in V(a) \cap V(b)$ mit $0 \leq r < k$. Laut Voraussetzung ist jedoch k das *kleinste* gemeinsame Vielfache von a und b. Wegen $0 \leq r < k$ kann daher nur $r = 0$ gelten. Daher gilt $v = q \cdot k$ und damit $k \mid v$.
  Also ist *jedes* Element v von $V(a) \cap V(b)$ auch ein Element von $V(k) = V(kgV(a,b))$, daher gilt $V(a) \cap V(b) \subseteq V(kgV(a,b))$.

Wir haben hiermit insgesamt gezeigt:

$$V(a) \cap V(b) = V(kgV(a,b)) \qquad\qquad \square$$

Bemerkung

Wegen $V(a) \cap V(b) = V(kgV(a,b))$ können wir das $kgV(a,b)$ auch als diejenige Zahl $v \in \mathbb{N}$ charakterisieren, für die gilt: (1) $a \mid v$ und $b \mid v$ sowie (2) aus $a \mid w$ und $b \mid w$ folgt $v \mid w$.

5.5   *kgV* und Primfaktorzerlegung

Die Bestimmung der gemeinsamen Vielfachen und des kleinsten gemeinsamen Vielfachen mithilfe von Vielfachenmengen ist in vielen Fällen recht mühsam, insbesondere bei größeren Zahlen. Durch Rückgriff auf die Primfaktorzerlegung können wir die *kgV*-Bestimmung oft wesentlich vereinfachen.

Beispiel

$kgV(90, 140) = ?$

$$90 = 2 \cdot 3^2 \cdot 5$$
$$140 = 2^2 \quad \cdot 5 \cdot 7$$

Wegen der *Eindeutigkeit* der Primfaktorzerlegung enthalten sämtliche Vielfache von 90 in ihrer Primfaktorzerlegung mindestens die Primzahlen 2, 3 und 5, und zwar 2 und 5 mindestens in erster Potenz sowie 3 mindestens in zweiter Potenz. Aus demselben Grund enthalten sämtliche Vielfache von 140 in ihrer Primfaktorzerlegung mindestens die Primzahlen 2, 5 und 7, und zwar 2 mindestens in zweiter sowie 5 und 7 mindestens in erster Potenz. Daher müssen *gemeinsame* Vielfache von 90 und 140 mindestens die Primzahlen 2, 3, 5 und 7 in ihrer Primfaktorzerlegung enthalten, und zwar 2 und 3 mindestens in zweiter sowie 5 und 7 mindestens in erster Potenz. Die kleinste Zahl, die wir aus diesen Primfaktoren bilden können, ist das Produkt $2^2 \cdot 3^2 \cdot 5 \cdot 7$. Also gilt:

$$90 = \quad 2 \ \cdot 3^2 \cdot 5$$
$$140 = \quad 2^2 \qquad \cdot 5 \cdot 7$$
$$\overline{\quad\quad\quad\quad\quad\quad\quad\quad\quad\quad\quad\quad}$$
$$kgV(90, 140) = \quad 2^2 \ \cdot 3^2 \cdot 5 \cdot 7$$
$$= 1260 \qquad\qquad \blacksquare$$

In Verallgemeinerung dieses Gedankenganges können wir zeigen (vgl. Aufgabe 30):

Satz 5.7

Für alle

$$a = \prod_{i=1}^{\infty} p_i^{m_i}, \ b = \prod_{i=1}^{\infty} p_i^{n_i} \ (p_i \text{ Primzahl}, \ n_i, m_i \in \mathbb{N}_0)$$

gilt:

$$kgV(a, b) = \prod_{i=1}^{\infty} p_i^{\text{Max}(m_i, n_i)}$$

Bemerkung

$\text{Max}(m_i, n_i)$ bedeutet das Maximum von m_i und n_i.

Beispiel

$$
\begin{aligned}
a &= 924 = 2^2 \cdot 3^1 \cdot 5^0 \cdot 7^1 \cdot 11^1 \cdot 13^0 \cdot 17^0 \ldots \\
b &= 1170 = 2^1 \cdot 3^2 \cdot 5^1 \cdot 7^0 \cdot 11^0 \cdot 13^1 \cdot 17^0 \ldots \\
\hline
kgV(924, 1170) &= 2^2 \cdot 3^2 \cdot 5^1 \cdot 7^1 \cdot 11^1 \cdot 13^1 \cdot 17^0 = 180\,180
\end{aligned}
$$
∎

Folgende Sonderfälle folgen unmittelbar aus Satz 5.7 (vgl. auch Aufgabe 33):

Satz 5.8

1. Für alle $a, b, n \in \mathbb{N}$ gilt: $kgV(n \cdot a, n \cdot b) = n \cdot kgV(a, b)$
2. Für alle teilerfremden $a, b \in \mathbb{N}$ gilt: $kgV(a, b) = a \cdot b$

Bemerkungen

(1) Können wir aus den zu untersuchenden Zahlen einen *gemeinsamen* Faktor herausziehen, so vereinfacht dies die kgV-Bestimmung (vgl. Aufgabe 31), wie das folgende Beispiel zeigt:

$$kgV(250, 450) = 50 \cdot kgV(5, 9) = 50 \cdot 45 = 2250$$

(2) Mithilfe der Primfaktorzerlegung können wir auch gemeinsame Vielfache und das kgV von *drei* (oder auch mehr) natürlichen Zahlen bestimmen (vgl. Aufgabe 32).

5.6 Zusammenhang zwischen *ggT* und *kgV*

Wir beginnen zunächst mit zwei leichten Spezialfällen, bevor wir anschließend allgemein auf den Zusammenhang zwischen ggT und kgV eingehen.

Fall 1 (a ist Teiler von b bzw. b ist Vielfaches von a)

Beispiel (4 | 12)
Wegen 4 | 12 ist 4 ein **Teiler** von 12, ferner ist 4 der größte Teiler von 4, also ist 4 der *größte gemeinsame* Teiler von 4 und 12, also gilt $ggT(4, 12) = 4$.

Ebenso ist wegen 4 | 12 die Zahl 12 ein **Vielfaches** von 4, 12 ist das kleinste Vielfache von 12, also ist 12 das *kleinste gemeinsame* Vielfache von 4 und 12, also gilt $kgV(4, 12) = 12$.

Für das **Produkt** von ggT und kgV gilt also in diesem speziellen Beispiel mit 4 | 12

$$ggT(4, 12) \cdot kgV(4, 12) = 4 \cdot 12.$$
∎

Entsprechend können wir für alle $a, b \in \mathbb{N}$ mit $a \mid b$ argumentieren (vgl. Aufgabe 35) und erhalten so in diesem *Sonderfall*

$$ggT(\mathbf{a}, \mathbf{b}) \cdot kgV(\mathbf{a}, \mathbf{b}) = \mathbf{a} \cdot \mathbf{b}.$$

Fall 2 (a und b sind teilerfremd, also $ggT(\mathbf{a}, \mathbf{b}) = 1$)

Beispiel

4 und 7 sind teilerfremd. Daher gilt: $ggT(4, 7) = 1$, $kgV(4, 7) = 28$

$ggT(4, 7) \cdot kgV(4, 7) = 1 \cdot 28 = 28 = 4 \cdot 7$

Wegen Satz 5.8 (2) wissen wir, dass für alle *teilerfremden* $a, b \in \mathbb{N}$, also für alle $a, b \in \mathbb{N}$ mit $ggT(a, b) = 1$, gilt: $kgV(a, b) = a \cdot b$.

Folglich gilt für alle $a, b \in \mathbb{N}$ mit $ggT(a, b) = 1$:

$$ggT(a, b) \cdot kgV(a, b) = 1 \cdot (a \cdot b) = a \cdot b \qquad \blacksquare$$

Fall 3 (allgemeiner Fall)

Gilt die obige Beziehung nicht nur in den beiden ersten Sonderfällen, sondern sogar für *alle* $a, b \in \mathbb{N}$? Der folgende Satz beantwortet diese Frage positiv:

Satz 5.9

Für alle $a, b \in \mathbb{N}$ gilt:

$ggT(a, b) \cdot kgV(a, b) = a \cdot b$

Beweis

Es seien

$$a = \prod_{i=1}^{\infty} p_i^{m_i} \text{ und } b = \prod_{i=1}^{\infty} p_i^{n_i}.$$

Dann gilt nach den Sätzen 5.2 und 5.7

$$ggT(a, b) = \prod_{i=1}^{\infty} p_i^{\mathrm{Min}(m_i, n_i)} \text{ und } kgV(a, b) = \prod_{i=1}^{\infty} p_i^{\mathrm{Max}(m_i, n_i)}.$$

Also gilt dann auch:

$$ggT(a, b) \cdot kgV(a, b) = \prod_{i=1}^{\infty} p_i^{\mathrm{Min}(m_i, n_i)} \cdot \prod_{i=1}^{\infty} p_i^{\mathrm{Max}(m_i, n_i)}$$

$$= \prod_{i=1}^{\infty} p_i^{\mathrm{Min}(m_i, n_i) + \mathrm{Max}(m_i, n_i)} = \prod_{i=1}^{\infty} p_i^{m_i + n_i} = \prod_{i=1}^{\infty} p_i^{m_i} \cdot \prod_{i=1}^{\infty} p_i^{n_i} = a \cdot b \qquad \square$$

Bemerkungen

(1) Nach Satz 5.9 gilt für *alle* $a, b \in \mathbb{N}$: $ggT(a, b) \cdot kgV(a, b) = a \cdot b$. In den Aufgaben 36, 37 und 38 untersuchen wir, ob eine entsprechende Aussage stets auch für *drei* natürliche Zahlen a, b, c gilt.

(2) Mit dem Euklidischen Algorithmus steht für die ggT-Bestimmung auch *größerer* Zahlen ein sehr effektives Verfahren zur Verfügung. Lösen wir Satz 5.9 nach dem $kgV(a, b)$ auf, so erhalten wir $kgV(a, b) = \dfrac{a \cdot b}{ggT(a, b)}$. Wir können daher auch das kgV größerer Zahlen über diesen Zusammenhang sehr effektiv bestimmen.

5.7   Linearkombinationen natürlicher Zahlen

Im Abschn. 5.3 haben wir den ggT mithilfe des Euklidischen Algorithmus bestimmt und im Abschn. 5.6 gesehen, wie wir indirekt über den Zusammenhang von ggT und kgV mit seiner Hilfe auch das kgV bestimmen können. In diesem Abschnitt lernen wir eine weitere wichtige Einsatzmöglichkeit des Euklidischen Algorithmus kennen.

Zum Einstieg betrachten wir im Folgenden einige lineare Gleichungen mit zwei Variablen:

- $7 = x \cdot 2 + y \cdot 5$
  Durch Probieren erhalten wir beispielsweise $x = 6$ und $y = -1$ oder $x = 11$ und $y = -3$ als Lösungen.
  Bemerkung:
  Wir schreiben hier $7 = x \cdot 2 + y \cdot 5$ und nicht, wie gewohnt, $2 \cdot x + 5 \cdot y = 7$, weil im Folgenden bei der Deutung dieser Schreibweise als sogenannte Linearkombination diese Anordnung naheliegend ist.
- $22 = x \cdot 4 + y \cdot 5$
  Probierendes Einsetzen führt uns beispielsweise zu den Lösungen $x = 3$ und $y = 2$, $x = -2$ und $y = 6$ sowie $x = 8$ und $y = -2$.
- $7 = x \cdot 2 + y \cdot 4$
  Obwohl sich diese Gleichung nur geringfügig von der ersten unterscheidet ($y \cdot 4$ statt $y \cdot 5$), finden wir beim probierenden Einsetzen *keine* Lösungen. Auf der rechten Seite der Gleichung stehen stets *gerade* Zahlen, links steht mit 7 eine *ungerade* Zahl. Folglich ist diese Gleichung unlösbar.
  Bemerkung
  In den drei Beispielen steht auf der rechten Seite jeweils ein Ausdruck der Form $x \cdot a + y \cdot b$. Wir nennen diese Ausdrücke im Folgenden kurz **Linearkombinationen von a und b**.
- $13 = x \cdot 546 + y \cdot 247$
  Wegen der relativ großen Zahlen ist es schwierig, hier durch Probieren Lösungen zu finden. Bei genauerem Hinsehen fällt uns allerdings auf, dass in dieser Gleichung zwi-

schen den Koeffizienten auf der rechten Seite und 13 auf der linken Seite eine spezielle Beziehung besteht. In Abschn. 5.3 haben wir nämlich mithilfe des Euklidischen Algorithmus gezeigt, dass $ggT(546, 247) = 13$ gilt. Der Euklidische Algorithmus kann uns jetzt helfen, eventuelle Lösungen obiger Gleichung zu finden. **Das Prinzip:** Wir lösen die Gleichungskette aus Abschn. 5.3 – von oben beginnend – jeweils nach dem zugehörigen Rest auf und setzen Schritt für Schritt ein, bis wir schließlich so den $ggT(546, 247)$, also 13, als Linearkombination von 546 und 247 dargestellt haben:

- $52 = 546 - 2 \cdot 247$

  52 ist dargestellt als Linearkombination von 546 und 247.

- $39 = 247 - 4 \cdot 52$

  Wir setzen für 52 die rechte Seite der ersten Gleichung ein und erhalten so auch 39 als Linearkombination von 546 und 247:

$$39 = 247 - 4 \cdot (546 - 2 \cdot 247)$$
$$= 247 + 8 \cdot 247 - 4 \cdot 546$$
$$= (-4) \cdot 546 + 9 \cdot 247$$

- $13 = 52 - 1 \cdot 39$

  Wir setzen für 52 die rechte Seite der ersten und für 39 die rechte Seite der umgeformten zweiten Gleichung ein und erhalten so eine Darstellung von 13 als Linearkombination von 546 und 247.

$$13 = (546 - 2 \cdot 247) - ((-4) \cdot 546 + 9 \cdot 247)$$
$$= 546 + 4 \cdot 546 - 2 \cdot 247 - 9 \cdot 247$$
$$= 5 \cdot 546 - 11 \cdot 247$$

Wir haben hiermit $13 = ggT(546, 247)$ dargestellt als Linearkombination von 546 und 247 mit $x = 5$ und $y = -11$.

Das vorstehende Beispiel legt nahe, dass die hier durchgeführte Vorgehensweise nicht nur in diesem Beispiel zum Ziel führt, sondern allgemein bei allen $a, b \in \mathbb{N}$, dass also gilt:

Satz 5.10

Für alle $a, b \in \mathbb{N}$ gibt es $x, y \in \mathbb{Z}$ mit $ggT(a, b) = x \cdot a + y \cdot b$.

Beweis

Lösen wir in Satz 5.5 die erste Gleichung nach r_1 auf, so erhalten wir $r_1 = a - q_1 \cdot b$, also $r_1 = x_1 \cdot a + y_1 \cdot b$ mit $x_1 = 1$ und $y_1 = -q_1$. Verfahren wir entsprechend mit der zweiten Gleichung in Satz 5.5, so erhalten wir $r_2 = b - q_2 \cdot r_1 = b - q_2 \cdot (x_1 \cdot a + y_1 \cdot b) = x_2 \cdot a + y_2 \cdot b$ mit $x_2 = -q_2 \cdot x_1 \in \mathbb{Z}$ und $y_2 = 1 - q_2 \cdot y_1 \in \mathbb{Z}$ (Begründung?).

Offensichtlich können wir so – genau wie im Beispiel – in endlich vielen Schritten auch alle folgenden Gleichungen nach $r_3, r_4, \ldots, r_{n+1}$ auflösen und durch Einsetzen erreichen, dass schließlich auch $r_{n+1} = ggT(a, b)$ als Linearkombination von a und b dargestellt werden kann. Also gibt es für alle $a, b \in \mathbb{N}$ jeweils $x, y \in \mathbb{Z}$ mit $ggT(a, b) = x \cdot a + y \cdot b$.

□

Bemerkungen

(1) Satz 5.10 garantiert uns nur für alle $a, b \in \mathbb{N}$, dass $x, y \in \mathbb{Z}$ *existieren* mit $ggT(a, b) = x \cdot a + y \cdot b$ (**Existenzaussage**).

(2) Der Satz sagt *nicht*, dass es jeweils *genau ein* Paar $x, y \in \mathbb{Z}$ mit $ggT(a, b) = x \cdot a + y \cdot b$ gibt (**keine Eindeutigkeitsaussage**). An einfachen Beispielen können wir uns sofort klarmachen, dass die Darstellung im Allgemeinen nicht eindeutig ist. So gilt beispielsweise $ggT(3, 6) = 3$. Die Gleichung $3 = x \cdot 3 + y \cdot 6$ besitzt beispielsweise die Lösung $x = -1$ und $y = 1$, die Lösung $x = -3$ und $y = 2$ oder die Lösung $x = -5$ und $y = 3$. Im folgenden Abschn. 5.8 werden wir zeigen, dass solche Gleichungen sogar unendlich viele Lösungen haben, und wir werden diese vollständig angeben können.

(3) Satz 5.10 gilt nicht nur für zwei natürliche Zahlen, sondern auch für n natürliche Zahlen a_i $(i = 1, 2, \ldots, n)$ mit $n > 2$. Für einen Beweis vgl. Scheid/Schwarz [35], S. 24 f.

Sind speziell a und b teilerfremd, gilt also $ggT(a, b) = 1$, so gilt:

Satz 5.11
Sind a und b *teilerfremde* natürliche Zahlen, gilt also $ggT(a, b) = 1$, so lässt sich *jede* natürliche Zahl als Linearkombination von a und b darstellen.

Beweis
Wegen $ggT(a, b) = 1$ gibt es nach Satz 5.10 $x, y \in \mathbb{Z}$ mit $x \cdot a + y \cdot b = 1$. Multiplizieren wir diese Gleichung mit einer beliebigen natürlichen Zahl n, so erhalten wir $(n \cdot x) \cdot a + (n \cdot y) \cdot b = n$, also können wir in diesem Sonderfall *jede* natürliche Zahl n als Linearkombination von a und b darstellen.

□

Bemerkung
Satz 5.11 gilt offensichtlich sogar für alle *ganzen* Zahlen.

Wir haben bislang bewiesen: Wenn der größte gemeinsame Teiler von a und b gleich d ist, dann gibt es stets $x, y \in \mathbb{Z}$ mit $d = x \cdot a + y \cdot b$. Gilt auch die **Umkehrung** dieser Aussage? Wenn es zu einer natürlichen Zahl d ganze Zahlen x, y mit $d = x \cdot a + y \cdot b$ gibt, gilt dann stets $d = ggT(a, b)$? *Falls* auch die Umkehrung gilt, würde es *genau dann* zu einer natürlichen Zahl d ganze Zahlen x, y geben mit $d = x \cdot a + y \cdot b$, wenn $d = ggT(a, b)$ gilt? Zur Abklärung dieser Frage führen wir zwei Abkürzungen ein:

Zwei Abkürzungen

- Die **Menge der ganzzahligen Vielfachen** einer Zahl a bezeichnen wir mit $M(a)$. So gilt beispielsweise $M(3) = \{\ldots, -6, -3, 0, 3, 6, \ldots\}$ oder $M(ggT(4, 6)) = M(2) = \{\ldots, -4, -2, 0, 2, 4, \ldots\}$. Die Menge $M(ggT(a, b))$ aller ganzzahligen Vielfachen des ggT zweier Zahlen a und b besteht aus allen Vielfachen der Form $z \cdot ggT(a, b)$ mit $z \in \mathbb{Z}$, also gilt $\mathbf{M}(ggT(\mathbf{a}, \mathbf{b})) := \{\mathbf{z} \cdot ggT(\mathbf{a}, \mathbf{b}) \mid \mathbf{z} \in \mathbb{Z}\}$.
- Die **Menge aller Linearkombinationen** zweier Zahlen a und b bezeichnen wir mit $\mathbf{L}(\mathbf{a}, \mathbf{b})$. So umfasst die Menge aller Linearkombinationen beispielsweise von 3 und 4 unendlich viele Elemente, nämlich die Summe jeweils aus allen ganzzahligen Vielfachen von 3 und allen ganzzahligen Vielfachen von 4. So gehören zu $L(3, 4)$ unter anderem $7 = 1 \cdot 3 + 1 \cdot 4$, $26 = 2 \cdot 3 + 5 \cdot 4$, $294 = 38 \cdot 3 + 45 \cdot 4$, $14 = (-2) \cdot 3 + 5 \cdot 4$, $-16 = 4 \cdot 3 + (-7) \cdot 4$, $-113 = (-11) \cdot 3 + (-20) \cdot 4$ oder auch $0 = 0 \cdot 3 + 0 \cdot 4$. Allgemein besteht die Menge $L(a, b)$ aller Linearkombinationen von a und b aus allen Summen der Form $x \cdot a + y \cdot b$ mit $x, y \in \mathbb{Z}$, also gilt $\mathbf{L}(\mathbf{a}, \mathbf{b}) := \{\mathbf{x} \cdot \mathbf{a} + \mathbf{y} \cdot \mathbf{b} \mid \mathbf{x}, \mathbf{y} \in \mathbb{Z}\}$.

Vergleichen wir speziell die Menge $\mathbf{L}(\mathbf{3}, \mathbf{4})$ aller Linearkombinationen von 3 und 4 mit der Menge aller ganzzahligen Vielfachen des $ggT(\mathbf{3}, \mathbf{4})$, so erhalten wir folgendes Ergebnis:

$$M(ggT(3, 4)) = M(1) = \mathbb{Z}$$

$$L(3, 4) = \{x \cdot 3 + y \cdot 4 \mid x, y \in \mathbb{Z}\} = \mathbb{Z} \qquad \text{(Satz 5.11, Bemerkung!)}$$

In diesem **Spezialfall**, dass a und b *teilerfremd* sind, erhalten wir also in beiden Fällen die Menge $\mathbb{Z}$ *aller* ganzen Zahlen, stimmen also $L(3, 4)$ und $M(ggT(3, 4))$ überein. Überraschenderweise gilt die Gleichheit der beiden Mengen $L(a, b)$ und $M(ggT(a, b))$ nicht nur für diesen Spezialfall, sondern sogar **generell**, wie wir dem folgenden Satz entnehmen können:

Satz 5.12
Sei $L(a, b) = \{x \cdot a + y \cdot b \mid x, y \in \mathbb{Z}\}$, $M(ggT(a, b)) = \{z \cdot ggT(a, b) \mid z \in \mathbb{Z}\}$. Dann gilt für alle $a, b \in \mathbb{N}$:

$$L(a, b) = M(ggT(a, b))$$

Bemerkung
Die Gleichheit der beiden Mengen beweisen wir, indem wir zeigen: (1) Für alle $a, b \in \mathbb{N}$ gilt: $L(a, b) \subseteq M(ggT(a, b))$ *und* (2) für alle $a, b \in \mathbb{N}$ gilt: $M(ggT(a, b)) \subseteq L(a, b)$[7].

---

[7] Vgl. Padberg/Büchter [23], S. 134.

Die Teilmengenbeziehung weisen wir jeweils nach, indem wir zeigen, dass *jedes* Element der ersten Menge auch ein Element der zweiten Menge ist. Beim Beweis kürzen wir $L(a, b)$ durch L und $M(ggT(a, b))$ durch M ab.

Beweis

- Wir beweisen zunächst, dass stets M eine Teilmenge von L ist.
  Sei c ein beliebiges Element aus M, dann existiert ein $z \in \mathbb{Z}$ mit $c = z \cdot ggT(a, b)$. Wegen Satz 5.10 wissen wir, dass es für alle $a, b \in \mathbb{N}$ stets $x, y \in \mathbb{Z}$ gibt mit $ggT(a, b) = x \cdot a + y \cdot b$, also gilt auch $c = z \cdot (x \cdot a + y \cdot b)$, folglich auch $c = (z \cdot x) \cdot a + (z \cdot y) \cdot b$. Mit $z, x, y \in \mathbb{Z}$ sind auch $z \cdot x$ und $z \cdot y$ ganze Zahlen. Also ist ein beliebiges Element c aus M stets darstellbar als Linearkombination von a und b, daher gilt stets $c \in L$. *Jedes* Element von M ist also jeweils auch ein Element von L, daher gilt stets $M \subseteq L$.
- Wir beweisen jetzt, dass auch umgekehrt stets L eine Teilmenge von M ist. Sei c ein beliebiges Element aus L. Dann können wir c als Linearkombination von a und b darstellen. Es gibt also $x, y \in \mathbb{Z}$ mit $c = x \cdot a + y \cdot b$. Nach der Produktregel der Teilbarkeitsrelation (vgl. Satz 2.5, Bemerkung) folgt aus $ggT(a, b) \mid a$ auch $ggT(a, b) \mid x \cdot a$ und aus $ggT(a, b) \mid b$ auch $ggT(a, b) \mid y \cdot b$. Nach der Summenregel (vgl. Satz 2.3, Bemerkung 2) ergibt sich hieraus $ggT(a, b) \mid x \cdot a + y \cdot b$, also $ggT(a, b) \mid c$. Daher können wir c darstellen in der Form $c = z \cdot ggT(a, b)$ mit $z \in \mathbb{Z}$, also gilt $c \in M$. *Jedes* Element von L ist also jeweils auch ein Element von M, daher gilt stets $L \subseteq M$.

Damit gilt insgesamt $L = M$. $\square$

Satz 5.12 können wir in Verbindung mit Satz 5.10 umformulieren und erhalten so einen vollständigen Überblick, wann genau eine Zahl $c \in \mathbb{Z}$ als Linearkombination von a und b darstellbar ist. Es gilt:

Satz 5.13

1. Für alle $a, b \in \mathbb{N}$ gibt es $x, y \in \mathbb{Z}$ mit $ggT(a, b) = x \cdot a + y \cdot b$. Hierbei ist der $ggT(a, b)$ die **kleinste natürliche Zahl**, die wir als Linearkombination von a und b darstellen können.
2. Eine Zahl $c \in \mathbb{Z}$ ist genau dann als Linearkombination von a und b darstellbar, wenn c ein ganzzahliges Vielfaches vom $ggT(a, b)$ ist.

Beispiel
Da der $ggT(16, 40)$ gleich 8 ist, können wir 8 als Linearkombination von 16 und 40 darstellen. Es gibt also $x, y \in \mathbb{Z}$ mit $8 = x \cdot 16 + y \cdot 40$. So gilt beispielsweise $x = -2$ und $y = 1$.   ∎

Wegen Satz 5.13 überschauen wir jetzt sogar vollständig **alle Zahlen**, die wir als Linearkombination von 16 und 40 darstellen können. So sind nach Satz 5.13 neben 8 auch 16, 24, 32, 40, … sowie (0), $-8, -16, -24, -32, -40, \ldots$ als Linearkombinationen von 16 und 40 darstellbar, während *alle übrigen* ganzen Zahlen – wie z. B. 1, 2, 3, 4, 5, 6, 7 oder 9, 10, 11, 12, 13, 14, 15 – *nicht* als Linearkombination von 16 und 40 darstellbar sind.

5.8 Lineare diophantische Gleichungen

Zu Beginn von Abschn. 5.7 haben wir einige lineare Gleichungen mit zwei Variablen und ganzzahligen Koeffizienten auf ganzzahlige Lösungen untersucht. Dort haben wir gesehen, dass einige dieser Gleichungen Lösungen haben, andere aber unlösbar sind. In speziellen Fällen haben wir Lösungen mit dem Euklidischen Algorithmus finden können (vgl. Satz 5.10). In diesem Abschnitt vertiefen wir die Untersuchung solcher Gleichungen, die auch **lineare diophantische Gleichungen** genannt werden. Eine direkte Anwendung von Satz 5.13 liefert zunächst ein **Lösbarkeitskriterium** für solche Gleichungen. Anschließend werden wir für lösbare Gleichungen eine **vollständige Übersicht** über ihre jeweiligen Lösungen erarbeiten.

Allgemein bezeichnet man Gleichungen mit *ganzzahligen* Koeffizienten und mit mehreren Variablen, die auch mit größeren natürlichen Exponenten als 1 auftreten dürfen, als *diophantische Gleichungen*, wenn man nur nach *ganzzahligen* Lösungen sucht. Diese Bezeichnung würdigt die Bedeutung des griechischen Mathematikers Diophantos von Alexandria, der um 250 n. Chr. lebte, als einer der Begründer der Zahlentheorie betrachtet wird und insbesondere Gleichungen dieser Art untersucht hat. Wir untersuchen im Folgenden lineare diophantische Gleichungen mit zwei Variablen, genauer Gleichungen der Form $\mathbf{a} \cdot \mathbf{x} + \mathbf{b} \cdot \mathbf{y} = \mathbf{c}$ mit $\mathbf{a}, \mathbf{b} \in \mathbb{N}$ und $\mathbf{c} \in \mathbb{Z}$, auf **ganzzahlige Lösungen**.[8]

Satz 5.13 kann direkt als Lösbarkeitskriterium für lineare diophantische Gleichungen mit zwei Variablen formuliert werden:

Satz 5.14

Die lineare diophantische Gleichung $a \cdot x + b \cdot y = c$ ist genau dann **lösbar**, wenn c ein ganzzahliges Vielfaches des $ggT(a, b)$ ist (d. h. wenn $ggT(a, b) \mid c$ gilt).

Beispiele

- Die bereits betrachtete lineare diophantische Gleichung $2 \cdot x + 4 \cdot y = 7$ ist unlösbar, da $ggT(2, 4) = 2$ und $2 \nmid 7$ gilt.
- Dagegen ist die lineare diophantische Gleichung $12 \cdot x + 9 \cdot y = 6$ lösbar, da $ggT(12, 9) = 3$ und $3 \mid 6$ gilt. Durch Probieren erhalten wird z. B. die Lösungen $x = 2$ und $y = -2$ oder $x = -1$ und $y = 2$. ∎

---

[8] Alle Überlegungen lassen sich nahezu wortgleich auf Koeffizienten $a, b \in \mathbb{Z}$ übertragen.

Bemerkung

Eine Lösung einer linearen diophantischen Gleichung mit zwei Variablen besteht aus zwei ganzen Zahlen x und y; sie kann als geordnetes Paar $(x, y) \in \mathbb{Z} \times \mathbb{Z}$ angeben werden.

Bei Gleichungen ist man natürlich nicht nur an der Frage ihrer Lösbarkeit, sondern – im Fall der Lösbarkeit – immer auch an konkreten Lösungen interessiert. Wenn eine Gleichung mehrere Lösungen hat, möchte man in der Regel eine Übersicht über alle Lösungen gewinnen. Dies erledigen wir zunächst für die lösbare lineare diophantische Gleichung $12 \cdot x + 9 \cdot y = 6$ und dann allgemein.

- Da die Division durch eine Zahl eine Äquivalenzumformung von Gleichungen darstellt, können wir die obige Gleichung durch $ggT(12, 9)$ dividieren. So erhalten wir $4 \cdot x + 3 \cdot y = 2$ als äquivalente Gleichung mit kleineren (jetzt teilerfremden) Koeffizienten.
- Im obigen Beispiel haben wir bereits die Lösungen $(2, -2)$ und $(-1, 2)$ durch Probieren gefunden. Die (eigentlich nicht erforderliche) Probe zeigt, dass sie tatsächlich auch Lösungen der dividierten Gleichung sind: $(I)\ 4 \cdot 2 + 3 \cdot (-2) = 2$ und $(II)\ 4 \cdot (-1) + 3 \cdot 2 = 2$. Wie kann man nun weitere Lösungen finden?
- Offensichtlich gehen bei unterschiedlichen Lösungen die Koeffizienten 4 und 3 mit anderer Vielfachheit in die Summe ein, ohne dass diese sich ändert – es handelt sich um ein „Nullsummenspiel". Betrachten wir die Veränderung von der Lösung $(2, -2)$ zur Lösung $(-1, 2)$: Die 4 geht dreimal weniger und die 3 viermal mehr in die Summe ein, d.h. $4 \cdot (-3) + 3 \cdot 4 = 0$. Diese Gleichung hätten wir auch durch Subtraktion der Probegleichungen $((II) - (I))$ erhalten können. Allgemein ergibt die Subtraktion der Gleichungen zu je zwei Lösungen eine solche **homogene Gleichung**[9] : $4 \cdot \tilde{x} + 3 \cdot \tilde{y} = 0$. Dies bedeutet umgekehrt, dass man genau durch die Addition einer homogenen Gleichung von der Gleichung einer Lösung zur gleichen einer anderen Lösung gelangt.
- Diese Überlegung ist insofern wertvoll, als eine homogene Gleichung relativ einfach gelöst werden kann: $4 \cdot \tilde{x} + 3 \cdot \tilde{y} = 0$ ist äquivalent zu $4 \cdot \tilde{x} = -3 \cdot \tilde{y}$. Da 3 und 4 teilerfremd sind, muss $\tilde{x}$ ein ganzzahliges Vielfaches von -3 und $\tilde{y}$ ein ganzzahliges Vielfaches von 4 sein. Für $t \in \mathbb{Z}$ erhält man $\tilde{x} = -t \cdot 3$ und $\tilde{y} = t \cdot 4$, also $(-t \cdot 3, t \cdot 4)$, als Lösungen.
- Da wir nun alle Lösungen der homogenen Gleichung kennen, können wir ausgehend von einer Lösung der Gleichung $4 \cdot x + 3 \cdot y = 2$ alle Lösungen angeben. Da z. B. $(2, -2)$ eine Lösung ist, erhalten wir alle Lösungen durch $(2 - t \cdot 3, -2 + t \cdot 4)$ für $t \in \mathbb{Z}$. Aufgrund der Äquivalenz der Gleichungen sind dies auch genau die Lösungen der Gleichung $12 \cdot x + 9 \cdot y = 6$.

Diese vollständige Lösung der betrachteten Gleichung können wir nun gleichlautend auf alle lösbaren linearen diophantischen Gleichungen mit zwei Variablen übertragen. Bei der Formulierung des Satzes gehen wir direkt von teilerfremden Koeffizienten a und b aus,

---

[9] In unserem Fall sind genau die Gleichungen mit $c = 0$ *homogen*.

weil wir diese Form stets – wie im obigen Beispiel – durch eine Äquivalenzumformung herstellen können.[10]

Satz 5.15

Sei (x_0, y_0) eine Lösung der linearen diophantischen Gleichung $a \cdot x + b \cdot y = c$ und seien a und b teilerfremd. Dann erhält man **alle Lösungen** durch $(x_0 - t \cdot b, y_0 + t \cdot a)$ für $t \in \mathbb{Z}$.

Beweis

Wie im konkreten Beispiel überlegen wir zunächst, dass 1. die Differenz der Gleichungen zu zwei Lösungen genau eine homogene Gleichung ergibt und – umgekehrt – 2. die Addition einer homogenen Gleichung zur Gleichung zu einer Lösung und wieder die Gleichung zu einer Lösung ergibt.[11] Dann können wir 3. durch die vollständige Lösung der homogenen Gleichung alle gesuchten Lösungen angeben.

1. Seien (x_1, y_1) und (x_2, y_2) zwei Lösungen, gelte also $(I)\ a \cdot x_1 + b \cdot y_1 = c$ und $(II)\ a \cdot x_2 + b \cdot y_2 = c$, dann folgt durch Subtraktion der beiden Gleichungen $((I) - (II))$: $a \cdot (x_1 - x_2) + b \cdot (y_1 - y_2) = 0$; insbesondere ist $(x_1 - x_2, y_1 - y_2)$ also eine Lösung der homogenen Gleichung.
2. Sei umgekehrt (x_1, y_1) eine Lösung der ursprünglichen Gleichung und (x_h, y_h) eine Lösung der homogenen Gleichung, gelte also $(III)\ a \cdot x_1 + b \cdot y_1 = c$ und $(IV)\ a \cdot x_h + b \cdot y_h = 0$, dann folgt durch Addition der beiden Gleichungen $((III) + (IV))$: $a \cdot (x_1 + x_h) + b \cdot (y_1 + y_h) = c$; insbesondere ist $(x_1 + x_h, y_1 + y_h)$ also eine weitere Lösung der ursprünglichen Gleichung.
3. Nun bestimmen wir alle Lösungen der homogenen Gleichung $a \cdot \tilde{x} + b \cdot \tilde{y} = 0$, die äquivalent ist zu $a \cdot \tilde{x} = -b \cdot \tilde{y}$. Da a und b nach Voraussetzung teilerfremd sind, muss $\tilde{x}$ ein ganzzahliges Vielfaches von $-b$ und $\tilde{y}$ ein ganzzahliges Vielfaches von a sein. Für $t \in \mathbb{Z}$ erhält man $\tilde{x} = -t \cdot b$ und $\tilde{y} = t \cdot a$, also $(-t \cdot b, t \cdot a)$, als Lösungen der homogenen Gleichung.
   Da nach Voraussetzung (x_0, y_0) eine Lösung der Gleichung $a \cdot x + b \cdot y = c$ ist, können wir nun alle Lösungen der Gleichung durch Addition angeben: $(x_0 - t \cdot b, y_0 + t \cdot a)$ für $t \in \mathbb{Z}$. $\square$

Bemerkungen

(1) Da $a, b \neq 0$ gilt $(a, b \in \mathbb{N})$, ergeben unterschiedliche Einsetzungen für t auch unterschiedliche Lösungen $(x_0 - t \cdot b, y_0 + t \cdot a)$. Wir erhalten also insgesamt unendlich viele Lösungen.

---

[10] Sind a und b nicht teilerfremd und die lineare diophantische Gleichung $a \cdot x + b \cdot y = c$ lösbar, dann gilt nach Satz 5.14 $ggT(a, b) \mid c$; mittels Division durch $ggT(a, b)$ erhält man dann eine äquivalente lineare diophantische Gleichung mit teilerfremden Koeffizienten.
[11] Dies gilt sogar allgemein für alle linearen Gleichungen.

(2) Es bleibt noch die Frage zu klären, ob wir systematisch zu einer Lösung einer lösbaren linearen diophantischen Gleichung gelangen können, um dann mithilfe aller
Lösungen der homogenen Gleichung alle Lösungen zu erhalten. Tatsächlich können
wir wie im Beweis von Satz 5.10 aus dem Euklidischen Algorithmus *stets* eine Line-
arkombination für den $ggT(a, b)$ gewinnen, also $(\overline{x}, \overline{y})$ mit $a \cdot \overline{x} + b \cdot \overline{y} = ggT(a, b)$.
Im Fall der Lösbarkeit der Gleichung $a \cdot x + b \cdot y = c$ gilt nach Satz 5.14 stets
$ggT(a, b) \mid c$, es gibt also ein $m \in \mathbb{Z}$ mit $c = m \cdot ggT(a, b)$. Durch Multiplikation der
Linearkombination mit m erhalten wir $a \cdot m \cdot \overline{x} + b \cdot m \cdot \overline{y} = m \cdot ggT(a, b) = c$. Also
ist $(m \cdot \overline{x}, m \cdot \overline{y})$ eine Lösung, die wir systematisch gewinnen können.

(3) Sind a und b bei der lösbaren linearen diophantischen Gleichung $a \cdot x + b \cdot y = c$ nicht
teilerfremd, so erhält man mit $ggT(a, b) = d$ ausgehend von einer Lösung (x_0, y_0)
alle Lösungen durch $(x_0 - t \cdot \frac{b}{d}, y_0 + t \cdot \frac{a}{d})$ für $t \in \mathbb{Z}$ (Aufgabe 41).

5.9   Die Fermat'sche Vermutung – eine abenteuerliche Geschichte

Die diophantische Gleichung $x^2 + y^2 = z^2$, auch **pythagoreische Gleichung** genannt,
besitzt als Lösung beispielsweise das Tripel $(3, 4, 5)$; denn $3^2 + 4^2 = 5^2$. Mit $(3, 4, 5)$ sind
trivialerweise auch alle Tripel $(3 \cdot t, 4 \cdot t, 5 \cdot t)$ mit $t \in \mathbb{Z}$ Lösungen. Unendlich viele, wesentlich *verschiedene* Lösungen obiger Gleichung liefern uns die Tripel der Form $(2n + 1,$
$2n^2 + 2n, 2n^2 + 2n + 1)$ für $n \in \mathbb{N}$, also die Tripel $(3, 4, 5), (5, 12, 13), (7, 24, 25), \ldots,$
wie man leicht nachrechnen kann. Hierdurch erhalten wir allerdings noch keineswegs *alle*
Lösungen, so ist z. B. die Lösung $(8, 15, 17)$ von anderer „Bauart".

Mit den pythagoreischen Zahlentripeln haben sich Mathematiker bereits seit Jahrtau-
senden(!) beschäftigt. So finden sich einige Tripel sogar schon auf einer um 1600 v. Chr.
in Babylon entstandenen Keilschrifttafel. Pythagoras waren die oben genannten Tripel bereits im 6. Jahrhundert v. Chr. bekannt. In Euklids *Elementen* wird um 300 v. Chr. schon
eine Methode zur Bestimmung sämtlicher pythagoreischer Zahlentripel behandelt, und
Gleiches gilt auch für Diophants *Arithmetika* (etwa um 250 n. Chr.), ein Standardwerk
der Arithmetik (Zahlentheorie) für sehr viele Jahrhunderte. Der französische Jurist und
Mathematiker Fermat (1607–1665)[12] beschäftigte sich im 17. Jahrhundert mit der Frage einer **Verallgemeinerung der pythagoreischen Gleichung für höhere Exponenten**
und schrieb auf den Rand seiner Diophant-Ausgabe, die diophantischen Gleichungen
$x^n + y^n = z^n$ seien für $n \geq 3$ **unlösbar** (bis auf triviale Lösungen, bei denen eine oder
mehrere Variable null sind). Sein Satz – ich habe einen „wunderbaren Beweis" gefunden,
nur ist leider der Rand zu schmal, um diesen Beweis hier aufzuschreiben – war der Beginn
einer weit mehr als 300-jährigen, aufregenden Jagd; denn leider hat Fermat den Beweis nie
publiziert. In den vergangenen gut 300 Jahren hat es viele Erfolgsmeldungen gegeben. Bei

---

[12] Lange Zeit ist man davon ausgegangen, dass Fermat im Jahr 1601 geboren wurde; vor einigen
Jahren wurden aber Belege für eine Geburt im Jahr 1607 entdeckt.

genauerer Überprüfung stellte sich allerdings immer wieder heraus, dass die Beweise stets mindestens eine Lücke aufwiesen, die irreparabel war – und dies, obwohl die bedeutendsten Mathematiker ihrer Zeit an dem Beweis dieser **Fermat'schen Vermutung** arbeiteten. Für einzelne n ist der Beweis, dass $x^n + y^n = z^n$ unlösbar ist, relativ leicht zu führen. So bewies schon Fermat dies für **n = 4** und Euler (1707–1783) für **n = 3**. Auch ein zu Beginn des *vorigen* Jahrhunderts ausgesetzter Preis von 100 000 Goldmark(!) zur Lösung der Fermat'schen Vermutung brachte keinen Erfolg. Mit dem Siegeszug der **Computer** konnten dann besonders schwierige, einen großen Rechenaufwand erfordernde Fälle systematischer gelöst werden. So ließ sich zu Beginn der zweiten Hälfte des 20. Jahrhunderts die Fermat'sche Vermutung für alle Exponenten n zunächst bis 500, dann bis 1000 und schließlich bis 10 000 beweisen. In den 1980er-Jahren schnellten die erfolgreich untersuchten Exponenten n steil nach oben und erreichten 1993 schon den **Wert 4 Millionen**. Allerdings kann man durch „die rohe Gewalt der computerisierten Zahlenfresserei allein das Unendliche nicht erreichen" (Singh [40], S. 191), kann ein *Beweis* (für *alle* $n \in \mathbb{N}$!) so natürlich **nicht** erbracht werden.

Im Juni **1993** schließlich präsentiert **Andrew Wiles**, Professor in Princeton (USA), in Cambridge einen **Beweis** der Fermat'schen Vermutung und katapultiert hiermit ein mathematisches Thema auf die Titelseiten der Weltpresse. Wiles hat am Beweis der Fermat'schen Vermutung sieben lange Jahre „. . . von morgens, wenn ich aufwachte, bis nachts, wenn ich schlafen ging . . ." (zitiert nach Singh [40], S. 339) unter *völligem Stillschweigen* gegenüber seinen Kollegen gearbeitet, ein kaum vorstellbarer Einsatz an Konzentration und Durchhaltevermögen. Der Grund für diese ungewöhnliche berufliche Einsiedelei: Wegen der „Konkurrenz" konnte Wiles nicht das Risiko eingehen, offenzulegen, woran er arbeitete und welche Methoden er einsetzte. Obwohl kaum jemand an der Richtigkeit der Beweisführung von Wiles zweifelt, wird dennoch im Herbst 1993 – wie schon so oft in den vergangenen über 300 Jahren – **eine gravierende Lücke** im Beweis gefunden. Erst rund ein Jahr später, im Oktober 1994, können Andrew Wiles und sein Schüler Richard Taylor – nach einem Jahr in der „Hölle" – einen **vollständigen Beweis** präsentieren. Im Mai 1995 schließlich wird der Beweis – rund 100 Seiten ohne Anhang und Literaturverzeichnis – in den *Annals of Mathematics* publiziert. Als wesentliche Voraussetzung seines Beweises hat Wiles die sogenannte Taniyama-Shimura-Vermutung bewiesen, die eine Brücke schlägt zwischen völlig unterschiedlichen mathematischen Welten. Der Beweis ist insgesamt so komplex, dass ihn nach Einschätzung von Singh ([40], S. 12) „vielleicht ein halbes Dutzend Menschen auf der ganzen Welt vollständig durchdringen konnten".

Wer sich mit der abenteuerlichen Geschichte der Fermat'schen Vermutung genauer auseinandersetzen will, für den ist das vom Wissenschaftsjournalisten Simon Singh mitreißend und faszinierend geschriebene, leicht lesbare Buch *Fermats letzter Satz – Die abenteuerliche Geschichte eines mathematischen Rätsels* [40] sehr empfehlenswert. Im Anhang dieses Bandes befindet sich eine große Anzahl auch für Laien verständlicher Literaturhinweise.

Eine ergiebige **Internetadresse** ist

$\Longrightarrow$ https://de.wikipedia.org/wiki/Großer_Fermatscher_Satz

Hier wird ein guter Überblick gegeben über die Geschichte der Fermat'schen Vermutung. Ferner gibt es hier Links zu Originalarbeiten wie auch zu verständlichen Übersichtsartikeln.

5.10 Aufgaben

1. Können wir analog zur Definition 5.1 gemeinsame Teiler und den *ggT* statt für $a, b \in \mathbb{N}$ auch für $a, b \in \mathbb{N}_0$ definieren? Welche Probleme treten hierbei auf?

2. Bestimmen Sie mithilfe der zugehörigen Teilermengen die gemeinsamen Teiler und den größten gemeinsamen Teiler von:
    a) 12, 18, 30
    b) 20, 36, 48
    c) 24, 30, 42, 54
    d) 36, 60, 84, 96

3. Begründen Sie, dass der Typ II bei den Venn-Diagrammen von zwei Teilermengen genau dann auftritt, wenn für die natürlichen Zahlen a, b gilt: $a \mid b$.

4. Bestimmen Sie geeignete Teilermengen, die die folgenden Venn-Diagramme besitzen.

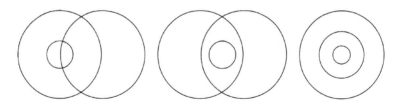

5. Zeichnen Sie geeignete Venn-Diagramme zu den folgenden Teilermengen. Beachten Sie, dass bei Ihren Diagrammen kein Feld leer bleibt.
    a) 24, 30, 42
    b) 36, 72, 90
    c) 18, 24, 54

6. Bestimmen Sie jeweils drei verschiedene Lösungen
    a) $ggT (24, \quad) = 6$
    b) $ggT (\quad, 18) = 3$
    c) $ggT (\quad, \quad) = 4$

7. Welche der folgenden Aussagen sind wahr, welche falsch? Begründen Sie Ihre Lösung.
    a) Zwei gerade Zahlen sind nie teilerfremd.
    b) Zwei ungerade Zahlen sind immer teilerfremd.
    c) Zwei aufeinanderfolgende natürliche Zahlen sind stets teilerfremd.

8. Beweisen Sie mithilfe der entsprechenden Teilermengen:

   Für alle $a, b \in \mathbb{N}$ gilt:

   a) $ggT(1, a) = 1$

   b) Aus $a \mid b$ folgt $ggT(a, b) = a$.

9. Bestimmen Sie mithilfe der Primfaktorzerlegungen den größten gemeinsamen Teiler von:

   a) 198, 924

   b) 195, 1463

10. Bestimmen Sie mithilfe der Primfaktorzerlegungen jeweils die vier größten gemeinsamen Teiler (und damit auch den ggT) von:

    a) 396, 462, 3432

    b) 1232, 1400, 5292

11. Bestimmen Sie den ggT der folgenden Zahlen. Ziehen Sie zunächst einen möglichst großen gemeinsamen Faktor heraus.

    a) 1750, 2250

    b) 720, 1080

12. Begründen Sie mithilfe der Eindeutigkeit der Primfaktorzerlegung natürlicher Zahlen, warum in Aufgabe **11** jeweils ein möglichst großer gemeinsamer Faktor bei der ggT-Bestimmung herausgezogen werden darf.

13. Begründen Sie allgemein:

    Für alle $a, b, n \in \mathbb{N}$ gilt: $ggT(n \cdot a, n \cdot b) = n \cdot ggT(a, b)$

14. Begründen Sie mithilfe der Eindeutigkeit der Primfaktorzerlegung:

    Aus $a \mid b$ folgt $ggT(a, b) = a$.

15. Man zeige: $ggT(ggT(a, b), b) = ggT(a, b)$.

16. Bestimmen Sie mithilfe des Euklidischen Algorithmus die gemeinsamen Teiler und den ggT folgender Zahlen:

    a) 784, 1218

    b) 2864, 9648

    c) 897, 231

    d) 1984, 4638

17. Führen Sie den Eindeutigkeitsbeweis von Satz 2.8 Schritt für Schritt für den Fall durch, dass $q_1 \leq q$ gilt.

18. Bestimmen Sie mithilfe des Euklidischen Algorithmus den ggT folgender Zahlen und stellen Sie anschließend jeweils den ggT als Linearkombination der gegebenen Zahlen dar:

    a) 672, 539

    b) 1001, 781

    c) 6894, 1116

19. Für welche $x, y \in \mathbb{Z}$ gilt:

    a) $247 \cdot x + 299 \cdot y = 13$

    b) $105 \cdot x + 352 \cdot y = 1$

20. Sind 45, 49 oder 50 als Linearkombination von 25 und 35 darstellbar? Geben Sie ggf. eine Linearkombination an.

21. Man beweise:
   Für alle $a, b, c \in \mathbb{N}$ gibt es $x, y, z \in \mathbb{Z}$ mit $ggT(a, b, c) = x \cdot a + y \cdot b + z \cdot c$.

22. Beweisen Sie:
   $V(b) \subseteq V(a)$ gilt genau dann, wenn b ein Vielfaches von a ist.

23. Definieren Sie mithilfe der betreffenden Schnittmenge von $V(a), V(b)$ und $V(c)$ die gemeinsamen Vielfachen von a, b und c. Definieren Sie das $kgV(a, b, c)$ und berechnen Sie das kgV von:
   a) $2, 3, 5$
   b) $4, 6, 15$

24. Verdeutlichen Sie die beiden verschiedenen Diagrammtypen, die bei der Veranschaulichung der gemeinsamen Vielfachen von zwei natürlichen Zahlen mittels Venn-Diagrammen auftreten, durch jeweils ein Beispiel.

25. Beweisen Sie durch Rückgriff auf die Definition 5.3, dass für alle $a, b \in \mathbb{N}$ gilt:
   a) $kgV(1, a) = a$
   b) $kgV(a, a) = a$
   c) Aus $a \mid b$ folgt $kgV(a, b) = b$.

26. Bestimmen Sie natürliche Zahlen, sodass wahre Aussagen entstehen:
   a) $kgV(\ 3, \quad) = 24$,
   b) $kgV(\quad, \ 5) = 10$,
   c) $kgV(\quad, \quad) = 12$.

27. Wie viele Karten muss ein Kartenspiel mindestens haben, damit man die Karten restlos sowohl auf 2 als auch auf 3, 4, 5 und 6 Mitspieler verteilen kann? Nennen Sie drei weitere geeignete Kartenanzahlen.

28. Zwei Zahnräder mit 36 und 30 Zähnen greifen ineinander. Wir markieren zwei Zähne, die im Augenblick aneinanderstoßen. Nach wie vielen Umdrehungen der Räder stoßen die markierten Zähne das erste Mal wieder aneinander? Nach wie vielen Umdrehungen die nächsten drei Male?

29. Bestimmen Sie mithilfe der Primfaktorzerlegung jeweils die vier kleinsten gemeinsamen Vielfachen folgender Zahlen:
   a) $90, 525$
   b) $231, 280$

30. Beweisen Sie Satz 5.7.

31. Begründen Sie:
   Für alle $a, b, n \in \mathbb{N}$ gilt $kgV(n \cdot a, n \cdot b) = n \cdot kgV(a, b)$.

32. Erläutern Sie zunächst allgemein die kgV-Bestimmung mithilfe der Primfaktorzerlegung für drei natürliche Zahlen. Bestimmen Sie anschließend das kgV folgender Zahlen:
   a) $18, 75, 245$
   b) $50, 63, 99$

33. Begründen Sie:
    Für alle teilerfremdem $a, b \in \mathbb{N}$ gilt:

    $$kgV(a,b) = a \cdot b$$

34. Begründen Sie durch Rückgriff auf Vielfachenmengen, dass für alle $a, b, c \in \mathbb{N}$ gilt:

    $$kgV(kgV(a,b),c) = kgV(a, kgV(b,c))$$

35. Beweisen Sie (ohne Rückgriff auf Satz 5.9):
    Für alle $a, b \in \mathbb{N}$ mit $a \mid b$ gilt:

    $$ggT(a,b) \cdot kgV(a,b) = a \cdot b$$

36. Beweisen oder widerlegen Sie:
    Für alle $a, b, c \in \mathbb{N}$ mit $ggT(a,b,c) = 1$ gilt:

    $$kgV(a,b,c) = a \cdot b \cdot c$$

37. Beweisen oder widerlegen Sie:
    Für alle $a, b, c \in \mathbb{N}$ mit $ggT(a,b,c) \neq 1$ gilt:

    $$ggT(a,b,c) \cdot kgV(a,b,c) = a \cdot b \cdot c$$

38. Beweisen Sie:
    Wenn a, b, c paarweise teilerfremd sind, dann gilt $kgV(a,b,c) = a \cdot b \cdot c$.
39. Beweisen Sie:
    Seien $a, b, c \in \mathbb{N}$ sowie a und b teilerfremd. Dann gilt: Aus $a \mid b \cdot c$ folgt $a \mid c$.
40. Untersuchen Sie, ob die folgenden linearen Gleichungen ganzzahlig lösbar sind, und
    geben Sie ggf. alle ganzzahligen Lösungen an:
    a) $12 \cdot x + 25 \cdot y = 6$
    b) $18 \cdot x + 33 \cdot y = 25$
    c) $21 \cdot x + 40 \cdot y = 3$
    d) $42 \cdot x + 27 \cdot y = 12$
41. Beweisen Sie die Aussage der dritten Bemerkung nach Satz 5.15:
    Sind a und b bei der lösbaren linearen diophantischen Gleichung $a \cdot x + b \cdot y = c$ nicht
    teilerfremd, so erhält man mit $ggT(a,b) = d$ ausgehend von einer Lösung (x_0, y_0)
    alle Lösungen durch $(x_0 - t \cdot \frac{b}{d}, y_0 + t \cdot \frac{a}{d})$ für $t \in \mathbb{Z}$.

Kongruenzen, Restklassenmengen und klassische Sätze

Wir haben die *Kongruenzrelation* bereits in Kap. 2 als *Restgleichheitsrelation* eingeführt (vgl. Definition 2.3). Zwei ganze Zahlen a und b sind aus dieser Sicht *kongruent* bezüglich einer natürlichen Divisionszahl m, wenn sie bei Division durch m den gleichen Rest r mit $0 \leq r < m$ lassen. Ausgehend vom Rechnen mit Resten werden wir im Folgenden die Untersuchung der **Kongruenzrelation** *modulo* m vertiefen und feststellen, dass sie eine **Äquivalenzrelation** ist. Dies gibt Anlass, die sogenannten **Restklassenmengen** *modulo* m zu betrachten, die in der Hochschulmathematik eine besondere Rolle spielen, weil sie relativ einfach überschaubare Beispiele für **grundlegende algebraische Strukturen** (Gruppen, Ringe, Körper) liefern. Die vertiefte Auseinandersetzung mit der *Kongruenzrelation modulo* m ermöglicht schließlich das Beweisen von **klassischen Sätzen** der Elementaren Zahlentheorie (Sätze von Euler und Fermat, Chinesischer Restsatz, Satz von Wilson), auf die wir in späteren Kapiteln zurückgreifen werden.

6.1 Die Kongruenzrelation *modulo* m

6.1.1 Rechnen mit Resten

In diesem Abschnitt betrachten wir zwei Beispiele, die verdeutlichen, dass das Rechnen mit Resten in bestimmten Situationen naheliegend und vorteilhaft ist: die Kontrolle von Ergebnissen und die Darstellung von Resten an der Uhr.

Beispiel (Kontrolle von Ergebnissen)
Bei den beiden folgenden Rechnungen können wir – trotz der großen Zahlen – direkt erkennen, dass das Ergebnis falsch ist. Woran liegt dies?

(A) $676\,451\,283 + 516\,823\,046 = 1\,193\,274\,328$
(B) $52\,632 \cdot 94\,823 = 4\,990\,724\,135$ ∎

© Springer-Verlag GmbH Deutschland, ein Teil von Springer Nature 2018
F. Padberg, A. Büchter, *Elementare Zahlentheorie*,
Mathematik Primarstufe und Sekundarstufe I + II

Wir können z. B. jeweils nur die letzten Ziffern betrachten – etwa in Erinnerung an die schriftliche Addition bzw. Multiplikation – und erkennen, dass bei der Addition (A) die letzte Ziffer des Ergebnisses 9 und bei der Multiplikation (B) die letzte Ziffer des Ergebnisses 6 betragen *muss*. Wir können aber auch die Tatsachen heranziehen, dass (A) die Summe einer ungeraden Zahl und einer geraden Zahl ungerade und (B) das Produkt einer geraden Zahl und einer ungeraden Zahl gerade sein muss. Bei beiden Überlegungen reduzieren wir die relativ großen Zahlen erheblich, nämlich auf die *Endziffern* bzw. auf die Eigenschaften *gerade/ungerade*.

Die Allgemeingültigkeit unserer beiden Überlegungen lässt sich einfach mit der Kongruenzrelation zeigen, die wir in Abschn. 2.5 eingeführt haben. Die dort bewiesenen Sätze 2.9 und 2.10 über die seitenweise Addition bzw. Multiplikation von Kongruenzen erledigen dies direkt:

- *Betrachtung der Endziffer*
  Schreiben wir eine natürliche Zahl im Dezimalsystem,so gibt die Endziffer den Rest an, den die Zahl bei Division durch 10 lässt (warum?). Mit der Kongruenzrelation kann dies für die Zahlen in *Rechnung (A)* so ausgedrückt werden:
  $$676\,451\,283 \equiv 3\,(10) \qquad 516\,823\,046 \equiv 6\,(10) \qquad 1\,193\,274\,328 \equiv 8\,(10)$$
  Nach Satz 2.9 dürfen Kongruenzen mit gleicher Divisionszahl (hier 10) seitenweise addiert werden. Bei den beiden Summanden der Addition führt dies zu:
  $$676\,451\,283 + 516\,823\,046 \equiv 3 + 6\,(10)$$
  Das Ergebnis der Addition *muss* also die Endziffer 9 haben und das angegebene Ergebnis ist somit falsch.

  Die Argumentation für *Rechnung (B)* verläuft analog. Für die beteiligten Zahlen gilt:
  $$52\,632 \equiv 2\,(10) \qquad 94\,823 \equiv 3\,(10) \qquad 4\,990\,724\,135 \equiv 5\,(10)$$
  Nach Satz 2.10 dürfen Kongruenzen mit gleicher Divisionszahl (hier 10) seitenweise multipliziert werden. Bei den beiden Faktoren der Multiplikation führt dies zu:
  $$52\,632 \cdot 94\,823 \equiv 2 \cdot 3\,(10)$$
  Das Ergebnis der Multiplikation *muss* also die Endziffer 6 haben und das angegebene Ergebnis ist somit falsch.

- *Betrachtung der Eigenschaften gerade/ungerade*
  Bei der Reduktion der Betrachtung auf die Unterscheidung in gerade und ungerade Zahlen erhalten wir die bekannten Rechenregeln für gerade und ungerade Zahlen. So ist z. B. das Produkt zweier ungerader Zahlen wieder ungerade, während die Summe zweier ungerader Zahlen gerade ist. Wenn man für gerade Zahlen g und für ungerade Zahlen u schreibt, so kann man die Rechenregeln übersichtlich in den folgenden *Verknüpfungstafeln* darstellen:

$+$	g	u		$\cdot$	g	u
g	g	u		g	g	g
u	u	g		u	g	u

Ob eine Zahl gerade oder ungerade ist, lässt sich mit der Kongruenzrelation mit der Divisionszahl 2 darstellen. So gilt für jede gerade Zahl $g \equiv 0 \, (2)$ und für jede ungerade Zahl $u \equiv 1 \, (2)$. Mit den Sätzen 2.9 und 2.10 lassen sich die beiden obigen Verknüpfungstafeln begründen (vgl. Aufgabe 1).

Bei der vorangehenden *Kontrolle von Ergebnissen* lag es nahe, nur mit Resten weiterzuarbeiten. Die ursprünglichen Zahlen blieben aber sichtbar, sodass wir sie auch vollständig hätten nutzen können. Beim folgenden Beispiel sind hingegen nur noch die Reste sichtbar.

Beispiel (Darstellung von Resten an der Uhr)
Wir betrachten bei einer gewöhnlichen Uhr nur den Stundenzeiger und die Veränderung seiner Position, wenn eine bestimmte Zeitspanne verstrichen ist. Zu Beginn möge der Zeiger auf der 12 stehen, wie im linken Bild von Abb. 6.1.

Wo steht der Zeiger nach neun Stunden oder nach 33 Stunden? Wo hat er vor 15 Stunden gestanden? Die Antwort lautet jeweils: auf der 9. Diese Position ist im mittleren Bild sichtbar. Wenn Sie aber nur das mittlere Bild sehen, können Sie nicht entscheiden, um welche der genannten Zeitspannen es sich handelt. Welche Zeitspannen können zum rechten Bild gehören?

An der betrachteten Uhr werden im Prinzip die Reste, die bei Division durch 12 entstehen können, direkt dargestellt.[1] Auch das Rechnen mit Resten lässt sich an der Uhr nachvollziehen: Nehmen wir an, dass seit der Ausgangsposition zunächst 31 Stunden und anschließend noch mal 20 Stunden vergangen sind. Da 31 bei Division durch 12 den Rest 7 lässt, steht der Zeiger zunächst auf der 7 (Abb. 6.2, linkes Bild). Die Endposition erhält man, wenn man von hier aus acht Stunden weiterzählt, da 20 bei Division durch 12 den Rest 8 lässt (mittleres Bild). Da $7 + 8 = 15$ gilt und 15 bei Division durch 12 den Rest 3 lässt, steht der Zeiger am Ende auf der 3 (rechtes Bild).

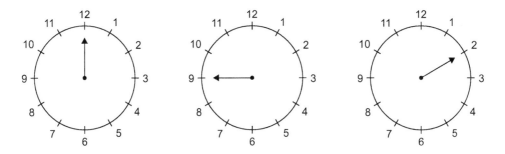

Abb. 6.1 Darstellung von Resten an der Uhr

---

[1] Dabei wird der Rest 0 – wie im Alltag üblich – durch den kongruenten Rest 12 dargestellt.

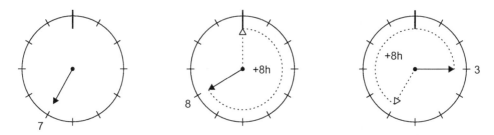

Abb. 6.2 Addition von Zeitspannen an der Uhr

Die oben betrachtete Darstellung der Addition kann mit der Kongruenzrelation und mit Satz 2.9 wie folgt begründet werden:

$$31 \equiv 7(12) \quad \text{und} \quad 20 \equiv 8(12) \quad \overset{\text{Satz 2.9}}{\Longrightarrow} \quad 31 + 20 \equiv 7 + 8(12)$$

Da $7 + 8 = 15$ gilt und 15 bezüglich der Division durch 12 restgleich mit 3 ist, kann man insgesamt folgern, dass $31 + 20 \equiv 3\,(12)$ gilt, wobei die letzte Folgerung auf der hier anschaulich klaren *Transitivität* der Kongruenzrelation beruht, die im folgenden Abschnitt bewiesen wird (Satz 6.5).

Grundsätzlich können wir an der „Zwölferuhr" also mit Resten von ganzen Zahlen, die bei Division durch 12 entstehen, rechnen. Eine gewisse Ausnahme stellt nur die Bezeichnung der Ausgangsposition dar. Wenn die Reste bei Division durch 12 im Sinne von Satz 2.8 gemeint sind, müsste die Ausgangsposition statt mit der 12 mit der 0 bezeichnet werden. Neben der Addition ist es auch möglich, die Multiplikation an der „Zwölferuhr" darzustellen. So kann man sich z. B. auf Ebene der Reste überlegen, wo die Zeiger stehen, wenn seit der Ausgangsposition dreimal 15 Stunden vergangen sind (vgl. Aufgabe 2).

Die Idee der Darstellung von Resten an der Uhr lässt sich einfach von der natürlichen Zahl 12 auf andere Divisionszahlen übertragen. Sollen z. B. Reste, die bei der Division durch 8 entstehen, betrachtet werden, nimmt man eine „Achteruhr". Dabei können an der Uhr natürlich auch direkt die Reste 0 bis 7 zur Bezeichnung der Positionen verwendet werden.   ∎

6.1.2 Alternative Definition der Kongruenzrelation

Wir werden in diesem Abschnitt zeigen, dass man die **Kongruenzrelation** auch anders als über die Restgleichheit einführen kann. Dies ist hilfreich, weil der Rückgriff auf die Definition über die Restgleichheit (Definition 2.3) häufig zu umständlich ist. Daher werden wir nun zwei **äquivalente Charakterisierungen** motivieren. Anschließend geben wir eine in der Mathematik übliche Definition der Kongruenzrelation an. Auf dieser Grundlage können wir viele Beweise im Folgenden einfach und elegant führen.

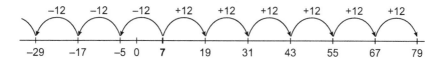

Abb. 6.3 „Zwölfersprünge" auf der Zahlengerade

Wir gehen von der Frage aus, welche ganzen Zahlen bei Division durch 12 restgleich zu 7 sind. Schnell finden wir z. B. 19, 127 oder 1207, aber auch -5 oder -125 gehört dazu. Während wir die Restgleichheit bei natürlichen Zahlen häufig schnell erkennen, müssen wir bei negativen ganzen Zahlen oft genau hinschauen. Da die Reste bei Division durch 12 aus der Menge $\{0, 1, \ldots, 11\}$ sein müssen, erhalten wir für -5 den Rest 7 mit $-5 = (-1) \cdot 12 + 7$. Allgemein lässt eine ganze Zahl a bei Division durch 12 den Rest 7, wenn es eine ganze Zahl z gibt, sodass $a = z \cdot 12 + 7$ gilt. Auf der Zahlengeraden (Abb. 6.3) gelangen wir also von einer Zahl, z. B. 7, durch „Zwölfersprünge" stets zu bezüglich der Division durch 12 restgleichen Zahlen (und können auch tatsächlich alle erreichen, vgl. Aufgabe 3).

Welche Differenzen können entstehen, wenn wir nur Zahlen betrachten, die bei Division durch 12 den Rest 7 lassen? Anschaulich ist klar, dass es sich um Vielfache von 12 handeln muss. Dies lässt sich unter Verwendung von Variablen übersichtlich begründen.

Seien hierfür a und b zwei ganze Zahlen, die bei Division durch 12 den Rest 7 lassen. Es gibt also $z_1, z_2 \in \mathbb{Z}$ mit $a = z_1 \cdot 12 + 7$ und $b = z_2 \cdot 12 + 7$. Dann gilt:

$$a - b = z_1 \cdot 12 + 7 - (z_2 \cdot 12 + 7) = z_1 \cdot 12 + 7 - z_2 \cdot 12 - 7$$
$$= z_1 \cdot 12 - z_2 \cdot 12 = (z_1 - z_2) \cdot 12$$

Da $z_1 - z_2$ wieder eine ganze Zahl ist, haben wir gezeigt, dass die betrachtete Differenz ein Vielfaches von 12 ist. Bei der obigen Betrachtung kann die Divisionszahl 12 durch eine beliebige natürliche Zahl m ersetzt werden. Es gilt:

Satz 6.1
Seien $a, b \in \mathbb{Z}$ und $m \in \mathbb{N}$. Dann gilt $a \equiv b \ (m)$ genau dann, wenn es ein $z \in \mathbb{Z}$ gibt mit $a - b = z \cdot m$.

Beweis
Seien $a, b \in \mathbb{Z}$ und $m \in \mathbb{N}$.

1. Wir zeigen zunächst, dass aus der Restgleichheit von a und b bei Division durch m folgt, dass $a - b$ ein ganzzahliges Vielfaches von m ist.
   Sei also $a \equiv b \ (m)$ und $r \in \{0, 1, \ldots, m-1\}$ der Rest, den a und b bei Division durch m lassen. Wegen der Eindeutigkeit der Division mit Rest (vgl. Satz 2.8) existieren eindeutig bestimmte Zahlen $z_1, z_2 \in \mathbb{Z}$ mit $a = z_1 \cdot m + r$ und $b = z_2 \cdot m + r$. Für die

Differenz $a - b$ gilt dann:

$$a - b = z_1 \cdot m + r - (z_2 \cdot m + r) = z_1 \cdot m + r - z_2 \cdot m - r$$
$$= z_1 \cdot m - z_2 \cdot m = (z_1 - z_2) \cdot m$$

Mit $z := z_1 - z_2$ haben wir also eine Zahl gefunden, für die $a - b = z \cdot m$ gilt.

2. Nun wird umgekehrt vorausgesetzt, dass ein $z \in \mathbb{Z}$ mit $a - b = z \cdot m$ existiert. Wegen der Eindeutigkeit der Division mit Rest (vgl. Satz 2.8) existieren zwei eindeutig bestimmte Paare (z_1, r_1) und (z_2, r_2) mit $z_1, z_2 \in \mathbb{Z}$ und $r_1, r_2 \in \{0, 1, \ldots, m - 1\}$ mit $a = z_1 \cdot m + r_1$ und $b = z_2 \cdot m + r_2$. Es gilt also

$$a - b = z_1 \cdot m + r_1 - (z_2 \cdot m + r_2) = (z_1 - z_2) \cdot m + (r_1 - r_2)$$

und damit nach Voraussetzung $z \cdot m = (z_1 - z_2) \cdot m + (r_1 - r_2)$, woraus folgt: $r_1 - r_2 = (z - (z_1 - z_2)) \cdot m$. Die Differenz $r_1 - r_2$ ist also ein ganzzahliges Vielfaches von m. Aus $r_1, r_2 \in \{0, 1, \ldots, m - 1\}$ folgt $-(m - 1) \leq r_1 - r_2 \leq m - 1$. Das einzige ganzzahlige Vielfache von m in diesem Bereich ist 0, sodass $r_1 - r_2 = 0$ und damit $a \equiv b \ (m)$ gelten muss.

Damit ist die Behauptung insgesamt bewiesen. $\square$

Wir werden die Aussage von Satz 6.1 nun noch mit der Teilbarkeits- und Vielfachenrelation formulieren (vgl. Definition 2.1). Dies bietet u. a. den Vorteil, dass wir dann direkt die Eigenschaften und Rechenregeln der Teilbarkeits- und Vielfachenrelation (Sätze 2.1 bis 2.7) nutzen können. Nach Definition 2.1 ist $a - b = z \cdot m$ äquivalent zu $m \mid a - b$. Es gilt also:

Satz 6.2

Seien $a, b \in \mathbb{Z}$ und $m \in \mathbb{N}$. Dann gilt $a \equiv b \ (m)$ genau dann, wenn $m \mid a - b$ gilt.

Bemerkungen

(1) In den Sätzen 6.1 und 6.2 wird sichtbar, dass bei der Frage, ob zwei ganze Zahlen a und b restgleich bei Division durch eine gegebene natürliche Zahl m sind, der konkrete Rest $r \in \{0, 1, \ldots, m - 1\}$ überhaupt nicht betrachtet werden muss, sondern nur die Beziehung zwischen $a - b$ und m.

(2) Die Sätze 6.1 und 6.2 geben zur Definition 2.3 äquivalente Charakterisierungen der Kongruenzrelation an. Dies bedeutet, dass wir auch z. B. die Charakterisierung aus Satz 6.2 als Definition bestimmen und die Definition 2.3 als Satz folgern können. Im Anschluss an diese Bemerkungen werden wir diese lokale Freiheit nutzen und die Kongruenzrelation unter Rückgriff auf die Teilbarkeits- und Vielfachenrelation definieren. Die Definition ist dann zwar etwas weniger anschaulich, aber deutlich leistungsfähiger mit Blick auf die weitere mathematische Vertiefung bis hin zu den Restklassenmengen.

Definition 6.1 (Kongruenzrelation *modulo m*)
Seien $a, b \in \mathbb{Z}$ und $m \in \mathbb{N}$. Dann ist a genau dann **kongruent** b *modulo m* (Schreibweise $a \equiv b\ (m)$), wenn $m \mid a - b$ gilt; andernfalls ist a **inkongruent** b *modulo m* ($a \not\equiv b\ (m)$).

♦

Bemerkungen

(1) Die Zahl $m \in \mathbb{N}$ bezeichnen wir als **Modul**.
(2) Eine Aussage der Form $a \equiv b\ (m)$ bezeichnen wir als **Kongruenz**.

6.1.3 Rechnen mit Kongruenzen

Im Abschn. 2.5 haben wir bereits Regeln für das Rechnen mit Kongruenzen formuliert und bewiesen. Wir erinnern an dieser Stelle an diese Rechenregeln und fügen einige weitere hinzu:

Satz 6.3 (Rechnen mit Kongruenzen)
Seien $a, b, c, d \in \mathbb{Z}$ und $n, m \in \mathbb{N}$ mit $a \equiv b\ (m)$ und $c \equiv d\ (m)$. Dann gilt:

1. $a + c \equiv b + d\ (m)$ (Seitenweise Addition von Kongruenzen)
2. $a + c \equiv b + c\ (m)$ (Addition einer ganzen Zahl)
3. $a - c \equiv b - d\ (m)$ (Seitenweise Subtraktion von Kongruenzen)
4. $a - c \equiv b - c\ (m)$ (Subtraktion einer ganzen Zahl)
5. $a \cdot c \equiv b \cdot d\ (m)$ (Seitenweise Multiplikation von Kongruenzen)
6. $a \cdot c \equiv b \cdot c\ (m)$ (Multiplikation mit einer ganzen Zahl)
7. $a^n \equiv b^n\ (m)$ (Potenzieren von Kongruenzen)

Beweis
Seien $a, b, c, d \in \mathbb{Z}$ und $n, m \in \mathbb{N}$ mit $a \equiv b\ (m)$ und $c \equiv d\ (m)$.

1. Diese Aussage hatten wir bereits mit Satz 2.9 bewiesen.
2. Diese Aussage folgt aus 1. als Spezialfall mit $d = c$.
3. Der Beweis dieser Aussage war Gegenstand von Aufgabe 31 in Kap. 2.
4. Diese Aussage folgt aus 3. als Spezialfall mit $d = c$.
5. Diese Aussage hatten wir bereits mit Satz 2.10 bewiesen.
6. Diese Aussage folgt aus 5. als Spezialfall mit $d = c$.
7. Diese Aussage folgt mit $c = a$ und $d = b$ aus der n-fachen Anwendung der seitenweisen Multiplikation von Kongruenzen (5.). □

Beispiel
Die Beantwortung der Frage zeigt, wie mächtig die Rechenregeln für Kongruenzen sein können: Welchen Rest lässt 7^{2222} bei Division durch 16?

Die schriftlichen Rechenverfahren und auch gewöhnliche Taschenrechner helfen uns hier nicht weiter. Über die Untersuchung der ersten Potenzen von 7 gelangen wir aber schnell ans Ziel: Offensichtlich gilt $7 \equiv 7 \ (16)$ und $7^2 \equiv 49 \ (16)$. Wegen $49 = 3 \cdot 16 + 1$ gilt aber auch $7^2 \equiv 1 \ (16)$. Das Potenzieren von Kongruenzen (Satz 6.3, 7.) liefert nun mit $n = 1111$, dass $(7^2)^{1111} \equiv 1^{1111} \ (16)$ gilt, also $7^{2222} \equiv 1 \ (16)$. Also lässt 7^{2222} bei Division durch 16 den Rest 1.   ∎

Probleme mit der Division bei Kongruenzen

Während sich Kongruenzen bezüglich der Addition, der Subtraktion, der Multiplikation und des Potenzierens wie Gleichungen verhalten, müssen wir mit der Division äußerst vorsichtig sein (vgl. Aufgabe 32 in Kap. 2). Von Gleichungen kennen wir etwa die *Kürzungsregel der Multiplikation*: Für alle ganzen Zahlen a, b und c mit $c \neq 0$ folgt aus $c \cdot a = c \cdot b$ stets $a = b$.[2] Die Kürzungsregel entspricht der *Division* der gesamten Gleichung durch c. Für das Lösen von Gleichungen ist die Möglichkeit, die Division durch eine von null verschiedene Zahl als *Äquivalenzumformung* durchführen zu können, sehr wertvoll. Bei Kongruenzen gibt es diese Möglichkeit nicht im Allgemeinen, wie das folgende Beispiel zeigt. Es gilt $3 \cdot 2 \equiv 3 \cdot 4 \ (6)$, aber $2 \not\equiv 4 \ (6)$. Wenn die Kürzungszahl und der Modul aber teilerfremd sind, gilt der folgende

Satz 6.4 (Kürzungsregel für Kongruenzen)
Seien $a, b, c \in \mathbb{Z}$ und $m \in \mathbb{N}$ mit $ggT(c, m) = 1$. Dann gilt: Aus $c \cdot a \equiv c \cdot b \ (m)$ folgt $a \equiv b \ (m)$.

Beweis
$c \cdot a \equiv c \cdot b \ (m)$ ist äquivalent dazu, dass es ein $q \in \mathbb{Z}$ gibt mit (∗) $q \cdot m = c \cdot (a - b)$ (Satz 6.1, Distributivgesetz); also gilt $c \mid q \cdot m$. Da c und m teilerfremd sind, muss $c \mid q$ gelten.[3] Es gibt also ein $s \in \mathbb{Z}$ mit $s \cdot c = q$; durch Einsetzen in (∗) erhalten wir $s \cdot c \cdot m = c \cdot (a - b)$ und daraus durch die Kürzungsregel für Gleichungen $s \cdot m = a - b$, was nach Satz 6.1 gleichbedeutend ist mit $a \equiv b \ (m)$.   □

6.1.4   Die Kongruenzrelation als Äquivalenzrelation

Im Folgenden werden wir überlegen, dass die Kongruenzrelation *modulo m* für alle $m \in \mathbb{N}$ eine **Äquivalenzrelation** ist, d. h., sie ist *reflexiv*, *symmetrisch* und *transitiv*.[4]

---

[2] Diese Kürzungsregel gilt allgemeiner z. B. auch für alle reellen Zahlen.

[3] Dies lässt sich mit der Eindeutigkeit der Primfaktorzerlegung begründen, die wir aber nur für natürliche Zahlen hergeleitet haben. Hier können wir aber mit Beträgen von (möglicherweise negativen) ganzen Zahlen zu natürlichen Zahlen übergehen (vgl. Aufgabe 4).

[4] Zu den Begriffen der *Relation* im Allgemeinen und der Äquivalenzrelation im Besonderen vgl. Padberg/Büchter [23], Kap. 7.

Satz 6.5

Für alle $m \in \mathbb{N}$ ist die Kongruenzrelation *modulo m* eine Äquivalenzrelation, d. h. für alle $a, b, c \in \mathbb{Z}$ gilt:

1. $a \equiv a \ (m)$ (Reflexivität)
2. Aus $a \equiv b \ (m)$ folgt $b \equiv a \ (m)$. (Symmetrie)
3. Aus $a \equiv b \ (m)$ und $b \equiv c \ (m)$ folgt $a \equiv c \ (m)$. (Transitivität)

Beweis

Für den Nachweis der drei geforderten Eigenschaften greifen wir auf die Charakterisierung der Kongruenzrelation mit der Restgleichheit (Defintion 2.3) zurück, weil sie so direkt aus den entsprechenden Eigenschaften der Gleichheitsrelation (versteckt im Wort „gleich") folgen. Seien also $a, b, c \in \mathbb{Z}$ und $m \in \mathbb{N}$.

1. Aufgrund der Eindeutigkeit der Division mit Rest (Satz 2.8) lässt a bei Division durch m stets den gleichen Rest, ist also restgleich zu sich selbst, sodass $a \equiv a \ (m)$ gilt.
2. $a \equiv b \ (m)$ bedeutet, dass a und b bei Division durch m den gleichen Rest lassen, also gilt auch $b \equiv a \ (m)$.
3. Wenn $a \equiv b \ (m)$ und $b \equiv c \ (m)$ gilt, dann lässt a bei Division durch m den gleichen Rest wie b und b lässt bei Division durch m den gleichen Rest wie c. Also lässt auch a bei Division durch m den gleichen Rest wie c und es gilt $a \equiv c \ (m)$. $\square$

Mit Äquivalenzrelationen werden unterschiedliche Elemente einer Menge unter einer bestimmten Perspektive als „im Wesentlichen gleich" (hier: restgleich) betrachtet. Im folgenden Abschnitt setzen wir diese Betrachtung mit der Bildung von Restklassen fort.

6.2 Restklassenmengen *modulo m*

Wenn wir alle bezüglich eines natürlichen Divisors m restgleichen ganzen Zahlen in einer Menge zusammenfassen, erhalten wir die **Restklassen *modulo m***. Damit vertiefen wir die mathematische Betrachtung des Rechnens mit Resten, das dadurch motiviert war, dass es in bestimmten Situationen nur darauf ankommt, welchen Rest eine ganze Zahl bei Division durch eine gegebene natürliche Zahl lässt. Die Restklassen *modulo m* lassen sich ihrerseits in **Restklassenmengen *modulo m*** zusammenfassen, für die wir eine *Addition* und eine *Multiplikation* definieren können, sodass wir mit Restklassen wie mit Resten rechnen können. Diese Restklassenmengen stellen dann Beispiele für algebraische Strukturen dar, die vom Rechnen mit ganzen Zahlen aus zugänglich sind.

6.2.1   Restklassen als Äquivalenzklassen

Bei jeder Äquivalenzrelation in einer Menge kann man die Elemente, die zueinander äquivalent sind, in Teilmengen, den **Äquivalenzklassen**, zusammenfassen. So erhält man eine
Klasseneinteilung, also eine Zerlegung der Menge in Teilmengen, sodass (1.) *keine* Teilmenge leer ist, (2.) je zwei verschiedene Teilmengen kein gemeinsames Element besitzen,
also *disjunkt* sind, und (3.) die Vereinigung aller Teilmengen gleich der Menge selbst ist.[5]
Offensichtlich leistet auch die Kongruenzrelation *modulo m* eine solche Einteilung der
Menge der ganzen Zahlen in Äquivalenzklassen, nämlich in die **Restklassen *modulo* m**:
Bilden wir zu den m Resten $0, 1, \ldots, m-1$ jeweils die Mengen von ganzen Zahlen, die
zu ihnen kongruent *modulo m* sind, erhalten wir m Teilmengen, die

1. alle nichtleer sind (zu jedem Rest gibt es mindestens eine ganze Zahl),
2. paarweise kein gemeinsames Element enthalten, also paarweise disjunkt sind (keine
   ganze Zahl lässt zwei verschiedene Reste), und
3. insgesamt alle ganzen Zahlen enthalten (jede ganze Zahl lässt bei Division durch m
   einen Rest zwischen 0 und $m-1$).

Vor der Definition der Restklassen und der Restklassenmenge *modulo m* betrachten
wir als Beispiel den Modul $m = 12$. Wenn wir mit $\overline{7}_{12} \subseteq \mathbb{Z}$ die Menge aller ganzen
Zahlen bezeichnen, die zu 7 kongruent *modulo* 12 sind, dann gehören zu dieser Menge
etwa die ganzen Zahlen 19, -5, 31, 43, 55, 127, 1207 und -17. Systematisch kann man
diese Äquivalenzklasse z. B. mit einer der folgenden Möglichkeiten notieren:

- $\overline{7}_{12} = \{\ldots, -29, -17, -5, 7, 19, 31, 43, \ldots\}$
- $\overline{7}_{12} = \{7, 7 \pm 12, 7 \pm 2 \cdot 12, 7 \pm 3 \cdot 12, \ldots\}$
- $\overline{7}_{12} = \{x \in \mathbb{Z} \mid x = 7 + z \cdot 12, \text{ für } z \in \mathbb{Z}\}$

Allgemein bieten sich auch für die Mengen $\overline{a}_{12}$ mit $a \in \mathbb{Z}$ neben der inhaltlichen
Festlegung über die Kongruenz *modulo m* die beiden unteren Schreibweisen an:

- $\overline{a}_{12} = \{a, a \pm 12, a \pm 2 \cdot 12, a \pm 3 \cdot 12, \ldots\}$
- $\overline{a}_{12} = \{x \in \mathbb{Z} \mid x = a + z \cdot 12, \text{ für } z \in \mathbb{Z}\}$

Definition 6.2 (Restklassen *modulo m*)
Seien $m \in \mathbb{N}$ und $a \in \mathbb{Z}$. Die Menge $\overline{a}_m = \{x \in \mathbb{Z} \mid x \equiv a \ (m)\}$ nennen wir *Restklasse
von x modulo m*. Die Menge aller Restklassen *modulo m* nennen wir *Restklassenmenge
modulo m* und bezeichnen sie kurz mit R_m.   ◆

---

[5] Vgl. Padberg/Büchter [23], Kap. 7.

Bemerkungen

(1) Jedes Element $x \in \overline{a}_m$ heißt **Repräsentant** der Restklasse $\overline{a}_m$. Für die *Darstellung* einer Restklasse gibt es also *unendlich viele Möglichkeiten*. So gilt etwa $\overline{7}_{12} = \overline{-5}_{12} = \overline{-12\,005}_{12} = \overline{91}_{12} = \ldots$ Dies muss berücksichtigt werden, wenn wir im nächsten Schritt die Addition und die Multiplikation für Restklassen definieren. Diese müssen für zwei Restklassen stets zu einem eindeutigen Ergebnis führen – unabhängig davon, mit welchem Repräsentanten eine Restklasse dargestellt wird.

(2) Man kann leicht überlegen (vgl. Aufgabe 7), dass für alle $m \in \mathbb{N}$ gilt $R_m = \{\overline{0}, \overline{1}, \ldots, \overline{m-1}\}$; insbesondere besteht R_m aus m Elementen.

(3) Wenn aus dem Kontext eindeutig hervorgeht, welches $m \in \mathbb{N}$ jeweils betrachtet wird, schreibt man statt $\overline{a}_m$ auch nur $\overline{a}$.

(4) Anstelle von R_m findet man auch die Schreibweise $\mathbb{Z}/m\mathbb{Z}$.

6.2.2 Rechnen mit Restklassen

Da die Restklassen *modulo m* neue mathematische Objekte sind, müssen Verknüpfungen wie Addition oder Multiplikation für diese neuen Objekte definiert werden (sofern dies stimmig möglich ist). Es wird sich zeigen, dass wir eine Addition und eine Multiplikation auf die entsprechenden Operationen für ganze Zahlen zurückführen können. Wir schließen mit unseren Betrachtungen an das Beispiel *Kontrolle von Ergebnissen* aus Abschn. 6.1.1 an. Dort konnten wir nur aufgrund der Betrachtung der Endstellen zeigen, dass die Ergebnisse der Rechnungen falsch waren. Für Addition und Multiplikation der Endstellen lassen sich übersichtliche **Verknüpfungstafeln** aufstellen. Wir betrachten zunächst die *Verknüpfungstafel für die Endstellenaddition im Dezimalsystem.*[6]

$\oplus$	0	1	2	3	4	5	6	7	8	9
0	0	1	2	3	4	5	6	7	8	9
1	1	2	3	4	5	6	7	8	9	0
2	2	3	4	5	6	7	8	9	0	1
3	3	4	5	6	7	8	9	0	1	2
4	4	5	6	7	8	9	0	1	2	3
5	5	6	7	8	9	0	1	2	3	4
6	6	7	8	9	0	1	2	3	4	5
7	7	8	9	0	1	2	3	4	5	6
8	8	9	0	1	2	3	4	5	6	7
9	9	0	1	2	3	4	5	6	7	8

---

[6] Dabei verwenden wir für die Endstellenaddition mit $\oplus$ ein anderes Symbol als für die Addition von natürlichen Zahlen, da wir hier nur die Endstellen betrachten, etwaige Überträge also unberücksichtigt lassen, was zu Rechnungen wie $5 \oplus 8 = 3$ führt.

Wir erkennen an der *Verknüpfungstafel* u. a.:

1. Die Null verhält sich bezüglich der *Endstellenaddition* in dem Sinne *neutral*, dass die Summe identisch mit dem zweiten Summanden ist. Diese Rolle der Null kennen wir von der gewöhnlichen Addition von ganzen Zahlen.
2. In jeder Zeile und in jeder Spalte treten die Endstellen $0, 1, \ldots, 9$ genau einmal auf. Dies ist eine besonders vorteilhafte Eigenschaft der *Endstellenaddition*, die gleichbedeutend damit ist, dass alle „Endstellengleichungen" der Form $a \oplus x = b$ eine Lösung haben. So kann man direkt an der obigen Verknüpfungstafel ablesen, dass die „Endstellengleichung" $7 \oplus x = 3$ die Lösung $x = 6$ hat.

Bei der *Verknüpfungstafel für die Endstellenmultiplikation im Dezimalsystem* werden wir neben Gemeinsamkeiten auch einige bedeutende Unterschiede finden.[7]

$\odot$	0	1	2	3	4	5	6	7	8	9
0	0	0	0	0	0	0	0	0	0	0
1	0	1	2	3	4	5	6	7	8	9
2	0	2	4	6	8	0	2	4	6	8
3	0	3	6	9	2	5	8	1	4	7
4	0	4	8	2	6	0	4	8	2	6
5	0	5	0	5	0	5	0	5	0	5
6	0	6	2	8	4	0	6	2	8	4
7	0	7	4	1	8	5	2	9	6	3
8	0	8	6	4	2	0	8	6	4	2
9	0	9	8	7	6	5	4	3	2	1

Wir erkennen an der *Verknüpfungstafel* u. a.:

1. Die Null spielt bei der *Endstellenmultiplikation* die Rolle, die wir etwa von der Multiplikation ganzer Zahlen kennen. Wann immer mindestens ein Faktor null ist, muss auch das gesamte Produkt null sein.
2. Die Eins verhält sich bezüglich der *Endstellenmultiplikation* ebenso *neutral* wie die Null bei der *Endstellenaddition*.
3. In den Zeilen und Spalten, die zu den Endstellen 1, 3, 7 und 9 gehören, tritt jeder prinzipiell mögliche Eintrag genau einmal auf, in den Zeilen und Spalten, die zu den Endstellen 0, 2, 4, 5, 6 und 8 gehören, nicht. Dies hat Konsequenzen für das Lösen von

---

[7] Dabei verwenden wir für die *Endstellenmultiplikation* mit $\odot$ ein anderes Symbol als für die Multiplikation von natürlichen Zahlen, da wir wiederum nur die Endstellen betrachten, etwaige Überträge also unberücksichtigt lassen, was zu Rechnungen wie $7 \odot 9 = 3$ führt.

„Endstellengleichungen" der Form $a \odot x = b$. So hat z. B. die *Endstellengleichung* $5 \odot x = 1$ keine Lösung. „Endstellengleichungen" der Form $5 \odot x = b$ können nur für $b = 0$ und $b = 5$ gelöst werden (und haben dann jeweils genau fünf Lösungen). Hingegen können z. B. „Endstellengleichungen" der Form $3 \odot x = b$ für alle möglichen b gelöst werden.

Die bisherigen Betrachtungen geben Anlass zur folgenden Definition:

Definition 6.3 (Addition und Multiplikation von Restklassen)
Sei $m \in \mathbb{N}$. In R_m werden eine **Restklassenaddition** $\oplus$ und eine **Restklassenmultiplikation** $\odot$ unter Rückgriff auf die Addition „+" und Multiplikation „$\cdot$" von ganzen Zahlen wie folgt definiert:

1. Für alle $\overline{a}, \overline{b} \in R_m$ sei $\overline{a} \oplus \overline{b} := \overline{a + b}$. (*Restklassenaddition*)
2. Für alle $\overline{a}, \overline{b} \in R_m$ sei $\overline{a} \odot \overline{b} := \overline{a \cdot b}$. (*Restklassenmultiplikation*) ◆

Da es für jede Restklasse unendlich viele Repräsentanten gibt, ist es für die Definition der Verknüpfungen wichtig, dass die Ergebnisse unabhängig von der Wahl der jeweiligen Repräsentanten sind (**Wohldefiniertheit**).

Beispiele

- Sei $m = 7$; dann gilt $\overline{0} = \overline{14}$ und $\overline{5} = \overline{12}$.
  Mit der oben definierten *Restklassenaddition* gilt: $\overline{12} \oplus \overline{14} = \overline{12 + 14} = \overline{26}$ und $\overline{5} \oplus \overline{0} = \overline{5 + 0} = \overline{5}$; da $\overline{26} = \overline{5}$ gilt, erhalten wir also trotz *unterschiedlicher* Repräsentanten das *gleiche* Ergebnis.
  Mit der oben definierten *Restklassenmultiplikation* gilt: $\overline{12} \odot \overline{14} = \overline{12 \cdot 14} = \overline{168}$ und $\overline{5} \odot \overline{0} = \overline{5 \cdot 0} = \overline{0}$; da $\overline{168} = \overline{0}$ gilt, erhalten wir also trotz *unterschiedlicher* Repräsentanten das *gleiche* Ergebnis.
- Wir versuchen, auf R_8 eine „Restklassendivision" nach demselben Vorgehen wie oben zu definieren, indem wir probehalber festlegen, dass für alle $\overline{a}, \overline{b} \in R_8$ gelten möge: $\overline{a} \div \overline{b} := \overline{a : b}$. Die folgenden Rechnungen zeigen, dass diese Verknüpfung abhängig von der Wahl der Repräsentanten, also *nicht wohldefiniert* ist: Trotz $\overline{8} = \overline{16}$ erhalten wir einerseits $\overline{16} \div \overline{4} = \overline{16 : 4} = \overline{4}$ und andererseits $\overline{8} \div \overline{4} = \overline{8 : 4} = \overline{2}$ mit $\overline{4} \neq \overline{2}$. ■

Der folgende Satz garantiert uns die Wohldefiniertheit der Restklassenaddition und der Restklassenmultiplikation.

Satz 6.6
Für alle $m \in \mathbb{N}$ sind die in Definition 6.3 erklärten Verknüpfungen $\oplus$ und $\odot$ auf R_m unabhängig von der Wahl der Repräsentanten (wohldefiniert).

Beweis

Wir geben hier einen relativ einfachen Beweis für die Wohldefiniertheit der Restklassenaddition in R_m an. Der Beweis für die Restklassenmultiplikation kann analog geführt
werden (vgl. Aufgabe 13).

Seien $m \in \mathbb{N}$ und $\overline{a}, \overline{b}, \overline{c}, \overline{d} \in R_m$ mit $\overline{a} = \overline{b}$ und $\overline{c} = \overline{d}$. Dann gilt $a \equiv b \ (m)$
und $c \equiv d \ (m)$. Nach Satz 6.3 (1.) gilt dann auch $a + c \equiv b + d \ (m)$ und somit
$\overline{a + c} = \overline{b + d}$. Also gilt $\overline{a} \oplus \overline{c} = \overline{b} \oplus \overline{d}$ und wir haben gezeigt, dass Restklassenaddition
$\oplus$ in R_m unabhängig von der Wahl der Repräsentanten, also wohldefiniert ist. $\square$

In der Arithmetik hilft uns die geschickte Anwendung der Rechengesetze (Assoziativ-,
Kommutativ- und Distributivgesetz) häufig beim vorteilhaften Rechnen. Der folgende
Satz garantiert uns, dass sie auch für das Rechnen mit Restklassen gelten:

Satz 6.7 (Rechengesetze für Restklassenaddition und -multiplikation)
Für alle $m \in \mathbb{N}$ gelten in R_m für die Restklassenaddition und -multiplikation die Assozia-
tiv- und Kommutativgesetze sowie das Distributivgesetz.

Beweis

Der Beweis kann für alle Teilaussagen gleich geführt werden, indem Definition 6.3 und
die Rechengesetze für ganze Zahlen angewendet werden. Den Beweis für das Distributivgesetz geben wir explizit an. Die Beweise für die Kommutativgesetze und die Assoziativgesetze sind dann Gegenstand von Aufgabe 14.

Seien $m \in \mathbb{N}$ und $\overline{a}, \overline{b}, \overline{c} \in R_m$, dann gilt

$$\overline{a} \odot (\overline{b} \oplus \overline{c}) = \overline{a} \odot \overline{b+c} = \overline{a \cdot (b+c)} = \overline{a \cdot b + a \cdot c}$$
$$= \overline{a \cdot b} \oplus \overline{a \cdot c} = \overline{a} \odot \overline{b} \oplus \overline{a} \odot \overline{c}.$$

Also gilt $\overline{a} \odot (\overline{b} \oplus \overline{c}) = \overline{a} \odot \overline{b} \oplus \overline{a} \odot \overline{c}$ für alle $\overline{a}, \overline{b}, \overline{c} \in R_m$. $\square$

6.2.3 Restklassengleichungen

Als Einstieg in die systematische Betrachtung von **Restklassengleichungen** untersuchen
wir das Beispiel von Gleichungen in der Restklassenmenge R_4. Zunächst geben wir hierfür die Verknüpfungstafel an.

$\oplus$	$\overline{0}$	$\overline{1}$	$\overline{2}$	$\overline{3}$
$\overline{0}$	$\overline{0}$	$\overline{1}$	$\overline{2}$	$\overline{3}$
$\overline{1}$	$\overline{1}$	$\overline{2}$	$\overline{3}$	$\overline{0}$
$\overline{2}$	$\overline{2}$	$\overline{3}$	$\overline{0}$	$\overline{1}$
$\overline{3}$	$\overline{3}$	$\overline{0}$	$\overline{1}$	$\overline{2}$

$\odot$	$\overline{0}$	$\overline{1}$	$\overline{2}$	$\overline{3}$
$\overline{0}$	$\overline{0}$	$\overline{0}$	$\overline{0}$	$\overline{0}$
$\overline{1}$	$\overline{0}$	$\overline{1}$	$\overline{2}$	$\overline{3}$
$\overline{2}$	$\overline{0}$	$\overline{2}$	$\overline{0}$	$\overline{2}$
$\overline{3}$	$\overline{0}$	$\overline{3}$	$\overline{2}$	$\overline{1}$

In der *Verknüpfungstafel für die Restklassenaddition* treten wieder in jeder Zeile und in jeder Spalte alle Elemente der Restklassenmenge R_4 genau einmal auf. Wenn man für die Gleichung $\overline{3} \oplus \overline{x} = \overline{1}$ eine Lösung $\overline{x} \in R_4$ sucht, findet man $\overline{2}$ als einzige Möglichkeit.

Allgemein gilt für alle $m \in \mathbb{N}$, dass in der *Verknüpfungstafel für die Restklassenaddition* in jeder Zeile und in jeder Spalte alle Elemente der Restklassenmenge R_m genau einmal auftreten (vgl. Aufgabe 17). Dies ist gleichbedeutend damit, dass alle Gleichungen der Form $\overline{a} \oplus \overline{x} = \overline{b}$ *eindeutig lösbar* sind. Es gilt:

Satz 6.8

Sei $m \in \mathbb{N}$. Dann hat die Restklassengleichung $\overline{a} \oplus \overline{x} = \overline{b}$ für alle $\overline{a}, \overline{b} \in R_m$ eine eindeutig bestimmte Lösung $\overline{x} \in R_m$.

Beweis

Wie beim Lösen von Gleichungen in der Schule erhalten wir auch hier die Lösung, indem wir die Lösungsvariable durch *Äquivalenzumformungen* isolieren („nach x auflösen"). Dies gelingt, indem wir auf beiden Seiten der Restklassengleichung $\overline{-a}$ addieren:

Dann gilt $\overline{-a} \oplus (\overline{a} \oplus \overline{x}) = \overline{-a} \oplus \overline{b}$. Wegen $\overline{-a} \oplus (\overline{a} \oplus \overline{x}) = (\overline{-a} \oplus \overline{a}) \oplus \overline{x} = \overline{(-a) + a} \oplus \overline{x} = \overline{0} \oplus \overline{x} = \overline{x}$ haben wir mit $\overline{x} = \overline{-a} \oplus \overline{b}$ die eindeutig bestimmte Lösung gefunden und die Aussage ist bewiesen. $\qquad\Box$

Beim Beweis von Satz 6.8 spielte die Restklasse $\overline{-a}$ eine besondere Rolle. Bei der Restklassenaddition gilt allgemein $\overline{-a} \oplus \overline{a} = \overline{0}$, weswegen $\overline{-a}$ auch als *inverses Element* zu $\overline{a}$ bezeichnet wird. Da $\overline{0} \oplus \overline{x} = \overline{x}$ gilt, konnte dieser Zusammenhang genutzt werden, um die Gleichung zu lösen. Offensichtlich ist die Existenz von *inversen Elementen* eng mit der Lösbarkeit von Gleichungen verwoben (vgl. Abschn. 6.2.5).

Restklassengleichungen mit *Restklassenmultiplikation*, also der Form $\overline{a} \odot \overline{x} = \overline{b}$, stellen demgegenüber einen weniger übersichtlichen Fall dar. Dies lässt sich schon an der entsprechenden *Verknüpfungstafel* der Restklassenmenge R_4 erkennen. Selbst wenn man die zu $\overline{0}$ gehörige Zeile und Spalte jeweils außen vor lässt, gibt es innerhalb der Verknüpfungstafel zwei unterschiedliche Fälle. In den Zeilen und Spalten zu den Restklassen $\overline{1}$ und $\overline{3}$ treten alle Elemente $\overline{a} \in R_4$ mit $\overline{a} \neq \overline{0}$ genau einmal auf. In der Zeile und Spalte zur Restklasse $\overline{2}$ treten hingegen nur die Restklassen $\overline{0}$ und $\overline{2}$ auf. Die Gleichung $\overline{2} \odot \overline{x} = \overline{1}$ hat also in R_4 keine Lösung; hingegen hat die Gleichung $\overline{2} \odot \overline{x} = \overline{2}$ in R_4 zwei Lösungen (welche?). Eine zu Satz 6.8 vergleichbare Aussage können wir für die Restklassenmultiplikation nicht beweisen. Wir werden im nächsten Abschnitt (Satz 6.9) aber zeigen, dass die Gleichungen $\overline{a} \odot \overline{x} = \overline{b}$ in R_m eindeutig lösbar sind, wenn $ggT(a, m) = 1$ gilt.

6.2.4 Sprachebenen der Zahlentheorie

Wir haben in diesem Band bisher Betrachtungen auf drei unterschiedlichen *Sprachebenen der Zahlentheorie* angestellt: (1) Gleichungen oder Teilbarkeitsaussagen mit ganzen

Zahlen, (2) Kongruenzen und (3) Restklassengleichungen. Häufig ist es hilfreich, die *Sprachebene* zu *wechseln*, weil wir so bereits bewiesene Sätze von der einen Ebene für Beweise auf der anderen Ebene nutzen können. Einige Beispiele aus diesem Band werden wir im Folgenden unter diesem Gesichtspunkt genauer betrachten. Zuvor führen wir den Wechsel der Darstellungsebenen aber an zwei Beispielen vor.

Beispiel 1 (Restklassengleichung als Ausgangspunkt)
Wir betrachten in R_9 die Gleichung $\overline{5} \odot \overline{x} = \overline{3}$ und verfolgen die schrittweise Übersetzung in tabellarischer Form.

Restklassen	
$\overline{5} \odot \overline{x} = \overline{3}$	mit $m = 9$
$\overline{5 \cdot x} = \overline{3}$	nach Definition der Restklassenmultiplikation
$3 \in \overline{5 \cdot x}$	unterschiedliche Repräsentanten
Kongruenzen	
$3 \equiv 5 \cdot x\ (9)$	nach Definition von Restklassen
Ganze Zahlen	
$9 \mid 3 - 5 \cdot x$	nach Definition der Kongruenz *modulo* 9
$9 \cdot y = 3 - 5 \cdot x$	für ein $y \in \mathbb{Z}$ (nach Definition der Teilbarkeit)
$9 \cdot y + 5 \cdot x = 3$	durch Addition von $5 \cdot x$ auf beiden Seiten

Durch die schrittweise Übersetzung sind wir zu einer linearen diophantischen Gleichung gelangt, von der wir wegen $ggT(9, 5) \mid 3$ wissen (vgl. Satz 5.14), dass sie lösbar ist. Ausgehend von einem konkreten Lösungspaar ganzer Zahlen (x, y) erhalten wir dann auch eine Lösung $\overline{x}$ der Restklassengleichung (vgl. Aufgabe 21). ∎

Beispiel 2 (Diophantische Gleichung als Ausgangspunkt)
Wir betrachten nun die diophantische Gleichung $10 \cdot x + 4 \cdot y = 8$ als Ausgangspunkt und verfolgen die schrittweise Übersetzung wiederum in tabellarischer Form.

Ganze Zahlen	
$10 \cdot x + 4 \cdot y = 8$	mit $x, y \in \mathbb{Z}$
$4 \cdot y = 8 - 10 \cdot x$	Addition von $-10 \cdot x$ auf beiden Seiten
$4 \mid 8 - 10 \cdot x$	nach Definition der Teilbarkeit
Kongruenzen	
$8 \equiv 10 \cdot x\ (4)$	nach Definition der Kongruenz *modulo* 4
Restklassen	
$8 \in \overline{10 \cdot x}$	unterschiedliche Repräsentanten
$\overline{8} = \overline{10 \cdot x}$	mit $m = 4$
$\overline{8} = \overline{10} \odot \overline{x}$	nach Definition der Restklassenmultiplikation
$\overline{0} = \overline{2} \odot \overline{x}$	Wahl kanonischer Repräsentanten

Durch die schrittweise Übersetzung sind wir zu einer Restklassengleichung in R_4 gelangt, für die wir z. B. mithilfe der *Verknüpfungstafel* zwei Lösungen angeben können. Von diesen Lösungen ausgehend erhalten wir dann auch Lösungen für die diophantische Gleichung (vgl. Aufgabe 22). ∎

Ein Wechsel der Sprachebenen ermöglicht uns auch, ein Lösbarkeitskriterium für multiplikative Restklassengleichungen zu beweisen:

Satz 6.9
Seien $m \in \mathbb{N}$ und $a \in \mathbb{Z}$ mit $ggT(a, m) = 1$. Dann gilt:

1. Zu $\overline{a} \in R_m$ existiert das inverse Element[8] bezüglich $\odot$.
2. Die Gleichung $\overline{a} \odot \overline{x} = \overline{b}$ ist in R_m für alle $\overline{b} \in R_m$ eindeutig lösbar.

Beweis
Seien $m \in \mathbb{N}$ und $a \in \mathbb{Z}$ mit $ggT(a, m) = 1$.

1. Wenn für die Gleichung $\overline{a} \odot \overline{x} = \overline{1}$ eine Lösung $\overline{i} \in R_m$ existiert, dann ist $\overline{i}$ das zu $\overline{a}$ inverse Element. Die Gleichung $\overline{a} \odot \overline{x} = \overline{1}$ kann schrittweise übersetzt werden in die diophantische Gleichung $a \cdot x + m \cdot y = 1$ (vgl. Aufgabe 23). Aus $ggT(a, m) = 1$ folgt nach Satz 5.14, dass die diophantische Gleichung lösbar ist. Also existiert zu $\overline{a}$ das inverse Element.
2. Wir beweisen die eindeutige Lösbarkeit der Restklassengleichung $\overline{a} \odot \overline{x} = \overline{b}$ für alle $\overline{b} \in R_m$ genauso wie Satz 6.8, d. h., wir isolieren die Lösungsvariable $\overline{x}$ mithilfe von Äquivalenzumformungen. Sei hierfür $\overline{i} \in R_m$ das zu $\overline{a}$ inverse Element, das nach Teilaussage 1. existiert. Die Multiplikation der obigen Gleichung mit $\overline{i}$ ergibt $\overline{i} \odot (\overline{a} \odot \overline{x}) = \overline{i} \odot \overline{b}$. Wegen $\overline{i} \odot (\overline{a} \odot \overline{x}) = (\overline{i} \odot \overline{a}) \odot \overline{x} = \overline{1} \odot \overline{x} = \overline{x}$ ist dies äquivalent zu $\overline{x} = \overline{i} \odot \overline{b}$ und die Restklassengleichung ist eindeutig gelöst. □

6.2.5 Restklassenmengen als Beispiele für algebraische Strukturen

Die Algebra ist aus dem Bestreben heraus entstanden, möglichst viele Arten von *Gleichungen lösen* zu können. Wir haben in den vorangehenden Abschnitten bereits gesehen, dass beim Lösen von Gleichungen *inverse Elemente* besonders hilfreich sind. Die grundlegenden algebraischen Strukturen, die wir im Folgenden schrittweise einführen, verhalten sich zur Frage des Lösens von Gleichungen wie folgt: Betrachtet man nur eine Verknüpfung (z. B. *nur* die Addition oder *nur* die Multiplikation von Zahlen), so führt die Frage

---

[8] In Satz 6.11 werden wir zeigen, dass inverse Elemente *eindeutig* bestimmt sind. Vorwegnehmend sprechen wir bereits jetzt von *dem* inversen Element.

über die Begriffe **Halbgruppe** sowie **neutrale** und **inverse Elemente** auf den Begriff **Gruppe**. Betrachtet man zwei Verknüpfungen (z. B. Zahlen mit Addition *und* Multiplikation), so führt die Frage über den Begriff **Ring** auf den Begriff **Körper**.

Den Ausgangspunkt für die schrittweise Begriffsbildung bilden Mengen zusammen mit **inneren Verknüpfungen**, die zwei Elementen der betrachteten Menge als eindeutiges Verknüpfungsergebnis ein Element der Menge zuordnen. So ordnet z. B. die $\oplus$ in R_{10} den Restklassen $\overline{4}$ und $\overline{7}$ eindeutig die Restklasse $\overline{1}$ zu. Eine erste grundlegende Eigenschaft von inneren Verknüpfungen ist das *Assoziativgesetz*. Dies gibt Anlass zur

Definition 6.4 (Halbgruppe)
Das Paar $(M, *)$, bestehend aus einer *nichtleeren Menge M* und *einer inneren Verknüpfung* $*$, heißt genau dann **Halbgruppe**, wenn für alle $a, b, c \in M$ gilt:

$$a * (b * c) = (a * b) * c \quad (Assoziativgesetz) \qquad \blacklozenge$$

Für die Restklassenmengen R_m haben wir mit der Restklassenaddition $\oplus$ und der Restklassenmultiplikation $\odot$ zwei *innere Verknüpfungen* definiert (Definition 6.3), für die jeweils das *Assoziativgesetz* gilt (Satz 6.7). Also gilt:

Satz 6.10
Für alle $m \in \mathbb{N}$ sind $(R_m, \oplus)$ und $(R_m, \odot)$ Halbgruppen.

Bemerkung
Weitere Beispiele für Halbgruppen sind die aus der Schule bekannten Mengen ($\mathbb{N}, \mathbb{Z}, \mathbb{Q}, \mathbb{R}$) jeweils sowohl mit der Addition als auch mit der Multiplikation als innerer Verknüpfung. Es gibt also sowohl *endliche* Halbgruppen wie die Restklassenmengen R_m mit $\oplus$ oder $\odot$ als auch *unendliche* Halbgruppen.

An entsprechenden *Verknüpfungstafeln* konnten wir bereits erkennen, dass z. B. $\overline{0}$ in $(R_m, \oplus)$ oder $\overline{1}$ in $(R_m, \odot)$ *neutrale Elemente* sind und dass in $(R_m, \oplus)$ für jedes Element von R_m das *inverse Element* existiert. Für das Lösen von Gleichungen sind solche Elemente besonders wichtig. Daher definieren wir diese Begriffe hier noch einmal allgemein:

Definition 6.5 (Neutrale und inverse Elemente)
Sei $(M, *)$ eine Halbgruppe.

1. Ein Element $e \in M$ heißt genau dann **neutrales Element**, wenn für alle $a \in M$ gilt:
   $e * a = a * e = a$
2. Ein Element $a' \in M$ heißt genau dann **inverses Element** zu $a \in M$, wenn gilt:
   $a' * a = a * a' = e$ \qquad $\blacklozenge$

Bemerkungen

(1) Bei dieser Definition ist wichtig, dass sich die Eigenschaft eines neutralen Elements auf *alle* Elemente der betrachteten Menge bezieht. Ein inverses Element bezieht sich hingegen nur auf *ein* vorgegebenes Element.

(2) Allgemein muss in Halbgruppen laut Definition 6.4 nicht das Kommutativgesetz gelten. Daher musste in beiden Teilen der Definition das neutrale bzw. inverse Element einmal von links und einmal von rechts mit a verknüpft werden.

(3) Die Definition von inversen Elementen beinhaltet insbesondere, dass die Frage nach inversen Elementen *nur dann* sinnvoll gestellt werden kann, wenn ein neutrales Element existiert.

(4) Wenn mehrere Verknüpfungen in einem Zusammenhang betrachtet werden, etwa $\oplus$ und $\odot$, muss jeweils explizit benannt werden, *bezüglich welcher Verknüpfung* ein Element das neutrale Element oder das inverse Element zu einem gegebenen Element ist.

Beispiele

- In $(R_m, \oplus)$ existieren das *neutrale Element* $\overline{0}$ und zu jedem $\overline{a}$ das *inverse Element* $\overline{-a}$.
- In $(R_m, \odot)$ existieren das *neutrale Element* $\overline{1}$ und nach Satz 6.9 zu jedem $\overline{a}$ mit $ggT(a, m) = 1$ auch das *inverse Element*.
- In $(\mathbb{N}, +)$ gibt es *kein* neutrales Element.
- In $(\mathbb{N}, \cdot)$ ist 1 das *neutrale Element*. ∎

Wir haben bisher schon den Sprachgebrauch „das" neutrale bzw. „das" inverse Element praktiziert. Dies wird legitimiert durch

Satz 6.11
Sei $(M, *)$ eine Halbgruppe.

1. Wenn in M ein neutrales Element existiert, dann ist es eindeutig bestimmt.
2. Wenn in M ein zu $a \in M$ inverses Element existiert, dann ist es eindeutig bestimmt.

Beweis
Wir führen hier den Beweis zur Teilaussage 2. Der Beweis von Teilaussage 1. kann analog geführt werden (vgl. Aufgabe 27).

Seien $e \in M$ ein neutrales und $a' \in M$ ein zu $a \in M$ inverses Element. Wenn $\tilde{a} \in M$ ein weiteres zu a inverses Element ist, dann gilt $a' = a' * e = a' * (a * \tilde{a}) = (a' * a) * \tilde{a} = e * \tilde{a} = \tilde{a}$, also $a' = \tilde{a}$. Das inverse Element ist also eindeutig bestimmt. □

Wir hatten – etwa beim Beweis von Satz 6.8 – gesehen, dass die Existenz von inversen Elementen zu *allen* Elementen eng mit der eindeutigen Lösbarkeit *aller* Gleichungen eines bestimmten Typs verwoben ist. Dies bietet Anlass zur

Definition 6.6 (Gruppe)

Eine Halbgruppe $(M, *)$ heißt genau dann **Gruppe**, wenn

- in M das neutrale Element existiert *und*
- zu allen Elementen aus M die inversen Elemente existieren.

Wenn zusätzlich das Kommutativgesetz gilt, heißt $(M, *)$ **kommutative Gruppe**.   ◆

Mit Blick auf die Bedeutung des Gruppenbegriffs für die Lösbarkeit bestimmter Gleichungen verallgemeinern wir Satz 6.8:

Satz 6.12

Sei $(M, *)$ eine Gruppe. Dann ist die Gleichung $a * x = b$ für alle $a, b \in M$ eindeutig lösbar.

Beweis

Weil $(M, *)$ eine Gruppe ist, existiert das zu a inverse Element a'. Durch Multiplikation der Gleichung mit a' erhalten wir $a' * (a * x) = a' * b$, was wegen $a' * (a * x) = (a' * a) * x = e * x = x$ äquivalent ist zu $x = a' * b$. Damit haben wir die Gleichung eindeutig gelöst.   □

Beispiele für *kommutative Gruppen* sind z. B. $(\mathbb{Z}, +)$, $(\mathbb{Q}^+, \cdot)$, $(\mathbb{R}, +)$ oder $(\mathbb{R} \backslash \{0\}, \cdot)$. Für $(R_m, \oplus)$ können wir die bereits erzielten Resultate (Satz 6.7 und Beweis von Satz 6.8) wie folgt zusammenfassen:

Satz 6.13

Für alle $m \in \mathbb{N}$ ist $(R_m, \oplus)$ eine kommutative Gruppe.

Bei $(R_m, \odot)$ ist die Situation etwas komplizierter. Hier bereitet grundsätzlich $\overline{0}$ Schwierigkeiten (warum?), sodass wir diese Restklasse herausnehmen. Weitere Probleme gibt es mit allen weiteren Restklassen $\overline{a} \in R_m$, für die $ggT(a, m) \neq 1$ gilt. Dies ist für $m > 1$ genau dann der Fall, wenn m keine Primzahl, sondern eine zusammengesetzte Zahl ist. Im Folgenden leiten wir zunächst her, dass $(R_m \backslash \{\overline{0}\}, \odot)$ nur dann eine Gruppe sein kann, wenn m eine Primzahl ist, und dann, dass $(R_m \backslash \{\overline{0}\}, \odot)$ tatsächlich für jede Primzahl eine Gruppe ist:

- Wenn m eine *zusammengesetzte Zahl* ist, dann gibt es $a, b \in \mathbb{N}$ mit $1 < a, b < m$ und $a \cdot b = m$. Es gibt in R_m also $\overline{a}, \overline{b} \neq \overline{0}$ mit $\overline{a} \odot \overline{b} = \overline{0}$. Solche Elemente werden allgemein **Nullteiler** genannt. Sie bewirken, dass $R_m \backslash \{\overline{0}\}$ bezüglich $\odot$ *nicht abgeschlossen* ist, dass $\odot$ also *keine innere Verknüpfung* ist.[9] Daher kann $(R_m \backslash \{\overline{0}\}, \odot)$ für zusammengesetzte Zahlen m *nie* eine Gruppe sein.

• Ist m dagegen eine *Primzahl*, folgt aus Satz 6.9, dass für alle $\overline{a} \in R_m \backslash \{\overline{0}\}$ die inversen Elemente existieren. Wir zeigen noch, dass $(R_m \backslash \{\overline{0}\}, \odot)$ abgeschlossen und damit eine kommutative Gruppe ist: Angenommen, es gibt $\overline{a}, \overline{b} \in R_m \backslash \{\overline{0}\}$ mit $\overline{a} \odot \overline{b} = \overline{0}$. Seien $r_a \in \overline{a}$ und $r_b \in \overline{b}$ die eindeutig bestimmten Reste mit $0 < r_a, r_b < m$. Aufgrund der Annahme $\overline{a} \odot \overline{b} = \overline{0}$ müsste ein $k \in \mathbb{Z}$ existieren mit $r_a \cdot r_b = k \cdot m$, sodass $m \mid r_a \cdot r_b$ gelten würde. Aus dem Primzahlkriterium folgt dann, dass $m \mid r_a$ oder $m \mid r_b$ gelten müsste, was ein Widerspruch zur Wahl von r_a und r_b wäre. Folglich kann es in $(R_m \backslash \{\overline{0}\}, \odot)$ *keine* Nullteiler geben, wenn m eine Primzahl ist. $(R_m \backslash \{\overline{0}\}, \odot)$ ist also abgeschlossen und daher insgesamt eine Gruppe.

Damit ist der folgende Satz bewiesen:

Satz 6.14
Sei $m \in \mathbb{N}$ mit $m > 1$. Dann ist $(R_m \backslash \{\overline{0}\}, \odot)$ genau dann eine kommutative Gruppe, wenn m eine Primzahl ist.

Für zusammengesetzte Zahlen m können wir immerhin noch alle **primen Restklassen** **modulo** m, das sind alle $\overline{a} \in R_m$ mit $ggT(a, m) = 1$, zu einer Gruppe zusammenfassen:

Satz 6.15
Sei $m \in \mathbb{N}$ mit $m > 1$. Dann bildet die Menge $R_m^* := \{\overline{a} \in R_m \mid ggT(a, m) = 1\}$ zusammen mit $\odot$ als Verknüpfung eine kommutative Gruppe, die **prime Restklassengruppe** **modulo m** (kurz: $(R_m^*, \odot)$).

Bemerkung
Der Beweis von Satz 6.15 kann auf der Basis unserer bisherigen Resultate relativ einfach geführt werden; insbesondere muss die Abgeschlossenheit von $(R_m^*, \odot)$ dabei gezeigt werden (Aufgabe 25).

Bei der Entwicklung der algebraischen Begriffe haben wir bisher Mengen mit *nur einer* Verknüpfung betrachtet. Die Hinzunahme einer zweiten Verknüpfung leistet

---

[9] Ferner sind die Nullteiler nicht invertierbar: Wären nämlich $\overline{a}, \overline{b} \in R_m \backslash \{\overline{0}\}$ Nullteiler und $\overline{a'} \in R_m \backslash \{\overline{0}\}$ ein inverses Element zu $\overline{a}$, dann würde $\overline{b} = \overline{1} \odot \overline{b} = (\overline{a'} \odot \overline{a}) \odot \overline{b} = \overline{a'} \odot (\overline{a} \odot \overline{b}) = \overline{a'} \odot \overline{0} = \overline{0}$ gelten, was ein Widerspruch zu $\overline{b} \in R_m \backslash \{\overline{0}\}$ wäre.

Definition 6.7 (Ring)
Das Tripel $(M, +, \cdot)$, bestehend aus einer nichtleeren Menge M und zwei inneren Verknüpfungen $+$ und $\cdot$, heißt genau dann **Ring**, wenn gilt:

- $(M, +)$ ist eine *kommutative Gruppe*,
- $(M, \cdot)$ ist eine *Halbgruppe* und
- für alle $a, b, c \in M$ gelten die *Distributivgesetze* $a \cdot (b + c) = a \cdot b + a \cdot c$ und $(a + b) \cdot c = a \cdot c + b \cdot c$. ◆

Bemerkungen

(1) Die beiden Verknüpfungen werden üblicherweise *Addition* und *Multiplikation* genannt. Daher haben wir auch die vertrauten Symbole $+$ und $\cdot$ verwendet.
(2) Das bezüglich der Addition neutrale Element wird wie üblich *Null* genannt.
(3) Wenn auch bezüglich der Multiplikation ein *neutrales Element* existiert, so wird es *Eins* und der Ring wird *Ring mit Eins* genannt.
(4) Wenn auch die Multiplikation *kommutativ* ist, wird der Ring auch *kommutativer Ring* genannt.
(5) Ein *nullteilerfreier kommutativer Ring mit Eins* wird **Integritätsbereich** genannt.

Ein Standardbeispiel für einen Integritätsbereich ist $(\mathbb{Z}, +, \cdot)$. Für $(R_m, \oplus, \odot)$ können wir die bereits erzielten Resultate (Sätze 6.7 und 6.13 sowie Herleitung von Satz 6.14) wie folgt zusammenfassen:

Satz 6.16
Sei $m \in \mathbb{N}$ mit $m > 1$. Dann gilt:

1. $(R_m, \oplus, \odot)$ ist ein kommutativer Ring mit Eins.
2. $(R_m, \oplus, \odot)$ ist genau dann ein Integritätsbereich, wenn m eine Primzahl ist.

Da Ringe über zwei Verknüpfungen verfügen, kann man die lineare Gleichung $a \cdot x + b = c$ aufstellen. Allerdings ist sie *nicht* stets eindeutig lösbar. Damit diese Gleichung *stets* nach x aufgelöst werden kann, müssen auch bezüglich der Multiplikation alle *inversen Elemente* existieren. Dies führt zu

Definition 6.8 (Körper)
Das Tripel $(M, +, \cdot)$, bestehend aus einer nichtleeren Menge M und zwei inneren Verknüpfungen $+$ und $\cdot$, heißt genau dann **Körper**, wenn gilt:

- $(M, +)$ ist eine kommutative Gruppe,
- $(M \setminus \{0\}, \cdot)$ ist eine kommutative Gruppe und
- für alle $a, b, c \in M$ gilt das Distributivgesetz $a \cdot (b + c) = a \cdot b + a \cdot c$. ◆

Bemerkung

Da $(M \setminus \{0\}, \cdot)$ eine kommutative Gruppe ist, muss ein neutrales Element bezüglich „$\cdot$" existieren. Damit hat jeder Körper mindestens zwei Elementen, nämlich 0 und 1.

Da in einem Körper zu allen Elementen die inversen Elemente bezüglich „$\cdot$" existieren, sind in einem Körper alle linearen Gleichungen eindeutig lösbar.

Satz 6.17

Sei $(M, +, \cdot)$ ein Körper. Dann ist für alle $a, b, c \in M$ mit $a \neq 0$ die lineare Gleichung $a \cdot x + b = c$ in M eindeutig lösbar.

Beweis

Wir bestimmen die Lösung der Gleichung, indem wir $(-b)$ zu beiden Seiten der Gleichung addieren und die daraus resultierende Gleichung mit $\frac{1}{a}$ multiplizieren:[10]

$$a \cdot x + b = c \quad \Longleftrightarrow \quad a \cdot x = c + (-b)$$
$$\Longleftrightarrow \quad x = \frac{1}{a} \cdot (c + (-b)) \quad \Longleftrightarrow \quad x = \frac{1}{a} \cdot c + \frac{1}{a} \cdot (-b) \quad \square$$

Beispiele für Körper sind $(\mathbb{Q}, +, \cdot)$ und $(\mathbb{R}, +, \cdot)$; hierbei handelt es sich um unendliche Körper. Die Sätze 6.14 und 6.16 stellen gemeinsam sicher, dass $(R_m \setminus \{\overline{0}\}, \odot)$ genau dann Beispiele für *endliche Körper* liefern, wenn m eine Primzahl ist. Es gilt:

Satz 6.18

Für alle $m \in \mathbb{N}$ ist $(R_m, \oplus, \odot)$ genau dann ein Körper, wenn m eine Primzahl ist.

6.3 Klassische Sätze der Elementaren Zahlentheorie

6.3.1 Sätze von Euler und Fermat

Für rund zwei Jahrhunderte war der Euler'sche Satz nur für Zahlentheoretiker von großem Interesse und außerhalb der Mathematik völlig unbekannt. Dies hat sich mit dem Aufkommen der Computer stark verändert. Wegen der hierdurch immer wichtiger werdenden sicheren Verschlüsselung von Informationen hat dieser Satz plötzlich auch außerhalb der Mathematik große Bedeutung erlangt. So beruht das RSA-Verschlüsselungssystem (vgl. Abschn. 10.4) ganz grundlegend auf dem Satz von Euler. Dieses in den 1970er-Jahren entwickelte Verschlüsselungssystem zählt auch heute unverändert zu den sichersten Methoden der Kryptologie (vgl. Kap. 10).

Für den Euler'schen Satz benötigen wir eine griffige Formulierung für die Anzahl der zum *Modul m* teilerfremden natürlichen Zahlen, die maximal gleich m sind. Traditionell

---

[10] Dabei haben wir die inversen Elemente so bezeichnet, wie es in der Schule üblich ist.

wird diese Anzahl mit $\varphi(m)$ bezeichnet und – da sie auch als Funktion gedeutet werden kann – **Euler'sche φ-Funktion** genannt.

Definition 6.9

Die Anzahl der zu einer natürlichen Zahl m teilerfremden natürlichen Zahlen x mit $1 \leq x \leq m$ bezeichnen wir mit $\varphi(m)$.   ◆

Beispiele

Es gilt $\varphi(1) = 1$, $\varphi(2) = 1$, $\varphi(3) = 2$, $\varphi(4) = 2$, $\varphi(5) = 4$, $\varphi(6) = 2$, $\varphi(7) = 6$, $\varphi(8) = 4$, $\varphi(9) = 6$, $\varphi(10) = 4$.

Offensichtlich gilt für Primzahlen p stets $\varphi(p) = p - 1$, da die Zahlen $1, 2, \ldots, p - 1$ zu p teilerfremd sind.   ■

Satz 6.19 (Euler'scher Satz)

Für alle teilerfremden $a, m \in \mathbb{N}$ gilt:

$$a^{\varphi(m)} \equiv 1 \ (m)$$

Beispiel

Satz 6.19 postuliert die Richtigkeit einer großen Anzahl überraschender Teilbarkeitsaussagen. So gilt beispielsweise für den *Modul* $m = 7$ die Kongruenz $a^6 \equiv 1 \ (7)$ für alle zu 7 teilerfremden Zahlen und hiermit nach Satz 6.19 die (unendlich vielen) Teilbarkeitsaussagen:

$$7 \mid 1^6 - 1; \ 7 \mid 2^6 - 1; \ 7 \mid 3^6 - 1; \ 7 \mid 4^6 - 1; \ 7 \mid 5^6 - 1; \ 7 \mid 6^6 - 1; \ 7 \mid 8^6 - 1; \ldots \quad ■$$

Beweis

Zu gegebenem $m \in \mathbb{N}$ gibt es $\varphi(m)$ natürliche Zahlen n mit $1 \leq n \leq m$, die zu m teilerfremd sind. Es seien dies die Zahlen $r_1, r_2, \ldots, r_{\varphi(m)}$. Ist a zu m teilerfremd, so sind auch die Zahlen $a \cdot r_1, a \cdot r_2, \ldots, a \cdot r_{\varphi(m)}$ als Produkte zweier zu m teilerfremder Zahlen zu m teilerfremd und paarweise inkongruent *mod m*. Aus $a \cdot r_i \equiv a \cdot r_j \ (m)$ mit $1 \leq i, j \leq \varphi(m)$ folgt nämlich nach Division durch a – dies ist nach Satz 6.4 erlaubt, da a und m teilerfremd sind, dass $r_i \equiv r_j \ (m)$, also $i = j$ gilt.

Sowohl die $\varphi(m)$ verschiedenen und *modulo m* inkongruenten Zahlen $r_1, r_2, \ldots, r_{\varphi(m)}$ wie die $\varphi(m)$ verschiedenen und *modulo m* inkongruenten Zahlen $a \cdot r_1, a \cdot r_2, \ldots, a \cdot r_{\varphi(m)}$ bilden ein vollständiges Restsystem der zum *Modul m* teilerfremden Zahlen, daher muss gelten:

Jede der Zahlen $a \cdot r_1, a \cdot r_2, \ldots, a \cdot r_{\varphi(m)}$ ist zu genau einer der Zahlen $r_1, r_2, \ldots, r_{\varphi(m)}$ kongruent *mod m*. Multiplikation der Kongruenzen liefert: $(a \cdot r_1) \cdot (a \cdot r_2) \cdot \ldots \cdot (a \cdot r_{\varphi(m)}) \equiv r_1 \cdot r_2 \cdot \ldots \cdot r_{\varphi(m)} \ (m)$, also auch: $a^{\varphi(m)} \cdot (r_1 \cdot r_2 \cdot \ldots \cdot r_{\varphi(m)}) \equiv r_1 \cdot r_2 \cdot \ldots \cdot r_{\varphi(m)} \ (m)$

Nach Voraussetzung sind $r_1, r_2, \ldots, r_{\varphi(m)}$ zu m teilerfremd. Folglich dürfen wir – da auch ihr Produkt $r_1 \cdot r_2 \cdot \ldots \cdot r_{\varphi(m)}$ zu m teilerfremd ist – nach Satz 6.4 die Kongruenz durch

$r_1 \cdot r_2 \cdot \ldots \cdot r_{\varphi(m)}$ dividieren und erhalten:

$$a^{\varphi(m)} \equiv 1 \ (m),$$

also genau die Behauptung des Euler'schen Satzes. $\qquad\square$

Bemerkung

Formulieren wir Satz 6.19 in Restklassensprechweise um, so lautet er:
Für die prime Restklassengruppe $(R_m^*, \odot)$ gilt stets $\overline{a}^{\varphi(m)} = \overline{1}$.

Satz 6.19 ist damit ein Spezialfall eines allgemeineren Satzes aus der Algebra, der besagt: Für jedes Element a einer Gruppe der Ordnung n ergibt a^n stets wieder das neutrale Element der Gruppe. Hierbei bedeutet die Ordnung n einer Gruppe gerade die Anzahl n der Elemente der Gruppe, im Fall von R_m^* also $\varphi(m)$, das neutrale Element in $(R_m^*, \odot)$ ist $\overline{1}$.

Wegen Satz 6.19 können wir zu jeder primen Restklasse $\overline{a}$ das multiplikativ Inverse angeben; denn es gilt $\overline{a}^{\varphi(m)} = \overline{1}$, also $\overline{a} \odot \overline{a}^{\varphi(m)-1} = \overline{a}^{\varphi(m)} = \overline{1}$. Insbesondere können wir über diesen Ansatz auch relativ leicht das multiplikativ Inverse einer primen Restklasse *explizit* berechnen (für ein konkretes Beispiel vgl. Oswald/Steuding [16], S. 131 f.).

Euler verallgemeinerte mit dem Satz 6.19 eine Teilbarkeitsaussage, die Fermat 1640 formuliert, aber nicht bewiesen hatte:

Satz 6.20 (Kleiner Fermat'scher Satz)

Ist $a \in \mathbb{N}$ kein Vielfaches der Primzahl p, so gilt: $a^{p-1} \equiv 1 \ (p)$.

Beweis

Laut Voraussetzung sind a und p teilerfremd. Nach Satz 6.19 gilt also $a^{\varphi(p)} \equiv 1 \ (p)$. Ferner gilt $\varphi(p) = p - 1$ für alle Primzahlen p, also insgesamt $a^{p-1} \equiv 1 \ (p)$. $\qquad\square$

Bemerkung

Der Kleine Fermat'sche Satz ist nicht umkehrbar und darum nicht direkt als *Primzahltest* zu gebrauchen. So gilt für die zusammengesetzte Zahl $341 = 11 \cdot 31$ die Kongruenz $2^{341-1} \equiv 1 \ (341)$. Dieses Gegenbeispiel zeigt, dass eine Zahl m, für die $a^{m-1} \equiv 1 \ (m)$ gilt, nicht notwendig eine Primzahl ist. Zusammengesetzte Zahlen m wie 341, für die es mindestens ein $a \geq 2$ gibt mit $a \not\equiv 1 \ (m)$ und $a^{m-1} \equiv 1 \ (m)$, werden *Pseudoprimzahlen zur Basis a* genannt. Gilt diese Kongruenz sogar für *alle* zu m teilerfremden Zahlen $a \geq 2$ wie für die zusammengesetzte Zahl $561 = 3 \cdot 11 \cdot 17$, nämlich $a^{560} \equiv 1 \ (561)$, so wird diese Zahl nach ihrem Entdecker *Carmichael-Zahl* genannt. Man kann beweisen, dass es unendlich viele Carmichael-Zahlen gibt. Allerdings treten diese Carmichael-Zahlen viel seltener auf als Primzahlen. Daher lassen sich mit dem Kleinen Fermat'schen Satz immerhin sehr effizient *gute Primzahlkandidaten* erzeugen.

Man kann aus dem Kleinen Fermat'schen Satz unmittelbar folgern:

Satz 6.21

Für jede Primzahl p und jedes $a \in \mathbb{N}$ gilt:

$$a^p \equiv a \ (p)$$

Beweis

Im Fall $p \mid a$ ist die Aussage von Satz 6.21 trivial, denn dann ist $a \equiv 0 \ (p)$, also auch $a^p \equiv 0 \ (p)$ und daher $a^p \equiv a \ (p)$.

Im Fall $p \nmid a$ gilt nach Satz 6.19 $a^{p-1} \equiv 1 \ (p)$. Wegen $a \equiv a \ (p)$ für alle $a \in \mathbb{N}$ erhalten wir durch Multiplikation $a^p \equiv a \ (p)$. $\qquad\qquad\qquad\qquad\qquad \Box$

Bemerkung

Man bezeichnet Satz 6.20 als *Kleinen Fermat'schen* Satz zur deutlichen Unterscheidung von der *Fermat'schen Vermutung*, die auch *Großer Fermat'scher Satz* genannt wird (vgl. Abschn. 5.9).

6.3.2 Chinesischer Restsatz

Ähnlich wie der Euler'sche Satz spielt der im Folgenden dargestellte Chinesische Restsatz bei vielen kryptografischen Anwendungen eine wichtige Rolle – so z. B. bei der Entschlüsselung in Webbrowsern oder beim Einsatz auf Chipkarten mit kleinen Prozessoren, wie sie beispielsweise bei Bankanwendungen eingesetzt werden. Genauer kann man zur *Beschleunigung der Entschlüsselung* beim RSA-Verfahren eine Methode anwenden, die auf dem Chinesischen Restsatz beruht. Hierbei kann durch diesen Ansatz die Entschlüsselung um den Faktor vier beschleunigt werden. Diese Beschleunigung kann in der Praxis sehr relevant und für die Benutzerakzeptanz eines Verfahrens entscheidend sein (vgl. Paar/ Pelzl [17], S. 211 ff.).

Der Chinesische Restsatz kommt inhaltlich – natürlich nicht in der heutigen Sprech- und Schreibweise – schon in vielen, sehr alten und bekannten Mathematiklehrbüchern vor, so im dreibändigen Handbuch der Arithmetik des Chinesen Sun-Tzu (oder Sun-Zi), der vor etwa 2000 Jahren lebte, in einem Lehrbuch des Griechen Nikomachos von Gerasa zur Zahlentheorie (oder Arithmetik) vor rund 1900 Jahren, in einem Lehrbuch zur Astronomie und Mathematik des Inders Brahmagupta vor etwa 1400 Jahren oder im **liber abaci** des Leonardo von Pisa, auch Fibonacci genannt, vor rund 800 Jahren (vgl. Gottwald u. a. [7]; Scheid/Schwarz [35], S. 60). Der Name für diesen Satz hängt damit zusammen, dass im Handbuch von Sun-Tzu vermutlich erstmalig eine Aufgabe steht, die mit linearen Kongruenzen gelöst werden kann, nämlich folgende:

„Es soll eine Anzahl von Dingen gezählt werden. Zählt man sie zu je drei, dann bleiben zwei übrig. Zählt man sie zu je fünf, dann bleiben drei übrig. Zählt man sie zu je sieben, dann bleiben zwei übrig. Wie viele sind es?"

Um diese Aufgabe mit heutigen Mitteln zu lösen, muss also gleichzeitig gelten: $x \equiv 2 \ (3)$ *und* $x \equiv 3 \ (5)$ *und* $x \equiv 2 \ (7)$, muss also folgendes System linearer Kongruenzen gelöst werden:

$$x \equiv 2 \ (3)$$

$$x \equiv 3 \ (5)$$

$$x \equiv 2 \ (7)$$

Lösungen von $x \equiv 2 \ (3)$ sind sämtliche Repräsentanten von $\overline{2}$ in R_3, also die ganzen Zahlen $\{\ldots, -7, -4, -1, 2, 5, 8, 11, 14, 17, 20, 23, \ldots\}$, Lösungen von $x \equiv 3 \ (5)$ sind alle Repräsentanten von $\overline{3}$ in R_5, also die ganzen Zahlen $\{\ldots, -7, -2, 3, 8, 13, 18, 23, \ldots\}$, und Lösungen von $x \equiv 2 \ (7)$ sind alle Repräsentanten von $\overline{2}$ in R_7, also die ganzen Zahlen $\{\ldots, -12, -5, 2, 9, 16, 23, \ldots\}$.

Ein Vergleich zunächst der beiden ersten Kongruenzen ergibt folgende gemeinsamen Lösungen: $\ldots, -7, 8, 23, 38, \ldots$

Die gemeinsamen Lösungen unterscheiden sich jeweils um 15, nämlich um das $kgV(3, 5)$, und lassen sich notieren z. B. in der Form $8 + z \cdot kgV(3, 5) = 8 + z \cdot 15$ mit $z \in \mathbb{Z}$. Alle ganzen Zahlen der Form $8 + z \cdot 15$ mit $z \in \mathbb{Z}$ sind Lösungen beider Kongruenzen. Statt der speziellen Lösung 8 können wir auch jede andere gemeinsame Lösung x_1 herausgreifen und erhalten durch $x_1 + z \cdot 15$ mit $z \in \mathbb{Z}$ gemeinsame Lösungen beider Kongruenzen.

Völlig analog können wir verfahren, wenn wir jetzt die dritte Kongruenz hinzunehmen und wiederum nach gemeinsamen Lösungen suchen. 23 ist beispielsweise eine gemeinsame Lösung aller drei Kongruenzen. Weitere Lösungen unterscheiden sich um 105, nämlich um das $kgV(15, 7)$ bzw. um das $kgV(3, 5, 7)$, sind also darstellbar in der Form $23 + z \cdot 105$ mit $z \in \mathbb{Z}$ bzw. $x_1 + z \cdot 105$, wenn x_1 eine spezielle gemeinsame Lösung ist. Negative Lösungen ergeben bei der Ausgangsaufgabe keinen Sinn, die kleinste gesuchte Anzahl ist also 23, die nächstgrößere 128.

Der Chinesische Restsatz macht Aussagen darüber, wann ein solches System linearer Kongruenzen, bei dem speziell wie im Eingangsbeispiel die Module jeweils paarweise teilerfremd sind, lösbar ist sowie über die Anzahl der Lösungen.

Satz 6.22 (Chinesischer Restsatz)
Seien $m_1, m_2, \ldots, m_k$ natürliche Zahlen, die paarweise teilerfremd sind, und seien $a_1, a_2, \ldots, a_k$ ganze Zahlen. Dann ist das System linearer Kongruenzen

$$x \equiv a_1 \ (m_1), x \equiv a_2 \ (m_2), \ldots, x \equiv a_k \ (m_k)$$

stets lösbar. Alle Lösungen liegen jeweils in *einer* festen Restklasse *modulo* m mit $m = m_1 \cdot m_2 \cdot \ldots \cdot m_k$.

Beweis

1. Wir weisen zunächst konstruktiv durch die konkrete Angabe jeweils einer Lösung x_1 bei einem gegebenen System linearer Kongruenzen die *Lösbarkeit* nach. Wir führen hierzu zwei Abkürzungen ein:

$$m := m_1 \cdot m_2 \cdot \ldots \cdot m_k, \ q_i := \frac{m}{m_i} \ (\text{für } i = 1, 2, \ldots, k)$$

Die Zahl q_i enthält damit alle Faktoren von m mit Ausnahme von m_i für $i = 1, 2, \ldots, k$. Die m_i sind laut Voraussetzung paarweise teilerfremd, daher gilt $ggT(q_i, m_i) = 1$. Also ist jede lineare Kongruenz $q_i \cdot x \equiv 1 \ (m_i)$ lösbar (vgl. Satz 6.9). $q_i{}'$ sei jeweils eine Lösung, also gilt $q_i \cdot q_i{}' \equiv 1 \ (m_i)$ für $i = 1, 2, \ldots, k$. Aus den konkreten Zahlen a_i, q_i und $q_i{}'(i = 1, 2, \ldots, k)$ können wir jeweils folgendermaßen eine Lösung x_1 konstruieren:

$$x_1 := a_1 \cdot q_1 \cdot q_1{}' + a_2 \cdot q_2 \cdot q_2{}' + \ldots + a_k \cdot q_k \cdot q_k{}'$$

Wegen $q_i := \frac{m}{m_i}$ gilt $m_i \mid q_j$ für alle $j \neq i$ ($j = 1, 2, \ldots, k$), also gilt auch $q_j \equiv 0 \ (m_i)$ für alle $j \neq i$. Damit gilt auch $a_j \cdot q_j \cdot q_j{}' \equiv 0 \ (m_i)$ für alle $j \neq i$.

Also gilt	$x_1 \equiv a_i \cdot q_i \cdot q_i{}'$	(m_i).
Wegen	$q_i \cdot q_i{}' \equiv 1$	(m_i)
folgt	$x_1 \equiv a_i$	(m_i) für $i = 1, 2, \ldots, k$.

Die oben konstruierte Zahl x_1 ist also in der Tat *eine* Lösung des gegebenen Systems linearer Kongruenzen.

2. Die *eindeutige Lösbarkeit* auf der Ebene von Restklassen beweisen wir folgendermaßen: y_1 sei eine weitere Lösung des Systems.

Dann gilt	$x_1 \equiv a_i \ (m_i)$ und $y_1 \equiv a_i \ (m_i)$	für $i = 1, 2, \ldots, k$.
Hieraus folgt	$x_1 \equiv y_1 \ (m_i)$	für $i = 1, 2, \ldots, k$,
daher auch	$m_i \mid (x_1 - y_1)$	für $i = 1, 2, \ldots, k$.

Wegen der paarweisen Teilerfremdheit der m_i gilt dann auch:

$$m \mid (x_1 - y_1),$$

also

$$x_1 \equiv y_1 \ (m).$$

Das bedeutet: Die beiden Lösungen gehören zur selben Restklasse $mod \ m$. Also ist das System auf der Ebene von Restklassen $mod \ m$ stets eindeutig lösbar. □

Beispiel

Zur weiteren Verdeutlichung des Beweises von Satz 6.22 lösen wir jetzt ein System linearer Kongruenzen entsprechend diesem Beweisgang. Gegeben sei das System linearer Kongruenzen:

$$x \equiv 1 \ (3), \ x \equiv 3 \ (7), \ x \equiv 5 \ (11)$$

Dann gilt:

$$m := 3 \cdot 7 \cdot 11 = 231$$

$$q_1 = \frac{231}{3} = 7 \cdot 11 = 77 \qquad q_2 = \frac{231}{7} = 3 \cdot 11 = 33 \qquad q_3 = \frac{231}{11} = 3 \cdot 7 = 21$$

Es gilt $ggT(77, 3) = ggT(33, 7) = ggT(21, 11) = 1$.

Daher sind die folgenden Kongruenzen jeweils lösbar:

$$77 \cdot x \equiv 1 \ (3), 33 \cdot x \equiv 1 \ (7), 21 \cdot x \equiv 1 \ (11)$$

„Reduktion" der Koeffezienten 77, 33 bzw. 21 *modulo* 3, 7 bzw. 11 ergibt:

$$2 \cdot x \equiv 1 \ (3), 5 \cdot x \equiv 1 \ (7), 10 \cdot x \equiv 1 \ (11)$$

Also erhalten wir als Lösung etwa

$$q_1{}' = 2 \qquad q_2{}' = 3 \qquad q_3{}' = 10$$

Für eine Lösung x_1 gilt also:

$$\begin{aligned}
x_1 &= a_1 \cdot q_1 \cdot q_1{}' + a_2 \cdot q_2 \cdot q_2{}' + a_3 \cdot q_3 \cdot q_3{}' \\
&= 1 \cdot 77 \cdot 2 + 3 \cdot 33 \cdot 3 + 5 \cdot 21 \cdot 10 \\
&= 154 + 297 + 1050 \\
&= 1501
\end{aligned}$$

$$1501 \equiv 115 \ (231)$$

Die Repräsentanten der Restklasse $\overline{115}$ von R_{231} sind Lösungen obigen Systems von Kongruenzen, so gilt beispielsweise:

$$\begin{aligned}
115 &\equiv 1 \ (3); \quad \text{denn } 3 \mid 114. \\
115 &\equiv 3 \ (7); \quad \text{denn } 7 \mid 112. \\
115 &\equiv 5 \ (11); \quad \text{denn } 11 \mid 110.
\end{aligned}$$

Weitere Lösungen sind $115 + z \cdot 231$ mit $z \in \mathbb{Z}$, also z. B. 346 oder -116. ∎

6.3.3 Satz von Wilson

Neben dem Euler'schen Satz spielt der Satz von Wilson in der Kongruenzrechnung eine zentrale Rolle. Dieser Satz ist einer der ältesten Primzahltests und wurde schon im 18. Jahrhundert entdeckt und bewiesen.

Satz 6.23 (Satz von Wilson)
Die natürliche Zahl $p \geq 2$ ist genau dann eine Primzahl, wenn $(p - 1)! \equiv -1 \ (p)$ gilt.

Beispiel
Die komplexere der beiden Beweisrichtungen verdeutlichen wir hier zunächst durch ein Beispiel. Anschließend folgt der Beweis von Satz 6.23.

p sei eine Primzahl, beispielsweise 7.

$$\text{Es gilt: } (7 - 1)! = 1 \cdot 2 \cdot 3 \cdot 4 \cdot 5 \cdot 6$$
$$\text{Wegen } 2 \cdot 4 \equiv 1 \ (7), \ 3 \cdot 5 \equiv 1 \ (7), \ 1 \equiv 1 \ (7)$$
$$\text{und } 6 \equiv -1 \ (7) \text{ erhalten wir:}$$
$$(7 - 1)! = 1 \cdot (2 \cdot 4) \cdot (3 \cdot 5) \cdot 6 \equiv 1 \cdot 1 \cdot 1 \cdot (-1) \ (7)$$
$$\text{Also: } (7 - 1)! \equiv -1 \ (7)$$

Wenn wir zur Restklassensprechweise überwechseln, sehen wir, dass dies kein Zufall ist. Die Menge $R_p \backslash \{\bar{0}\} = \{\bar{1}, \bar{2}, \bar{3}, \bar{4}, \bar{5}, \bar{6}\}$ ist nach Satz 6.14 unter der Restklassenmultiplikation eine kommutative Gruppe, also gibt es zu jedem Element genau ein Inverses. Im allgemeinen Fall müssen wir noch genauer die *selbstinversen Elemente*, hier $\bar{1}$ und $\bar{6}$, im Fall $p = 7$ unter die Lupe nehmen.   ■

Beweis

1. Die Satzaussage „Wenn für $p \geq 2$ gilt: $(p - 1)! \equiv -1 \ (p)$, dann ist p eine Primzahl" beweisen wir über die logisch gleichwertige, in diesem Fall leichter zu beweisende Kontraposition[11] „Wenn $p \geq 2$ keine Primzahl ist, dann ist $(p - 1)! \not\equiv -1 \ (p)$". Der Satz von Wilson gilt offensichtlich für $p = 2, 3$. Wir setzen daher im Folgenden $p \geq 4$ voraus. Laut Voraussetzung ist also p eine *zusammengesetzte Zahl* und besitzt daher mindestens drei Teiler. Sei $t \neq 1$ der kleinste Teiler von p mit $1 < t < p$, also auch $1 < t \leq p - 1$. Daher kommt t unter den Faktoren von $(p - 1)!$ vor. Also gilt $t \mid (p - 1)!$ und $t \mid p$, woraus $ggT((p - 1)!, p) > 1$ folgt. Daher ist $\overline{(p - 1)!}$ keine prime Restklasse *modulo p*. Da aber $\overline{-1}$ eine prime Restklasse *modulo p* ist, gilt insbesondere $(p - 1)! \not\equiv -1 \ (p)$.

2. Wir müssen noch die Teilaussage „Wenn die natürliche Zahl $p \geq 2$ eine Primzahl ist, dann gilt $(p - 1)! \equiv -1 \ (p)$" beweisen.

---

[11] Vgl. Padberg/Büchter [23], S. 115 f.

Ist $p \geq 2$ eine Primzahl, dann ist $R_p \setminus \{\bar{0}\} = \{\bar{1}, \bar{2}, \ldots, \overline{p-1}\}$ unter der Restklassen-multiplikation eine kommutative Gruppe. Zu jeder Restklasse $\bar{a}$ können wir also eine Restklasse $\bar{b}$ finden mit $\bar{a} \odot \bar{b} = \bar{1}$. Hierbei ist $\bar{b}$ das eindeutig bestimmte multiplikativ Inverse von $\bar{a}$ und umgekehrt. So erhalten wir viele Paare mit $\bar{a} \odot \bar{b} = \bar{1}$ bzw. in Kongruenzsprechweise mit $a \cdot b \equiv 1 \ (p)$. Hierbei sind aber noch nicht *die* Restklassen berücksichtigt, die *selbstinvers* sind, für die $\bar{a}^2 = \bar{1}$ bzw. $a^2 \equiv 1 \ (p)$ gilt.

Es gilt $a^2 - 1 = (a+1) \cdot (a-1)$, also wegen $a^2 \equiv 1 \ (p)$ auch $a^2 - 1 \equiv 0 \ (p)$ und daher $(a+1) \cdot (a-1) \equiv 0 \ (p)$. Da p Primzahl ist, folgt hieraus $a \equiv 1 \ (p)$ oder $a \equiv p - 1 \ (p)$. Durch Quadrieren sehen wir, dass in der Tat $\bar{1}$ und $\overline{p-1}$ immer selbstinvers sind.

Für alle Teilprodukte zueinander inverser Paare einschließlich des selbstinversen Elements $\bar{1}$ gilt, dass sie kongruent zu 1 sind und damit ihr Produkt ebenfalls kongruent zu 1 ist. Nur für $\bar{a} = \overline{p-1}$ gilt $p - 1 \equiv -1 \ (p)$. Wir haben also insgesamt gezeigt, dass im Fall, dass $p \geq 2$ eine Primzahl ist, stets gilt: $(p-1)! \equiv -1 \ (p)$ $\qquad \square$

Bemerkung

Nach Satz 6.23 ist $p \in \mathbb{N} \setminus \{1\}$ genau dann eine Primzahl, wenn $p \mid (p-1)! + 1$ gilt. Wenn darüber hinaus sogar $p^2 \mid (p-1)! + 1$ gilt, dann wird p **Wilson-Primzahl** genannt. Zurzeit sind nur drei Wilson-Primzahlen bekannt, nämlich 5, 13 und 563 (Stand: Januar 2018).

6.4 Aufgaben

1. Begründen Sie mithilfe der Restgleichheitsrelation mit der Divisionszahl 2 sowie der Sätze 2.9 und 2.10 die Einträge in den Verknüpfungstafeln für gerade und ungerade Zahlen im ersten Beispiel von Abschn. 6.1.1.

2. Zeigen Sie mithilfe der Darstellung von Resten von ganzen Zahlen an der Uhr, dass die Kongruenz $3 \cdot 15 \equiv 9 \ (12)$ gilt.

3. Begründen Sie, dass Sie durch „Zwölfersprünge" auf der Zahlengeraden ausgehend von einer Zahl genau zu allen Zahlen gelangen, die restgleich bei Division durch 12 sind.

4. Zeigen Sie, dass für alle $a, b, c, d \in \mathbb{Z}$ gilt: Aus $a \cdot b = c \cdot d$ und $ggT(b, c) = 1$ folgt $c \mid a$ (vgl. Beweis zu Satz 6.4).

5. Zeigen Sie, dass alle Reste $0, 1, \ldots, 11$ bei Division von ganzen Zahlen durch 12 tatsächlich auftreten.

6. Zeigen Sie, dass die Reste $0, 1, \ldots, 11$, die bei Division von ganzen Zahlen durch 12 entstehen können, paarweise inkongruent *modulo* 12 sind.

7. Begründen Sie die Aussagen von Bemerkung 2. nach Definition 6.2.

8. Untersuchen Sie die „Diagonalen" der quadratisch angeordneten *Verknüpfungstafel für die Endstellenaddition im Dezimalsystem* und die zu den „Diagonalen" parallelen

Geraden. Was fällt Ihnen auf? Wie können Sie Ihre Beobachtung begründen? Suchen Sie weitere Muster in der Verknüpfungstafel und versuchen Sie diese zu begründen.

9. Eine Besonderheit der *Verknüpfungstafel für die Endstellenmultiplikation im Dezimalsystem* ist eine gewisse Symmetrie: Wenn man die Spalte und die Zeile für die Null streicht, bleibt eine quadratische 9 × 9-Verknüpfungstafel übrig, deren Einträge symmetrisch bezüglich der beiden Diagonalen sind. Wie können Sie dies allgemein begründen, ohne alle Einträge einzeln auszurechnen?

10. Geben Sie für $m = 2, 3, 4, 5$ und 6 jeweils die Verknüpfungstafeln für die Restklassenaddition und die Restklassenmultiplikation an. Untersuchen Sie die Verknüpfungstafeln auf Besonderheiten und versuchen Sie, diese ggf. zu begründen.

11. Für welche der fünf Module $m = 2, 3, 4, 5$ und 6 haben alle Gleichungen der Form $\overline{a} \oplus \overline{x} = \overline{b}$ mit $\overline{a}, \overline{b} \in R_m$ eine Lösung $\overline{x} \in R_m$? Begründen Sie Ihre Antwort.

12. Für welche der fünf Module $m = 2, 3, 4, 5$ und 6 haben alle Gleichungen der Form $\overline{a} \odot \overline{x} = \overline{b}$ mit $\overline{a}, \overline{b} \in R_m$ und $\overline{a} \neq \overline{0}$ eine Lösung $\overline{x} \in R_m$? Begründen Sie Ihre Antwort.

13. Zeigen Sie, dass die in Definition 6.3 erklärte Restklassenmultiplikation auf R_m für alle $m \in \mathbb{N}$ wohldefiniert ist.

14. Beweisen Sie die Kommutativgesetze und die Assoziativgesetze der Restklassenaddition bzw. -multiplikation in R_m.

15. Für welche Paare $a, b \in \mathbb{N}$ sind Gleichungen der Form $a \cdot x = b$ lösbar?

16. Für welche Paare $a, b \in \mathbb{N}$ sind Gleichungen der Form $a + x = b$ lösbar?

17. Begründen Sie, warum in der *Verknüpfungstafel für die Restklassenaddition* allgemein für den Modul $m \in \mathbb{N}$ in jeder Zeile und in jeder Spalte alle Elemente von R_m genau einmal auftreten.

18. Bestimmen Sie für die folgenden Restklassengleichungen jeweils die Lösung $\overline{x} \in R_m$:
    a) $(m = 12)\ \overline{9} + \overline{x} = \overline{4}$
    b) $(m = 37)\ \overline{12} + \overline{x} = \overline{29}$
    c) $(m = 98)\ \overline{71} + \overline{x} = \overline{12}$

19. Vollziehen Sie den Beweis von Satz 6.8 für einige konkrete, selbst gewählte Beispiele nach. Wählen Sie dafür unterschiedliche natürliche Zahlen für den Modul m und Zahlenpaare a und b als Repräsentanten für $\overline{a}$ und $\overline{b}$.

20. Zeigen Sie, dass die Restklassen $\overline{-a} \in R_m$ und $\overline{a} \in R_m$ im Allgemeinen nicht gleich sind, sondern nur für besondere Paare $a \in \mathbb{Z}$ und $m \in \mathbb{N}$. Geben Sie drei verschiedene (besondere) Paare an, für die in R_m die Gleichung $\overline{-a} = \overline{a}$ gilt.

21. In Beispiel 1 in Abschn. 6.2.4 wurde die Restklassengleichung $\overline{5} \odot \overline{x} = \overline{3}$ in R_9 schrittweise in die diophantische Gleichung $9 \cdot y + 5 \cdot x = 3$ übersetzt. Lösen Sie die diophantische Gleichung und geben Sie anschließend eine Lösung für die Restklassengleichung an.

22. In Beispiel 2 in Abschn. 6.2.4 wurde die diophantische Gleichung $10 \cdot x + 4 \cdot y = 8$ schrittweise in die Restklassengleichung $\overline{0} = \overline{2} \odot \overline{x}$ in R_4 übersetzt. Bestimmen Sie

Lösungen für die Restklassengleichung und geben Sie anschließend Lösungen für die diophantische Gleichung an.

23. Zeigen Sie durch schrittweises Übersetzen, dass die Restklassengleichung $\overline{a} \odot \overline{x} = \overline{1}$ in R_m gleichbedeutend ist mit der diophantischen Gleichung $a \cdot x + m \cdot y = 1$.

24. Wir haben für die Restklassenmengen R_m mit $m \in \mathbb{N}$ eine wohldefinierte Restklassenaddition und eine wohldefinierte Restklassenmultiplikation in Anlehnung an bzw. unter Rückgriff auf die Addition und Multiplikation von ganzen Zahlen festlegen können. Im Zusammenhang mit Zahlen haben wir darüber hinaus die Anordnung auf der Zahlengeraden betrachtet, die z. B. für die ganzen Zahlen mit der identitiven Ordnungsrelation $\leq$ präzisiert wird. Versuchen Sie, eine vergleichbare Ordnungsrelation für die Restklassenmengen R_m mit $m \in \mathbb{N}$ zu definieren. Welche Schwierigkeiten treten auf, wenn man die Ordnungsrelation zusammen mit der Restklassenaddition betrachten möchte?

25. Beweisen Sie Satz 6.15.

26. Beweisen Sie die Teilaussage 1. von Satz 6.11.

27. Untersuchen Sie alle schulüblichen Zahlbereiche ($\mathbb{N}, \mathbb{Z}, \mathbb{Q}^+, \mathbb{Q}, \mathbb{R}$) jeweils bezüglich der Addition und bezüglich der Multiplikation darauf, ob sie eine Gruppe bilden. Bei der Multiplikation kann es erforderlich sein, die Null aus der Menge auszuschließen.

28. Betrachten Sie noch einmal den Beweis von Satz 6.17 und begründen Sie die Richtigkeit der Äquivalenzumformungen schrittweise.

29. Weisen Sie nach, dass 5 tatsächlich eine Wilson-Primzahl ist.

30. Bestimmen Sie die kleinste natürliche Zahl n mit folgender Eigenschaft:
n lässt bei Division durch 5 den Rest 2, bei Division durch 7 den Rest 4 sowie bei Division durch 9 den Rest 5. Bestimmen Sie je eine negative und eine weitere positive ganze Zahl n mit den geforderten Eigenschaften.

31. Lösen Sie folgendes System linearer Kongruenzen und bestimmen Sie seine Lösungsmenge:
$x \equiv 2 \ (mod \ 3), \ x \equiv 3 \ (mod \ 4), \ x \equiv 1 \ (mod \ 5), \ x \equiv 4 \ (mod \ 7)$

32. Lösen Sie ein selbst gewähltes System von fünf linearen Kongruenzen völlig analog zum Beweis von Satz 6.22 und verdeutlichen Sie so den Beweisgang dieses Satzes.

Wir beschreiten in diesem Kapitel bei der Ableitung der Teilbarkeitsregeln einen klar strukturierten, sehr einprägsamen und leichten Weg, der von der üblichen Vorgehensweise deutlich abweicht und *viele Vorzüge* aufweist. Wir gehen hierzu von der **Restgleichheit (Kongruenz)** gegebener Zahlen aus (vgl. Abschn. 2.5). Auf dieser Grundlage können wir sämtliche Teilbarkeitsregeln im dezimalen wie auch in beliebigen nichtdezimalen Stellenwertsystemen aus **einer einheitlichen Grundidee** ableiten, nämlich aus der Idee, die Basispotenzen des gegebenen Stellenwertsystems durch *möglichst kleine*, zu dem jeweiligen Teiler *restgleiche* Zahlen zu ersetzen. Genauer reicht sogar schon in vielen Fällen die Untersuchung *dreier* besonders leichter *Spezialfälle* aus. Bei dem **üblichen Weg** leitet man dagegen zunächst Teilbarkeitsregeln für die Zweier- und Fünferpotenzen ab, dann auf eine *andere* Art und Weise für die Zahlen 3 und 9, anschließend mittels eines *neuen* Ansatzes – etwa über die „Märchenzahl" 1001 – für 11 sowie eventuell für 7 und 13, schließlich noch mittels *wiederum neuer* Überlegungen gegebenenfalls für ausgewählte Teiler in nichtdezimalen Stellenwertsystemen.

Wir beginnen dieses siebte Kapitel mit einigen Bemerkungen zur Darstellung der natürlichen Zahlen in **Stellenwertsystemen** mit verschiedenen Basen (*erster* Abschnitt). Im *zweiten* Abschnitt folgt ein *kurzer Rückblick* auf die Definition sowie auf – zur Ableitung der Teilbarkeitsregeln – zentrale Eigenschaften der **Restgleichheitsrelation/Kongruenzrelation** (vgl. Abschn. 2.5). Auf dieser Grundlage können wir dann Teilbarkeitsregeln *besonders* leicht ableiten, wenn speziell die Basis des betrachteten Stellenwertsystems (oder aber ihre zweite oder dritte Potenz) restgleich ist zur *Null*. In diesem Fall können wir die Frage der Teilbarkeit einer gegebenen Zahl allein schon an ihrer Endstelle (bzw. ihren letzten zwei oder drei Endstellen) entscheiden (**Endstellenregeln**; *dritter* Abschnitt). Ist die Basis (oder ihre zweite oder dritte Potenz) restgleich zur *Eins*, so können wir ebenfalls relativ leicht Teilbarkeitsregeln ableiten. Wir müssen in diesem Fall Quersummen untersuchen und gewinnen so die **Quersummenregeln** im dezimalen wie auch in nichtdezimalen Stellenwertsystemen (*vierter* Abschnitt). Ein dritter leichter Sonderfall liegt vor, wenn die Basis (oder ihre zweite oder dritte Potenz) restgleich zur -1 ist. Bei der Bildung der

Quersummen müssen wir jetzt abwechselnd (alternierend) addieren und subtrahieren und gewinnen so **alternierende Quersummenregeln** (*fünfter* Abschnitt). Wir beenden dieses Kapitel im *sechsten* Abschnitt mit einer zusammenfassenden Darstellung von **Vorteilen** dieses Zugangsweges über die Restgleichheit gegenüber anderen Wegen.

7.1 Stellenwertsysteme – einige Bemerkungen

7.1.1 Dezimales Stellenwertsystem

Unsere heutige Zahlschrift ist das Endergebnis einer sehr langen, jahrtausendealten Entwicklung. Sie ist für uns, die wir sie beherrschen, äußerst prägnant und effizient. Sie gestattet es, dass heute schon praktisch alle Grundschüler Summen, Differenzen, Produkte und Quotienten selbst großer Zahlen ausrechnen können, also Kalküle beherrschen, die bis vor rund 500 Jahren nur wenige Rechenmeister beherrschten. Der Grund für diesen gewaltigen Fortschritt: der Übergang von der bis dahin (in Europa) vorherrschenden römischen Zahlschrift[1] zum heutigen **dezimalen Stellenwertsystem**[2]. Dessen Effizienz und geniale Einfachheit dürfen allerdings nicht zu einer Unterschätzung des Schwierigkeitsgrades dieses abstrakten mathematischen Symbolsystems bei der Einführung im Unterricht führen. Diese Eleganz und Effizienz im Vergleich zur römischen Zahlschrift werden nämlich erkauft durch einen deutlichen Verlust an Anschaulichkeit und durch eine starke Steigerung der Abstraktion.

So ist beispielsweise 2222 eine Kurzschreibweise für $2 \cdot 10^3 + 2 \cdot 10^2 + 2 \cdot 10^1 + 2 \cdot 10^0$. *Ein* Charakteristikum unserer Zahlschrift ist also das Bündeln nach **Zehnerpotenzen**, nämlich nach Einern, Zehnern, Hundertern, Tausendern usw., daher die Bezeichnung *dezimales* Stellenwertsystem (oder kurz Dezimalsystem). Ein *anderes* Charakteristikum unserer Zahlschrift ist die **Stellenwertschreibweise**. So hat ein und dieselbe Ziffer je nach Stellung im Zahlwort einen unterschiedlichen Wert. So bedeutet die Ziffer 2 in 2222 an der ersten Stelle von rechts 2 Einer, also zwei, an der zweiten Stelle 2 Zehner, also zwanzig, an der dritten Stelle 2 Hunderter, also zweihundert, und an der vierten Stelle von rechts 2 Tausender, also zweitausend. Jede Ziffer in unserer Zahlschrift übermittelt uns also zugleich **zwei Informationen**:

1. Der *Stellung einer Ziffer* innerhalb eines Zahlwortes können wir die zugehörige Bündelungseinheit entnehmen. So stehen beispielsweise an der ersten Stelle von rechts die Einer oder an der dritten Stelle von rechts die Hunderter (**Stellenwert** der Ziffer).
2. Die *Ziffer selbst* gibt uns die Anzahl der betreffenden Bündelungseinheiten an (**Zahlenwert** der Ziffer).

Daher müssen bei der Ziffernschreibweise nicht besetzte Stellen durch *Nullen* gekennzeichnet werden.

---

[1] Vgl. Padberg/Büchter [23], S. 27 f.

[2] Für eine gründliche Darstellung vgl. Padberg/Büchter [23], S. 29 ff.

7.1.2 Nichtdezimale Stellenwertsysteme

Statt die natürlichen Zahlen nach *Zehner*potenzen gebündelt zu notieren, können wir sie auch gebündelt nach Potenzen *jeder anderen* natürlichen Zahl größer als eins aufschreiben. Nur die Zahl 1 ist offensichtlich nicht brauchbar (Aufgabe 1). Als Beispiel betrachten wir die Darstellung von 46 mithilfe der *Dreier*potenzen $27 = 3^3, 9 = 3^2, 3 = 3^1$ und $1 = 3^0$:

$$46 = 1 \cdot 27 + 2 \cdot 9 + 0 \cdot 3 + 1 \cdot 1$$
$$= 1 \cdot 3^3 + 2 \cdot 3^2 + 0 \cdot 3 + 1 \cdot 3^0$$

Wir beginnen beim Bündeln mit der *höchsten* Dreierpotenz und arbeiten uns schrittweise bis zu den Einern vor. Sind Stellen – wie hier bei den Dreiern – *nicht* besetzt, kennzeichnen wir diese durch 0. Völlig analog zum dezimalen Stellenwertsystem können wir auch hier bei der Notation des Zahlwortes die Dreierpotenzen sowie die Summenzeichen fortlassen. Durch einen Index $\boxed{3}$ kennzeichnen wir, dass wir hier 46 mithilfe von *Dreier*potenzen notiert haben, und erhalten $46 = 1201_{\boxed{3}}$. Wir bezeichnen die Bündelungseinheit drei als **Basis** und lesen $1201_{\boxed{3}}$ als „eins-zwei-null-eins in der Basis drei". Ziffernfolgen *ohne* Index bezeichnen Zahlwörter im dezimalen Stellenwertsystem, also in der Basis 10.

7.1.3 Notation einer Zahl in verschiedenen Basen

Zur weiteren Verdeutlichung der Stellenwertschreibweise in *unterschiedlichen* Basen notieren wir im Folgenden die Zahl 50 in den Basen zwei bis zwölf:

$$50 = 1 \cdot 32 + 1 \cdot 16 + 0 \cdot 8 + 0 \cdot 4 + 1 \cdot 2 + 0 \cdot 1$$
$$= 1 \cdot 2^5 + 1 \cdot 2^4 + 0 \cdot 2^3 + 0 \cdot 2^2 + 1 \cdot 2 + 0 \cdot 2^0 = 110010_{\boxed{2}}$$
$$50 = 1 \cdot 27 + 2 \cdot 9 + 1 \cdot 3 + 2 \cdot 1$$
$$= 1 \cdot 3^3 + 2 \cdot 3^2 + 1 \cdot 3 + 2 \cdot 3^0 \qquad\qquad = 1212_{\boxed{3}}$$
$$50 = 3 \cdot 16 + 0 \cdot 4 + 2 \cdot 1 = 3 \cdot 4^2 + 0 \cdot 4 + 2 \cdot 4^0 = 302_{\boxed{4}}$$
$$50 = 2 \cdot 25 + 0 \cdot 5 + 0 \cdot 1 = 2 \cdot 5^2 + 0 \cdot 5 + 0 \cdot 5^0 = 200_{\boxed{5}}$$
$$50 = 1 \cdot 36 + 2 \cdot 6 + 2 \cdot 1 = 1 \cdot 6^2 + 2 \cdot 6 + 2 \cdot 6^0 = 122_{\boxed{6}}$$
$$50 = 1 \cdot 49 + 0 \cdot 7 + 1 \cdot 1 = 1 \cdot 7^2 + 0 \cdot 7 + 1 \cdot 7^0 = 101_{\boxed{7}}$$
$$50 = 6 \cdot 8 + 2 \cdot 1 \qquad\quad = 6 \cdot 8 + 2 \cdot 8^0 \qquad\quad = 62_{\boxed{8}}$$
$$50 = 5 \cdot 9 + 5 \cdot 1 \qquad\quad = 5 \cdot 9 + 5 \cdot 9^0 \qquad\quad = 55_{\boxed{9}}$$
$$50 = 5 \cdot 10 + 0 \cdot 1 \qquad\; = 5 \cdot 10 + 0 \cdot 10^0 \qquad = 50$$
$$50 = 4 \cdot 11 + 6 \cdot 1 \qquad\; = 4 \cdot 11 + 6 \cdot 11^0 \qquad = 46_{\boxed{11}}$$
$$50 = 4 \cdot 12 + 2 \cdot 1 \qquad\; = 4 \cdot 12 + 2 \cdot 12^0 \qquad = 42_{\boxed{12}}$$

Statt durch wiederholtes und schrittweises Bündeln nach der jeweils höchsten Basispotenz können wir die Zahldarstellung in beliebigen Basen $b > 1$ auch wesentlich eleganter durch eine wiederholte Anwendung des Satzes von der Division mit Rest erhalten. Wir gehen auf diesen Weg hier nicht explizit ein[3] (vgl. jedoch den Beweis von Satz 7.1).

7.1.4 Anforderungen an eine Basis

An den vorstehenden Beispielen erkennen wir deutlich, dass die **Anzahl der Ziffern** in den verschiedenen Basen sehr unterschiedlich ist. So kommen wir in der Basis 2 mit den Ziffern 0 und 1, in der Basis 5 mit den Ziffern 0, 1, 2, 3 und 4 aus, während wir in der Basis 10 die zehn Ziffern 0, 1, 2, 3, 4, 5, 6, 7, 8 und 9 benötigen. Ist die Basis $b < 10$, so kommen wir also mit den b Ziffern $0, 1, 2, \ldots, b-1$ aus, die Ziffern $b, b+1, \ldots, 9$ sind überflüssig, während wir in Basen $b > 10$ aus Gründen der Eindeutigkeit neben den Ziffern 0 bis 9 weitere Ziffern bis $b-1$ einführen müssen (Aufgabe 4).

Die Darstellung von 50 in verschiedenen Basen demonstriert zugleich, dass es viele verschiedene Möglichkeiten der Zahldarstellung gibt. Dass man aus dieser Fülle gerade die Basis $b = 10$ fast überall auf der Welt ausgewählt hat, hängt eng damit zusammen, dass der Mensch zehn Finger besitzt, die man schon immer zum Zählen zu Hilfe genommen hat. Dabei ist die Basis $b = 10$ keineswegs die beste und zweckmäßigste, wie man vielleicht glauben könnte.

Eine geeignete Basis sollte nämlich mindestens zwei Forderungen erfüllen:

1. Die **Anzahl der Ziffern** und die **Länge der Zahlworte** sollen möglichst klein sein. Da jedoch eine Verkleinerung der Anzahl der Ziffern, d. h. der Basis, gleichzeitig eine Verlängerung der Zahlworte zur Folge hat (man vergleiche die Zahlworte für 50 in den Basen 2 bis 12!), muss man einen Kompromiss schließen.
2. Die Basis soll **möglichst viele Teiler** aufweisen, damit bei Teilbarkeitsuntersuchungen möglichst oft die einfachen *Endstellenregeln* eingesetzt werden können (vgl. Abschn. 7.3) und damit die Dezimalbruchentwicklung gemeiner Brüche möglichst oft *endlich* ist (vgl. Abschn. 8.3). So besitzt 10 nur die *beiden* nichttrivialen Teiler 2 und 5, dagegen 12 die *vier* nichttrivialen Teiler 2, 3, 4 und 6. Unter diesem Gesichtspunkt ist die Basis 10 *nicht* die beste Wahl, wäre vielmehr 12 als Basis deutlich vorzuziehen, zumal sie als Zahl mittlerer Größe auch die Forderung 1 erfüllt.

7.1.5 Mögliche Basen von Stellenwertsystemen

Durch die exemplarische Darstellung von 50 in den Basen zwei bis zwölf erscheint es uns plausibel, dass **jede natürliche Zahl** $b > 1$ als Basis von Stellenwertsystemen in-

---

[3] Vgl. F. Padberg/A. Büchter [23], S. 37 ff.

frage kommt. Für einen wirklichen Nachweis müssen wir jedoch zeigen, dass wir *jede* natürliche Zahl a ebenso eindeutig als Summe von Potenzen von b schreiben können, wie wir jede natürliche Zahl a im dezimalen Stellenwertsystem eindeutig als Summe von Zehnerpotenzen schreiben können. Wir beweisen:

Satz 7.1
Jede Zahl $a \in \mathbb{N}$ lässt sich für jedes $b \in \mathbb{N} \setminus \{1\}$ eindeutig in der Form $a = k_n \cdot b^n + k_{n-1} \cdot b^{n-1} + \ldots + k_1 \cdot b + k_0$ mit $k_i \in \mathbb{N}_0, k_n > 0$ und $0 \leq k_i < b$ für $i = 0, 1, \ldots, n$ darstellen.

Bemerkungen

(1) Die Forderung $0 \leq k_i < b$ bewirkt, dass wir bei der Basis b mit den b Ziffern $0, 1, \ldots, b - 1$ auskommen, so wie wir bei der Basis $b = 10$ mit den zehn Ziffern $0, 1, 2, \ldots, 8, 9$ auskommen.

(2) Die Darstellung ist nur dann eindeutig bestimmt, wenn wir $k_n > 0, 0 \leq k_i < b$ und $b \in \mathbb{N} \setminus \{1\}$ fordern. Ist eine dieser Forderungen nicht erfüllt, so ist die Darstellung *nicht* eindeutig, wie folgende Beispiele zeigen:

$$5 = 5 \cdot 10^0 = 0 \cdot 10^1 + 5 \cdot 10^0 = 0 \cdot 10^2 + 0 \cdot 10^1 + 5 \cdot 10^0 = \ldots$$
$$55 = 5 \cdot 10^1 + 5 \cdot 10^0 = 4 \cdot 10^1 + 15 \cdot 10^0 = 3 \cdot 10^1 + 25 \cdot 10^0 = \ldots$$
$$5 = 4 \cdot 1^2 + 0 \cdot 1^1 + 1 \cdot 1^0 = 3 \cdot 1^2 + 2 \cdot 1^1 + 0 \cdot 1^0 = 1 \cdot 1^1 + 4 \cdot 1^0 = \ldots$$

Beweis
Wegen des Satzes von der Division mit Rest (Satz 2.8) können wir jede natürliche Zahl a durch b dividieren und erhalten eindeutig $a = q_0 \cdot b + k_0$ mit $0 \leq k_0 < b$ und $q_0 \in \mathbb{N}_0$. Statt r schreiben wir hier k, da wir durch die fortgesetzte Division die *Koeffizienten* $k_0, k_1, \ldots, k_n$ erhalten. Wir dividieren analog q_0 durch b und erhalten so ebenfalls wiederum eindeutig:

$$q_0 = q_1 \cdot b + k_1 \quad 0 \leq k_1 < b$$

Wir setzen die Division entsprechend fort und erhalten jeweils eindeutig:

$$q_1 = q_2 \cdot b + k_2 \quad 0 \leq k_2 < b$$
$$q_2 = q_3 \cdot b + k_3 \quad 0 \leq k_3 < b$$

Wegen $b > 1$ und $k_i \geq 0$ $(i = 0, 1, \ldots)$ gilt:

$$a > q_0, \quad q_0 > q_1, \quad q_1 > q_2, \quad q_2 > q_3 \quad \text{usw., also}$$
$$a > q_0 > q_1 > q_2 > q_3 > q_4 \quad \text{usw.}$$

Da die $q_i (i = 0, 1, 2, \ldots)$ folglich eine streng monoton fallende Folge nichtnegativer Zahlen bilden, muss die Folge q_i nach spätestens a Schritten abbrechen, d. h., es muss ein n geben, so dass $q_n = 0$ gilt:

$$q_{n-1} = 0 \cdot b + k_n \quad 0 \leq k_n < b$$

Wir erhalten, indem wir die vorstehenden Gleichungen sukzessive in die erste Gleichung einsetzen, eindeutig:

$$
\begin{aligned}
a &= k_0 + q_0 \cdot b \\
&= k_0 + (q_1 \cdot b + k_1) \cdot b = k_0 + k_1 \cdot b + q_1 \cdot b^2 \\
&= k_0 + k_1 \cdot b + (q_2 \cdot b + k_2) \cdot b^2 = k_0 + k_1 \cdot b + k_2 \cdot b^2 + q_2 \cdot b^3 \\
&= k_0 + k_1 \cdot b + k_2 \cdot b^2 + (q_3 \cdot b + k_3) \cdot b^3 \\
&= k_0 + k_1 \cdot b + k_2 \cdot b^2 + k_3 \cdot b^3 + q_3 \cdot b^4 \\
&\;\;\vdots \\
&= k_0 + k_1 \cdot b + k_2 \cdot b^2 + k_3 \cdot b^3 + \ldots + k_{n-1} \cdot b^{n-1} + k_n \cdot b^n \\
&= k_n \cdot b^n + k_{n-1} \cdot b^{n-1} + \ldots + k_2 \cdot b^2 + k_1 \cdot b + k_0
\end{aligned}
$$

und somit die jeweils eindeutige Darstellung von a durch Potenzen von $b > 1$. $\qquad\square$

Wir können **nicht nur die Zahlschreibweise** völlig analog in nichtdezimalen Stellenwertsystemen einführen, wie wir es vom dezimalen Stellenwertsystem her gewohnt sind, sondern auch die **schriftlichen Rechenverfahren** für die *vier Grundrechenarten*. Wir gehen hierauf an dieser Stelle nicht genauer ein.[4]

Die Thematisierung nichtdezimaler Stellenwertsysteme ist aus vielen Gründen vorteilhaft:

- Die Einsicht in die beiden Hauptprinzipien des dezimalen Stellenwertsystems (Bündelung und Stellenwert) kann durch die Behandlung von Stellenwertsystemen mit verschiedenen Basen verbessert werden.
- Die Unterscheidung zwischen Zahl und Zahlwort kann bei der Behandlung verschiedener Basen ganz natürlich gefördert werden.
- Bei der Thematisierung nichtdezimaler Stellenwertsysteme kann leicht einsichtig gemacht werden, warum Computer gerade mit der Basis 2 (bzw. höheren Potenzen von 2) arbeiten (Einfachheit der technischen Realisierung der nur zwei erforderlichen Ziffern; Einfachheit des zugehörigen kleinen Einspluseins und Einmaleins).
- Die Behandlung nichtdezimaler Stellenwertsysteme ermöglicht tiefer gehende Fragestellungen bei der Behandlung der Teilbarkeitsregeln (vgl. Abschn. 7.3 bis 7.6) sowie der Dezimalbrüche/Systembrüche (vgl. Abschn. 8.3 bis 8.5).

---

[4] Vgl. Padberg/Büchter [23], S. 43 ff.

7.2 Ausgewählte Eigenschaften der Kongruenzrelation

Vor ihrer vertieften Betrachtung in Kap. 6 haben wir die Kongruenzrelation schon in Abschn. 2.5 als Restgleichheitsrelation eingeführt (Definition 2.3) und hierbei bereits die Schreibweise „$a \equiv b \ (m)$" sowie die Sprechweisen „a ist kongruent b bei Division durch m" benutzt. Die Relation haben wir schon dort *Kongruenz* genannt. Wir haben die starke Ähnlichkeit der Zeichen für Gleichheit und Restgleichheit damit begründet, dass zwischen beiden Relationen ein enger Zusammenhang besteht. Bereits in Abschn. 2.5 haben wir einfach zugängliche Regeln für Kongruenzen bewiesen: Genau wie Gleichungen dürfen wir Kongruenzen

- seitenweise addieren (Satz 2.9) und
- seitenweise multiplizieren (Satz 2.10).

Den folgenden Spezialfall von Satz 2.10 werden wir bei der Ableitung der Teilbarkeitsregeln häufig anwenden. Daher formulieren wir ihn hier nochmals extra. Wir dürfen speziell auch Kongruenzen

- mit einer festen natürlichen Zahl multiplizieren (Satz 2.11).

Diese drei einfachen Sätze reichen aus, um im Folgenden sämtliche Teilbarkeitsregeln im dezimalen und in nichtdezimalen Stellenwertsystemen abzuleiten – auf die weitergehenden Resultate aus Kap. 6 müssen wir hier also nicht zurückgreifen. Zur Vereinfachung der Schreibweise bei den folgenden Beweisen nennen wir Satz 2.9 kurz **Satz 1**, Satz 2.10 kurz **Satz 2** und Satz 2.11 kurz **Satz 3**.

7.3 Endstellenregeln

Unser Ansatz zur Ableitung von Teilbarkeitsregeln beruht, wie schon erwähnt, auf folgender **Kernidee**: Wir ersetzen jeweils die auf Teilbarkeit durch einen Teiler t zu untersuchende Zahl durch eine **möglichst kleine, restgleiche** Zahl. Ein besonders einfacher Fall liegt vor, wenn die zu untersuchende Zahl restgleich ist zu der durch ihre Endziffer bzw. ihre beiden letzten (drei letzten) Endziffern beschriebenen Zahl. Da diese Zahl im Allgemeinen wesentlich kleiner ist als die Ausgangszahl, ist die Frage der Teilbarkeit durch einen Teiler t so deutlich leichter zu entscheiden. Man spricht in diesem Fall von **Endstellenregeln**.

Wir betrachten im Folgenden zunächst Teilbarkeitsregeln im *dezimalen* Stellenwertsystem, jeweils anschließend aber auch Teilbarkeitsregeln in *nichtdezimalen* Stellenwertsystemen. Wir können so zu der wichtigen Einsicht gelangen, dass die **Teilbarkeit** zweier gegebener Zahlen nur von den betreffenden Zahlen, nicht aber von ihrer je nach Basis des Stellenwertsystems unterschiedlichen Schreibweise abhängt, während die **Teilbarkeits-**

regeln für einen festen Teiler t und eine feste Zahl a je nach der Basis des betreffenden Stellenwertsystems durchaus sehr unterschiedlich sein können.

7.3.1 Dezimales Stellenwertsystem

Die Zahl $53\,478$ ist im dezimalen Stellenwertsystem eine Kurzschreibweise für $5 \cdot 10^4 + 3 \cdot 10^3 + 4 \cdot 10^2 + 7 \cdot 10 + 8 \cdot 10^0$, entsprechend ist allgemein die Zahl $z_n z_{n-1} \ldots z_1 z_0$ eine Kurzschreibweise für $z_n \cdot 10^n + z_{n-1} \cdot 10^{n-1} + \ldots + z_1 \cdot 10 + z_0 \cdot 10^0$ mit $0 \le z_i \le 9$ für $i = 0, 1, \ldots, n$ und $z_n \ne 0$. Mithilfe des Summationszeichens $\sum$ lässt sich obige Summe kürzer schreiben in der Form

$$\sum_{i=0}^{n} z_i \cdot 10^i$$

(gelesen: Summe aller $z_i \cdot 10^i$ von $i = 0$ bis n). Das Summationszeichen

$$\sum_{i=0}^{n} z_i \cdot 10^i$$

vermittelt uns die beiden Informationen, dass zunächst in $z_i \cdot 10^i$ für i der Reihe nach $0, 1, 2 \ldots, n$ eingesetzt werden muss und sodann diese $n+1$ Teilprodukte $z_0 \cdot 10^0, z_1 \cdot 10^1,$ $z_2 \cdot 10^2, \ldots, z_n \cdot 10^n$ addiert werden müssen.

Zentrale Beweisidee für t = 2
Zentrale Idee bei der Ableitung einer **Teilbarkeitsregel für 2** ist die Aussage: Aus **$10 \equiv 0$ (2) folgt $10^i \equiv 0$ (2)** für alle $i \in \mathbb{N}$, also insbesondere auch für $i = 1, 2, \ldots, n$.

Begründung
Zunächst gilt offensichtlich $10 \equiv 0$ (2). Durch wiederholte Anwendung von Satz 3 und durch jeweiliges Multiplizieren der vorhergehenden Kongruenz mit 10 erhalten wir:

$$10 \equiv 0 \ (2) \ \overset{\text{Satz 3}}{\underset{\cdot 10}{\Longrightarrow}} \ 10^2 \equiv 0 \ (2) \ \overset{\text{Satz 3}}{\underset{\cdot 10}{\Longrightarrow}} \ 10^3 \equiv 0 \ (2) \ \overset{\text{Satz 3}}{\underset{\cdot 10}{\Longrightarrow}} \ \ldots \ \overset{\text{Satz 3}}{\underset{\cdot 10}{\Longrightarrow}} \ 10^n \equiv 0 \ (2)$$

Also gilt $10^i \equiv 0$ (2) für $i = 1, 2, \ldots, n$. Für $i = 0$ gilt dagegen diese Kongruenz nicht, denn $1 \not\equiv 0$ (2).

Konsequenz
Multiplizieren wir die n Kongruenzen

$$10^i \equiv 0 \ (2) \quad \text{für} \quad i = 1, 2 \ldots, n$$

jeweils mit der zugehörigen Ziffer z_i, so erhalten wir wegen Satz 3

$$z_i \cdot 10^i \equiv 0 \ (2) \quad \text{für} \quad i = 1, 2, \ldots, n.$$

Da ferner trivialerweise

$$z_0 \equiv z_0 \ (2)$$

gilt, erhalten wir durch schrittweise seitenweise Addition (Satz 1) dieser $n + 1$ Kongruenzen

$$\sum_{i=0}^{n} z_i \cdot 10^i \equiv z_0 \ (2).$$

Also gilt: *Jede* natürliche Zahl a und ihre Endziffer[5] z_0 lassen bei Division durch 2 stets *denselben Rest.* Also lässt auch a bei Division durch 2 genau dann den *Rest null*, wenn die Endziffer z_0 bei Division durch 2 den Rest null lässt.

Also gilt $2 \mid a$ genau dann, wenn $2 \mid z_0$ (z_0: Endziffer von a).

Wir haben hiermit bewiesen:

Satz 7.2 (Teilbarkeitsregel für 2)
Eine natürliche Zahl a, dargestellt im dezimalen Stellenwertsystem, ist genau dann durch 2 teilbar, wenn ihre Endziffer durch 2 teilbar ist (d. h. wenn die Endziffer gerade ist).

Beispiele
$2 \mid 46578$; denn $2 \mid 8$.
$2 \nmid 4327$; denn $2 \nmid 7$. ∎

Verallgemeinerung
Der bei obiger Teilbarkeitsregel für 2 benutzte Ansatz funktioniert offenbar genauso für alle Teiler t, für die $\mathbf{10 \equiv 0 \ (t)}$ gilt. Dies sind *sämtliche* Teiler von 10, also neben 2 die Zahlen (1), 5 und 10. Wir führen hier den uninteressanten Teiler 1 nur der Vollständigkeit halber auf – darum die Klammern um die 1. Wir können also mit demselben Ansatz – wir müssen nur jeweils 2 gegen 5 bzw. 10 austauschen – auch **Teilbarkeitsregeln für 5 und 10** ableiten (vgl. Aufgabe 6).

Während wir Teilbarkeitsregeln für 2, 5 und 10 mithilfe dieses einheitlichen Ansatzes gewinnen können, funktioniert dies beispielsweise nicht mehr für 4, denn $10 \not\equiv 0 \ (4)$. Es gilt jedoch $10^2 \equiv 0 \ (4)$.

---

[5] Da keine Missverständnisse zu befürchten sind, sprechen wir hier *nicht* von der durch die Endziffer z_0 dargestellten Zahl. Dies wäre korrekter, jedoch umständlicher.

Zentrale Beweisidee für t = 4

Wir können als zentrale Idee für die Ableitung einer **Teilbarkeitsregel für 4** folgende Aussage beweisen:

Aus $10^2 \equiv 0\ (4)$ **folgt** $10^i \equiv 0\ (4)$ für alle $i \geq 2$, also insbesondere auch für $i = 2, 3, 4, \ldots, n$.

Begründung

Durch wiederholte Anwendung von Satz 3 beim Multiplizieren jeweils mit 10 erhalten wir:

$$10^2 \equiv 0\ (4) \quad \overset{\text{Satz 3}}{\underset{\cdot 10}{\Longrightarrow}} \quad 10^3 \equiv 0\ (4) \quad \overset{\text{Satz 3}}{\underset{\cdot 10}{\Longrightarrow}} \quad 10^4 \equiv 0\ (4) \quad \overset{\text{Satz 3}}{\underset{\cdot 10}{\Longrightarrow}} \quad \ldots \quad \overset{\text{Satz 3}}{\underset{\cdot 10}{\Longrightarrow}} \quad 10^n \equiv 0\ (4)$$

Also gilt $10^i \equiv 0\ (4)$ für $i = 2, 3, \ldots, n$.

Konsequenz

Multiplizieren der Kongruenzen $10^i \equiv 0\ (4)$ für $i = 2, 3, \ldots, n$ jeweils mit der zugehörigen Ziffer z_i ergibt:

$$(*) \qquad z_i \cdot 10^i \equiv 0\ (4) \quad \text{für} \quad i = 2, 3, \ldots, n$$

Für $i = 0$ und $i = 1$ gilt die Kongruenz $10^i \equiv 0\ (4)$ nicht mehr. Trivialerweise gilt jedoch $z_0 \equiv z_0\ (4)$ und $z_1 \cdot 10 \equiv z_1 \cdot 10\ (4)$.

Durch schrittweise seitenweise Addition der $n - 1$ Kongruenzen bei $(*)$ sowie der zwei Kongruenzen $z_0 \equiv z_0\ (4)$ und $z_1 \cdot 10 \equiv z_1 \cdot 10\ (4)$ erhalten wir:

$$\sum_{i=0}^{n} z_i \cdot 10^i \equiv z_1 \cdot 10 + z_0\ (4)$$

Also gilt: Jede natürliche Zahl a und die aus ihren beiden Endziffern gebildete Zahl $z_1 \cdot 10 + z_0$ lassen bei Division durch 4 stets *denselben Rest*. Also lässt a bei Division durch 4 genau dann den *Rest null*, wenn $z_1 \cdot 10 + z_0$ ebenfalls den Rest null lässt. Daher gilt:

Satz 7.3 (Teilbarkeitsregel für 4)

Eine natürliche Zahl a, dargestellt im dezimalen Stellenwertsystem, ist genau dann durch 4 teilbar, wenn die aus ihren beiden Endziffern gebildete Zahl durch 4 teilbar ist.

Beispiele

$4 \mid 5792$; denn $4 \mid 92$.

$4 \nmid 25\,697$; denn $4 \nmid 97$. ■

Bemerkungen

(1) Durch die Kongruenz $\sum_{i=0}^{n} z_i \cdot 10^i \equiv z_1 \cdot 10 + z_0$ (4) verfügen wir über **mehr Informationen** über die Teilbarkeit natürlicher Zahlen durch 4, als wir in Satz 7.3 ausformuliert haben. So können wir anhand der aus den beiden Endziffern gebildeten Zahl *nicht nur* entscheiden, ob die Ausgangszahl durch 4 teilbar ist, sondern *zusätzlich* im negativen Fall sogar angeben, welchen von null verschiedenen *Rest* die Ausgangszahl bei Division durch 4 lässt.

(2) Wir können die vertraute Teilbarkeitsregel für 4 noch **weiter vereinfachen**. Wegen $10 \equiv 2$ (4) gilt auch $z_1 \cdot 10 \equiv z_1 \cdot 2$ (4) und damit $z_1 \cdot 10 + z_0 \equiv z_1 \cdot 2 + z_0$ (4). Statt also die aus den beiden Endziffern gebildete Zahl auf Teilbarkeit durch 4 zu untersuchen, können wir auch jeweils die deutlich **kleinere Zahl $z_1 \cdot 2 + z_0$** untersuchen. Dem Vorteil, dass die Zahl $z_1 \cdot 2 + z_0$ kleiner ist, steht jedoch der *Nachteil* gegenüber, dass diese Teilbarkeitsregel für 4 schwerer zu behalten ist als die übliche Regel.

Verallgemeinerung

- Der bei der Ableitung der obigen Teilbarkeitsregel für 4 benutzte Ansatz funktioniert so offensichtlich nicht nur speziell bei dem Teiler 4, sondern bei *allen* Teilern t, für die $10^2 \equiv 0$ **(t)** gilt. Dies sind sämtliche Teiler von 100, also neben 4 die Zahlen (1), 2, 5, 10, 20, 25, 50, 100 (vgl. Aufgabe 7).
- Dies bedeutet, dass es beispielsweise für die Teiler 2 und 5 (mindestens zwei) *verschiedene* Teilbarkeitsregeln gibt, wir also nicht einfach von **der** Teilbarkeitsregel für einen gegebenen Teiler sprechen können.

Weitere Verallgemeinerung

Ausgehend von der als Nächstes naheliegenden Kongruenz $10^3 \equiv 0$ **(t)** können wir für *sämtliche* Teiler von 1000, insbesondere also auch für die im Unterricht häufiger erwähnten **Teiler** 8 und 125, Teilbarkeitsregeln ableiten. So können wir leicht zeigen (vgl. Aufgabe 8), dass beispielsweise $z_i \cdot 10^i \equiv 0$ (8) für $i = 3, 4, \ldots, n$ gilt, dass ferner trivialerweise $z_2 \cdot 10^2 + z_1 \cdot 10 + z_0 \equiv z_2 \cdot 10^2 + z_1 \cdot 10 + z_0$ (8) gilt, und damit insgesamt ableiten:

$$\sum_{i=0}^{n} z_i \cdot 10^i \equiv z_2 \cdot 10^2 + z_1 \cdot 10 + z_0 \ (8)$$

Also gilt:

Satz 7.4 (Teilbarkeitsregel für 8)

Eine natürliche Zahl a, dargestellt im dezimalen Stellenwertsystem, ist genau dann durch 8 teilbar, wenn die aus ihren drei Endziffern gebildete Zahl durch 8 teilbar ist.

Beispiele

$8 \mid 47\,240$; denn $8 \mid 240$.

$8 \nmid 5\,368\,411$; denn $8 \nmid 411$. ∎

7.3.2 Nichtdezimale Stellenwertsysteme

Wir betrachten in diesem Abschnitt **exemplarisch die Basis 8** und sprechen in den Aufgaben (vgl. die Aufgaben 9, 10 und 11) *weitere* nichtdezimale Basen an. Die Zahl $3462_{\boxed{8}}$ ist in dem Stellenwertsystem mit der Basis 8 bekanntlich eine Kurzschreibweise für $3 \cdot 8^3 + 4 \cdot 8^2 + 6 \cdot 8 + 2 \cdot 8^0$, die Zahl $z_n z_{n-1} \ldots z_1 z_0{}_{\boxed{8}}$ mit $0 \leq z_i \leq 7$ für $i = 0, 1 \ldots, n$

und $z_n \neq 0$ eine Kurzschreibweise für $z_n \cdot 8^n + z_{n-1} \cdot 8^{n-1} + \ldots + z_1 \cdot 8^1 + z_0 \cdot 8^0 = \sum\limits_{i=0}^{n} z_i \cdot 8^i$.

Wir notieren Zahlen in nichtdezimalen Basen – soweit dies hilfreich ist – durch Rückgriff auf das uns gut vertraute dezimale Stellenwertsystem und damit im Beispiel der Basis 8 als Potenzen von 8. Selbstverständlich können wir auch stets statt der Potenzen von 8 Potenzen von $10_{\boxed{8}}$ notieren und so die formale Analogie zur Basis 10 noch stärker betonen.

Im dezimalen Stellenwertsystem sind wir von der Kongruenz $10 \equiv 0$ (t) ausgegangen. Entsprechend gehen wir im Stellenwertsystem mit der Basis 8 von der Kongruenz

$$8 \equiv 0 \; (t)$$

aus. Diese gilt für alle Teiler von 8, also für (1), 2, 4 und 8.

Zentrale Beweisidee für t = 4 in b = 8

Völlig analog wie im dezimalen Stellenwertsystem zeigen wir beispielsweise für den **Teiler 4 in der Basis 8**:

$$\text{Aus } \mathbf{8 \equiv 0 \; (4)} \; \text{ folgt } \; \mathbf{8^i \equiv 0 \; (4)} \text{ für } i = 1, 2, \ldots, n.$$

Begründung

Durch wiederholte Anwendung von Satz 3 und durch Multiplizieren der Kongruenzen jeweils mit 8 erhalten wir nämlich:

$$8 \equiv 0 \; (4) \quad \overset{\text{Satz 3}}{\underset{\cdot 8}{\Longrightarrow}} \quad 8^2 \equiv 0 \; (4) \quad \overset{\text{Satz 3}}{\underset{\cdot 8}{\Longrightarrow}} \quad 8^3 \equiv 0 \; (4) \quad \overset{\text{Satz 3}}{\underset{\cdot 8}{\Longrightarrow}} \quad \ldots \quad \overset{\text{Satz 3}}{\underset{\cdot 8}{\Longrightarrow}} \quad 8^n \equiv 0 \; (4),$$

also $8^i \equiv 0$ (4) für $i = 1, 2, \ldots, n$.

Konsequenz

Multiplizieren wir die vorstehenden n Kongruenzen jeweils mit der zugehörigen Ziffer z_i, so erhalten wir:

$$z_i \cdot 8^i \equiv 0 \; (4) \quad \text{für} \quad i = 1, 2, \ldots, n$$

Da trivialerweise

$$z_0 \equiv z_0 \ (4)$$

gilt, erhalten wir durch schrittweise seitenweise Addition dieser insgesamt $n + 1$ Kongruenzen

$$\sum_{i=0}^{n} z_i \cdot 8^i \equiv z_0 \ (4).$$

Also gilt: *Jede* natürliche Zahl $a_{\boxed{8}}$, dargestellt in der Basis 8, und ihre Endziffer z_0 lassen bei Division durch 4 stets *denselben* Rest. Also lässt speziell auch $a_{\boxed{8}}$ bei Division durch 4 genau dann den *Rest null*, wenn die Endziffer z_0 bei Division durch 4 den Rest null lässt. Daher gilt:

Satz 7.5 (Teilbarkeitsregel für 4 in der Basis 8)
Eine natürliche Zahl $a_{\boxed{8}}$, dargestellt in der Basis 8, ist genau dann durch 4 teilbar, wenn ihre Endziffer durch 4 teilbar ist.

Beispiele

$$4 \mid 6570_{\boxed{8}}; \quad \text{denn } 4 \mid 0.$$
$$4 \mid 2514_{\boxed{8}}; \quad \text{denn } 4 \mid 4.$$
$$4 \nmid 6573_{\boxed{8}}; \quad \text{denn } 4 \nmid 3. \qquad\qquad \blacksquare$$

Bemerkung
Am Beispiel der Teilbarkeitsregeln für 4 (Satz 7.3, Satz 7.5) erkennen wir schon deutlich, dass Teilbarkeitsregeln – im Unterschied zur Teilbarkeit! – *abhängig* von dem benutzten *Stellenwertsystem* sind. Im dezimalen Stellenwertsystem können wir die Teilbarkeit einer Zahl durch 4 keineswegs an der Endziffer, sondern nur an der aus den *beiden* Endziffern gebildeten Zahl überprüfen, in der Basis 8 dagegen allein schon anhand der Endziffer.

Verallgemeinerungen

- So wie wir im dezimalen Stellenwertsystem – ausgehend von der Kongruenz $10^2 \equiv 0 \ (t)$ – für alle Teiler von 100 Teilbarkeitsregeln mithilfe der aus den beiden Endziffern gebildeten Zahl formulieren und beweisen können (vgl. Satz 7.3 und die nachfolgenden Bemerkungen), können wir auch im Stellenwertsystem mit der Basis 8 ausgehend von der Kongruenz $8^2 \equiv 0 \ (t)$ für alle **Teiler von 8^2** Teilbarkeitsregeln mithilfe der aus den **beiden Endziffern** in der Basis 8 gebildeten Zahl formulieren und beweisen. Wir müssen nur im Beweisgang von Satz 7.3 jeweils 10 durch 8 ersetzen.
- So wie wir im dezimalen Stellenwertsystem – ausgehend von der Kongruenz $10^3 \equiv 0 \ (t)$ – für alle Teiler von 1000 Teilbarkeitsregeln mithilfe der aus den drei

letzten Ziffern gebildeten Zahl formulieren und beweisen können (vgl. Satz 7.4), können wir auch im Stellenwertsystem mit der Basis 8 ausgehend von der Kongruenz $8^3 \equiv 0\ (t)$ für alle **Teiler von 8^3** Teilbarkeitsregeln mithilfe der aus den **drei letzten Ziffern** in der Basis 8 gebildeten Zahl formulieren und beweisen.[6]

7.4 Quersummenregeln

7.4.1 Dezimales Stellenwertsystem

Gilt für gegebene Teiler t die Kongruenz $10 \equiv 0\ (t)$ bzw. $10^2 \equiv 0\ (t)$ bzw. $10^3 \equiv 0\ (t)$, so hängt die auf Teilbarkeit zu untersuchende, möglichst kleine, restgleiche Zahl sehr eng mit der gegebenen Zahl zusammen – wir müssen nämlich nur jeweils die *aus den Endstellen* gebildete Zahl betrachten, die offensichtlich (bei hinreichender Stellenanzahl) stets kleiner ist als die Ausgangszahl. Für beispielsweise die Teiler 3 und 9 kann es aber *keine* so einfach gebaute *Endstellenregel* geben; denn wegen $10 = 2 \cdot 5$ kann auch für noch so hohe Zehnerpotenzen 10^n *nie* $10^n \equiv 0\ (9)$ bzw. $10^n \equiv 0\ (3)$ gelten (vgl. Aufgabe 14). Dennoch besteht ein einfacher Zusammenhang zwischen der Basis 10 des dezimalen Stellenwertsystems und den Teilern 3 und 9. Es gilt nämlich $10 \equiv 1\ (9)$ und $10 \equiv 1\ (3)$.

Zentrale Beweisidee für t = 9
Zentrale Idee für die Ableitung einer **Teilbarkeitsregel für 9** (und entsprechend auch für 3; vgl. Aufgabe 15) ist die Aussage:

$$\text{Aus } \mathbf{10 \equiv 1\ (9)} \text{ folgt } \mathbf{10^i \equiv 1\ (9)} \text{ für } i = 1, 2, \ldots, n.$$

Begründung
Zunächst gilt offensichtlich $10 \equiv 1\ (9)$. Durch wiederholte Anwendung von Satz 2 (seitenweise Multiplikation von Kongruenzen) erhalten wir:

$$10 \equiv 1\ (9) \quad \text{und} \quad 10 \equiv 1\ (9) \quad \overset{\text{Satz 2}}{\Longrightarrow} \quad 10^2 \equiv 1\ (9)$$

$$10^2 \equiv 1\ (9) \quad \text{und} \quad 10 \equiv 1\ (9) \quad \overset{\text{Satz 2}}{\Longrightarrow} \quad 10^3 \equiv 1\ (9)$$

$$10^3 \equiv 1\ (9) \quad \text{und} \quad 10 \equiv 1\ (9) \quad \overset{\text{Satz 2}}{\Longrightarrow} \quad 10^4 \equiv 1\ (9)$$

$$\vdots$$

$$10^{n-1} \equiv 1\ (9) \quad \text{und} \quad 10 \equiv 1\ (9) \quad \overset{\text{Satz 2}}{\Longrightarrow} \quad 10^n \equiv 1\ (9)$$

Also gilt $10^i \equiv 1\ (9)$ für $i = 1, 2, \ldots, n$. Wegen $10^0 = 1$ gilt diese Kongruenz auch für $i = 0$.

---

[6] Für eine gründlichere Thematisierung von Endstellenregeln in nichtdezimalen Stellenwertsystemen vgl. Padberg [21], S. 164 f., 166 f., 169.

Konsequenz

Multiplizieren wir die $n + 1$ Kongruenzen

$$10^i \equiv 1 \ (9) \quad \text{für} \quad i = 0, 1, 2, \ldots, n$$

jeweils mit der zugehörigen Ziffer z_i durch, so erhalten wir wegen Satz 3

$$z_i \cdot 10^i \equiv z_i \ (9) \quad \text{für } i = 0, 1, 2, \ldots, n.$$

Durch schrittweise Addition (Satz 1) dieser $n + 1$ Kongruenzen erhalten wir:

$$\sum_{i=0}^{n} z_i \cdot 10^i \equiv \sum_{i=0}^{n} z_i \ (9)$$

Wir bezeichnen im Folgenden die linke Zahl kurz durch a, die rechte Zahl $\sum_{i=0}^{n} z_i$ als
Quersumme von a (kurz: Q (a)).

Also gilt: *Jede* natürliche Zahl a, dargestellt im dezimalen Stellenwertsystem, und ihre
Quersumme Q (a) lassen bei Division durch 9 stets *denselben Rest*. Also lässt a bei
Division durch 9 genau dann den *Rest null*, wenn die zugehörige Quersumme Q (a) bei
Division durch 9 den Rest null lässt. Also gilt $9 \mid a$ genau dann, wenn $9 \mid Q$ (a).

Satz 7.6 (Teilbarkeitsregel für 9)

Eine natürliche Zahl a, dargestellt im dezimalen Stellenwertsystem, ist genau dann durch
9 teilbar, wenn ihre Quersumme $Q(a)$ durch 9 teilbar ist.

Beispiele

$$9 \mid 27\,369; \quad \text{denn } Q(27369) = 27 \text{ und } 9 \mid 27.$$

$$9 \nmid 26\,458; \quad \text{denn } Q(26458) = 25 \text{ und } 9 \nmid 25. \qquad \blacksquare$$

Verallgemeinerungen

- Eine entsprechende Beweisführung ist für *alle* Teiler t mit $\mathbf{10 \equiv 1}$ **(t)** möglich, sie
  funktioniert in diesem Fall also zusätzlich für den Teiler 3.
- So wie bei den Endstellenregeln können wir auch hier für alle Teiler t mit $\mathbf{10^2 \equiv 1}$ **(t)**,
  also für alle Teiler von 99, Teilbarkeitsregeln zweiter Ordnung ableiten. Durch diesen
  Ansatz erhalten wir hier z. B. eine **Teilbarkeitsregel für 11**. Bezeichnen wir beispielsweise $38 + 49 + 56$ als **Quersumme zweiter Ordnung** von $564\,938$ und definieren
  wir entsprechend allgemein *Quersummen zweiter Ordnung*, so können wir folgende
  Teilbarkeitsregel für 11 ableiten (vgl. Aufgabe 16):

Satz 7.7 (Teilbarkeitsregel für 11)
Eine natürliche Zahl a, dargestellt im dezimalen Stellenwertsystem, ist genau dann durch
11 teilbar, wenn ihre Quersumme zweiter Ordnung durch 11 teilbar ist.

Beispiele
So gilt $11 \mid 653\,466$, denn die Quersumme zweiter Ordnung von $653\,466$ ist $66+34+65 =$
165 und $11 \mid 165$.
    Dagegen gilt $11 \nmid 234\,578$, denn $78 + 45 + 23 = 146$ und $11 \nmid 146$.   ∎

- Für alle Teiler t mit $\mathbf{10^3 \equiv 1\ (t)}$, also für alle Teiler von 999, können wir entsprechend
  auch *Quersummenregeln dritter Ordnung* formulieren und beweisen.

7.4.2 Nichtdezimale Stellenwertsysteme

Wir betrachten in diesem Abschnitt **exemplarisch die Basis 7** und sprechen in den Aufgaben (vgl. die Aufgaben 18, 19, 20) *weitere* nichtdezimale Basen an. So wie wir im
dezimalen Stellenwertsystem von der Kongruenz $10 \equiv 1$ (t) ausgegangen sind, gehen wir
im Stellenwertsystem mit der Basis 7 von der Kongruenz

$$7 \equiv 1\ (t)$$

aus. Diese gilt für $t = (1), 2, 3$ und 6, also für alle Teiler von $6\ (= 7 - 1)$.

Zentrale Beweisidee für t = 2 in b = 7
Völlig analog wie im dezimalen Stellenwertsystem zeigen wir beispielsweise für den **Teiler 2 in der Basis 7**, dass

$$\text{aus } \mathbf{7 \equiv 1\ (2)} \quad \text{folgt:} \quad \mathbf{7^i \equiv 1\ (2)} \quad \text{für} \quad i = 1, 2, \ldots, n.$$

Begründung
Zunächst gilt offensichtlich $7 \equiv 1$ (2). Durch wiederholte Anwendung von Satz 2 (Seitenweise Multiplikation von Kongruenzen) erhalten wir:

$$7 \equiv 1\ (2) \quad \text{und} \quad 7 \equiv 1\ (2) \quad \overset{\text{Satz 2}}{\Longrightarrow} \quad 7^2 \equiv 1\ (2)$$

$$7^2 \equiv 1\ (2) \quad \text{und} \quad 7 \equiv 1\ (2) \quad \overset{\text{Satz 2}}{\Longrightarrow} \quad 7^3 \equiv 1\ (2)$$

$$7^3 \equiv 1\ (2) \quad \text{und} \quad 7 \equiv 1\ (2) \quad \overset{\text{Satz 2}}{\Longrightarrow} \quad 7^4 \equiv 1\ (2)$$

$$\vdots$$

$$7^{n-1} \equiv 1\ (2) \quad \text{und} \quad 7 \equiv 1\ (2) \quad \overset{\text{Satz 2}}{\Longrightarrow} \quad 7^n \equiv 1\ (2)$$

Also gilt $7^i \equiv 1$ (2) für $i = 1, 2, \ldots, n$. Wegen $7^0 = 1$ gilt diese Kongruenz auch für
$i = 0$.

Konsequenz

Multiplizieren wir die $n + 1$ Kongruenzen

$$7^i \equiv 1 \ (2) \quad \text{für} \quad i = 0, 1, 2, \ldots, n$$

jeweils mit der zugehörigen Ziffer z_i, so erhalten wir wegen Satz 3

$$z_i \cdot 7^i \equiv z_i \ (2) \quad \text{für} \quad i = 0, 1, 2, \ldots, n.$$

Durch schrittweise Addition (Satz 1) dieser $n + 1$ Kongruenzen erhalten wir:

$$\sum_{i=0}^{n} z_i \cdot 7^i \equiv \sum_{i=0}^{n} z_i \ (2)$$

Wir bezeichnen die linke Zahl kurz durch $a_{\boxed{7}}$, die rechte Zahl $\sum_{i=0}^{n} z_i$ als **Quersumme von** $a_{\boxed{7}}$ **(kurz: $Q(a_{\boxed{7}})$)**.

Also gilt: Jede natürliche Zahl $a_{\boxed{7}}$, dargestellt im Stellenwertsystem mit der Basis 7, und ihre Quersumme $Q(a_{\boxed{7}})$ lassen bei Division durch 2 stets *denselben Rest*. Also lässt $a_{\boxed{7}}$ bei Division durch 2 genau dann den Rest *null*, wenn die zugehörige Quersumme $Q(a_{\boxed{7}})$ bei Division durch 2 den Rest null lässt. Daher gilt:

Satz 7.8 (Teilbarkeitsregel für 2 in der Basis 7)
Eine natürliche Zahl $a_{\boxed{7}}$, dargestellt in der Basis 7, ist genau dann durch 2 teilbar, wenn ihre Quersumme $Q(a_{\boxed{7}})$ durch 2 teilbar ist.

Beispiele

$$2 \mid 1463_{\boxed{7}}; \text{ denn } Q(1463_{\boxed{7}}) = 14 \text{ und } 2 \mid 14.$$
$$2 \nmid 2355_{\boxed{7}}; \text{ denn } Q(2355_{\boxed{7}}) = 15 \text{ und } 2 \nmid 15. \qquad \blacksquare$$

Bemerkung
Satz 7.8 verdeutlicht erneut die Abhängigkeit der Teilbarkeitsregeln von der benutzten Basis. Während die übliche Teilbarkeitsregel für 2 im *dezimalen* Stellenwertsystem eine besonders einfache *Endstellenregel* ist, ist die Teilbarkeitsregel für 2 in der Basis 7 dagegen eine *Quersummenregel*.

Verallgemeinerungen

- Im dezimalen Stellenwertsystem gilt für den Teiler 9 ($= 10 - 1$) sowie für alle Teiler von 9 eine Quersummenregel (Satz 7.6). Im Stellenwertsystem mit der Basis 7 gilt analog für 6 ($= 7 - 1$) sowie für alle Teiler von 6 eine entsprechende Quersummenregel. Wir können leicht zeigen, dass **allgemein** bei einem Stellenwertsystem mit einer gegebenen Basis $b > 1$ für den um 1 kleineren **Teiler b − 1** sowie für alle Teiler von $b − 1$ jeweils eine entsprechende **Quersummenregel** gilt (vgl. Aufgabe 20).

- So wie im dezimalen Stellenwertsystem können wir auch in nichtdezimalen Stellenwertsystemen *Quersummenregeln zweiter Ordnung* ableiten, so z. B. in der Basis 7 für alle Teiler t mit $\mathbf{7^2 \equiv 1}$ **(t)**, also für alle Teiler von 48 (vgl. Aufgabe 21).
- Auch in nichtdezimalen Stellenwertsystemen können wir *Quersummenregeln dritter Ordnung* ableiten, so z. B. in der Basis 7 für alle Teiler t mit $\mathbf{7^3 \equiv 1}$ **(t)**, also für alle Teiler von 342.[7]

7.5 Alternierende Quersummenregeln

7.5.1 Dezimales Stellenwertsystem

Durch die *bisher* behandelten Regeltypen (Endstellenregeln, Quersummenregeln) verfügen wir bislang im dezimalen Stellenwertsystem im Bereich der Teiler von 2 bis 10 über Teilbarkeitsregeln für 2, 4, 5, 8 und 10 (Endstellenregeln) sowie für 3 und 9 (Quersummenregeln). Es *fehlen* in diesem Bereich noch Teilbarkeitsregeln für die Teiler 6 und 7. Durch die *Kombination* der Teilbarkeitsregeln für 2 und 3 gewinnen wir leicht eine **Teilbarkeitsregel für 6**: *Eine natürliche Zahl a ist genau dann durch 6 teilbar, wenn sie durch 2 und 3 teilbar ist* (vgl. Aufgabe 22). Da 7 als Primzahl unzerlegbar ist, können wir hier *nicht* analog vorgehen.

Wir haben bislang ausgehend von den drei besonders einfachen Kongruenzen $10 \equiv 0$ (t), $10^2 \equiv 0$ (t) und $10^3 \equiv 0$ (t) im Abschn. 7.3 *Endstellen*regeln sowie ausgehend von den drei ebenfalls relativ einfachen Kongruenzen $10 \equiv 1$ (t), $10^2 \equiv 1$ (t) und $10^3 \equiv 1$ (t) im Abschn. 7.4 *Quersummen*regeln für das dezimale Stellenwertsystem abgeleitet. Die aus diesen Kongruenzen resultierenden Teilbarkeitsregeln sind *darum* besonders einfach, weil wir beim Potenzieren sowohl von 0 als auch von 1 stets unverändert 0 bzw. 1 erhalten. Die beiden Zahlen 0 und 1 sind aber auch schon die einzigen natürlichen Zahlen, für die dieses *voll* zutrifft. Daneben besitzt nur noch die Zahl −1 eine vergleichbare Eigenschaft. Für −1 gilt zwar *nicht*, dass sie beim Potenzieren stets unverändert bleibt, jedoch dass wir beim Potenzieren hier *abwechselnd* (alternierend) 1 und −1 erhalten. Daher liegt es nahe, ausgehend von den Kongruenzen $10 \equiv -1$ (t) oder $10^2 \equiv -1$ (t) oder $10^3 \equiv -1$ (t) nach Teilbarkeitsregeln für weitere Teiler zu suchen. Hierbei können wir mithilfe der letztgenannten Kongruenz $10^3 \equiv -1$ (7) auch eine bislang noch fehlende Teilbarkeitsregel für 7 ableiten.

Wir beginnen mit der Kongruenz $10 \equiv -1$ (t), mit der wir eine weitere Teilbarkeitsregel für 11 gewinnen. Es gilt nämlich $10 \equiv -1$ (11).

---

[7] Für eine gründlichere Thematisierung von Quersummenregeln in nichtdezimalen Stellenwertsystemen vgl. Padberg [21], S. 171 f.

Zentrale Beweisidee für t = 11

Zentrale Idee für die Ableitung einer (weiteren) **Teilbarkeitsregel für 11** ist die Aussage:

$$\text{Aus } \mathbf{10} \equiv -\mathbf{1} \ (\mathbf{11}) \text{ folgt } \mathbf{10^i} \equiv (-\mathbf{1})^i \ (\mathbf{11}) \text{ für } i = 1, 2, \ldots, n.$$

Begründung

Wir gewinnen diese Aussage schrittweise durch die Anwendung von Satz 2 auf die Kongruenz $10 \equiv -1 \ (11)$:

$$10 \equiv -1 \ (11) \quad \text{und} \quad 10 \equiv -1 \ (11) \quad \overset{\text{Satz 2}}{\Longrightarrow} \quad 10^2 \equiv 1 \ (11)$$

$$10^2 \equiv 1 \ (11) \quad \text{und} \quad 10 \equiv -1 \ (11) \quad \overset{\text{Satz 2}}{\Longrightarrow} \quad 10^3 \equiv -1 \ (11)$$

$$10^3 \equiv -1 \ (11) \quad \text{und} \quad 10 \equiv -1 \ (11) \quad \overset{\text{Satz 2}}{\Longrightarrow} \quad 10^4 \equiv 1 \ (11)$$

$$10^4 \equiv 1 \ (11) \quad \text{und} \quad 10 \equiv -1 \ (11) \quad \overset{\text{Satz 2}}{\Longrightarrow} \quad 10^5 \equiv -1 \ (11)$$

$$\vdots$$

Es ergibt sich hieraus: $10^n \equiv 1 \ (11)$, falls n gerade ist, und $10^n \equiv -1 \ (11)$, falls n ungerade ist.

Also gilt insgesamt für $i = 1, 2, \ldots, n$:

$$10^i \equiv (-1)^i \ (11)$$

Wegen $10^0 = 1$ und $(-1)^0 = 1$ gilt sogar

$$10^i \equiv (-1)^i \ (11) \text{ für } i = 0, 1, 2, \ldots, n.$$

Konsequenz

Multiplizieren wir diese $n + 1$ Kongruenzen jeweils mit der zugehörigen Ziffer z_i, so erhalten wir

$$z_i \cdot 10^i \equiv (-1)^i \cdot z_i \ (11) \text{ für } i = 0, 1, 2, \ldots, n.$$

Die schrittweise seitenweise Addition ergibt:

$$\sum_{i=0}^{n} z_i \cdot 10^i \equiv \sum_{i=0}^{n} (-1)^i \cdot z_i \ (11)$$

Wir bezeichnen die linke Zahl kurz durch a, die rechte Zahl $\sum_{i=0}^{n} (-1)^i \cdot z_i$ als **alternierende Quersumme von a (kurz: $Q'(a)$)**. Hierbei wird diese Summe so bezeichnet, da in ihr abwechselnd („alternierend") addiert bzw. subtrahiert wird.

Also gilt: Jede natürliche Zahl a, dargestellt im dezimalen Stellenwertsystem, und ihre alternierende Quersumme $Q'(a)$ lassen bei Division durch 11 stets *denselben Rest*. Daher lässt a bei Division durch 11 genau dann den *Rest null*, wenn die zugehörige alternierende Quersumme $Q'(a)$ bei Division durch 11 den Rest null lässt. Insgesamt gilt also:

Satz 7.9 (Teilbarkeitsregel für 11)
Eine natürliche Zahl a, dargestellt im dezimalen Stellenwertsystem, ist genau dann durch 11 teilbar, wenn ihre alternierende Quersumme $Q'(a)$ durch 11 teilbar ist.

Beispiele

$$11 \mid 81\,532; \text{ denn } Q'(81\,532) = 2 - 3 + 5 - 1 + 8 = 11 \text{ und } 11 \mid 11.$$
$$11 \nmid 642\,583; \text{ denn } Q'(642\,583) = 3 - 8 + 5 - 2 + 4 - 6 = -4 \text{ und } 11 \nmid (-4). \quad \blacksquare$$

Bemerkung
Durch Satz 7.9 und die Bemerkung im Anschluss an Satz 7.6 verfügen wir über *zwei verschiedene* Teilbarkeitsregeln für den Teiler 11 im *dezimalen* Stellenwertsystem, nämlich über die vorstehende alternierende Quersummenregel sowie über eine Quersummenregel zweiter Ordnung.

Neuner- und Elferprobe
In engem Zusammenhang mit den Teilbarkeitsregeln für 9 und 11 stehen zwei *Rechenproben*, die sogenannte **Neuner- und Elferprobe**. Beim Beweis der Sätze 7.6 und 7.9 haben wir nämlich abgeleitet, dass gilt:

$$\mathbf{a \equiv Q(a) \ (9) \text{ und } a \equiv Q'(a) \ (11)}$$

Daher gelten für Produkte $a \cdot b$ bezüglich 9 insbesondere auch stets folgende Kongruenzen:
$a \equiv Q(a) \ (9)$, $\quad b \equiv Q(b) \ (9)$, also auch $a \cdot b \equiv Q(a) \cdot Q(b) \ (9)$ (Satz 2).
Ferner gilt $a \cdot b \equiv Q(a \cdot b) \ (9)$ und daher *insgesamt*:

(A) $\quad \mathbf{Q(a \cdot b) \equiv Q(a) \cdot Q(b) \ (9)}$

Bezüglich 11 gilt analog (vgl. Aufgabe 20):

(B) $\quad \mathbf{Q'(a \cdot b) \equiv Q'(a) \cdot Q'(b) \ (11)}$

Gelten die Kongruenzen (A) oder (B) *nicht* bei einem gegebenen Produkt, so ist die Rechnung mit Sicherheit *falsch*. *Gelten* sie hingegen in einem gegebenen Produkt, so ist das Produkt nur mit einer ziemlich hohen Wahrscheinlichkeit – jedoch *nicht* mit Sicherheit! – richtig; denn unterscheiden sich das fehlerhafte und das richtige Ergebnis um ein Vielfaches von 9 oder 11, so wird der Fehler durch diese Kongruenzen nicht aufgedeckt (vgl. Aufgabe 26 und 27).

Beispiele

- $798 \cdot 546 = 435\,718$

  $Q(798) = 24 \qquad Q(546) = 15 \qquad Q(435\,718) = 28$

  $Q(435\,718) \not\equiv Q(798) \cdot Q(546) \ (9)$

  Die Rechnung ist **mit Sicherheit falsch**.[8]

- $798 \cdot 546 = 435\,798$

  $Q(798) = 24 \qquad Q(546) = 15 \qquad Q(435\,798) = 36$

  $Q(435\,798) \equiv Q(798) \cdot Q(546) \ (9)$

  Die *Neunerprobe* ist positiv, die Rechnung daher *wahrscheinlich richtig*. Die gleichzeitige Anwendung der *Elferprobe* ergibt:

  $Q'(798) = 6 \qquad Q'(546) = 7 \qquad Q'(435\,798) = 0$

  $Q'(435\,798) \not\equiv Q'(798) \cdot Q'(546) \ (11)$

  Die Rechnung ist also trotz positiver Neunerprobe **dennoch falsch**. ■

Teilbarkeitsregel für 7

Wir haben bislang bei der Suche nach weiteren Teilbarkeitsregeln die Kongruenz $10 \equiv -1 \ (t)$ für $t = 11$ untersucht. Im Folgenden werden wir noch die Kongruenz $10^2 \equiv -1 \ (t)$ und $10^3 \equiv -1 \ (t)$ etwas genauer betrachten. Während uns jedoch die Kongruenz $\mathbf{10^2 \equiv -1 \ (t)}$ nur für die *Primzahl 101* eine (uninteressante) Teilbarkeitsregel liefert, können wir durch die Kongruenz $\mathbf{10^3 \equiv -1 \ (t)}$ endlich eine – bislang noch fehlende – *Teilbarkeitsregel für 7* und daneben u. a. *noch eine (weitere) Teilbarkeitsregel für 11 sowie eine Teilbarkeitsregel für 13* gewinnen. Wir beschränken uns hier auf die **Teilbarkeitsregel für 7** (vgl. Aufgabe 30):

Zentrale Beweisidee für t = 7

Aus $10^3 \equiv -1 \ (7)$ folgt:

$$10^3 \equiv -1 \ (7) \quad \overset{\text{Satz 2}}{\Longrightarrow} \quad 10^{3i} \equiv (-1)^i \ (7) \qquad \text{für } i = 1, 2, \ldots$$

$$10^{3i} \equiv (-1)^i \ (7) \quad \overset{\text{Satz 3}}{\underset{\cdot 10}{\Longrightarrow}} \quad 10^{3i+1} \equiv (-1)^i \cdot 10 \ (7) \qquad \text{für } i = 1, 2, \ldots$$

$$10^{3i} \equiv (-1)^i \ (7) \quad \overset{\text{Satz 3}}{\underset{\cdot 100}{\Longrightarrow}} \quad 10^{3i+2} \equiv (-1)^i \cdot 100 \ (7) \qquad \text{für } i = 1, 2, \ldots$$

Effekt

Die drei rechts stehenden Kongruenzen haben folgenden Effekt:

Zerlegen wir eine gegebene Zahl von rechts her in Dreierblöcke (wobei der von rechts aus gesehen letzte Block auch aus nur einer oder zwei Ziffern bestehen darf), so sind sämtliche Zehnerpotenzen jeweils restgleich zu 1 oder −1 bzw. zu 10 oder −10 bzw. zu 100

---

[8] Die Rechnung vereinfacht sich oft stark, wenn wir in obiger Kongruenz von zwei- oder mehrziffrigen Quersummen jeweils wieder so lange die Quersumme bilden, bis sie einziffrig ist (vgl. Aufgabe 29).

oder -100. Hierdurch sind die Vorzeichen dieser Dreierblöcke abwechselnd (alternierend) „+" oder „−", so wie es das folgende Beispiel verdeutlicht:

Beispiel
$$469\,538\,685 = (4 \cdot 10^8 + 6 \cdot 10^7 + 9 \cdot 10^6) + (5 \cdot 10^5 + 3 \cdot 10^4 + 8 \cdot 10^3) + 685$$

$$4 \cdot 10^8 \equiv 4 \cdot 100\ (7) \qquad 5 \cdot 10^5 \equiv 5 \cdot (-100)\ (7)$$
$$6 \cdot 10^7 \equiv 6 \cdot 10\ (7) \qquad 3 \cdot 10^4 \equiv 3 \cdot (-10)\ (7)$$
$$9 \cdot 10^6 \equiv 9\ (7) \qquad 8 \cdot 10^3 \equiv 8 \cdot (-1)\ (7)$$

Also: $4 \cdot 10^8 + 6 \cdot 10^7 + 9 \cdot 10^6 \equiv 469\ (7)$ $\qquad$ $5 \cdot 10^5 + 3 \cdot 10^4 + 8 \cdot 10^3 \equiv -538\ (7)$

Da trivialerweise $685 \equiv 685\ (7)$ gilt, gilt insgesamt für die gegebene Zahl (Satz 1):

$$469\,538\,685 \equiv 685 - 538 + 469\ (7)$$

Statt also die sehr große Ausgangszahl auf Teilbarkeit durch 7 zu untersuchen, reicht es aus, die viel kleinere, restgleiche Zahl $685 - 538 + 469$ (also die zugehörige **alternierende Quersumme dritter Ordnung, kurz: $Q_3'(a)$**) auf Teilbarkeit durch 7 zu untersuchen. Entsprechend können wir bei beliebig großen natürlichen Zahlen mit mindestens vier Stellen vorgehen. Wir haben hiermit abgeleitet: ∎

Satz 7.10 (Teilbarkeitsregel für 7)
Eine natürliche Zahl a, dargestellt im dezimalen Stellenwertsystem, ist genau dann durch 7 teilbar, wenn ihre alternierende Quersumme dritter Ordnung $Q_3'(a)$ durch 7 teilbar ist.

Beispiele

$7 \mid 589\,648\,276;$ $\quad$ denn $Q_3'(589\,648\,276) = 276 - 648 + 589 = 217$ $\quad$ und $\quad 7 \mid 217.$

$7 \mid 61\,284\,776;$ $\quad$ denn $Q_3'(61\,284\,776) = 776 - 284 + 61\ \ = 553$ $\quad$ und $\quad 7 \mid 553.$

$7 \mid 4578;$ $\quad$ denn $Q_3'(4578) = 578 - 4 \qquad\quad\ = 574$ $\quad$ und $\quad 7 \mid 574.$

∎

7.5.2   Nichtdezimale Stellenwertsysteme

Wir betrachten hier **exemplarisch die Basis 3**. So wie wir im dezimalen Stellenwertsystem von der Kongruenz $10 \equiv -1\ (t)$ ausgehen, gehen wir im Stellenwertsystem mit der Basis 3 von der Kongruenz

$$3 \equiv -1\ (t)$$

aus. Diese gilt für $t = (1), 2, 4$, also für alle Teiler von $4\ (= 3 + 1)$.

Zentrale Beweisidee für t = 4 in b = 3

So wie im dezimalen Stellenwertsystem zeigen wir beispielsweise für den **Teiler 4 in der Basis 3**, dass

$$\text{aus } 3 \equiv -1 \ (4) \text{ folgt: } 3^i \equiv (-1)^i \ (4) \text{ für } i = 1, 2, \ldots, n.$$

Begründung

Zunächst gilt $3 \equiv -1 \ (4)$. Durch schrittweise Anwendung von Satz 2 erhalten wir:

$$3 \equiv -1 \ (4) \quad \text{und} \quad 3 \equiv -1 \ (4) \quad \overset{\text{Satz 2}}{\Longrightarrow} \quad 3^2 \equiv \ 1 \ (4)$$

$$3^2 \equiv \ 1 \ (4) \quad \text{und} \quad 3 \equiv -1 \ (4) \quad \overset{\text{Satz 2}}{\Longrightarrow} \quad 3^3 \equiv -1 \ (4)$$

$$3^3 \equiv -1 \ (4) \quad \text{und} \quad 3 \equiv -1 \ (4) \quad \overset{\text{Satz 2}}{\Longrightarrow} \quad 3^4 \equiv \ 1 \ (4)$$

$$3^4 \equiv \ 1 \ (4)$$

$$\vdots$$

$$3^n \equiv \ 1 \ (4), \quad \text{falls } n \text{ gerade ist.}$$

$$3^n \equiv -1 \ (4), \quad \text{falls } n \text{ ungerade ist.}$$

Also gilt insgesamt für $i = 1, 2, \ldots, n$:

$$3^i \equiv (-1)^i \ (4)$$

Wegen $3^0 = 1$ und $(-1)^0 = 1$ gilt sogar

$$3^i \equiv (-1)^i (4) \text{ für } i = 0, 1, 2, \ldots, n.$$

Konsequenz

Durch Multiplikation mit der zugehörigen Ziffer z_i erhalten wir

$$z_i \cdot 3^i \equiv (-1)^i \cdot z_i \ (4) \text{ für } i = 0, 1, 2, \ldots, n.$$

Schrittweise Addition dieser $n + 1$ Kongruenzen ergibt:

$$\sum_{i=0}^{n} z_i \cdot 3^i \equiv \sum_{i=0}^{n} (-1)^i \cdot z_i \ (4)$$

Wir bezeichnen die linke Zahl mit $a_{\boxed{3}}$ und die rechte Zahl $\sum_{i=0}^{n}(-1)^i \cdot z^i$ als **alternierende Quersumme von $a_{\boxed{3}}$ (kurz: $Q'(a_{\boxed{3}})$)**.

Daher gilt : Jede natürliche Zahl $a_{\boxed{3}}$, dargestellt in der Basis 3, und ihre alternierende Quersumme $Q'(a_{\boxed{3}})$ lassen bei Division durch 4 stets *denselben Rest*, also auch stets gemeinsam den *Rest null*. Daher gilt insgesamt:

Satz 7.11 (Teilbarkeitsregel für 4 in der Basis 3)

Eine natürliche Zahl $a_{\boxed{3}}$, dargestellt in der Basis 3, ist genau dann durch 4 teilbar, wenn ihre alternierende Quersumme $Q'(a_{\boxed{3}})$ durch 4 teilbar ist.

Beispiele

$$4 \mid 2101_{\boxed{3}}; \qquad \text{denn } Q'(2101_{\boxed{3}}) = 1 - 0 + 1 - 2 = 0 \text{ und } 4 \mid 0.$$

$$4 \nmid 22\,012_{\boxed{3}}; \qquad \text{denn } Q'(22\,012_{\boxed{3}}) = 2 - 1 + 0 - 2 + 2 = 1 \text{ und } 4 \nmid 1. \qquad \blacksquare$$

Bemerkung

Im dezimalen Stellenwertsystem gilt für den Teiler 11 $(= 10 + 1)$ eine alternierende Quersummenregel (Satz 7.9), in der Basis 3 für den Teiler 4 $(= 3 + 1)$ sowie für alle Teiler von 4 ebenfalls eine alternierende Quersummenregel. Wir können leicht zeigen, dass *allgemein* bei einem Stellenwertsystem mit einer gegebenen Basis $b > 1$ für den um 1 größeren **Teiler b + 1** (sowie für alle Teiler von $b + 1$) eine entsprechende **alternierende Quersummenregel** gilt (vgl. Aufgabe 32).

Verallgemeinerung

So wie im dezimalen Stellenwertsystem können wir auch in nichtdezimalen Stellenwertsystemen, so z. B. in der **Basis 3**, für alle Teiler t mit $3^2 \equiv -1$ **(t)**, also für *alle Teiler von 10* (vgl. Aufgabe 34), alternierende Quersummenregeln *zweiter* Ordnung sowie für alle Teiler mit $3^3 \equiv -1$ **(t)**, also für *alle Teiler von 28*, alternierende Quersummenregeln *dritter* Ordnung ableiten.[9]

7.6   Vorteile des Zugangsweges über die Kongruenzrelation

Wir beenden dieses Kapitel mit einer systematischen Zusammenfassung der *Vorteile* dieses Zugangsweges über die Restgleichheit (Kongruenz) gegenüber den traditionell üblichen Wegen:

- *Sämtliche* Teilbarkeitsregeln lassen sich – nicht nur im Dezimalsystem, sondern auch in beliebigen nichtdezimalen Stellenwertsystemen – leicht und übersichtlich mithilfe einer *einzigen Grundidee* ableiten, nämlich die Basispotenzen jeweils durch *möglichst kleine, restgleiche* Zahlen zu ersetzen. Mit den drei besonders leichten *Sonderfällen*, dass die Basispotenzen spätestens ab der dritten Potenz restgleich zu 0, 1 oder -1 sind, können wir schon sehr viele Teilbarkeitsregeln ableiten.[10] Bei diesem Zugangsweg sind daher – im Unterschied zu den traditionell üblichen Wegen – *nicht* jeweils neue Ansätze für verschiedene Teilbarkeitsregeln nötig.

---

[9] Vgl. Padberg [21], S. 175.

[10] Für eine tabellarische Übersicht der Teiler von zwei bis zehn in den Basen zwei bis zehn und Folgerungen hieraus vgl. Padberg [21], S. 175 ff.

- Der enge Zusammenhang der vertrauten Teilbarkeitsregeln mit dem *dezimalen* Stellenwertsystem ist aufgrund der Ableitung völlig evident, eine analoge Übertragung auf nichtdezimale Stellenwertsysteme leicht möglich. So kann bei diesem Ansatz leicht und gut verdeutlicht werden, dass Teilbarkeitsregeln – im Unterschied zur Teilbarkeit oder auch zu den Summen- und Produktregeln – trotz eines festen Teilers je nach Basis des Stellenwertsystems extrem unterschiedlich sind.
- Wir können bei diesem Ansatz in seiner allgemeineren Form *selbstständig* Teilbarkeitsregeln für beliebige Teiler ableiten.
- Der Weg über die Restgleichheit erlaubt die *Vereinfachung* bekannter Teilbarkeitsregeln durch eine Reduzierung des Rechenaufwandes, wie wir am Beispiel der Teilbarkeitsregel für 4 im Abschn. 7.3 gesehen haben.
- Die Ursachen für die *Zusammenhänge* zwischen verschiedenen Teilbarkeitsregeln für einen *festen* Teiler t (beispielsweise für 11 im dezimalen Stellenwertsystem) lassen sich bei diesem Zugangsweg leicht aufdecken.
- Der in diesem Kapitel benutzte Ableitungsweg zu den Teilbarkeitsregeln gestattet nicht nur eine *Grobklassifizierung* der zu untersuchenden Zahlen nach *teilbar* bzw. *nicht teilbar*, sondern ermöglicht im zweiten Fall sogar die Bestimmung des auftretenden *Restes*.

7.7 Aufgaben

1. Begründen Sie, dass die Zahl 1 als Basis für ein Stellenwertsystem unbrauchbar ist.
2. Erläutern Sie, dass $10^0 = 1$ gilt.
3. Notieren Sie die Zahl 178 in den Basen zwei bis zwölf.
4. Verdeutlichen Sie am Beispiel der Darstellung von 286 in der Basis 12, dass aus Gründen der Eindeutigkeit 10 als Ziffer für zehn und 11 als Ziffer für elf nicht sinnvoll ist.
5. Begründen Sie Satz 3 (Satz 2.11) durch wiederholte Anwendung von Satz 1 (Satz 2.9).
6. Formulieren und beweisen Sie im dezimalen Stellenwertsystem eine Teilbarkeitsregel für
   a) 5,
   b) 10.
7. Formulieren und beweisen Sie im dezimalen Stellenwertsystem eine Teilbarkeitsregel für
   a) 25,
   b) 50.
8. Beweisen Sie Schritt für Schritt Satz 7.4.
9. Formulieren und beweisen Sie eine Teilbarkeitsregel für 3 in der Basis 6.
10. Formulieren und beweisen Sie eine Teilbarkeitsregel für 2 in der Basis 6.
11. Formulieren und beweisen Sie eine Teilbarkeitsregel für 9 in der Basis 6.

12. Formulieren und beweisen Sie eine Teilbarkeitsregel für 8 in der Basis 6.

13. Nennen Sie alle Fehler der folgenden fehlerhaften Formulierung der Teilbarkeitsregel
    für 4:
    Eine Zahl a teilt 4, wenn die letzten beiden Ziffern von a durch 4 teilbar sind.

14. Begründen Sie, dass für noch so hohe Zehnerpotenzen 10^n nie gelten kann:
    $10^n \equiv 0\ (9)$ oder $10^n \equiv 0\ (3)$.

15. Formulieren und beweisen Sie im Dezimalsystem eine Teilbarkeitsregel für 3.

16. Beweisen Sie:
    Eine natürliche Zahl, dargestellt im dezimalen Stellenwertsystem, ist genau dann
    durch 11 teilbar, wenn ihre Quersumme zweiter Ordnung durch 11 teilbar ist.

17. Formulieren und beweisen Sie eine Teilbarkeitsregel für 8 in der Basis 9.

18. Formulieren und beweisen Sie eine Teilbarkeitsregel für 4 in der Basis 9.

19. Formulieren und beweisen Sie eine Teilbarkeitsregel in der Basis 5 für
    a) 4,
    b) 2.

20. Beweisen Sie:
    Eine natürliche Zahl $a_{\boxed{b}}$, dargestellt in der Basis $b > 1$, ist genau dann durch die
    Zahl $b - 1$ teilbar, wenn die Zahl $b - 1$ ihre Quersumme $Q(a_{\boxed{b}})$ teilt.

21. Formulieren und beweisen Sie eine Teilbarkeitsregel für 4 in der Basis 7.

22. Beweisen Sie:
    Eine natürliche Zahl a ist genau dann durch 6 teilbar, wenn sie durch 2 und 3 teilbar
    ist.

23. Beweisen oder widerlegen Sie:
    Eine natürliche Zahl ist genau dann durch 12 teilbar, wenn sie
    a) durch 3 und 4 teilbar ist,
    b) durch 2 und 6 teilbar ist.

24. Beweisen Sie: Es gelte $t = t_1 \cdot t_2$, wobei t_1 und t_2 zueinander teilerfremd sind. Dann
    gilt: Eine natürliche Zahl a ist genau dann durch t teilbar, wenn sie durch t_1 und t_2
    teilbar ist.

25. Beweisen Sie:
    Für alle $a, b \in \mathbb{N}$ gilt:
    $Q'(a \cdot b) \equiv Q'(a) \cdot Q'(b)\ (11)$

26. Nennen Sie je ein fehlerhaftes Produkt mit zwei dreiziffrigen Faktoren, bei denen der
    Rechenfehler
    a) nur bei der Neunerprobe, nicht jedoch bei der Elferprobe auffällt,
    b) nur bei der Elferprobe, nicht jedoch bei der Neunerprobe auffällt,
    c) sowohl bei der Neuner- als auch bei der Elferprobe nicht auffällt.

27. Begründen Sie:
    a) Bei der Neunerprobe wird ein Rechenfehler nie aufgedeckt, wenn sich richtiges
       und fehlerhaftes Ergebnis um ein ganzzahliges Vielfaches $z \cdot 9$ (mit $z \in \mathbb{Z}, z \neq 0$)
       voneinander unterscheiden.

    b) Bei der Elferprobe wird ein Rechenfehler nie aufgedeckt, wenn sich richtiges und fehlerhaftes Ergebnis um ein ganzzahliges Vielfaches $z \cdot 11$ (mit $z \in \mathbb{Z}, z \neq 0$) voneinander unterscheiden.

28. Überprüfen Sie jeweils mittels der Neuner- und Elferprobe:
    a) $377\,194 : 637 = 592$
    b) $797\,885 : 825 = 967$
    c) $512\,172 : 694 = 738$

29. Begründen Sie:
    Für alle $a \in \mathbb{N}$ gilt:
    a) $Q(Q(a)) \equiv a \ (9)$
    b) $Q'(Q'(a)) \equiv a \ (11)$

30. Formulieren und beweisen Sie eine Teilbarkeitsregel für 13 im dezimalen Stellenwertsystem.

31. Beweisen Sie eine Teilbarkeitsregel für 5 in der Basis 4.

32. Beweisen Sie:
    Eine natürliche Zahl $a_{\boxed{b}}$, dargestellt in der Basis $b > 1$, ist genau dann durch die Zahl $b + 1$ teilbar, wenn die Zahl $b + 1$ ihre alternierende Quersumme $Q'(a_{\boxed{b}})$ teilt.

33. Beweisen Sie eine Teilbarkeitsregel für 5 in der Basis 3.

Dezimalbrüche/Systembrüche

Für die *rationalen Zahlen* sind anders als bei natürlichen Zahlen zwei unterschiedliche Schreibweisen üblich: Wir können sie als *gemeine Brüche* mit Bruchstrich (z. B. $\frac{3}{4}$) oder als *Dezimalbrüche* mit Komma (z. B. 0,75) schreiben. Die beiden unterschiedlichen *Darstellungsformen* begegnen uns regelmäßig im Alltag und werden bereits in der Grundschule sichtbar (z. B. $\frac{3}{4}$ Stunde oder 0,75 Euro). In der Sekundarstufe I wird dann der Umgang mit rationalen Zahlen systematisch erarbeitet. Daher gehört ein fundiertes Wissen hierüber, insbesondere über den *Wechsel* der Darstellungsform, zum erforderlichen *fachlichen Hintergrund* von Lehrkräften der Sekundarstufe.

In diesem Kapitel gehen wir aus *fachlicher Sicht* zunächst auf Herausforderungen, die mit den beiden genannten Darstellungsformen von rationalen Zahlen zusammenhängen, und auf die Vorteile der jeweiligen Darstellungsform ein; zusätzlich betrachten wir erste Beispiele für Wechsel zwischen den beiden Darstellungsformen. Die **Dezimalbruchentwicklung** von rationalen Zahlen führen wir als Erweiterung des Dezimalsystems um Nachkommastellen für die gebrochenen Anteile von rationalen Zahlen ein. Anschließend werden wir die gemeinen Brüche – auf der Basis bisher erzielter zahlentheoretischer Resultate – nach Unterschieden bei der Dezimalbruchentwicklung (*endlich, reinperiodisch, gemischtperiodisch*) klassifizieren und weitergehende Aussagen (*Stellenanzahl* bzw. *Periodenlänge*) erarbeiten. Bei der Herleitung dieser Resultate wird immer wieder die *besondere Bedeutung der Systemzahl* 10 als Basis des Dezimalsystems sichtbar. Von dieser Beobachtung ausgehend werden wir schließlich unsere Resultate auf Systembrüche in *nichtdezimalen* Stellenwertsystemen übertragen.

8.1 Darstellungsformen von rationalen Zahlen

Mit der Einführung der rationalen Zahlen geht eine neue Vielfalt der Darstellungen einher.[1] Zum Beispiel haben die gemeinen Brüche $\frac{3}{4}$ und $\frac{6}{8}$ denselben Zahlenwert – und dazu kommen noch *unendlich* viele weitere gleichwertige Brüche.[2] Die Vielfalt wird dadurch vergrößert, dass rationale Zahlen in *mehreren* Darstellungsformen erscheinen; zu den beiden genannten kommt u. a. die Darstellungsform als *Prozentzahl* noch hinzu.[3] Bei häufig auftretenden Zahlen können wir noch leicht einschätzen, ob ein gemeiner Bruch und ein Dezimalbruch gleichwertig sind. So wissen wir etwa, dass $\frac{1}{2} = 0{,}5$ und $\frac{1}{4} = 0{,}25$ gilt. Bei anderen rationalen Zahlen ist dieser Vergleich aber schwieriger.

8.1.1 Größenvergleich von gemeinen Brüchen als Herausforderung

Die Frage, ob zwei gegebene natürliche Zahlen – z. B. 928 und 982 – gleich sind, kann einfach beantwortet werden, da die Darstellung von natürlichen Zahlen im Dezimalsystem *eindeutig* ist. Bei Brüchen ist diese Frage aufgrund der unterschiedlichen Darstellungsformen und der nicht eindeutigen Darstellung als gemeiner Bruch häufig alles andere als einfach: Wir erkennen zwar noch zügig, dass $\frac{2}{3} = \frac{8}{12}$ gilt. Wie sieht es aber mit $\frac{18}{28}$ und $\frac{63}{98}$ oder mit $\frac{24}{36}$ und $\frac{28}{42}$ aus?

Es ist daher sinnvoll, gemeine Brüche vollständig gekürzt zu betrachten, da es sich hierbei um eine *eindeutige* Darstellung handelt. Die Vergewisserung, ob der Bruch bereits vollständig gekürzt ist, kann bei sehr großen Zählern und Nennern aber unübersichtlich sein. Ein sicheres Verfahren ist hier der *Euklidische Algorithmus* (Satz 5.5), mit dem festgestellt werden kann, ob Zähler und Nenner noch gemeinsame Teiler außer der Eins haben. Insgesamt wird die Überprüfung zweier gegebener Brüche auf Gleichheit damit aber ggf. aufwändig.

Ein möglicher Ausweg kann hier die Darstellung von Brüchen[4] als Dezimalbruch sein, da diese (nahezu) eindeutig ist.[5] Ein Dezimalbruch zu einem gegebenen gemeinen Bruch kann mit dem erweiterten Divisionsalgorithmus gewonnen werden. Allerdings gibt es *praktisch* auch hier Grenzen: Wenn insbesondere der Nenner „unhandlich" wird, können endliche Dezimalbruchentwicklungen sehr viele Nachkommastellen bzw. unendliche Dezimalbruchentwicklungen sehr lange Perioden aufweisen.

---

[1] Ausführlich werden Zahlbereichserweiterungen in Padberg u. a. [20] behandelt.

[2] Rationale Zahlen sind Äquivalenzklassen gleichwertiger Brüche; $\frac{3}{4}$ und $\frac{6}{8}$ sind verschiedene Repräsentanten für dieselbe Zahl (vgl. Padberg/Büchter [23], Abschn. 11.1).

[3] Vgl. Padberg/Wartha [25], S. 31 f.

[4] Wir werden unsere Betrachtungen auf positive Brüche $\frac{m}{n}$ mit $m, n \in \mathbb{N}$ beschränken; grundsätzlich gelten alle Resultate für $\frac{m}{n}$ inhaltlich gleich für $-\frac{m}{n}$, nur jeweils mit dem anderen Vorzeichen.

[5] Eine Ausnahme stellen hier die Neunerperioden dar; so gilt etwa $0{,}\overline{9} = 1$.

8.1.2 Vorteile der unterschiedlichen Darstellungsformen

Die beiden betrachteten Darstellungsformen haben jeweils spezifische *Vorteile*.[6] Die Darstellung als *Dezimalbruch*

- ermöglicht den einfachen *Größenvergleich* von rationalen Zahlen,
- tritt im *Alltag* häufig auf,
- steht in engem *Zusammenhang* mit der *Schreibweise* für natürliche Zahlen,
- macht den *Zusammenhang* zwischen dem Rechnen mit natürlichen Zahlen und mit rationalen Zahlen – insbesondere bei den schriftlichen *Rechenverfahren* – sichtbar.

Umgekehrt weist auch die Darstellung als *gemeiner Bruch* Vorteile auf:

- In der Stochastik spielen gemeine Brüche eine wichtige Rolle, wenn Wahrscheinlichkeiten mit einem *Laplace-Ansatz* („Anzahl der günstigen Fälle geteilt durch Anzahl der möglichen Fälle") bestimmt werden.
- Beim Lösen von *Gleichungen* treten Brüche häufig direkt als Koeffizienten oder nach Äquivalenzumformungen durch Division auf.
- Die Darstellung von rationalen Zahlen als Dezimalbruch wird mithilfe der gemeinen Brüche mit Zehnerpotenzen im Nenner *hergeleitet*.

8.1.3 Erste einfache Darstellungswechsel

Beim Wechsel der Darstellung sind aus der eigenen Schulzeit am ehesten die Umwandlung von Brüchen mit *Zehnerpotenzen als Nenner* (z. B. $\frac{23}{100} = 0{,}23$) und – in umgekehrter Richtung – die Umwandlung für *endliche* Dezimalbruchentwicklungen (z. B. $0{,}991 = \frac{991}{1000}$) in Erinnerung. Darüber hinaus steht noch der **erweiterte Divisionsalgorithmus** (z. B. $\frac{2}{5} = 2 : 5 = 0{,}4$) zur Verfügung. Warum *diese* Umwandlungen immer möglich sind, werden wir im folgenden Abschnitt begründen. Vorher betrachten wir noch einige Darstellungswechsel, um erste Einsichten zu gewinnen. Wir beginnen mit Umwandlungen zwischen Brüchen mit *Zehnerpotenzen als Nenner* und *endlichen Dezimalbruchentwicklungen*:

- Die Umwandlung der folgenden Brüche zeigt, wie sich scheinbar kleine Unterschiede auswirken können: $\frac{67}{100} = 0{,}67$; $\frac{670}{100} = 6{,}70 = 6{,}7$; $\frac{67}{1000} = 0{,}067$.
- Die gleiche Betrachtung gilt natürlich auch für die umgekehrte Richtung des Darstellungswechsels: $0{,}29 = \frac{29}{100}$; $2{,}9 = \frac{29}{10}$; $0{,}029 = \frac{29}{1000}$.
- Wenn der Nenner des Bruchs ein *Teiler einer Zehnerpotenz* ist, lässt dieser sich geeignet erweitern: $\frac{123}{250} = \frac{492}{1000} = 0{,}492$. Hierfür muss diese Konstellation allerdings erkannt werden. Wegen $10^k = (2 \cdot 5)^k = 2^k \cdot 5^k$ ist der Nenner *genau dann* ein Teiler von 10^k,

---

[6] Für eine ausführlichere Darstellung vgl. Padberg/Wartha [25], S. 8 ff. und 162 f.

wenn in seiner *Primfaktorzerlegung* (vgl. Kap. 4) nur die Faktoren 2 oder 5 auftreten *und* beide Faktoren höchstens k-mal auftreten. Wenn der Nenner keine anderen Primfaktoren als 2 oder 5 hat, muss also nur der Exponent der Zehnerpotenz groß genug gewählt werden.

- Aber auch die Umwandlung des Bruchs $\frac{108}{375}$ lässt sich auf die Umwandlung von Brüchen mit Zehnerpotenzen als Nenner zurückführen, obwohl in der Primfaktorzerlegung des Nenners zunächst eine 3 auftritt und 375 somit *kein* Teiler einer Zehnerpotenz ist. In diesem konkreten Fall können wir aber durch *Kürzen* die entsprechende Konstellation herstellen: $\frac{108}{375} = \frac{36}{125} = \frac{288}{1000} = 0{,}288$. Hier zeigt sich, dass es bei einer weiteren Systematisierung von Umwandlungen sinnvoll ist, von bereits vollständig gekürzten Brüchen auszugehen.
- Umwandlungen von gemeinen Brüchen in Dezimalbrüche mithilfe des erweiterten Divisionsalgorithmus nehmen wir im nächsten Abschnitt genauer in den Blick.

8.2 Dezimalbruchentwicklungen als Erweiterung des Dezimalsystems

Im vorangehenden Abschnitt ist sichtbar geworden, dass für eine vertiefte Betrachtung von Dezimalbrüchen eine Erweiterung des Dezimalsystems erforderlich ist. Auf dieser Grundlage kann auch der von den natürlichen Zahlen bekannte Divisionsalgorithmus verallgemeinert werden. Eine geeignete Formalisierung dieses Algorithmus führt uns dann zu Resultaten über Dezimalbruchentwicklungen.

8.2.1 Erweiterung des Dezimalsystems und des Divisionsalgorithmus

Wenn bei einem 100-Meter-Lauf eine Zeit von 9,58 Sekunden gemessen wird, sprechen wir auch im Alltag von Zehntelsekunden und Hundertstelsekunden. Dies passt zu der Idee, dass es sich bei der Dezimalbruchentwicklung um eine Erweiterung des *Dezimalsystems* (vgl. Abschn. 8.1.1) handelt. In absteigender Reihenfolge kommen dann nach den *Hundertern* (10^2), *Zehnern* (10^1) und *Einern* (10^0) die *Zehntel* ($10^{-1} = \frac{1}{10}$) und die *Hundertstel* ($10^{-2} = \frac{1}{100}$) hinzu. Das *Komma* zwischen den Einern und den Zehnteln sichert die Eindeutigkeit der Darstellung. Für die rationale Zahl $328{,}72 = 3 \cdot 10^2 + 2 \cdot 10^1 + 8 \cdot 10^0 + 7 \cdot 10^{-1} + 2 \cdot 10^{-2}$ ergibt sich daraus die folgende Stellenwerttafel:[7]

10^2	10^1	10^0	10^{-1}	10^{-2}
100	10	1	$\frac{1}{10}$	$\frac{1}{100}$
H	Z	E	z	h
3	**2**	**8**	**7**	**2**

---

[7] Dabei werden Zehntel und Hundertstel usw. mit Kleinbuchstaben abgekürzt (z, h, ...).

Damit können wir den Divisionsalgorithmus fundieren und analysieren.[8] Die folgenden Beispiele liefern einen ersten Einblick in die Umwandlung von gemeinen Brüchen in Dezimalbrüche mithilfe des **Divisionsalgorithmus**, wobei die Deutung eines gemeinen Bruchs als Ergebnis einer Division ($\frac{a}{b} = a : b$) genutzt wird:

Beispiel 1

$\frac{5}{8} = 5 : 8 = 0{,}625$; denn:

E	z	h	t			E	z	h	t
5					: 8 =	0	6	2	5
0									
5	0								
4	8								
	2	0							
	1	6							
		4	0						
		4	0						
			0						

Mit dem *erstmaligen* Auftreten des Restes 0 endet der Algorithmus, $\frac{5}{8}$ hat eine **endliche Dezimalbruchentwicklung**. Der obige Algorithmus kann wie folgt verstanden werden:

Einer:		$5\,\mathrm{E} : 8 = 0\,\mathrm{E}$	Rest $5\,\mathrm{E}$
Zehntel:	$5\,\mathrm{E} = 50\,\mathrm{z}$;	$50\,\mathrm{z} : 8 = 6\,\mathrm{z}$	Rest $2\,\mathrm{z}$
Hundertstel:	$2\,\mathrm{z} = 20\,\mathrm{h}$;	$20\,\mathrm{h} : 8 = 2\,\mathrm{h}$	Rest $4\,\mathrm{h}$
Tausendstel:	$4\,\mathrm{h} = 40\,\mathrm{t}$;	$40\,\mathrm{t} : 8 = 5\,\mathrm{t}$	Rest $0\,\mathrm{t}$

Bei dieser Notation wird noch deutlicher, warum die Dezimalbruchentwicklung mit dem erstmaligen Auftreten des Restes 0 abbrechen *muss*. In allen weiteren Zeilen stünde „0 s : 8 = 0 s Rest 0 s", wobei s für einen beliebigen folgenden Stellenwert steht.

---

[8] Der Divisionsalgorithmus wird zunächst im Bereich der natürlichen Zahlen eingeführt (vgl. Padberg/Büchter [23], Abschn. 3.4), wobei *Reste* auftreten können. In diesem Kapitel wird der Algorithmus im Fall von Resten *fortgesetzt*.

Beispiel 2

$\frac{5}{12} = 5 : 12 = 0{,}41\overline{6}$; denn:

E	z	h	t	zt	...		E	z	h	t	zt	...
5						: 12 =	0	4	1	6	6	...
0												
5	0											
4	8											
	2	0										
	1	2										
		8	0									
		7	2									
			8	0								
			7	2								
				8	0							
					⋮							

In diesem Beispiel tritt der Rest 0 *nie* auf, der Algorithmus endet *nicht*. Vielmehr wiederholen sich der Rest 8 und – daraus resultierend – die Ziffer 6 beliebig oft, ohne dass andere Reste oder Ziffern auftreten. $\frac{5}{12}$ hat also *keine* endliche Dezimalbruchentwicklung, sondern eine **periodisch** werdende unendliche.[9] Der obige Algorithmus kann wiederum wie folgt verstanden werden:

Einer:		$5\,\mathrm{E} : 12 = 0\,\mathrm{E}$	Rest $5\,\mathrm{E}$
Zehntel:	$5\,\mathrm{E} = 50\,\mathrm{z}$;	$50\,\mathrm{z} : 12 = 4\,\mathrm{z}$	Rest $2\,\mathrm{z}$
Hundertstel:	$2\,\mathrm{z} = 20\,\mathrm{h}$;	$20\,\mathrm{h} : 12 = 1\,\mathrm{h}$	Rest $8\,\mathrm{h}$
Tausendstel:	$8\,\mathrm{h} = 80\,\mathrm{t}$;	$80\,\mathrm{t} : 12 = 6\,\mathrm{t}$	Rest $8\,\mathrm{t}$
Zehntausendstel:	$8\,\mathrm{t} = 80\,\mathrm{zt}$;	$80\,\mathrm{zt} : 12 = 6\,\mathrm{zt}$	Rest $8\,\mathrm{zt}$
	⋮	⋮	

Wiederum wird noch deutlicher, warum die Dezimalbruchentwicklung periodisch sein *muss*, wenn ein Rest (zunächst ein Mal und dann unendlich oft) wiederholt auftritt: Die Entwicklung *aller* nachfolgenden Zeilen hängt *nur* vom Rest in dieser Zeile ab. ∎

---

[9] Wenn der Divisionsalgorithmus nicht endet, hat der Bruch von vornherein *keine* Zehnerpotenz als Nenner und lässt sich *nicht* durch Kürzen oder Erweitern in einen Bruch mit einer Zehnerpotenz als Nenner umformen. Beim vollständig gekürzten Bruch $\frac{5}{12}$ „stört" der Primfaktor 3 im Nenner. Unklar bleibt zunächst aber noch, ob diese notwendige Bedingung auch hinreichend ist, d. h. ob alle vollständig gekürzten Brüche, die nicht ausschließlich 2 oder 5 als Primfaktoren enthalten, eine unendliche Dezimalbruchentwicklung haben *müssen*. Diese Frage wird im Abschn. 8.3 beantwortet.

In den beiden obigen Beispielen wird erkennbar, dass die Eindeutigkeit der Dezimalbruchentwicklung aus der Eindeutigkeit der *Division mit Rest* (vgl. Satz 2.8) folgt. Die Erläuterungen zum Divisionsalgorithmus in Beispiel 2 ($5 : 12 = 0{,}4166\ldots = 0{,}41\overline{6}$) können wir wie folgt reduziert notieren:

$$\downarrow \qquad \Downarrow$$

$$5 = 0 \cdot 12 + 5$$

$$10 \cdot 5 = 4 \cdot 12 + 2$$

$$10 \cdot 2 = 1 \cdot 12 + 8$$

$$10 \cdot 8 = 6 \cdot 12 + 8$$

$$10 \cdot 8 = 6 \cdot 12 + 8$$

$$\vdots \quad \vdots \qquad \vdots$$

Dabei erkennt man direkt hinter dem Gleichheitszeichen im *Faktor vor dem Divisor* (vgl. $\downarrow$) die *Ziffern* der Dezimalbruchentwicklung und als *zweiten Summanden* (vgl. $\Downarrow$) die *Reste* aus der schriftlichen Division. Für die systematische Untersuchung von Dezimalbruchentwicklungen sind diese entstehenden **Folgen von Ziffern und Resten** zentral. Damit wir die dann erzielten Aussagen nicht nur *beispielgebunden*, sondern auch *allgemein* unter Variablenbenutzung beweisen können, *verallgemeinern* wir die obige Darstellung.

Dabei gehen wir von *echten Brüchen* $\frac{m}{n}$ mit $m, n \in \mathbb{N}$ und $m < n$ aus. Dies bedeutet, dass $\frac{m}{n} < 1$ gilt und die Division mit Rest zunächst $m = 0 \cdot n + m$ ergibt. Damit haben wir die gleiche Ausgangssituation wie in den beiden oben betrachteten Beispielen. Für die Untersuchung von Dezimalbruchentwicklungen stellt unsere Festlegung *keine* Einschränkung dar, weil hierfür interessant ist, „was rechts vom Komma geschieht".[10] Für einen echten Bruch $\frac{m}{n}$ lässt sich die Darstellung wie folgt notieren:

$$\downarrow \qquad \Downarrow$$

$$m = 0 \cdot n + r_0$$

$$10 \cdot r_0 = q_1 \cdot n + r_1$$

$$10 \cdot r_1 = q_2 \cdot n + r_2$$

$$10 \cdot r_2 = q_3 \cdot n + r_3 \qquad (8.1)$$

$$\vdots \quad \vdots \qquad \vdots$$

$$10 \cdot r_{k-1} = q_k \cdot n + r_k$$

$$\vdots \quad \vdots \qquad \vdots$$

---

[10] Bei Brüchen $\frac{m}{n}$ mit $m, n \in \mathbb{N}$ und $m > n$ würde nur ein hier *nicht* weiter interessierender ganzzahliger Anteil hinzukommen, der sich aus der Division mit Rest ergibt. Wegen $m > n$ gäbe es dann ein eindeutig bestimmtes $q > 0$ mit $m = q \cdot n + m_1$ und $m_1 < n$. Für die eigentliche Betrachtung der Dezimalbruchentwicklung würde man dann mit dem *echten Bruch* $\frac{m_1}{n}$ weiterarbeiten.

Dabei gilt $r_0 = m$ sowie für die „Ziffern" $0 \leq q_i < 10$ für alle $i \in \mathbb{N}$ und für die Reste $0 \leq r_i < n$ für alle $i \in \mathbb{N}_0$.

Für unsere weiteren Betrachtungen wird es hilfreich sein, die obigen Gleichungen in einer Gleichung zusammenzufassen. Dabei führen wir die ersten $k + 1$ Gleichungen in zwei Varianten zusammen (vgl. Aufgabe 7):

$$m = 0 \cdot n + \frac{q_1}{10} \cdot n + \frac{q_2}{10^2} \cdot n + \frac{q_3}{10^3} \cdot n + \ldots + \frac{q_k}{10^k} \cdot n + \frac{r_k}{10^k} \tag{8.2}$$

und – direkt vom interessierenden Bruch $\frac{m}{n}$ auf der linken Seite ausgehend –

$$\frac{m}{n} = 0 + \frac{q_1}{10} + \frac{q_2}{10^2} + \frac{q_3}{10^3} + \ldots + \frac{q_k}{10^k} + \frac{r_k}{n \cdot 10^k}. \tag{8.3}$$

Wir schreiben für die letzte Gleichung auch $\frac{m}{n} = 0, q_1 q_2 q_3 \ldots q_k \ldots$ und nennen dies – mit der Bezeichnung, die wir bislang schon aufgrund unserer Vorkenntnisse verwendet haben – die **Dezimalbruchentwicklung** von $\frac{m}{n}$.

8.2.2 Erste Erkundungen

Wir untersuchen zunächst die Dezimalbruchentwicklungen der ersten 16 **Stammbrüche** ($\frac{1}{2}$ bis $\frac{1}{17}$), die wir mit bis zu zehn Stellen angeben, auf Gemeinsamkeiten und Unterschiede.

Bruch	Dezimalbruch
$\frac{1}{2}$	0,5
$\frac{1}{3}$	$0{,}333\,333\,333\,3 \ldots = 0{,}\overline{3}$
$\frac{1}{4}$	0,25
$\frac{1}{5}$	0,2
$\frac{1}{6}$	$0{,}166\,666\,666\,6 \ldots = 0{,}1\overline{6}$
$\frac{1}{7}$	$0{,}142\,857\,142\,8 \ldots = 0{,}\overline{142\,857}$
$\frac{1}{8}$	0,125
$\frac{1}{9}$	$0{,}111\,111\,111\,1 \ldots = 0{,}\overline{1}$
$\frac{1}{10}$	0,1
$\frac{1}{11}$	$0{,}090\,909\,090\,9 \ldots = 0{,}\overline{09}$
$\frac{1}{12}$	$0{,}083\,333\,333\,3 \ldots = 0{,}08\overline{3}$
$\frac{1}{13}$	$0{,}076\,923\,076\,9 \ldots = 0{,}\overline{076\,923}$
$\frac{1}{14}$	$0{,}071\,428\,571\,4 \ldots = 0{,}0\overline{71\,428\,5}$
$\frac{1}{15}$	$0{,}066\,666\,666\,6 \ldots = 0{,}0\overline{6}$
$\frac{1}{16}$	0,0625
$\frac{1}{17}$	$0{,}058\,823\,529\,4 \ldots$

In der Dezimalentwicklung zum Stammbruch $\frac{1}{17}$ deutet sich bei der Betrachtung der ersten zehn Stellen keine Vermutung darüber an, ob sie *endlich* oder *unendlich* ist. Alle anderen Stammbrüche lassen sich aber relativ sicher klassifizieren:

- *Endliche Dezimalbruchentwicklungen*
  Die Dezimalbruchentwicklungen von $\frac{1}{2}, \frac{1}{4}, \frac{1}{5}, \frac{1}{8}, \frac{1}{10}$ und $\frac{1}{16}$ sind endlich. Dabei handelt es sich genau um die Stammbrüche, in deren Nenner keine anderen Primfaktoren als 2 oder 5 auftreten, deren Nenner also Teiler einer Zehnerpotenz sind. Tatsächlich können wir im folgenden Abschnitt allgemein zeigen, dass ein vollständig gekürzter echter Bruch *genau dann* eine endliche Dezimalbruchentwicklung hat, wenn sein Nenner Teiler einer (beliebig großen) Zehnerpotenz ist.
- *Periodische Dezimalbruchentwicklungen*
  Die Dezimalbruchentwicklungen von $\frac{1}{3}, \frac{1}{6}, \frac{1}{7}, \frac{1}{9}, \frac{1}{11}, \frac{1}{12}, \frac{1}{13}, \frac{1}{14}$ und $\frac{1}{15}$ sind unendlich *und* periodisch. Wir können weitergehend noch **reinperiodische** Dezimalbruchentwicklungen, bei denen die Periode direkt hinter dem Komma beginnt (z. B. $\frac{1}{3}$), von **gemischtperiodischen** unterscheiden, bei denen die Periode erst einige Dezimalstellen später beginnt (z. B. $\frac{1}{12}$). Auch die **Periodenlängen** sind unterschiedlich. Für das Aufstellen von Vermutungen über die Periodenlänge müssen wir augenscheinlich *weitere Beispiele* untersuchen oder andere *systematische Betrachtungen* anstellen.
  Bei den neun bereits als periodisch erkannten Dezimalbruchentwicklungen deutet sich an, dass sie *genau dann* reinperiodisch sind, wenn der Nenner des Stammbruchs und die Basis des Dezimalsystems teilerfremd sind, wenn also $ggT(n, 10) = 1$ gilt.

Zum zunächst noch unklaren Fall des Stammbruchs $\frac{1}{17}$ können wir nur auf Basis der ersten zehn Dezimalstellen noch keine Vermutung anstellen. Die obigen Überlegungen legen allerdings nahe, dass es sich um eine *reinperiodische* Dezimalbruchentwicklung handelt. Bei einer Analyse des Divisionsalgorithmus wird außerdem klar, dass die Dezimalbruchentwicklung *jedes* Bruchs *entweder* endlich *oder* unendlich und periodisch sein muss, da bei der Division mit Rest durch eine natürliche Zahl n höchstens n verschiedene Reste $0 \leq r < n$ auftreten können. Nach spätestens n Schritten muss also *entweder* ein Rest 0 und die Dezimalbruchentwicklung damit endlich sein *oder* ein Rest muss sich wiederholen, sodass die Dezimalbruchentwicklung unendlich und periodisch sein muss.

Mit der Untersuchung der ersten 16 Stammbrüche haben wir bereits Vermutungen zu einigen zentralen Aussagen über Dezimalbruchentwicklungen gewonnen. Diese – und weitere relevante – Aussagen werden wir im Anschluss an die Definition wichtiger Begriffe allgemein beweisen können.

8.2.3   Erste Systematisierungen

Die folgende Definition nimmt direkt Bezug auf die Herleitung der Dezimalbruchentwicklung in (8.3):

Definition 8.1

Sei $\frac{m}{n} = 0, q_1 q_2 q_3 \ldots q_k \ldots$ die Dezimalbruchentwicklung des echten Bruchs $\frac{m}{n}$.

1. Die Dezimalbruchentwicklung heißt genau dann **endlich**, wenn es einen Index k gibt, sodass $q_i = 0$ für alle $i > k$ gilt.

2. Die Dezimalbruchentwicklung heißt genau dann **periodisch**, wenn es eine natürliche Zahl p und einen Index k gibt, sodass $q_{i+p} = q_i$ für alle $i \geq k$ gilt. Eine periodische Dezimalbruchentwicklung heißt genau dann **reinperiodisch**, wenn $k = 1$ gesetzt werden kann, andernfalls **gemischtperiodisch**. ◆

Bemerkungen

(1) Im Fall einer endlichen Dezimalbruchentwicklung mit $q_k \neq 0$ und $q_i = 0$ für alle $i > k$ gibt k die **Länge der endlichen Dezimalbruchentwicklung** an.

(2) Im Fall einer periodischen Dezimalbruchentwicklung gibt die kleinste natürliche Zahl p, für die $q_{i+p} = q_i$ für alle $i \geq k$ gilt, die **Periodenlänge** an.

(3) Im Fall einer gemischtperiodischen Dezimalbruchentwicklung stehen vor der Periode **Vorziffern**. Ist k der kleinste Index, für den es eine geeignete natürliche Zahl p gibt, sodass $q_{i+p} = q_i$ für alle $i \geq k$ gilt, dann hat die gemischtperiodische Dezimalbruchentwicklung $k - 1$ Vorziffern.

8.3   Endliche Dezimalbruchentwicklungen

In diesem Abschnitt charakterisieren wir alle vollständig gekürzten echten Brüche mit einer endlichen Dezimalbruchentwicklung und treffen eine Aussage über deren Länge. Beim Beweis greifen wir vor allem auf die *Differenz-* und die *Produktregel* für die *Teilbarkeitsrelation* (Sätze 2.4 und 2.5) zurück.

Wir haben im vorangehenden Abschnitt vermutet, dass ein vollständig gekürzter echter Bruch[11] *genau dann* eine endliche Dezimalbruchentwicklung hat, wenn sein Nenner eine (beliebig große) Zehnerpotenz teilt. Ein Beispiel, das wir bereits intensiv untersucht haben, ist $\frac{5}{8} = 0,625$. Dabei ist 10^3 die *kleinste* Zehnerpotenz, die von 8 geteilt wird, und 3 ist zugleich die Länge der zugehörigen Dezimalbruchentwicklung. Ein Blick auf die Tabelle mit den Stammbrüchen, stützt die Vermutung, dass dieser Zusammenhang zwischen dem Exponenten der kleinsten Zehnerpotenz, die vom Nenner geteilt wird, und der Länge der zugehörigen endlichen Dezimalbruchentwicklung *allgemein* gilt:

---

[11] Dass wir nur *vollständig gekürzte* echte Brüche betrachten, vereinfacht die weiteren Betrachtungen erheblich und stellt keine wesentliche Einschränkung dar: Da alle Brüche, die dieselbe rationale Zahl repräsentieren, dieselbe Dezimalbruchentwicklung haben (vgl. Aufgabe 4), genügt es, den vollständig gekürzten Repräsentanten zu betrachten.

- 2, 5 und 10 sind jeweils Teiler von 10^1 und es gilt $\frac{1}{2} = 0{,}5$, $\frac{1}{5} = 0{,}2$ und $\frac{1}{10} = 0{,}1$.
- 4 ist ein Teiler von 10^2 und es gilt $\frac{1}{4} = 0{,}25$.
- 8 ist ein Teiler von 10^3 und es gilt $\frac{1}{8} = 0{,}125$.
- 16 ist ein Teiler von 10^4 und es gilt $\frac{1}{16} = 0{,}0625$.

Unsere Vermutungen fassen wir zusammen im

Satz 8.1 (Endliche Dezimalbruchentwicklung)

Der vollständig gekürzte echte Bruch $\frac{m}{n}$ hat genau dann eine endliche Dezimalbruchentwicklung, wenn es eine natürliche Zahl s mit $n \mid 10^s$ gibt. Wenn s die kleinste natürliche Zahl mit $n \mid 10^s$ ist, hat die zugehörige endliche Dezimalbruchentwicklung die Länge s.

Beweis

Für den Beweis gehen wir zunächst davon aus, dass es eine natürliche Zahl s mit $n \mid 10^s$ gibt, und zeigen, dass die Dezimalbruchentwicklung dann endlich sein *muss* (1.). Anschließend zeigen wir die umgekehrte Richtung dieser Teilaussage (2.). Schließlich betrachten wir noch die Länge der endlichen Dezimalbruchentwicklung (3.).

1. Es gebe ein $s \in \mathbb{N}$ mit $n \mid 10^s$. Wir zeigen für die $s + 1$-te Gleichung in (8.1), dass dann zwangsläufig $n \mid 10 \cdot r_{s-1}$ und daher auch $r_s = 0$ gelten *muss*:
   Die Gleichungen aus (8.1) hatten wir in (8.2) zusammengefasst; setzen wir dort $k = s - 1$, dann erhalten wir r_{s-1} als Zähler des letzten Summanden:

$$m = 0 \cdot n + \frac{q_1}{10} \cdot n + \frac{q_2}{10^2} \cdot n + \frac{q_3}{10^3} \cdot n + \ldots + \frac{q_{s-1}}{10^{s-1}} \cdot n + \frac{r_{s-1}}{10^{s-1}}$$

   Die Multiplikation der Gleichung mit 10^s ergibt:

$$10^s \cdot m = 10^{s-1} \cdot q_1 \cdot n + 10^{s-2} \cdot q_2 \cdot n + 10^{s-3} \cdot q_3 \cdot n + \ldots$$
$$+ 10 \cdot q_{s-1} \cdot n + 10 \cdot r_{s-1}$$

   Durch Auflösen der so erhaltenen Gleichung nach $10 \cdot r_{s-1}$ und Ausklammern von n erhalten wir:

$$10 \cdot r_{s-1} = 10^s \cdot m - n \cdot (10^{s-1} \cdot q_1 + 10^{s-2} \cdot q_2 + 10^{s-3} \cdot q_3 + \ldots + 10 \cdot q_{s-1})$$

   Aus $n \mid 10^s$ folgt nun mit der Differenz- und der Produktregel für die Teilbarkeitsrelation (Sätze 2.4 und 2.5), dass insgesamt $n \mid 10 \cdot r_{s-1}$ und damit $r_s = 0$ gelten *muss*. Die Dezimalbruchentwicklung von $\frac{m}{n}$ *muss* also endlich sein.
2. Gehen wir umgekehrt davon aus, dass die Dezimalbruchentwicklung von $\frac{m}{n}$ endlich ist, dann *muss* es ein $s \in \mathbb{N}$ mit $r_s = 0$ geben, da die Dezimalbruchentwicklung sonst nicht abbrechen würde.

Aus der zusammenfassenden Gleichung (8.2) können wir mit $k = s$ analog zu den obigen Überlegungen schrittweise eine Aussage über r_s gewinnen, aus der wir folgern können, dass $n \mid 10^s$ gelten *muss*:

$$m = 0 \cdot n + \frac{q_1}{10} \cdot n + \frac{q_2}{10^2} \cdot n + \frac{q_3}{10^3} \cdot n + \ldots + \frac{q_s}{10^s} \cdot n + \frac{r_s}{10^s}$$

Die Multiplikation der Gleichung mit 10^s ergibt:

$$10^s \cdot m = 10^{s-1} \cdot q_1 \cdot n + 10^{s-2} \cdot q_2 \cdot n + 10^{s-3} \cdot q_3 \cdot n + \ldots + q_s \cdot n + r_s$$

Durch Auflösen nach r_s und Ausklammern von n erhalten wir:

$$r_s = 10^s \cdot m - n \cdot (10^{s-1} \cdot q_1 + 10^{s-2} \cdot q_2 + 10^{s-3} \cdot q_3 + \ldots + q_s)$$

Aus $r_s = 0$ folgt dann:

$$10^s \cdot m = n \cdot (10^{s-1} \cdot q_1 + 10^{s-2} \cdot q_2 + 10^{s-3} \cdot q_3 + \ldots + q_s)$$

Also gilt $n \mid 10^s \cdot m$. Weil der Bruch $\frac{m}{n}$ vollständig gekürzt ist, *muss* wegen der Eindeutigkeit der Primfaktorzerlegung $n \mid 10^s$ gelten.

3. Für die Betrachtung der Länge der endlichen Dezimalbruchentwicklung von $\frac{m}{n}$ gehen wir nun davon aus, dass s die *kleinste* natürliche Zahl mit $n \mid 10^s$ ist. Dann gilt auf jeden Fall – wie wir oben (1.) gezeigt haben – $r_s = 0$, sodass die Länge der endlichen Dezimalbruchentwicklung von $\frac{m}{n}$ nicht größer als s sein kann. Wir können zeigen, dass $r_{s-1} \neq 0$ gelten *muss*, woraus $q_s \neq 0$ folgt (warum?), was bedeutet, dass die Dezimalbruchentwicklung tatsächlich erst nach s Ziffern abbricht: Angenommen, es gelte $r_{s-1} = 0$. Dann würde – wie oben (2.) – folgen, dass $n \mid 10^{s-1}$ gelten müsste, im Widerspruch zur Voraussetzung, dass s die *kleinste* natürliche Zahl mit dieser Eigenschaft ist. Also gilt $r_{s-1} \neq 0$ und die Dezimalbruchentwicklung hat die Länge s. □

Bemerkung

Wegen der Eindeutigkeit der Primfaktorzerlegung gilt für $n \in \mathbb{N}$ genau dann $n \mid 10^s$ für ein $s \in \mathbb{N}$, wenn $n = 2^a \cdot 5^b$ mit $a, b \in \mathbb{N}_0$ gilt und $0 \leq a \leq s$ sowie $0 \leq b \leq s$ gilt.

Satz 8.1 sagt damit aus, dass der vollständig gekürzte Bruch $\frac{m}{n}$ genau dann eine endliche Dezimalbruchentwicklung hat, wenn $a, b \in \mathbb{N}_0$ existieren mit $n = 2^a \cdot 5^b$. Für die Länge s der Dezimalbruchentwicklung gilt dann $s = Max(a, b)$.

8.4　Periodische Dezimalbruchentwicklungen

Da Satz 8.1 eine Charakterisierung („… genau dann, wenn …") für endliche Dezimalbruchentwicklungen liefert, folgt hieraus unmittelbar, dass vollständig gekürzte echte Brüche $\frac{m}{n}$, deren Nenner keine Zehnerpotenz teilt, ausschließlich unendliche Dezimalbruchentwicklungen haben. Da bei der schriftlichen Division von m durch n nur $n - 1$ unterschiedliche, von null verschiedene Reste auftreten können, *müssen* die unendlichen Dezimalbruchentwicklungen *periodisch* sein und für die Periodenlänge s *muss* $s \leq n - 1$ gelten. Dabei können sie *reinperiodisch* oder *gemischtperiodisch* sein.

8.4.1 Reinperiodische Dezimalbruchentwicklungen

Durch die Untersuchung der ersten 16 Stammbrüche ist bereits die Vermutung entstanden, die wir im folgenden Satz formulieren und anschließend beweisen.

Satz 8.2 (Reinperiodische Dezimalbruchentwicklung)
Der vollständig gekürzte echte Bruch $\frac{m}{n}$ hat genau dann eine reinperiodische Dezimalbruchentwicklung, wenn $ggT(n, 10) = 1$ gilt.

Beweis
Wir zeigen zunächst, dass aus $ggT(n, 10) = 1$ folgt, dass die Dezimalbruchentwicklung reinperiodisch ist (1.), und dann die umgekehrte Richtung (2.):

1. Aus $ggT(n, 10) = 1$ folgt, dass die Dezimalbruchentwicklung nach Satz 8.1 und den Vorüberlegungen periodisch sein *muss*. Zu zeigen ist noch, dass sie reinperiodisch ist. Hierfür genügt es zu zeigen, dass bei den Gleichungen in (8.1) bereits r_0 der erste Rest ist, der sich wiederholt, da alle folgenden „Ziffern" q_i und Reste r_i nur von ihm abhängen.
   Da die Dezimalbruchentwicklung von $\frac{m}{n}$ nicht endlich ist, wiederholt sich bei den Gleichungen in (8.1) irgendwann ein von null verschiedener Rest zunächst zum ersten Mal und dann im gleichen Abstand immer wieder. Es gibt also ein $k \in \mathbb{N}_0$ und ein $d \in \mathbb{N}$, sodass $r_k = r_{k+d}$ gilt. Wir werden uns nun bei den Gleichungen in (8.1) schrittweise „hocharbeiten", um zu zeigen, dass sich bereits r_0 wiederholen *muss*, wenn $ggT(n, 10) = 1$ gilt:
   Falls für das gewählte k bereits $k = 0$ gilt, so ist die Dezimalbruchentwicklung auf jeden Fall reinperiodisch. Für $k \geq 1$ können wir die beiden folgenden Gleichungen aus (8.1) gewinnen:

$$10 \cdot r_{k-1} = q_k \cdot n + r_k$$
$$10 \cdot r_{k+d-1} = q_{k+d} \cdot n + r_{k+d}$$

Wegen $r_k = r_{k+d}$ ergibt die Subtraktion der beiden Gleichungen:

$$10 \cdot (r_{k-1} - r_{k+d-1}) = (q_k - q_{k+d}) \cdot n$$

Folglich gilt $n \mid 10 \cdot (r_{k-1} - r_{k+d-1})$ und aus $ggT(n, 10) = 1$ sowie der Eindeutigkeit der Primfaktorzerlegung folgt $n \mid (r_{k-1} - r_{k+d-1})$. Da $0 < r_i < n$ für alle $i \in \mathbb{N}_0$ gilt, *muss* für die Differenz $-n < r_{k-1} - r_{k+d-1} < n$ gelten (warum?). Aus $n \mid (r_{k-1} - r_{k+d-1})$ folgt dann aber $r_{k-1} - r_{k+d-1} = 0$ und somit $r_{k-1} = r_{k+d-1}$. Wir haben uns also bereits einen Schritt hochgearbeitet.

Wenn $k = 1$ gilt, sind wir nun fertig. Für $k \geq 2$ können wir uns mit der gleichen Argumentation wie oben einen weiteren Schritt hocharbeiten und zeigen, dass auch $r_{k-2} = r_{k+d-2}$ folgen *muss*. Da wir dieses Verfahren schrittweise fortsetzen können, erhalten wir nach genau k Schritten $r_{k-k} = r_{k+d-k}$, also $r_0 = r_d$, sodass r_0 der erste Rest ist, der sich wiederholt.

2. Wir gehen davon aus, dass die Dezimalbruchentwicklung von $\frac{m}{n}$ reinperiodisch mit Periodenlänge s ist, also $\frac{m}{n} = 0,\overline{q_1 q_2 \dots q_s}$ gilt, und bezeichnen mit P die als natürliche Zahl aufgefasste Periode $P := 10^{s-1} \cdot q_1 + 10^{s-2} \cdot q_2 + \dots + 10^0 \cdot q_s$. Für die Gleichungen in (8.1) bedeutet dies, dass $r_s = r_0$ gilt. Multiplizieren wir die k-te Gleichung der ersten $s + 1$ Gleichungen in (8.1) mit 10^{s+1-k}, so erhalten wir (wegen $r_0 = m$):

$$10^s \cdot m = 10^s \cdot 0 \cdot n \quad + 10^s \cdot r_0$$

$$10^s \cdot r_0 = 10^{s-1} \cdot q_1 \cdot n + 10^{s-1} \cdot r_1$$

$$10^{s-1} \cdot r_1 = 10^{s-2} \cdot q_2 \cdot n + 10^{s-2} \cdot r_2$$

$$10^{s-2} \cdot r_2 = 10^{s-3} \cdot q_3 \cdot n + 10^{s-3} \cdot r_3$$

$$\vdots \quad \vdots \qquad \qquad \vdots$$

$$10 \cdot r_{s-1} = 10^{s-s} \cdot q_s \cdot n + m$$

Dabei haben wir in der letzten Gleichung verwendet, dass $r_s = r_0 = m$ gilt. Die Produkte der r_i mit einer Zehnerpotenz treten (für $i = 0, \dots, s - 1$) jeweils identisch genau einmal auf der linken Seite einer Gleichung und genau einmal auf der rechten Seite einer Gleichung auf. Wenn wir die $s + 1$ Gleichungen also zunächst addieren und anschließend alle Produkte der r_i mit einer Zehnerpotenz auf beiden Seiten der daraus resultierenden Gleichung subtrahieren, erhalten wir:

$$10^s \cdot m = (10^{s-1} \cdot q_1 + 10^{s-2} \cdot q_2 + \dots + 10^0 \cdot q_s) \cdot n + m$$

Durch Subtraktion von m und Verwendung von P erhalten wir $(10^s - 1) \cdot m = P \cdot n$, was äquivalent ist zu $\frac{m}{n} = \frac{P}{10^s-1}$. Da $\frac{m}{n}$ vollständig gekürzt ist, unterscheidet sich $\frac{P}{10^s-1}$ hiervon höchstens um einen (natürlichen) Erweiterungsfaktor. Aus $ggT(10^s - 1, 10) = 1$ (warum?) folgt nun wegen der Eindeutigkeit der Primfaktorzerlegung, dass erst recht $ggT(n, 10) = 1$ gelten *muss*. $\square$

Bemerkungen

(1) Da 2 und 5 die einzigen Primfaktoren von 10 sind, sagt Satz 8.2 also aus, dass der vollständig gekürzte Bruch $\frac{m}{n}$ genau dann eine reinperiodische Dezimalbruchentwicklung

hat, wenn in der Primfaktorzerlegung von n weder Zweierpotenzen 2^a noch Fünferpotenzen 5^b mit $a, b \in \mathbb{N}$ vorkommen.

Mit Satz 8.2 ist insbesondere geklärt, dass auch $\frac{1}{17}$ eine reinperiodische Dezimalbruchentwicklung haben *muss*, nämlich $\frac{1}{17} = 0,\overline{058\,823\,529\,411\,764\,7}$.

(2) Im Beweis wurde mit der Gleichung $\frac{m}{n} = \frac{P}{10^s - 1}$ „en passant" ein Verfahren entwickelt, um reinperiodische Dezimalbruchentwicklungen in gemeine Brüche umzuwan-
deln: So gilt etwa $0,\overline{328\,527} = \frac{328\,527}{999\,999}$.

Die bisher bereits betrachteten konkreten reinperiodischen Dezimalbruchentwicklun-
gen, z. B. $\frac{1}{3} = 0,\overline{3}$, $\frac{1}{11} = 0,\overline{09}$ oder $\frac{1}{13} = 0,\overline{076\,923}$, bieten Anlass zur Frage, ob wir
Aussagen zur *Periodenlänge* treffen können. Anscheinend folgen die Periodenlängen *kei-
nem* einfachen Muster. Dieser Eindruck verstärkt sich, wenn man die Periodenlängen der
ersten 16 Stammbrüche mit reinperiodischer Dezimalbruchentwicklung betrachtet.

Stammbruch	Periodenlänge		Stammbruch	Periodenlänge
$\frac{1}{3}$	1		$\frac{1}{23}$	22
$\frac{1}{7}$	6		$\frac{1}{27}$	3
$\frac{1}{9}$	1		$\frac{1}{29}$	28
$\frac{1}{11}$	2		$\frac{1}{31}$	15
$\frac{1}{13}$	6		$\frac{1}{33}$	2
$\frac{1}{17}$	16		$\frac{1}{37}$	3
$\frac{1}{19}$	18		$\frac{1}{39}$	6
$\frac{1}{21}$	6		$\frac{1}{41}$	5

Hier fällt es schwer, beispielgebunden Vermutungen aufzustellen. Eine einfache Aussage für den gekürzten Bruch $\frac{m}{n}$ haben wir allerdings schon begründet: Bei Division von
m durch n können höchstens n verschiedene Reste auftreten, wobei das Auftreten des
Restes 0 beim Divisionsalgorithmus bedeutet, dass die Dezimalbruchentwicklung endlich
ist. Für eine reinperiodische Dezimalbruchentwicklung kommen also maximal $n - 1$ unterschiedliche Reste infrage, sodass die Periodenlänge *höchstens* $n - 1$ betragen kann.

Eine präzise Aussage erhalten wir, wenn wir den „Umwandlungsbruch" $\frac{P}{10^s - 1}$ nutzen:

Satz 8.3

Die kleinste Zahl $s \in \mathbb{N}$, für die $n \mid 10^s - 1$ gilt, ist die Periodenlänge des vollständig
gekürzten echten Bruchs $\frac{m}{n}$ mit $ggT(n, 10) = 1$.

Beweis

Sei $s \in \mathbb{N}$ die Periodenlänge von $\frac{m}{n}$. Dann können wir aus dem Beweis von Satz 8.2
nutzen, dass sich die gleichwertigen Brüche $\frac{m}{n}$ und $\frac{P}{10^s - 1}$ höchstens um einen (natürlichen)
Erweiterungsfaktor unterscheiden, was gleichbedeutend mit $n \mid 10^s - 1$ ist.

Gäbe es ein $t \in \mathbb{N}$ mit $t < s$ und $n \mid 10^t - 1$, also auch $n \mid 10^t \cdot m - m$, dann ließe sich im Beweis von Satz 8.2 erkennen, dass bereits $r_t = r_0 = m$ gelten müsste, im *Widerspruch* dazu, dass s die Periodenlänge ist und somit $r_i \neq r_0$ für $1 \leq i < s$ gelten *muss*. $\qquad\square$

Zur konkreten Berechnung der Periodenlänge ist Satz 8.3 leider kaum geeignet, da die erforderlichen Rechnungen schnell sehr aufwändig werden. Mithilfe der *Euler'schen φ-Funktion* (Definition 6.9) und des *Euler'schen Satzes* (Satz 6.19) können wir aus Satz 8.3 aber die folgende Abschätzung folgern:

Satz 8.4
Sei s die Periodenlänge des vollständig gekürzten echten Bruchs $\frac{m}{n}$ mit $ggT(n, 10) = 1$. Dann gilt $s \leq \varphi(n)$.

Beweis
Aus $ggT(n, 10) = 1$ folgt nach dem *Euler'schen Satz* $10^{\varphi(n)} \equiv 1$ (n). Nach Satz 8.3 ist die Periodenlänge die kleinste Zahl, für die $n \mid 10^s - 1$ gilt, was nach Satz 8.2 äquivalent ist zu $10^s \equiv 1$ (n). Also *muss* $s \leq \varphi(n)$ gelten. $\qquad\square$

Wenn wir die oben betrachtete Tabelle mit den ersten 16 Stammbrüche mit reinperiodischer Dezimalbruchentwicklung und den zugehörigen Periodenlängen um die Werte der Euler'schen φ-Funktion für den Nenner ergänzen, erkennen wir, dass die Abschätzung aus Satz 8.4 recht grob ist.

$\frac{1}{n}$	Periodenlänge	$\varphi(n)$	$\frac{1}{n}$	Stammbruch	$\varphi(n)$
$\frac{1}{3}$	1	2	$\frac{1}{23}$	22	22
$\frac{1}{7}$	6	6	$\frac{1}{27}$	3	18
$\frac{1}{9}$	1	6	$\frac{1}{29}$	28	28
$\frac{1}{11}$	2	10	$\frac{1}{31}$	15	30
$\frac{1}{13}$	6	12	$\frac{1}{33}$	2	20
$\frac{1}{17}$	16	16	$\frac{1}{37}$	3	36
$\frac{1}{19}$	18	18	$\frac{1}{39}$	6	24
$\frac{1}{21}$	6	12	$\frac{1}{41}$	5	40

Beim Studium der Tabelle fällt auf, dass für die Periodenlänge dort stets $s \mid \varphi(n)$ gilt. Tatsächlich gilt:

Satz 8.5
Sei s die Periodenlänge des vollständig gekürzten echten Bruchs $\frac{m}{n}$ mit $ggT(n, 10) = 1$. Dann gilt $s \mid \varphi(n)$.

Beweis

Die Division mit Rest von $\varphi(n)$ durch s ergibt $\varphi(n) = q \cdot s + r$ mit $0 \leq r < s$ und $q \in \mathbb{N}$, da $s \leq \varphi(n)$ und somit $q \geq 1$ gilt. Hieraus folgt $10^{\varphi(n)} = 10^{q \cdot s + r} = (10^s)^q \cdot 10^r$.

Da nach dem *Euler'schen Satz* $10^{\varphi(n)} \equiv 1 \ (n)$ und Satz 8.3 $10^s \equiv 1 \ (n)$ gilt, erhalten wir: $10^{\varphi(n)} \equiv (10^s)^q \cdot 10^r \equiv 10^r \equiv 1 \ (n)$. Da s nach Satz 8.3 minimal ist und $r < s$ gilt, folgt $r = 0$, also $\varphi(n) = q \cdot s$ und somit $s \mid \varphi(n)$. $\qquad\qquad\square$

8.4.2 Gemischtperiodische Dezimalbruchentwicklungen

Wir haben mit den Sätzen 8.1 und 8.2 *alle* vollständig gekürzten echten Brüche gefunden, deren Dezimalbruchentwicklung *endlich* oder *reinperiodisch* ist. Es bleiben somit noch vollständig gekürzte echte Brüche übrig, die eine *gemischtperiodische* Dezimalbruchentwicklung aufweisen. Bei diesen Brüchen $\frac{m}{n}$ muss einerseits (wegen Satz 8.1) $n \nmid 10^k$ für alle $k \in \mathbb{N}$ und andererseits (wegen Satz 8.2) $ggT(n, 10) \neq 1$ gelten. In der Primfaktorzerlegung von n müssen also sowohl von 2 und 5 verschiedene Primfaktoren auftreten als auch mindestens einmal 2 oder 5. Folglich muss n eine zusammengesetzte Zahl sein, die sich schreiben lässt als $n = n_1 \cdot n_2$ mit $n_1, n_2 \in \mathbb{N} \backslash \{1\}$ und $n_1 \mid 10^t$ für (mindestens) ein und (damit unendlich viele) $t \in \mathbb{N}$ sowie $ggT(n_2, 10) = 1$.

Als Beispiel hierfür betrachten wir $\frac{1}{44} = 0{,}02\overline{27}$. Es gilt $44 = 4 \cdot 11$ mit $4 \mid 10^2$ und $ggT(11, 10) = 1$, also $\frac{1}{44} = \frac{1}{4} \cdot \frac{1}{11} = \frac{25}{100} \cdot \frac{1}{11} = \frac{1}{100} \cdot \frac{25}{11} = 0{,}02\overline{27}$. Hier deutet sich an, dass der Faktor $\frac{1}{100}$ für eine Verschiebung der Periode sorgt, sodass diese nicht direkt hinter dem Komma beginnt. Die Periodenlänge wiederum scheint durch den Nenner 11 bestimmt zu werden. Das bereits intensiver betrachtete Beispiel $\frac{5}{12} = 0{,}41\overline{6}$ führt mit der Zerlegung $12 = 4 \cdot 3$ auf die gleiche Vermutung.

Auf der Grundlage unserer bisherigen Untersuchungen von Dezimalbruchentwicklungen können wir den folgenden Satz zügig beweisen, der *alle* wesentlichen Aussagen über die gemischtperiodischen Dezimalbruchentwicklungen *zusammenfasst*.

Satz 8.6 (Gemischtperiodische Dezimalbruchentwicklung)

Der vollständig gekürzte echte Bruch $\frac{m}{n}$ hat genau dann eine gemischtperiodische Dezimalbruchentwicklung, wenn sein Nenner sich wie folgt zerlegen lässt: $n = n_1 \cdot n_2$ mit $n_1, n_2 \in \mathbb{N} \backslash \{1\}$, wobei $n_1 \mid 10^t$ für ein minimales $t \in \mathbb{N}$ und $ggT(n_2, 10) = 1$ gilt.

Die gemischtperiodische Dezimalbruchentwicklung von $\frac{m}{n}$ hat dann t Vorziffern und dieselbe Periodenlänge wie $\frac{1}{n_2}$.

Beweis

Wir führen die einfachen Nachweise, dass aus der Möglichkeit der genannten Zerlegung des Nenners folgt, dass die Dezimalbruchentwicklung gemischtperiodisch ist und dass die Aussage über die Anzahl der Vorziffern und die Periodenlänge wahr ist. Die verbleibende Beweisrichtung ist dann Gegenstand von Aufgabe 8.

Der Nenner des vollständig gekürzten echten Bruchs $\frac{m}{n}$ möge sich wie folgt zerlegen lassen: $n = n_1 \cdot n_2$ mit $n_1, n_2 \in \mathbb{N}\backslash\{1\}$, wobei $n_1 \mid 10^t$ für ein minimales $t \in \mathbb{N}$ und $ggT(n_2, 10) = 1$ gilt. Aus $n_1 \mid 10^t$ folgt, dass es ein $q \in \mathbb{N}$ gibt mit $q \cdot n_1 = 10^t$. Damit gilt:

$$\frac{m}{n} = \frac{m}{n_1 \cdot n_2} = \frac{q \cdot m}{q \cdot n_1 \cdot n_2} = \frac{q \cdot m}{10^t \cdot n_2} = \frac{1}{10^t} \cdot \frac{q \cdot m}{n_2}$$

Aus $ggT(m, n) = 1$ folgt, dass auch $ggT(m, n_2) = 1$ gilt, und aus $ggT(n_2, 10) = 1$ folgt, dass auch $ggT(n_2, q) = 1$ gilt, da $q \mid 10^t$ gilt. Also ist die Dezimalbruchentwicklung von $\frac{q \cdot m}{n_2}$ reinperiodisch. Wegen der Division durch 10^t stehen bei der Dezimalbruchentwicklung von $\frac{1}{10^t} \cdot \frac{q \cdot m}{n_2}$ zunächst t Vorziffern. Die Periodenlängen von $\frac{q \cdot m}{n_2}$ und $\frac{1}{n_2}$ sind gleich, da $ggT(n_2, q \cdot m) = 1$ gilt.

Der Nachweis, dass umgekehrt aus einer gemischtperiodischen Dezimalbruchentwicklung folgt, dass sich der Nenner wie dargestellt zerlegen lässt, ist Gegenstand von Aufgabe 8.   □

8.5 Andere Stellenwertsysteme – andere Systembruchentwicklungen

Bei den Überlegungen und Beweisen zu den Dezimalbruchentwicklungen hat die 10 als Basis des dezimalen Stellenwertsystems *die* zentrale Rolle gespielt. Dies wurde einerseits an den Zehnerpotenzen als Stellenwerten sichtbar und andererseits daran, dass bei den Sätzen 8.1 bis 8.6 die Art der Beziehung zwischen dem Nenner n des vollständig gekürzten echten Bruchs $\frac{m}{n}$ und der Basiszahl 10 jeweils eine entscheidende Voraussetzung bzw. ein entscheidendes Kriterium war. Daher liegt die Vermutung nahe, dass die **Systembruchentwicklungen** von Brüchen in anderen Stellenwertsystemen deutlich anders aussehen können, dass es nämlich wiederum auf das konkrete Zusammenspiel des Nenners mit der jeweiligen Basiszahl ankommt. Zugleich liegt es nahe, dass – wie im Fall der Verallgemeinerung der Teilbarkeitsregeln vom Dezimalsystem auf andere Stellenwertsysteme (vgl. Abschn. 7.3.2, 7.4.2 und 7.5.2) – die Herleitungen bzw. Beweise von Sätzen praktisch wortgleich von der Basis 10 auf eine beliebige Basis $b \in \mathbb{N}\backslash\{1\}$ übertragen werden können.

8.5.1 Erste Beispiele

Da wir in anderen Stellenwertsystemen nicht über die Vertrautheit beim Darstellen von und Rechnen mit Zahlen verfügen wie im Dezimalsystem, betrachten wir zunächst einige Beispiele im 6er-System. Die erweiterte Stellenwerttafel sieht im 6er-System wie folgt aus:[12]

...	6^2	6^1	6^0	6^{-1}	6^{-2}	...
...	36	6	1	$\frac{1}{6}$	$\frac{1}{36}$	...
...	SD	S	E	s	sd	...
	2	4	1	2	5	

Die Stellenwerttafel hilft uns bei ersten Betrachtungen, z. B. wenn wir die Zahl $241{,}25_{\boxed{6}}$ im uns vertrauten Dezimalsystem darstellen wollen[13] :

$$241{,}25_{\boxed{6}} = 2 \cdot 36 + 4 \cdot 6 + 1 \cdot 1 + 2 \cdot \frac{1}{6} + 5 \cdot \frac{1}{36} = 97 + \frac{17}{36}$$
$$= 97{,}47222\ldots = 97{,}47\overline{2}$$

Das Beispiel des bei der betrachteten Zahl auftretenden Bruchs $\frac{17}{36}$ zeigt, dass Brüche, die im Dezimalsystem eine periodische Dezimalbruchentwicklung haben (hier eine gemischt-periodische mit zwei Vorziffern und der Periodenlänge 1), in anderen Stellenwertsystemen eine endliche Systembruchentwicklung haben können (hier $0{,}25_{\boxed{6}}$).

Betrachten wir noch einmal die Herleitung und die Aussage von Satz 8.1, dann liegt die Vermutung nahe, dass genau die vollständig gekürzten echten Brüche im 6er-System eine endliche Systembruchentwicklung haben, deren Nenner eine (hinreichend große) Sechserpotenz teilen. Wegen $6 = 2 \cdot 3$ sind dies genau die vollständig gekürzten echten Brüche, bei deren Nenner in der Primfaktorzerlegung nur die Faktoren 2 oder 3 (ggf. mehrfach) auftreten. Der Bruch $\frac{13}{24}$ müsste dementsprechend im 6er-System eine endliche Systembruchentwicklung haben; da $24 = 2^3 \cdot 3$, also $24 \mid 6^3$, aber $24 \nmid 6^2$ gilt, vermuten wir für die Systembruchentwicklung die Länge 3. Wir könnten unsere Vermutung mithilfe des Divisionsalgorithmus im 6er-System überprüfen, was aber wegen der mangelnden Vertrautheit recht schwerfällig wäre (zumal mit einem zweistelligen Divisor $24 = 40_{\boxed{6}}$). Daher wählen wir hier einen anderen Weg und gewinnen die Systembruchentwicklung durch sukzessives Abspalten von Sechsteln, Sechsunddreißigsteln, ...:

$$\frac{13}{24} = \frac{3}{6} + \frac{1}{24} = \frac{3}{6} + \frac{1}{36} + \frac{1}{72} = \frac{3}{6} + \frac{1}{36} + \frac{3}{216} = 0{,}313_{\boxed{6}}$$

Tatsächlich hat $\frac{13}{24}$ also im 6er-System eine endliche Systembruchentwicklung mit der Länge 3. Bei einer längeren Systembruchentwicklung oder bei periodischer Systembruch-

---

[12] Dabei steht „SD" für „Sechsunddreißiger", „S" für „Sechser", „E" wie gewohnt für „Einer", „s" für „Sechstel" und „sd" für „Sechsunddreißigstel".

[13] Da in diesem Abschnitt Zahlen immer wieder in unterschiedlichen Stellenwertsystemen dargestellt werden, vereinbaren wird, dass Zahldarstellungen im Dezimalsystem immer ohne Indizierung erfolgen und in anderen Stellenwertsystemen durch die Indizierung der Systemzahl kenntlich gemacht werden.

entwicklung mit langen Perioden würde das sukzessive Abspalten von jeweils möglichst großen Vielfachen von Systembrüchen recht aufwändig werden. Daher übertragen wir den Divisionsalgorithmus in der Notation mit (8.1) nun auf andere Basen. Damit könnten wir dann die schriftliche Division in anderen Stellenwertsystemen fundieren und durchführen – noch wichtiger ist aber die zentrale Rolle des Algorithmus bei den Beweisen der Sätze 8.1 bis 8.6.

8.5.2 Divisionsalgorithmus in anderen Stellenwertsystemen

Basierend auf der Division mit Rest haben wir für den echten Bruch $\frac{m}{n}$ den Divisionsalgorithmus in (8.1) für das Dezimalsystem wie folgt notiert:

$$m = 0 \cdot n \; + r_0$$
$$10 \cdot r_0 = q_1 \cdot n + r_1$$
$$10 \cdot r_1 = q_2 \cdot n + r_2$$
$$10 \cdot r_2 = q_3 \cdot n + r_3$$
$$\vdots \quad \vdots \qquad \vdots$$
$$10 \cdot r_{k-1} = q_k \cdot n + r_k$$
$$\vdots \quad \vdots \qquad \vdots$$

Dabei gilt $r_0 = m$ sowie für die „Ziffern" $0 \le q_i < 10$ für alle $i \in \mathbb{N}$ und für die Reste $0 \le r_i < n$ für alle $i \in \mathbb{N}_0$. Hierbei wird insbesondere sichtbar, dass der Wertevorrat für die „Ziffern" durch die *Systemzahl* und der Wertevorrat für die *Reste* durch den Nenner des Bruchs beschränkt werden.

Eine *rein syntaktische* Übertragung – d. h. jeweils das Ersetzen der Systemzahl 10 durch eine beliebige Systemzahl $b \in \mathbb{N} \backslash \{1\}$ – ergibt:

$$m = 0 \cdot n \; + \tilde{r}_0$$
$$b \cdot \tilde{r}_0 = \tilde{q}_1 \cdot n + \tilde{r}_1$$
$$b \cdot \tilde{r}_1 = \tilde{q}_2 \cdot n + \tilde{r}_2$$
$$b \cdot \tilde{r}_2 = \tilde{q}_3 \cdot n + \tilde{r}_3$$
$$\vdots \quad \vdots \qquad \vdots \qquad\qquad (8.4)$$
$$b \cdot \tilde{r}_{k-1} = \tilde{q}_k \cdot n + \tilde{r}_k$$
$$\vdots \quad \vdots \qquad \vdots$$

Dabei gilt $\tilde{r}_0 = m$ sowie für die „Ziffern" $0 \le \tilde{q}_i < b$ für alle $i \in \mathbb{N}$ und für die Reste $0 \le \tilde{r}_i < n$ für alle $i \in \mathbb{N}_0$. Die analoge Übertragung der zusammenfassenden

Gleichungen (8.2) und (8.3) ergibt

$$m = 0 \cdot n + \frac{\tilde{q}_1}{b} \cdot n + \frac{\tilde{q}_2}{b^2} \cdot n + \frac{\tilde{q}_3}{b^3} \cdot n + \ldots + \frac{\tilde{q}_k}{b^k} \cdot n + \frac{\tilde{r}_k}{b^k} \qquad (8.5)$$

und

$$\frac{m}{n} = 0 + \frac{\tilde{q}_1}{b} + \frac{\tilde{q}_2}{b^2} + \frac{\tilde{q}_3}{b^3} + \ldots + \frac{\tilde{q}_k}{b^k} + \frac{\tilde{r}_k}{n \cdot b^k}. \qquad (8.6)$$

Ebenfalls analog zur Darstellung und Bezeichnung im Dezimalsystem schreiben wir dann für die letzte Gleichung auch $\frac{m}{n} = 0, \tilde{q}_1 \tilde{q}_2 \tilde{q}_3 \ldots \tilde{q}_k \ldots$ und nennen dies die b**-adische Entwicklung des Bruchs** $\frac{m}{n}$. Wir können nun die Systembruchentwicklungen in *beliebigen* Stellenwertsystemen konkret mit dem **Divisionsalgorithmus** untersuchen.

Beispiele

1. $\frac{5}{6} = 0,7\overline{4}_{\boxed{9}}$; denn:

$$\downarrow$$
$$5 = 0 \cdot 6 + 5$$
$$9 \cdot 5 = 7 \cdot 6 + 3$$
$$9 \cdot 3 = 4 \cdot 6 + 3$$
$$\vdots \quad \vdots \qquad \vdots$$

2. $\frac{7}{9} = 0,21_{\boxed{3}}$; denn:

$$\downarrow$$
$$7 = 0 \cdot 9 + 7$$
$$3 \cdot 7 = 2 \cdot 9 + 3$$
$$3 \cdot 3 = 1 \cdot 9 + 0$$ ∎

Wir haben mit dem obigen Algorithmus (8.4) die *4-adischen*, die *7-adischen* und die *12-adischen* Entwicklungen der ersten acht Stammbrüche berechnet und gemeinsam mit der jeweiligen Dezimalbruchentwicklung (*10-adische Entwicklung*) in der folgenden Tabelle übersichtlich dargestellt.[14]

---

[14] Für die Darstellung der 12-adischen Entwicklung benötigen wir im Allgemeinen bis zu zwölf Ziffern; wir haben hierfür die Ziffernmenge $\{0, 1, 2, 3, 4, 5, 6, 7, 8, 9, z, e\}$ gewählt.

Bruch	4-adisch	7-adisch	Dezimalbruch	12-adisch
$\frac{1}{2}$	$0{,}2_{[4]}$	$0{,}\overline{3}_{[7]}$	$0{,}5$	$0{,}6_{[12]}$
$\frac{1}{3}$	$0{,}\overline{1}_{[4]}$	$0{,}\overline{2}_{[7]}$	$0{,}\overline{3}$	$0{,}4_{[12]}$
$\frac{1}{4}$	$0{,}1_{[4]}$	$0{,}\overline{15}_{[7]}$	$0{,}25$	$0{,}3_{[12]}$
$\frac{1}{5}$	$0{,}\overline{03}_{[4]}$	$0{,}\overline{1254}_{[7]}$	$0{,}2$	$0{,}\overline{2497}_{[12]}$
$\frac{1}{6}$	$0{,}0\overline{2}_{[4]}$	$0{,}\overline{1}_{[7]}$	$0{,}1\overline{6}$	$0{,}2_{[12]}$
$\frac{1}{7}$	$0{,}\overline{021}_{[4]}$	$0{,}1_{[7]}$	$0{,}\overline{142\,857}$	$0{,}\overline{186\,z35}_{[12]}$
$\frac{1}{8}$	$0{,}02_{[4]}$	$0{,}0\overline{6}_{[7]}$	$0{,}125$	$0{,}16_{[12]}$
$\frac{1}{9}$	$0{,}0\overline{13}_{[4]}$	$0{,}0\overline{53}_{[7]}$	$0{,}\overline{1}$	$0{,}14_{[12]}$

Anscheinend führt die *teilerreiche* Basis 12 dazu, dass die 12-adischen Entwicklungen häufiger endlich sind. Zugleich können wir an den Beispielen noch mal deutlich erkennen, dass die Art der *b*-adischen Entwicklung von der Beziehung zwischen *Nenner* und *Basis* abhängt: So besitzt z. B. $\frac{1}{6}$ eine *endliche* 12-adische Entwicklung, eine *reinperiodische* 7-adische Entwicklung sowie jeweils eine *gemischtperiodische* 4-adische Entwicklung und Dezimalbruchentwicklung.

8.5.3 Verallgemeinerung der Resultate aus dem Dezimalsystem

Die Beispiele aus der voranstehenden Tabelle unterstützen die Vermutung, dass sich alle Sätze aus dem Dezimalsystem auf *beliebige* Stellenwertsysteme übertragen lassen. Dementsprechend formulieren wir die Sätze 8.1, 8.2 und 8.6 für beliebige Stellenwertsysteme *allgemein* und zeigen am Beispiel des verallgemeinerten Satzes 8.1, wie auch die Beweise *verallgemeinert* werden können. Die Beweise der Sätze 8.2 und 8.6 bzw. die Formulierung und Beweise der verallgemeinerten Sätze 8.3 bis 8.5 sind dann Gegenstand der Aufgaben 10 und 11.

Satz 8.7 (Endliche *b*-adische Entwicklung)
Der vollständig gekürzte echte Bruch $\frac{m}{n}$ hat für alle $b \in \mathbb{N}\setminus\{1\}$ genau dann eine endliche *b*-adische Entwicklung, wenn es eine natürliche Zahl s mit $n \mid b^s$ gibt. Wenn s die kleinste natürliche Zahl mit $n \mid b^s$ ist, hat die zugehörige endliche *b*-adische Entwicklung die Länge s.

Beweis
Wie beim Beweis von Satz 8.1 gehen wir zunächst davon aus, dass es eine natürliche Zahl s mit $n \mid b^s$ gibt, und zeigen, dass die *b*-adische Entwicklung dann endlich sein *muss* (1.). Anschließend zeigen wir die umgekehrte Richtung dieser Teilaussage (2.). Schließlich betrachten wir noch die Länge der endlichen *b*-adischen Entwicklung (3.).

1. Es gebe ein $s \in \mathbb{N}$ mit $n \mid b^s$. Wir zeigen für die $s+1$-te Gleichung in (8.4), dass dann zwangsläufig $n \mid b \cdot \tilde{r}_{s-1}$ und daher auch $\tilde{r}_s = 0$ gelten *muss*:
   Die Gleichungen aus (8.4) hatten wir in Gleichung (8.5) zusammengefasst; setzen wir dort $k = s-1$, dann erhalten wir $\tilde{r}_{s-1}$ als Zähler des letzten Summanden:

$$m = 0 \cdot n + \frac{\tilde{q}_1}{b} \cdot n + \frac{\tilde{q}_2}{b^2} \cdot n + \frac{\tilde{q}_3}{b^3} \cdot n + \ldots + \frac{\tilde{q}_{s-1}}{b^{s-1}} \cdot n + \frac{\tilde{r}_{s-1}}{b^{s-1}}$$

   Die Multiplikation der Gleichung mit b^s ergibt:

$$b^s \cdot m = b^{s-1} \cdot \tilde{q}_1 \cdot n + b^{s-2} \cdot \tilde{q}_2 \cdot n + b^{s-3} \cdot \tilde{q}_3 \cdot n + \ldots + b \cdot \tilde{q}_{s-1} \cdot n + b \cdot \tilde{r}_{s-1}$$

   Durch Auflösen der so erhaltenen Gleichung nach $b \cdot \tilde{r}_{s-1}$ und Ausklammern von n erhalten wir:

$$b \cdot \tilde{r}_{s-1} = b^s \cdot m - n \cdot (b^{s-1} \cdot \tilde{q}_1 + b^{s-2} \cdot \tilde{q}_2 + b^{s-3} \cdot \tilde{q}_3 + \ldots + b \cdot \tilde{q}_{s-1})$$

   Aus $n \mid b^s$ folgt nun mit der Differenz- und der Produktregel für die Teilbarkeitsrelation (Sätze 2.4 und 2.5), dass insgesamt $n \mid b \cdot \tilde{r}_{s-1}$ und damit $\tilde{r}_s = 0$ gelten *muss*. Die b-adische Entwicklung von $\frac{m}{n}$ muss also endlich sein.

2. Gehen wir umgekehrt davon aus, dass die b-adische Entwicklung von $\frac{m}{n}$ endlich ist, dann *muss* es ein $s \in \mathbb{N}$ mit $\tilde{r}_s = 0$ geben, da die b-adische Entwicklung sonst nicht abbrechen würde.
   Aus der zusammenfassenden Gleichung (8.5) können wir mit $k = s$ analog zu den obigen Überlegungen schrittweise eine Aussage über $\tilde{r}_s$ gewinnen, aus der wir folgern können, dass $n \mid b^s$ gelten *muss*:

$$m = 0 \cdot n + \frac{\tilde{q}_1}{b} \cdot n + \frac{\tilde{q}_2}{b^2} \cdot n + \frac{\tilde{q}_3}{b^3} \cdot n + \ldots + \frac{\tilde{q}_s}{b^s} \cdot n + \frac{\tilde{r}_s}{b^s}$$

   Die Multiplikation der Gleichung mit b^s ergibt:

$$b^s \cdot m = b^{s-1} \cdot \tilde{q}_1 \cdot n + b^{s-2} \cdot \tilde{q}_2 \cdot n + b^{s-3} \cdot \tilde{q}_3 \cdot n + \ldots + \tilde{q}_s \cdot n + \tilde{r}_s$$

   Durch Auflösen nach $\tilde{r}_s$ und Ausklammern von n erhalten wir:

$$\tilde{r}_s = b^s \cdot m - n \cdot (b^{s-1} \cdot \tilde{q}_1 + b^{s-2} \cdot \tilde{q}_2 + b^{s-3} \cdot \tilde{q}_3 + \ldots + \tilde{q}_s)$$

   Aus $\tilde{r}_s = 0$ folgt dann:

$$b^s \cdot m = n \cdot (b^{s-1} \cdot \tilde{q}_1 + b^{s-2} \cdot \tilde{q}_2 + b^{s-3} \cdot \tilde{q}_3 + \ldots + \tilde{q}_s)$$

   Also gilt $n \mid b^s \cdot m$. Weil der Bruch $\frac{m}{n}$ vollständig gekürzt ist, *muss* wegen der Eindeutigkeit der Primfaktorzerlegung $n \mid b^s$ gelten.

3. Für die Betrachtung der Länge der endlichen b-adischen Entwicklung von $\frac{m}{n}$ gehen wir nun davon aus, dass s die *kleinste* natürliche Zahl mit $n \mid b^s$ ist. Dann gilt auf jeden Fall – wie wir oben (1.) gezeigt haben – $\tilde{r}_s = 0$, sodass die Länge der endlichen b-adischen Entwicklung von $\frac{m}{n}$ nicht größer als s sein kann. Wir können zeigen, dass $\tilde{r}_{s-1} \neq 0$ gelten *muss*, woraus $\tilde{q}_s \neq 0$ folgt, was bedeutet, dass die b-adische Entwicklung tatsächlich erst nach s Ziffern abbricht:

Angenommen, es gelte $\tilde{r}_{s-1} = 0$. Dann würde – wie oben (2.) – folgen, dass $n \mid b^{s-1}$ gelten müsste, im Widerspruch zur Voraussetzung, dass s die *kleinste* natürliche Zahl mit dieser Eigenschaft ist. Also gilt $\tilde{r}_{s-1} \neq 0$ und die b-adische Entwicklung hat die Länge s.   □

Satz 8.8 (Reinperiodische b-adische Entwicklung)
Der vollständig gekürzte echte Bruch $\frac{m}{n}$ hat genau dann eine reinperiodische b-adische Entwicklung, wenn $ggT(n, b) = 1$ gilt.

Satz 8.9 (Gemischtperiodische b-adische Entwicklung)
Der vollständig gekürzte echte Bruch $\frac{m}{n}$ hat genau dann eine gemischtperiodische b-adische Entwicklung, wenn sein Nenner sich wie folgt zerlegen lässt: $n = n_1 \cdot n_2$ mit $n_1, n_2 \in \mathbb{N}\setminus\{1\}$, wobei $n_1 \mid b^t$ für ein minimales $t \in \mathbb{N}$ und $ggT(n_2, b) = 1$ gilt.

Die gemischtperiodische b-adische Entwicklung von $\frac{m}{n}$ hat dann t Vorziffern und dieselbe Periodenlänge wie $\frac{1}{n_2}$.

8.6 Aufgaben

1. Untersuchen Sie die Dezimalbruchentwicklungen der folgenden gemeinen Brüche auf Gemeinsamkeiten und Unterschiede. Wie lassen sich die Gemeinsamkeiten und Unterschiede jeweils erklären?
   a) $\frac{1}{3}; \frac{2}{3}; \frac{3}{3}; \frac{4}{3}; \frac{5}{3}$
   b) $\frac{1}{3}; \frac{1}{7}; \frac{1}{9}; \frac{1}{11}; \frac{1}{13}$
   c) $\frac{1}{4}; \frac{1}{5}; \frac{1}{8}; \frac{1}{10}; \frac{1}{16}$
   d) $\frac{1}{6}; \frac{1}{12}; \frac{1}{15}; \frac{1}{24}; \frac{1}{48}$
2. Wechseln Sie bei der Darstellung der folgenden Bruchzahlen von der Darstellung als gemeiner Bruch zur Darstellung als Dezimalbruch bzw. umgekehrt.
   a) $\frac{4}{20}; \frac{97}{1000}; \frac{3}{125}; \frac{100}{1000}; \frac{3}{8}$
   b) $\frac{2}{7}; \frac{2}{99}; \frac{3}{11}; \frac{5}{15}; \frac{10}{75}$
   c) $0{,}9; 0{,}99; 0{,}09; 0{,}250; 0{,}375$
   d) $0{,}\overline{7}; 0{,}0\overline{7}; 0{,}\overline{07}; 0{,}\overline{250}; 0{,}25\overline{1}$
3. Begründen Sie, warum aus dem Divisionsalgorithmus heraus keine Neunerperiode (der Länge 1) entstehen kann.

4. Begründen Sie mithilfe des Divisionsalgorithmus, warum alle Brüche, die dieselbe Bruchzahl repräsentieren, dieselbe Dezimalbruchentwicklung haben.

5. Begründen Sie, warum $\frac{1}{5}$ im 8er-System keine endliche Systembruchentwicklung hat.

6. Geben Sie einen vollständig gekürzten echten Bruch an, der im 6er-System eine rein-periodische Systembruchentwicklung hat.

7. Erläutern Sie, wie (8.2) und (8.3) aus (8.1) entstehen.

8. Zeigen Sie für den vollständig gekürzten echten Bruch $\frac{m}{n}$, dass gilt: Wenn seine Dezimalbruchentwicklung gemischtperiodisch ist, dann lässt sich der Nenner wie folgt zerlegen: $n = n_1 \cdot n_2$ mit $n_1, n_2 \in \mathbb{N}\backslash\{1\}$, wobei $n_1 \mid 10^t$ für ein minimales $t \in \mathbb{N}$ und $ggT(n_2, 10) = 1$ gilt.

9. Bestimmen Sie jeweils die *7-adische* und *12-adische* Entwicklung von:

    a) $\frac{1}{10}$

    b) $\frac{24}{35}$

    c) $\frac{25}{36}$

    d) $\frac{13}{14}$

10. Beweisen Sie die Sätze 8.8 und 8.9.

11. Verallgemeinern und beweisen Sie die Sätze 8.3 bis 8.5.

Fehler erkennen, Fehler korrigieren – Prüfziffern & Co.

Überweisungsdaten eingeben, den Strichcode auf der Butterverpackung einlesen, eine E-Mail sicher verschicken, den QR-Code mit den Verbraucherinformationen einscannen... Nahezu alle Lebensbereiche werden von der **Digitalisierung** erfasst und immer mehr Abläufe so gestaltet, dass relevante Informationen digital vorliegen und die Prozesse automatisiert gesteuert werden. Wenn wichtige Daten, wie Artikelnummern, Überweisungsdaten, Daten zur Identifikation von Personen oder vertrauliche Daten, eingegeben, eingelesen oder übertragen werden, sind verschiedene Aspekte von **Zuverlässigkeit** und **Sicherheit** relevant: Einerseits möchte man vertrauliche Daten vor dem unbefugten Zugriff schützen oder die Authentizität von Daten zur Identifikation von Personen sicherstellen – darum kümmert sich das folgende Kap. 10. Und andererseits möchte man mögliche *Fehler*, die beim Eingeben, Einlesen oder Übertragen von Daten grundsätzlich immer auftreten können, nach Möglichkeit *erkennen* und *korrigieren* – das ist Gegenstand dieses Kapitels. Bei den entwickelten Verfahren, mit denen man den Chancen wie den Risiken der Digitalisierung begegnet, handelt es sich jeweils um **aktuelle Anwendungen** der Elementaren Zahlentheorie.

Codierungstheorie
Aufgrund der großen Bedeutung des Fehlererkennens und -korrigierens gibt es eine eigene mathematische Theorie, die sich hierum kümmert, die **Codierungstheorie**. Die Grundidee ist dabei denkbar einfach: Man ergänzt die eigentlich *relevanten Daten* um *redundante Daten*, die aus den relevanten Daten berechnet werden können. Die redundanten Daten enthalten also keine weitere Information, sondern ermöglichen, dass Fehler (beim Eingeben, Einlesen oder Übertragen) erkannt und ggf. korrigiert werden können. Dabei gibt es für die *praktische* Umsetzung gegenläufige Anforderungen, da einerseits die Möglichkeiten der Fehlererkennung und ggf. -korrektur möglichst umfassend sein und

andererseits (aus Ressourcengründen) nicht zu viele redundante Daten hinzugefügt werden sollen.[1]

Für die Anwendung dieses **Redundanzprinzips** ist ggf. ein *vorbereitender* Arbeitsschritt erforderlich: Falls eine Information, die übertragen werden soll, z. B. eine Sprachnachricht, zunächst aus Buchstaben (und Leerzeichen) des uns vertrauten Alphabets besteht, müssen diese Zeichen zunächst *umkehrbar eindeutig* in Zahlen übersetzt werden. Dann können Verfahren eingesetzt werden, die mithilfe zahlentheoretischer Resultate entwickelt wurden. Für die Übersetzung stehen z. B. die auf Computern verwendeten ASCII-Zeichensätze zur Verfügung, mit denen jeweils bis zu 256 Zeichen[2] in Zahlen übersetzt werden können.

Konkrete Beispiele

Wir werden in diesem Kapitel zwei Arten von Codes anhand von Beispielen, die uns aus dem Alltag vertraut sind, vertieft untersuchen:

- *Codes mit Prüfziffern – Fehlererkennung*
  Die in den Supermärkten an (fast) allen Artikeln vorfindbaren *Globalen Artikelidentnummern GTIN* bzw. *Europäischen Artikelnummern EAN* (9.1), die bei Büchern eingesetzten *Internationalen Standardbuchnummern ISBN* (9.2 ISBN-13 und 9.3 ISBN-10) sowie die bei Medikamenten benutzten *Pharmazentralnummern PZN* (9.4) bewirken im Handel eine starke Rationalisierung. Die – bereits in Abschn. 1.4 betrachtete – *Internationale Bankkontonummer IBAN* (9.5) hat die Darstellung von Bankverbindungen vereinheitlicht, ist relativ lang, aber auch gegen bestimmte Eingabe- oder Übermittlungsfehler geschützt.
  Wir zeigen, wie häufige Ablese- oder insbesondere *Eingabefehler* bei diesen vier – und analog auch bei vielen anderen – Nummerierungssystemen durch verschiedene Prüfziffernverfahren mehr oder weniger häufig *aufgedeckt* werden. Hierbei erweisen sich das ISBN-10- und das PZN-Prüfziffernverfahren als wesentlich *sicherer* als das ISBN-13- und das EAN-Verfahren; passend zur Bedeutung von Bankdaten ist das aufwändigere IBAN-Prüfziffernverfahren am sichersten. Bei der *Begründung* der Aussagen über die Sicherheit dieser Verfahren greifen wir nur auf einfache, in den vorhergehenden Kapiteln abgeleitete Sätze der Elementaren Zahlentheorie zurück.
- *Quick-Response-Code & Co. – Fehlerkorrektur*
  Heute begegnen uns auf Informationsmaterial, in der Werbung, aber auch bei elektronischen Briefmarken (Internetmarken) oder auf dem Bahnticket optoelektronisch lesbare zweidimensionale Codes, die erheblich mehr Daten umfassen können als die an der Supermarktkasse eingescannten Strichcodes. Diese *Matrix-Codes* – wie etwa der Quick-Response-Code (kurz: QR-Code) – sollen vor allem ausfalltolerant sein und

---

[1] Vertiefende Literatur zur *Codierungstheorie* findet man z. B. von Schulz [36] oder – einfacher zugänglich und weniger tief gehend – von Manz [15].

[2] Die Anzahl 256 resultiert aus den Darstellungsmöglichkeiten eines *Bytes*, das 8 *Bit* in einer festen Reihenfolge umfasst. Da in einem Bit die Werte 0 oder 1 angenommen werden können, kann ein Byte 2^8, also 256 Werte annehmen.

Darstellungs- oder Einlesefehler, die z. B. aus einer teilweisen Beschädigung des Codes resultieren, korrigieren können. Auch wenn die bisher in diesem Band erarbeiteten zahlentheoretischen Resultate noch nicht genügen, um die Verfahren in allen Details zu begründen oder zu analysieren, können wir doch auf der vorhandenen Basis die Grundprinzipien nachvollziehbar darstellen (9.6).

9.1 Die Globale Artikelidentnummer GTIN und die Europäische Artikelnummer EAN

9.1.1 Aufbau und Zielsetzung

Wenn wir in einem größeren Supermarkt einkaufen, so werden die von uns gekauften Artikel an der Computerkasse im Regelfall mit einem speziellen Lesegerät – einem Scanner – abgetastet. Wie von Geisterhand gesteuert, druckt dann die Kasse die Artikelbezeichnung und den Preis aus. Grundlage hierfür sind die Artikelnummern, die auf den Artikeln unseres Einkaufs in Form eines Strichcodes („Zebrastreifen") und als Ziffernfolge aufgedruckt sind.

Entwicklung der EAN/GTIN

Diese Artikelnummern gibt es in dieser Form erst seit den 1970er-Jahren. Den Anfang machten die USA, die 1973 zu diesem Zweck den 12-stelligen Universal Product Code (kurz: UPC) einführten. Fast zeitgleich machte man sich auch in Europa Gedanken über Nummerierungssysteme für den Handel und führte die 13-stellige Europäische Artikelnummer (kurz: EAN) ein. Hierbei wurde von vornherein darauf geachtet, dass beide Nummerierungssysteme trotz Verschiedenheit kompatibel sind. So wird durch das Hinzufügen einer Anfangsnull aus einer UPC eine EAN. Im Rahmen der zunehmenden Globalisierung liegt es nahe, ein möglichst weltweit gültiges, einheitliches Nummerierungssystem für den Handel einzuführen. So einigte man sich 2004 auf die Globale Artikelidentnummer (Global Trade Item Number, kurz: GTIN). De facto wird für die GTIN die 13-ziffrige EAN genommen. Darum sprechen wir im weiteren Verlauf dieses Abschnitts häufiger auch kurz von der Europäischen Artikelnummer EAN.

Aufbau der GTIN/EAN

Um erste Informationen über den Aufbau der GTIN/EAN zu erhalten, vergleichen wir die Artikelnummern auf einigen ausgewählten Produkten wie beispielsweise:

- Kölln Müsli Erdbeer Joghurt (4000540021387)
- Appel Heringsfilet (4020500966015)
- Vaihinger Ananassaft (4021375001740)
- MUH Milch light (4100290000394)
- Iglo Schlemmer-Filet (4056100042217)

Bei allen Unterschieden fallen folgende *Gemeinsamkeiten* auf: Sämtliche Artikelnummern umfassen 13 Ziffern und alle beginnen mit der Anfangsziffer 4, fast alle sogar mit den beiden Anfangsziffern 40, nur eine mit den beiden Anfangsziffern 41. Dennoch ist der Start der Artikelnummern mit 40 oder 41 keineswegs typisch für *alle* Artikel weltweit, sondern resultiert nur daraus, dass der Wohn- und damit Einkaufsort dieser Artikel durch die Autoren in Deutschland liegt.

Die Artikelnummern werden weltweit durch die GS1-Gruppe verwaltet und Herstellern auf Antrag gegen Lizenzgebühren gegeben. Hierbei steht GS für Global Standards. Unter dem Dach der GS1-Gruppe gibt es viele nationale Untergruppierungen, die jeweils in ihrem nationalen Bereich die Artikelnummern vergeben. Die deutsche GS1-Gruppe verfügt über sämtliche Artikelnummern, die mit den drei Ziffern 400, 401, 402, . . . 440 beginnen. Da es sich bei den oben aufgeführten Artikeln um Produkte deutscher Firmen handelt, liegt es nahe, dass die Artikelnummern von der deutschen GS1-Gruppe stammen und daher alle mit beispielsweise 40 oder 41 bzw. genauer mit 400, 402, 405 oder 410 beginnen. Firmen, die ihre Artikelnummern in Österreich beantragen, beginnen mit 900, 901, . . ., 919, in Japan mit 450, 451, . . ., 459 oder in den USA und Kanada mit 000, 001, . . ., 099. Im Rahmen der weltweiten Verflechtung leuchtet ein, dass wir beispielsweise aus dem Beginn einer Artikelnummer mit 400 nicht (mehr) schließen können, dass das Herstellungsland Deutschland ist oder dass der Firmensitz zwangsläufig in Deutschland liegt. Wir wissen wegen „400" nur, dass diese Artikelnummer durch die deutsche Untergruppierung der GS1-Gruppe vergeben wurde. Die ersten drei Ziffern bezeichnet man daher neutral als **GS1-Präfix**.

Im Folgenden betrachten wir am Beispiel des Iglo Schlemmer-Filets exemplarisch die Funktion der übrigen Ziffern der EAN.

Auf das *GS1-Präfix* 405 folgen noch die zehn Ziffern 6100042217. Die ersten vier Ziffern, hier 6100, geben den **Hersteller** *Unilever Deutschland* GmbH Ice Cream and Frozen Food, Hamburg, an. Genauer fasst GS1 Germany noch 405 und 6100 zur sogenannten **Basisnummer** 4056100 zusammen. Die folgenden *fünf* Ziffern (im Beispiel 04221) sind die **Artikelnummer** des Herstellers für sein Produkt Schlemmer-Filet und die letzte Ziffer (im Beispiel 7) ist eine sogenannte **Prüfziffer**. Da große Unternehmen mehr Artikelnummern benötigen als kleine und die Gesamtzahl der Ziffern 13 beträgt,[3] leuchtet es ein, dass große Firmen eher kürzere Unternehmensnummern erhalten. Genauer gilt für die **EAN/GTIN**:

- Die **Basisnummer** umfasst *sieben bis neun* Ziffern. Hiervon entfallen auf
  - das **GS1-Präfix** *drei* Ziffern (Beispiel Deutschland: 400 bis 440),
  - die **Unternehmensnummern** *vier bis sechs* Ziffern.
- Die **Artikelnummer des Herstellers** umfasst drei bis fünf Ziffern.
- Die **Prüfziffer** besteht aus einer Ziffer und steht an der letzten Stelle der 13-ziffrigen GTIN/EAN-Artikelnummer.

---

[3] Nur besonders kleine Produkte haben aus Platzgründen achtstellige Nummern.

Zielsetzung und Vorteile der EAN/GTIN

Die GTIN/EAN kann im Handel vielfältig eingesetzt werden und hat sich weltweit durchgesetzt. Sie liefert eine *eindeutige, knappe Artikelbeschreibung* und kann daher an den Kassen das fehleranfällige und personalintensive *Eintippen von Preisen* durch ein fehlerfreieres und insgesamt kostengünstigeres maschinelles Einlesen der EAN per Scanner ersetzen. Gleichzeitig können die Kassenzettel wesentlich *informativer* gestaltet werden (Artikelbezeichnung *und* Preis). Die Abfertigung an den Kassen erfolgt schneller, die Anforderungen an das Personal sind geringer, daher können so zusätzlich *Personalkosten* eingespart werden. Die EAN reduziert auch drastisch den Zeitaufwand (und damit ebenfalls Personalkosten!) für die *Preisauszeichnung* der Artikel. Preisetiketten an den einzelnen Artikeln sind nicht mehr nötig, es genügt *ein* Preisschild am Regal. Da auch dieses durch den Kassencomputer gedruckt werden kann, lassen sich so zusätzlich Preisänderungen (*Sonderangebote*) sehr kurzfristig und ohne größeren Zeit- und damit Kostenaufwand realisieren. Die Computerkassensysteme liefern artikelgenaue Verkaufsstatistiken. So ist ohne Aufwand die *Umschlaghäufigkeit* einzelner Artikel bekannt, und diese Kenntnis lässt sich gut für Sonderangebote nutzen. Den *Warenbestand* im Supermarkt kann man leicht und schnell mit tragbaren Computern und Lesestiften über die EAN ermitteln. Aber auch *Bestellungen* werden so wesentlich vereinfacht. Da die EAN beim Lieferanten wie beim Handel einheitlich ist, kann die Warenbestellung per Computer automatisch durchgeführt werden, wenn die jeweiligen Mindestbestandszahlen unterschritten werden.

9.1.2 Die Prüfziffer

Die letzte Ziffer in der GTIN/EAN ist eine sogenannte Prüfziffer. Sie hat folgende Funktion:

Funktion von Prüfziffern

Schreiben wir in einem Text ein *Wort* falsch, also z. B. Anto statt Auto (*ein* falscher Tastendruck) oder Atuo statt Auto (Vertauschung der beiden benachbarten Buchstaben *u* und *t*, also ein sogenannter *Drehfehler*, der beim Schreiben auf einer Tastatur ebenfalls häufiger vorkommt), so fallen uns diese Fehler beim Lesen in der Regel sofort auf, weil das so geschriebene Wort im Deutschen nicht existiert oder im Kontext des betreffenden Satzes keinen Sinn ergibt. Unterläuft uns dagegen bei der EAN ein entsprechender Fehler, dass wir also eine *Ziffer* falsch eingeben oder zwei benachbarte Ziffern irrtümlich vertauschen, so fehlen uns vergleichbare Sicherungen; denn die falsche wie die richtige Ziffernfolge wirken beide „richtig". Um auch bei Ziffernfolgen solche Fehler (wie sie etwa bei der Eingabe einer längeren Ziffernfolge per Tastatur in einen Computer oder auch – natürlich viel seltener – durch Beschädigungen am Balkencode der EAN auftreten können) aufdecken zu können, verwendet man heute in vielen Bereichen des täglichen Lebens Prüfziffernsysteme – ohne dass uns dies im Allgemeinen bewusst ist.

Das Prüfziffernverfahren bei der GTIN/EAN

Bei der GTIN/EAN funktioniert das Prüfziffernsystem folgendermaßen: Aus den drei ersten Bestandteilen der EAN (GS1-Präfix, Unternehmensnummer, Artikelnummer), also aus
den ersten zwölf Ziffern, wird die *Prüfziffer* nach folgendem Verfahren berechnet:

Die einzelnen Ziffern werden zunächst von links nach rechts abwechselnd mit den Faktoren 1 und 3 multipliziert und diese Produkte addiert. Im Beispiel des Iglo Schlemmer-
Filets (*ohne* Prüfziffer) erhalten wir:

$$
\begin{array}{cccccccccccc}
4 & 0 & 5 & 6 & 1 & 0 & 0 & 0 & 4 & 2 & 2 & 1 \\
\downarrow \cdot 1 & \downarrow \cdot 3 & \downarrow \cdot 1 & \downarrow \cdot 3 & \downarrow \cdot 1 & \downarrow \cdot 3 & \downarrow \cdot 1 & \downarrow \cdot 3 & \downarrow \cdot 1 & \downarrow \cdot 3 & \downarrow \cdot 1 & \downarrow \cdot 3 \\
4+ & 0+ & 5+ & 18+ & 1+ & 0+ & 0+ & 0+ & 4+ & 6+ & 2+ & 3 = 43
\end{array}
$$

Diese Zahl wird zum nächsten Vielfachen von 10 ergänzt, also in unserem Beispiel um 7
auf 50. Wir erhalten so als Prüfziffer die Zahl 7. Allgemein ergibt sich also die Prüfziffer
einer EAN durch die Ergänzung der Summe der ersten zwölf Produkte zum nächsten
Vielfachen von 10. Ist diese Summe schon ein Vielfaches von 10, so wird 0 als Prüfziffer
verwendet. Die Bestimmung der Prüfziffer lässt sich *vereinfachen*, indem wir die Ziffern
an den – von links gezählt – geraden Stellen addieren, ihre Summe mit 3 multiplizieren
und hierzu die restlichen Ziffern (an den ungeraden Stellen) addieren (vgl. Aufgabe 3).

Prüfsumme

Die Prüfung einer *vollständigen* Artikelnummer funktioniert folgendermaßen:

Die einzelnen Ziffern – einschließlich der Prüfziffer – werden abwechselnd von links
nach rechts mit den Faktoren 1 und 3 multipliziert und die so erhaltenen Produkte addiert.[4]
Ist die so erhaltene Summe – die **Prüfsumme** – ein Vielfaches von 10, also durch 10
ohne Rest teilbar, so wird die Artikelnummer von den Prüfziffergeräten angenommen, ein
optisches oder akustisches Signal ertönt.

Beispiel

$$
\begin{array}{cccccccccccc}
4 & 0 & 2 & 1 & 3 & 7 & 5 & 0 & 0 & 1 & 7 & 4 & 0 \\
\downarrow \cdot 1 & \downarrow \cdot 3 & \downarrow \cdot 1 & \downarrow \cdot 3 & \downarrow \cdot 1 & \downarrow \cdot 3 & \downarrow \cdot 1 & \downarrow \cdot 3 & \downarrow \cdot 1 & \downarrow \cdot 3 & \downarrow \cdot 1 & \downarrow \cdot 3 & \downarrow \cdot 1 \\
4+ & 0+ & 2+ & 3+ & 3+ & 21+ & 5+ & 0+ & 0+ & 3+ & 7+ & 12+ & 0 = 60 \ \blacksquare
\end{array}
$$

Die Prüfsumme ist 60, also ein Vielfaches von 10 bzw. eine durch 10 ohne Rest teilbare
Zahl, das Prüfzifferngerät akzeptiert sie daher.

Das Prüfziffernverfahren hat also den Sinn, die bei Ziffernfolgen – im Gegensatz zu
Wörtern – nur schwer oder überhaupt nicht erkennbaren Fehler aufzudecken.

Deckt das vorstehende Prüfziffernverfahren *alle* Fehler auf oder deckt es zumindest alle
häufiger vorkommenden Fehler auf? Wir werden dies in dem nächsten Abschnitt genauer
untersuchen.

---

[4] Es kann natürlich auch hier das vereinfachte Verfahren benutzt werden.

9.1.3 Sicherheit des Prüfziffernsystems

Was sind die häufigsten Fehler, die beim Notieren von Ziffernfolgen auftreten? Am Beispiel der fiktiven (und recht kurzen) Ausgangszahl 4711 soll uns die folgende, auf eine empirische Untersuchung zurückgehende Tabelle Hinweise zur *Häufigkeitsverteilung* der wichtigsten Fehler bei *manueller* Eingabe geben:

Fehlertyp		Beispiel	Häufigkeit
(I)	*Eine* Ziffer falsch	4713	60 %
(II)	Zu viele, zu wenige Ziffern	471 oder 47111	25 %
(III)	*Zwei* oder mehr Ziffern falsch	4812	8 %
(IV)	Vertauschen benachbarter Ziffern (Drehfehler)	7411	5 %
(V)	Vertauschen benachbarter Zweierblöcke	1147	1 %

Bemerkungen

(1) Die Häufigkeit der verschiedenen Fehler ist natürlich stark von der eingebenden Person abhängig. Allgemein gilt jedoch: Die absolute Anzahl der Fehler wächst sehr stark mit der *Länge* der Ziffernfolgen an.

(2) *Drehfehler* sind eine deutsche Spezialität und hängen mit dem Unterschied zwischen der Schreib- und Sprechweise bei zweiziffrigen Zahlwörtern zusammen (wir sprechen vierunddreißig, schreiben dagegen zuerst die 3 und dann die 4).

(3) Uns sind nur Untersuchungen über die Fehlerverteilung bei manueller Eingabe bekannt, Untersuchungen über die Fehlerverteilung bei Strichcode-Lesegeräten aufgrund von Verschmutzungen bzw. Beschädigungen des Strichcodes oder anderer Ursachen liegen uns *nicht* vor.

(4) Fehler vom Fehlertyp (II) können leicht erkannt werden. Wir müssen nur durch den Computer die Anzahl der Ziffern jeweils kontrollieren zu lassen.

Eingabe einer falschen Ziffer

Betrachten wir als *Beispiel* die EAN 40 213 7500 1740. Ihre Prüfsumme S ist 60.

Wenn hier beispielsweise ein Fehler an der *ersten Stelle* auftritt, so kann dort statt 4 nur irrtümlich 0, 1, 2, 3, 5, 6, 7, 8 oder 9 stehen. Dieser Fehler bewirkt also eine Verkleinerung der Prüfsumme um 4, 3, 2 oder 1 bzw. eine Vergrößerung der Prüfsumme um 1, 2, 3, 4 oder 5. In allen Fällen ist jedoch die neue Prüfsumme *kein* Vielfaches von 10 mehr. All diese Fehler werden also aufgedeckt.

Wenn dagegen ein Fehler an der *zweiten Stelle* auftritt, so kann dort statt 0 irrtümlich 1, 2, 3, 4, 5, 6, 7, 8 oder 9 stehen. Da der Faktor an der zweiten Stelle 3 ist, bewirkt also dieser Fehler im vorliegenden Fall eine Vergrößerung der Prüfsumme um 3, 6, 9, 12, 15, 18, 21, 24 oder 27. In all diesen Fällen ist jedoch die neue Prüfsumme *kein* Vielfaches von 10 mehr. Auch diese Fehler werden also vollständig aufgedeckt.

Dieses Beispiel zeigt, dass wir bei der Eingabe einer falschen Ziffer an *einer* Stelle allgemein unterscheiden müssen zwischen einer Eingabe an einer *ungeraden* Stelle mit dem Faktor 1 und einer Eingabe an einer *geraden* Stelle mit dem Faktor 3. Das führt zu folgenden zwei Fallunterscheidungen:

Fall 1: Die fehlerhafte Eingabe erfolgt an einer *ungeraden* Stelle (Faktor 1).

Durch diesen Fehler unterscheidet sich die Prüfsumme dieser fehlerhaften EAN – wir nennen sie kurz S' – von der Prüfsumme S der richtigen EAN nur an dieser *einen* Stelle, die restliche Teilsumme bleibt unverändert. Der Fehler bewirkt also eine *Vergrößerung oder Verkleinerung* der richtigen Prüfsumme S, die ein Vielfaches von 10 ist, um 1, 2, 3, 4, 5, 6, 7, 8 *oder* 9. Die neue Prüfsumme S' ist daher in *allen* Fällen *kein* Vielfaches von 10 mehr, der Fehler wird also *stets* aufgedeckt.

Fall 2: Die fehlerhafte Eingabe erfolgt an einer *geraden* Stelle (Faktor 3).

Der Fehler bewirkt – wie im Fall 1 – nur eine Veränderung der richtigen Prüfsumme S an *einer* Stelle. Der Fehler verursacht daher eine *Vergrößerung oder Verkleinerung* der Prüfsumme S um $3 \cdot 1, 3 \cdot 2, 3 \cdot 3, 3 \cdot 4, 3 \cdot 5, 3 \cdot 6, 3 \cdot 7, 3 \cdot 8$ *oder* $3 \cdot 9$, also um 3, 6, 9, 12, 15, 18, 21, 24 *oder* 27. In allen Fällen ist die *neue* Prüfsumme S' *kein* Vielfaches von 10 mehr. Auch dieser Fehler wird also *stets* aufgedeckt.

Wir haben hiermit insgesamt gezeigt:

Satz 9.1

Die Eingabe **einer** falschen Ziffer bei der GTIN/EAN wird durch das Prüfziffernverfahren **stets** aufgedeckt.

Eingabe zweier falscher Ziffern

Wir gehen aus von der richtigen EAN für das Kölln-Müsli:

$$4\ 0\ 0\ 0\ 5\ 4\ 0\ 0\ 2\ 1\ 3\ 8\ 7$$

Durch die irrtümliche Eingabe *zweier* falscher Ziffern erhalten wir beispielsweise:

$$4\ 0\ 1\ 0\ 4\ 4\ 0\ 0\ 2\ 1\ 3\ 8\ 7$$

Dieser Fehler wird durch das Prüfziffernverfahren *nicht* aufgedeckt, da die Prüfsumme hierbei sogar unverändert bleibt. Wir haben nämlich die dritte Ziffer um 1 vergrößert und die fünfte Ziffer (Faktor in beiden Fällen 1) um 1 verkleinert. So lassen sich offensichtlich viele Beispiele mit zwei fehlerhaften Eingaben an *ungeraden* Stellen konstruieren.

Aber auch viele fehlerhafte Eingaben von zwei Ziffern an *geraden* Stellen werden oft nicht aufgedeckt, wie das folgende Beispiel zeigt:

$$4\ 0\ 0\ 5\ 2\ 0\ 0\ 2\ 3\ 3\ 8\ 7$$

Auch hier bleibt sogar speziell die Prüfsumme unverändert, da der erste Fehler S um 6 verkleinert und der zweite Fehler S um 6 vergrößert.

Die Beispiele verdeutlichen schon: Die Eingabe *zweier* falscher Ziffern wird durch dieses Prüfziffernverfahren oft *nicht* aufgedeckt. Man kann sogar zeigen, dass man zu jeder Eingabe *einer* falschen Ziffer in der EAN eine *zweite* falsche Ziffer eingeben kann, sodass der Fehler insgesamt *nicht* aufgedeckt wird.

Vertauschung zweier Nachbarziffern (Drehfehler)

Wegen des Unterschiedes zwischen der Sprechweise und der Ziffernschreibweise bei zweiziffrigen Zahlwörtern (Beispiel: 25, fünfundzwanzig) sind Drehfehler im Deutschen häufig. In welchem Umfang werden diese Fehler durch das Prüfziffernverfahren aufgedeckt? Wir betrachten hierzu zunächst zwei Drehfehler bei der EAN des Kölln-Müsli. Die richtige EAN lautet:

$$4\,0\,0\,0\,5\,4\,0\,0\,2\,1\,3\,8\,7$$

Erfolgt ein Drehfehler bei der Ziffernfolge 38, so lautet die fehlerhafte EAN:

$$4\,0\,0\,0\,5\,4\,0\,0\,2\,1\,8\,3\,7$$

83 liefert $8 \cdot 1 + 3 \cdot 3 = 17$ als Anteil zur Prüfsumme, 38 dagegen $3 \cdot 1 + 8 \cdot 3 = 27$. Die fehlerhafte Prüfsumme S' ist also um 10 kleiner als die richtige Prüfsumme S. Dieser Drehfehler wird folglich *nicht* aufgedeckt.

Erfolgt ein Drehfehler bei der Ziffernfolge 54, so lautet in diesem Fall die fehlerhafte EAN:

$$4\,0\,0\,0\,4\,5\,0\,0\,2\,1\,3\,8\,7$$

45 liefert $4 \cdot 1 + 5 \cdot 3 = 19$ als Anteil zur Prüfsumme, 54 dagegen $5 \cdot 1 + 4 \cdot 3 = 17$.

Die fehlerhafte Prüfsumme S' ist also um 2 größer als S, der Fehler wird aufgedeckt.

Eine Untersuchung weiterer Beispiele liefert bald die Vermutung, dass Drehfehler nur bei wenigen, ganz speziellen Konstellationen *nicht* aufgedeckt werden. Es gilt:

Satz 9.2

Drehfehler benachbarter Ziffern werden durch das Prüfziffernverfahren genau dann nicht aufgedeckt, wenn die beiden benachbarten Ziffern sich um 5 unterscheiden. In allen anderen Fällen werden diese Drehfehler aufgedeckt.

Dem eigentlichen Beweis schalten wir folgende Vorüberlegung vor:

Vorüberlegung

Die 13-ziffrige EAN hat allgemein die Form $a_1 a_2 a_3 a_4 a_5 a_6 a_7 a_8 a_9 a_{10} a_{11} a_{12} a_{13}$. Die beiden benachbarten Ziffern, die gedreht werden, seien a_i und a_{i+1} (mit $i = 1, 2, \ldots, 12$).

Hier und im folgenden Beweis nehmen wir o. B. d. A. an, dass a_i in der richtigen EAN an einer *geraden* Stelle steht und der Faktor von a_i daher 3 und von a_{i+1} 1 ist (vgl. Aufgabe 9). *Nach* dem Drehfehler steht a_{i+1} bei der falschen EAN auf dem Platz von a_i und wird daher mit 3 multipliziert, während a_i auf dem Platz von a_{i+1} steht und mit 1 multipliziert wird, wie die folgende Skizze verdeutlicht:

$$\downarrow \cdot 3 \quad \downarrow \cdot 1$$

richtige EAN $\quad \ldots \quad a_i \qquad a_{i+1} \quad \ldots$

falsche EAN $\quad \ldots \quad a_{i+1} \quad a_i \qquad \ldots$

Wie hängen die Prüfsumme S' der falschen EAN und die Prüfsumme S der richtigen EAN miteinander zusammen? S' ist um $2a_i$ *kleiner* als S (statt *drei*mal kommt a_i in S' nur *ein*mal vor) und zugleich um $2a_{i+1}$ *größer* als S (statt *ein*mal kommt a_{i+1} hier *drei*mal vor), insgesamt gilt also:

$$S' = S - 2a_i + 2a_{i+1}$$
$$= S + 2a_{i+1} - 2a_i$$
$$= S + 2 \cdot (a_{i+1} - a_i)$$

Daraus folgt:

$$S' - S = 2 \cdot (a_{i+1} - a_i)$$

Beweis

Teil 1

Wir beweisen: Wenn ein Drehfehler *nicht* aufgedeckt wird, dann unterscheiden sich die beiden benachbarten Ziffern um 5.

Laut Voraussetzung wird also ein Drehfehler *nicht* aufgedeckt. Dies bedeutet für die zugehörige Prüfsumme S': $\quad 10 \mid S'$

Stets gilt $10 \mid S$. Also gilt:

$\qquad 10 \mid (S' - S)$ $\qquad\qquad\qquad\qquad$ (Differenzregel (Satz 2.4, Bemerkung))

$\implies \quad 10 \mid 2 \cdot (a_{i+1} - a_i)$ $\qquad\qquad$ (Vorüberlegung)

$\implies \quad 5 \mid 2 \cdot (a_{i+1} - a_i)$ $\qquad\qquad$ (5 $\mid$ 10, Transitivität (Satz 2.2, Bemerkung))

$\implies \quad 5 \mid 2 \vee 5 \mid (a_{i+1} - a_i)$ $\qquad$ (5 Primzahl (Satz 4.4))

$\implies \quad 5 \mid (a_{i+1} - a_i)$ $\qquad\qquad\qquad$ (5 $\nmid$ 2)

$\implies \quad a_{i+1} - a_i = 5 \vee a_{i+1} - a_i = -5$ $\quad$ (*)

$\implies \quad |a_{i+1} - a_i| = 5,$ $\qquad\qquad\qquad$ d. h., der Unterschied zwischen den beiden

$\qquad\qquad\qquad\qquad\qquad\qquad\qquad\qquad$ benachbarten Ziffern ist 5.

An der Stelle (∗) nutzen wir, dass für die Ziffern a_i und a_{i+1} gilt: $0 \leq a_i, a_{i+1} \leq 9$. Also gilt für ihre Differenz $-9 \leq a_{i+1} - a_i \leq 9$. Wegen $a_i \neq a_{i+1}$ (ist nämlich $a_i = a_{i+1}$, gibt es keinen Drehfehler), also $a_{i+1} - a_i \neq 0$, gibt es in dem Zahlenabschnitt von -9 bis $+9$ nur die beiden Zahlen 5 und -5, die durch 5 teilbar sind.   □

Bemerkung
Durch Rückgriff auf die Eindeutigkeit der Primfaktorzerlegung lässt sich obiger Beweis etwas verkürzen: Aus $10 \mid 2 \cdot (a_{i+1} - a_i)$ folgt $2 \cdot 5 \mid 2 \cdot (a_{i+1} - a_i)$. Wegen der Eindeutigkeit der Primfaktorzerlegung gilt also $5 \mid (a_{i+1} - a_i)$.

Teil 2
Wir beweisen: Wenn sich die beiden benachbarten Ziffern um 5 unterscheiden, dann wird der Drehfehler *nicht* aufgedeckt.

Laut *Voraussetzung* unterscheiden sich die beiden benachbarten Ziffern a_i und a_{i+1} um 5, es gilt also:

$$a_{i+1} - a_i = 5 \ \vee \ a_{i+1} - a_i = -5$$

Laut *Vorüberlegung* gilt:

$$S' = S + 2 \cdot (a_{i+1} - a_i)$$

Damit gilt *insgesamt:*

$$S' = S + 10 \ \vee \ S' = S - 10$$

Folglich wird ein Drehfehler in diesem Fall *nicht* aufgedeckt.

Wir haben hiermit *insgesamt* bewiesen (vgl. Aufgabe 9):

Drehfehler benachbarter, voneinander verschiedener Ziffern werden durch das Prüfziffernverfahren genau dann *nicht* aufgedeckt, wenn sich die beiden benachbarten Ziffern um 5 unterscheiden.

Bemerkung
Das Prüfziffernverfahren deckt also *sämtliche* Drehfehler zweier benachbarter Ziffern auf *bis* auf die Zahlendreher von 0 und 5, 1 und 6, 2 und 7, 3 und 8 sowie 4 und 9 (jeweils in beiden Richtungen).

Drehfehler beliebiger Ziffern
Vertauschen wir in einer EAN beispielsweise die erste mit der dritten Ziffer *oder* die zweite mit der vierten Ziffer, so werden diese Fehler durch das Prüfziffernverfahren *nie* aufgedeckt; denn der Beitrag dieser beiden Ziffern zur Prüfsumme wird wegen des jeweils gleichen Faktors durch diese Vertauschung nicht berührt.

Allgemein gilt:

Werden beliebige Ziffern der EAN an jeweils geraden bzw. ungeraden Stellen vertauscht, so ändert sich hierdurch die Prüfsumme nicht. Die betreffenden Fehler werden daher nie aufgedeckt.

Vertauschung zweier unmittelbar benachbarter Zweierblöcke

Auch dieser (seltene) Fehler wird durch das Prüfziffernverfahren *nie* aufgedeckt, denn bei dieser Art der Vertauschung bleiben die Faktoren bei allen vier Ziffern unverändert, die Prüfsumme ändert sich also ebenfalls nicht.

Beispiel (Der Strichcode der EAN)

Sehen wir uns den Strichcode der EAN am vorstehenden Artikel genauer an, so können wir erkennen: Je zwei schmale, unten etwas längere Striche dienen als Trennzeichen in der Mitte sowie als linke und rechte Begrenzung. Die Ziffernfolge der EAN steht unterhalb des Strichcodes, wobei sich die erste Ziffer links außerhalb des Strichcodes befindet. Sie wird nämlich indirekt aus dem linken Block erschlossen und ist dort nicht durch Streifen direkt codiert. (Dies war erforderlich, damit die Scannerkassen beispielsweise in Europa von Anfang an auch die in den USA ursprünglich benutzten, nur zwölfziffrigen Codes verarbeiten konnten. Diese erhalten so im EAN-System automatisch als (zusätzliche) erste Ziffer eine Null und umfassen so auch 13 Ziffern.) Der *linke* Block enthält daneben codiert die zweite bis siebte Stelle, der *rechte* Block die achte bis dreizehnte Stelle der EAN.

Alle Ziffern sind durch Sieben-Bit-Sequenzen codiert, also durch eine Sequenz von insgesamt sieben Nullen oder Einsen wie beispielsweise 1 101 100. Hierbei wird beim Strichcode 1 durch Schwarz und 0 durch Weiß codiert. Bei jeder Ziffer dürfen maximal vier Nullen oder Einsen unmittelbar aufeinanderfolgen und werden dann zu einer schwarzen Linie oder einem weißen Freiraum entsprechender Breite zusammengefasst. Die Bit-Sequenzen sind so ausgewählt worden, dass eine Ziffer jeweils durch zwei schwarze Linien und zwei Freiräume entsprechender Breite dargestellt wird. Die Ziffern links der Mitte der EAN beginnen jeweils mit einem Freiraum und enden mit einem Strich. Rechts der Mitte ist es genau umgekehrt. So wird die Zahl 2 rechts der Mitte durch die Sequenz 1 101 100 beschrieben und besitzt also im Strichcode eine schwarze Linie der Breite 2, einen weißen Freiraum der Breite 1, eine schwarze Linie der Breite 2 und schließlich einen weißen Freiraum der Breite 2.

Die Codierung ist so gewählt, dass der Computer erkennen kann, ob die Streifen mit dem Lesegerät von links nach rechts oder umgekehrt eingelesen werden. Unterschiedliche Leserichtungen können also nicht zu Fehlern führen. EAN-Codes lassen sich z. B. auf der Internetseite https://barcode.tec-it.com/de/ erzeugen (vgl. auch Abschn. 9.6). ∎

9.1.4 Zusammenfassung

Der nachfolgenden Tabelle können wir die *Sicherheit* des Prüfziffernverfahrens gegenüber verschiedenen Fehlertypen entnehmen:

Fehlertyp	Aufdeckung
Verwechslung *einer* Ziffer	immer
Verwechslung *zweier* Ziffern	selten
Vertauschung zweier *Nachbarziffern* (Drehfehler)	sehr oft
Drehfehler *beliebiger* Ziffern	selten
Vertauschung zweier benachbarter Zweierblöcke	nie

9.2 Die Internationale Standardbuchnummer ISBN-13

9.2.1 Einige Bemerkungen zur Einführung

Seit Mitte der 1960er-Jahre gab es in Europa, zunächst speziell in England, Überlegungen, wie man Bücher auch international eindeutig kennzeichnen könnte. Ergebnis dieser Überlegungen war eine neunziffrige Standardbuchnummer (SBN), die zunächst in England eingeführt wurde. Sehr rasch erfolgte die Gründung einer internationalen Organisation für Normierung und die neunziffrige SBN wurde um eine auf zehn Ziffern aufgestockt und Internationale Standardbuchnummer (kurz: ISBN) genannt. Ihre Einführung in Deutschland erfolgte zeitnah schon im Jahr 1969. Für fast 40 Jahre blieb die ISBN unverändert. Erst durch die Globalisierung, aber vermutlich auch den Niedergang der UdSSR wurden die Grenzen der zehnziffrigen ISBN sichtbar (s. u.). Ab Anfang 2007 erfolgte eine Aufstockung um drei auf jetzt 13 Ziffern. Entsprechend nennt man heute die „alte" ISBN kurz ISBN-10 und die neue kurz ISBN-13.

9.2.2 Aufbau der ISBN-13

Das folgende Beispiel – die ISBN-13 der aktuellen Auflage dieses Bandes – gibt uns schon einige Hinweise auf den Aufbau der ISBN:

Beispiel

ISBN 978-3-662-56807-1

Die ISBN umfasst 13 Ziffern und ist durch Bindestriche in fünf Teile unterteilt.

- Der erste Teil 978 ist ein **Präfix**, wie es uns von der EAN/GTIN für die verschiedenen nationalen Untergruppierungen von GS1 schon vertraut ist. Wenn man so will, kann man 978 auch als Kennzeichen für „Buch-Land" interpretieren. Für zukünftige Erweiterungen des Ziffernraumes stehen 979, 979-1, . . ., 979-9 als mögliche weitere Präfixe zur Verfügung.
- Der zweite Teil (3) ist im obigen Beispiel einziffrig. Es handelt sich hier um die **Gruppennummer**, auch *Ländernummer* genannt. Der Ziffer 3 können wir entnehmen, dass das Buch aus Deutschland, Österreich oder der deutschsprachigen Schweiz stammt. Die Ziffern 0 und 1 sind für den englischsprachigen Raum reserviert, 4 für Japan. Die Ländernummer kann auch zwei- oder mehrziffrig sein. So steht beispielsweise 84 für Spanien, 88 für Italien, 953 für Kroatien oder 956 für Chile.
- Der dritte Teil, im Beispiel 662, ist die **Verlagsnummer**. Ihr können wir entnehmen, dass der vorliegende Band bei *Springer Spektrum* erschienen ist. Je nach dem Umfang der Titelproduktion umfasst die Verlagsnummer mehr oder weniger Ziffern.
- Der vierte Teil, im Beispiel 56807, ist die **Titelnummer** bei *Springer Spektrum*.
- Die letzte Ziffer ist – genauso wie bei der EAN – die Prüfziffer.   ∎

Bemerkung
Alle Bücher umfassen heute meist auf der Rückseite dicht untereinander die ISBN (oben), einen Strichcode sowie die zugehörige EAN/GTIN (unten). Ein Vergleich von ISBN und EAN zeigt, dass beide rein numerisch identisch sind. Bei der ISBN werden die fünf Teile durch Bindestriche voneinander getrennt, während dies bei der EAN nicht der Fall ist.

9.2.3 Sicherheit des ISBN-13-Prüfziffernsystems

Im Unterschied zur ISBN-10, bei der ein wesentlich sichereres Prüfziffernsystem als bei der EAN verwendet wird (vgl. Abschn. 9.3), hat man bei der ISBN-13 einfach das Prüfziffernsystem von der EAN ohne jede Modifikation übernommen und damit deutliche Verluste bei der Sicherheit in Kauf genommen (vgl. Abschn. 9.3). Diese Vorgehensweise hat allerdings auch ihre Vorteile: Da die ISBN-13 nichts anderes als eine spezielle GTIN/EAN ist, kann sie problemlos weltweit von allen GTIN/EAN-Scannerkassen verarbeitet werden, ohne dass aufwändige Neuauszeichnungen mit Strichcodes nötig sind.

Dieser starke Rationalisierungsgewinn ist – neben den schon weiter vorne genannten Punkten – ganz sicher ebenfalls ein entscheidendes Argument für den zügigen Übergang von der ISBN-10 zur ISBN-13.

9.2.4   Zusammenhang von ISBN-10 und ISBN-13

Man kann jede ISBN-10 leicht in eine ISBN-13 umwandeln. Hierzu muss man das Präfix 978 vorschalten und die Prüfziffer von ISBN-10 durch eine – im Sinne der EAN – neu berechnete Prüfziffer ersetzen.

9.3   Die Internationale Standardbuchnummer ISBN-10

Das ISBN-10-Prüfziffernverfahren ist wesentlich sicherer als das EAN-Verfahren (und damit auch als das ISBN-13-Verfahren). Darum gehen wir hier genauer darauf ein.

9.3.1   Berechnung der ISBN-10-Prüfziffer

Der Berechnungsweg der ISBN-10-Prüfsumme weicht *deutlich* von dem EAN-Weg ab. Während die Ziffern dort abwechselnd mit 1 und 3 multipliziert werden, werden bei der ISBN-10 die Ziffern der Reihe nach mit den Faktoren $10, 9, 8, \ldots, 2, 1$ multipliziert. Auch muss die Prüfsumme nicht wie bei der EAN durch 10, sondern durch 11 teilbar sein. Hierbei überrascht auf den ersten Blick sicher die „krumme" Zahl 11. Als *kleinste* Primzahl größer als 10 sorgt sie jedoch für eine besondere Effizienz dieses Prüfziffernverfahrens, wie wir später noch genauer sehen werden.

Beispiel

$$
\begin{array}{cccccccccc}
3 & - & 8 & 2 & 7 & 4 & - & 0 & 1 & 9 & 9 & - & 2 \\
\downarrow \cdot 10 & & \downarrow \cdot 9 & \downarrow \cdot 8 & \downarrow \cdot 7 & \downarrow \cdot 6 & & \downarrow \cdot 5 & \downarrow \cdot 4 & \downarrow \cdot 3 & \downarrow \cdot 2 & & \downarrow \cdot 1 \\
30 + & & 72 + & 16 + & 49 + & 24 + & & 0 + & 4 + & 27 + & 18 + & & 2 = 242
\end{array}
$$

Die **Prüfsumme** 242 ist wegen $11 \cdot 22 = 242$ durch 11 teilbar bzw. ein Vielfaches von 11. Diese ISBN-10 wird daher vom Computersystem akzeptiert.   ∎

Will man zu einem Buch die *Prüfziffer* berechnen, so multipliziert man die bekannten ersten neun Ziffern der ISBN-10 der Reihe nach mit $10, 9, \ldots, 3, 2$, addiert diese Produkte und ergänzt die so erhaltene Summe zur nächsten, durch 11 teilbaren Zahl bzw. zum nächsten Vielfachen von 11. Ist diese Summe selbst schon durch 11 teilbar, so ordnen wir 0 als Prüfziffer zu. Müssen wir 10 ergänzen, so benutzen wir aus Gründen der Eindeutigkeit und Einheitlichkeit der Ziffernlänge der ISBN das römische Zahlzeichen X. Ergibt sich nach der Eingabe der ISBN, dass die Prüfsumme durch 11 teilbar ist, so wird diese ISBN vom Computer akzeptiert. Ist die Prüfsumme dagegen nicht durch 11 teilbar, so ist die ISBN-10-Eingabe mit Sicherheit falsch.

9.3.2   Sicherheit des ISBN-10-Prüfziffernverfahrens

Wir untersuchen hier die Sicherheit des ISBN-10-Prüfziffernverfahrens – auch im Vergleich zum GTIN/EAN-Prüfziffernverfahren. Hier wie dort lässt sich die Eingabe von zu *vielen* oder zu *wenigen* Ziffern durch das Computersystem stets und leicht durch einfaches Abzählen aufdecken.

Eingabe einer falschen Ziffer

Wegen der an allen zehn Stellen *unterschiedlichen* Faktoren bei der ISBN-10 lässt sich die Frage der Sicherheit gegenüber diesem Fehler nicht so einfach durch eine direkte Berechnung mit nur zwei Fallunterscheidungen abklären, wie wir dies bei der EAN getan haben. Wir beginnen daher mit einer Vorüberlegung.

Vorüberlegung

Zwischen der Prüfsumme S einer richtigen ISBN-10 und der Prüfsumme S' der hieraus durch Eingabe *einer* falschen Ziffer entstehenden falschen ISBN-10 besteht folgender Zusammenhang: Die zehnziffrige ISBN-10 hat die allgemeine Form $a_{10}a_9a_8a_7a_6a_5a_4a_3a_2a_1$. Die richtige Ziffer sei a_i, die falsche Ziffer a_i' (mit $i = 1, 2, \ldots, 10$). Wegen der von links beginnenden Nummerierung (in absteigender Folge) stimmen Index und Faktor jeweils überein. Daher haben a_i und a_i' den Faktor i (mit $i = 1, 2, \ldots, 10$). Es gilt also:

$$\downarrow \cdot i$$

richtige ISBN-10 $\ldots \quad a_i \quad \ldots$

falsche ISBN-10 $\ldots \quad a_i' \quad \ldots$

Da die *übrigen Ziffern* in beiden Prüfsummen identisch sind, hängen die Prüfsummen S und S' folgendermaßen miteinander zusammen:

$$S' = S - i \cdot a_i + i \cdot a_i'$$
$$= S + i \cdot a_i' - i \cdot a_i$$
$$= S + i \cdot (a_i' - a_i)$$

Daraus folgt:

$$S' - S = i \cdot (a_i' - a_i)$$

Mithilfe dieser Vorüberlegung können wir jetzt leicht zeigen:

Satz 9.3
Das ISBN-Prüfziffernverfahren deckt **alle** Fehler auf, bei denen **genau eine** Ziffer falsch ist.

Beweis
Wir gehen *indirekt* vor und nehmen an, dass die Eingabe genau einer falschen Ziffer in *mindestens einem* Fall nicht aufgedeckt wird. In diesem Fall muss $11 \mid S'$ gelten. Stets gilt $11 \mid S$.

$$\implies \quad 11 \mid (S' - S) \qquad \text{(Differenzregel (Satz 2.4, Bemerkung))}$$
$$\implies \quad 11 \mid i \cdot (a'_i - a_i) \qquad \text{(Vorüberlegung)}$$
$$\implies \quad 11 \mid i \ \vee \ 11 \mid (a'_i - a_i) \qquad \text{(11 Primzahl (Satz 4.4))}$$
$$\implies \quad 11 \mid (a'_i - a_i) \qquad (11 \nmid i \text{ für } i = 1, 2, \ldots, 10)$$

Es gilt jedoch:

$$11 \nmid (a'_i - a_i)$$

Denn wegen $0 \le a_i, a'_i \le 10$ gilt $-10 \le a'_i - a_i \le 10$. Die *einzige* Zahl, die 11 in diesem Zahlenabschnitt von -10 bis 10 teilt, ist die 0. Wegen $a'_i \ne a_i$ (bei $a'_i = a_i$ läge kein Fehler vor) gilt jedoch $a'_i - a_i \ne 0$. Wir sind daher durch unsere Annahme zu einem *Widerspruch* gelangt. Also war unsere *Annahme* („In mindestens einem Fall wird der Fehler der Eingabe genau einer falschen Ziffer nicht aufgedeckt.") *falsch.* Also gilt: *Jeder* derartige Fehler wird durch das ISBN-10-Prüfziffernverfahren aufgedeckt. $\qquad \square$

Eingabe zweier falscher Ziffern
Die Eingabe zweier (oder gar mehrerer) falscher Ziffern wird in speziellen Fällen durch das ISBN-10-Prüfziffernverfahren *nicht* aufgedeckt, so beispielsweise in dem folgenden Beispiel: richtige ISBN-10: 3-435-16880-3; falsche ISBN-10: 3-423-16880-3. Man kann leicht alle Fälle identifizieren, in denen das ISBN-10-Prüfziffernverfahren versagt (vgl. Aufgaben 14 und 15).

Vertauschung zweier Nachbarziffern (Drehfehler)
Wir beginnen auch hier mit einer Vorüberlegung, um so den eigentlichen Beweis zu entlasten.

Vorüberlegung
S sei die Prüfsumme der richtigen ISBN-10, S' die Prüfsumme nach der Vertauschung zweier Nachbarziffern. Die Nachbarziffern nennen wir a_{i+1} und a_i. Die zugehörigen Fak-

toren in der richtigen ISBN sind also $i + 1$ und i (mit $i = 1, 2, \ldots, 9$). Es gilt:

$$\downarrow \cdot (i+1) \quad \downarrow \cdot i$$

richtige ISBN-10	$\ldots \quad a_{i+1}$	$a_i \quad \ldots$
falsche ISBN-10	$\ldots \quad a_i$	$a_{i+1} \quad \ldots$

Da die *übrigen* Ziffern in beiden Prüfsummen übereinstimmen, gilt:

$$S' = S - (i+1) \cdot a_{i+1} + i \cdot a_{i+1} - i \cdot a_i + (i+1) \cdot a_i$$
$$= S - a_{i+1} + a_i$$
$$= S + a_i - a_{i+1}$$

Daraus folgt:

$$S' - S = a_i - a_{i+1}$$

Wir können jetzt leicht beweisen:

Satz 9.4
Drehfehler **benachbarter** Ziffern werden durch das ISBN-10-Prüfziffernverfahren **stets** aufgedeckt.

Beweis
Wir gehen auch hier *indirekt* vor und nehmen an, dass *mindestens ein* Drehfehler benachbarter, voneinander verschiedener Ziffern durch das ISBN-10-Prüfziffernverfahren *nicht* aufgedeckt wird. In diesem Fall gilt $11 \mid S'$. Stets gilt $11 \mid S$.

$$\implies \quad 11 \mid (S' - S) \quad \text{(Differenzregel (Satz 2.4, Bemerkung))}$$
$$\implies \quad 11 \mid (a_i - a_{i+1}) \quad \text{(Vorüberlegung)}$$

Es gilt jedoch:

$$11 \nmid (a_i - a_{i+1})$$

Wegen $0 \le a_i, a_{i+1} \le 10$ gilt nämlich $-10 \le a_i - a_{i+1} \le 10$.

Die *einzige* Zahl, die 11 in diesem Zahlenabschnitt von -10 bis 10 teilt, ist 0. Wegen $a_i \ne a_{i+1}$ gilt jedoch $a_i - a_{i+1} \ne 0$. Unsere Annahme hat uns demnach zu einem *Widerspruch* geführt, also war unsere Annahme *falsch*. Daher gilt: Drehfehler benachbarter, voneinander verschiedener Ziffern werden durch das ISBN-Prüfziffernverfahren *stets* aufgedeckt.   □

Drehfehler beliebiger Ziffern
Bei der Aufdeckung der Drehfehler benachbarter Ziffern haben wir schon einen deutlichen *Unterschied* zwischen dem EAN- und dem ISBN-10-Prüfziffernverfahren festgestellt:

Während dieser Fehlertyp bei der EAN nur *sehr oft* aufgedeckt wird, wird er bei der ISBN-10 *stets* aufgedeckt. Darüber hinaus gilt sogar für das ISBN-10-Prüfziffernverfahren, dass selbst Drehfehler *beliebiger* – also nicht nur benachbarter! – Ziffern *stets* aufgedeckt werden:

Satz 9.5
Drehfehler von zwei Ziffern werden durch das ISBN-10-Prüfziffernverfahren **stets** aufgedeckt.

Wir beginnen auch hier mit einer Vorüberlegung.

Vorüberlegung
S sei die Prüfsumme der richtigen ISBN-10, S' die Prüfsumme nach der Durchführung der Drehfehler. a_i und a_j mit $i > j$ seien die beiden Ziffern, die vertauscht werden. Die zugehörigen Faktoren sind i und j (mit $i, j \in \{10, 9, 8, \ldots, 1\}$). Die folgende Skizze verdeutlicht dies:

$$
\begin{array}{lcccccc}
 & & \downarrow \cdot i & & \downarrow \cdot j & & \\
\text{richtige ISBN-10} & \ldots & a_i & \ldots & a_j & \ldots & \\
\text{falsche ISBN-10} & \ldots & a_j & \ldots & a_i & \ldots &
\end{array}
$$

Die übrigen Ziffern stimmen in beiden Prüfsummen überein, daher gilt:

$$
\begin{aligned}
S' &= S - i \cdot a_i + j \cdot a_i - j \cdot a_j + i \cdot a_j \\
&= S - i \cdot a_i + i \cdot a_j + j \cdot a_i - j \cdot a_j \\
&= S - i \cdot (a_i - a_j) + j \cdot (a_i - a_j) \\
&= S + (j - i)(a_i - a_j)
\end{aligned}
$$

Daraus folgt:

$$
S' - S = (j - i) \cdot (a_i - a_j)
$$

Beweis
Wir gehen auch hier *indirekt* vor und nehmen an, dass *mindestens ein* Drehfehler beliebiger, voneinander verschiedener Ziffern *nicht* aufgedeckt wird. In diesem Fall gilt $11 \mid S'$. Zusammen mit $11 \mid S$ gilt also:

$$
\begin{array}{ll}
11 \mid (S' - S) & \text{(Differenzregel (Satz 2.4, Bemerkung))} \\
\implies 11 \mid (j - i) \cdot (a_i - a_j) & \text{(Vorüberlegung)} \\
\implies 11 \mid (j - i) \lor 11 \mid (a_i - a_j) & \text{(11 Primzahl (Satz 4.4))} \\
\implies 11 \mid (a_i - a_j) & \text{(}11 \nmid (j - i)\text{, da } -9 \leq j - i \leq 9 \text{ und } j - i \neq 0\text{)}
\end{array}
$$

Es gilt jedoch:

$$11 \nmid (a_i - a_j),$$

da $-10 \leq a_i - a_j \leq 10$ und $a_i - a_j \neq 0$.

Unsere Annahme hat also zu einem *Widerspruch* geführt, sie war demnach *falsch*. Daher gilt: Die in Satz 9.5 erwähnten Drehfehler werden *stets* aufgedeckt.   □

Bemerkungen

(1) Satz 9.4 ist ein *Spezialfall* von Satz 9.5 für $i = j + 1$.
(2) Im (mittelständischen) Buchhandel wird die ISBN-13 häufig per Hand in den Buchungscomputer eingegeben – insbesondere bei der Bestellung von sehr ähnlich klingenden Titeln wie beispielsweise bei Schulbüchern. Entsprechend groß ist hier – im Unterschied zur strichcodierten EAN! – die Gefahr von Drehfehlern bei benachbarten Ziffern. Daher ist die Sicherheit, die das ISBN-10-Prüfziffernverfahren gegenüber diesem Fehlertyp bewirkt, *hier* eigentlich wichtig, während diese Sicherheit bei der EAN eine wesentlich *geringere* Bedeutung hat. Dennoch haben übergeordnete Rationalisierungsgesichtspunkte bewirkt, dass auch bei der ISBN das ISBN-10-Prüfziffernverfahren zugunsten des unsichereren EAN-Prüfziffernverfahrens aufgegeben wurde.

Vertauschung zweier unmittelbar benachbarter Zweierblöcke
Dieser Fehlertyp wird bei der EAN *nie* aufgedeckt, während er bei der ISBN-10 durch das Prüfziffernverfahren *häufig* aufgedeckt wird (vgl. Aufgabe 16).

9.3.3 Zusammenfassung

Die Sicherheit des ISBN-10-Prüfziffernverfahrens gegenüber verschiedenen Fehlertypen können wir der folgenden Tabelle entnehmen:

Fehlertyp	Aufdeckung
Verwechslung *einer* Ziffer	immer
Verwechslung *zweier* Ziffern	meistens
Vertauschung zweier Nachbarziffern *(Drehfehler)*	immer
Drehfehler *beliebiger* Ziffern	immer
Vertauschung zweier benachbarter Zweierblöcke	oft

Das bei der ISBN-10 verwendete Prüfziffernverfahren ist also dem bei der EAN eingesetzten *hoch* überlegen. Dies beruht auf zwei *Ursachen*:

Einmal gibt es bei der EAN nur *zwei* verschiedene Faktoren, dagegen sind bei der ISBN-10 *sämtliche* Faktoren unterschiedlich. *Ferner* ist die bei der ISBN-10 benutzte

Primzahl 11 zu *sämtlichen* Zahlen 1, 2, . . . , 10 *teilerfremd*, während dies für die Zahl 10 bei der EAN für viele dieser Zahlen *nicht* zutrifft.

Selbstverständlich hätte man bei der Einführung der EAN auch ein dem ISBN-10-Verfahren vergleichbares, sichereres Prüfziffernverfahren heranziehen können. Vermutlich aus zwei Gründen hat man dies damals nicht getan:

1. Wegen der Benutzung von Strichcodes ist das Risiko von Drehfehlern sehr gering.
2. Die Verwendung der Zahl 11 erfordert wegen des Restes 10 die Einführung eines *nicht-numerischen* Zeichens (z. B. X)[5] , während man bei der Verwendung von 10 bei den – zu Zeiten der Einführung der EAN üblichen – rein numerischen Zeichen bleiben konnte, also keine umfangreichen Investitionen tätigen musste.

9.4 Die Pharmazentralnummer PZN

Ursprünglich nur für rasche und fehlerfreie Bestellungen bei den Arzneimittelgroßhandlungen entwickelt, ist die (siebenstellige) Pharmazentralnummer (PZN) heute weit darüber hinaus bei den Apotheken im Einsatz. So spielt sie nicht nur bei der Bestellung, sondern auch beim Wareneingang und -ausgang, bei der Rechnungsstellung sowie bei der Abrechnung der Apotheken mit den Krankenkassen eine zentrale Rolle. Seit Anfang 2013 erfolgt – bis Ende 2019 – eine allmähliche Umstellung dieser PZN auf die achtstellige Pharmazentralnummer (PZN8). Die bisherigen siebenstelligen PZNs bleiben hierbei völlig unverändert und werden nur vorne durch eine Null formal auf acht Stellen erweitert (Beispiel: PZN7: -3897746, PZN8: -03897746). Der Grund für die Veränderung: Trotz der maximal auf zwei Jahre befristeten Vergabe der PZN (mit Verlängerungsmöglichkeit) stößt die Informationsstelle für Arzneispezialitäten IFA in Frankfurt als Vergabestelle allmählich an die Grenzen der PZN. Durch die Hinzunahme einer weiteren Stelle und so durch Übergang zur PZN8 verzehnfacht sie die Anzahl der verfügbaren PZNs von gut 900 000 auf gut 9 Millionen. Die PZN wird *fortlaufend* vergeben. Sie ist daher *kein* „sprechender" Schlüssel wie die EAN oder die ISBN, d. h., sie enthält keine codierten Informationen beispielsweise über den Hersteller des Medikaments. Die PZN kennzeichnet jedoch Arzneimittel eindeutig nach Bezeichnung, Darreichungsform, Wirkstoffstärke und Packungsgröße. Die PZN wird allerdings – anders als die EAN/GTIN oder ISBN – *nicht* welt- oder europaweit eingesetzt, sondern nur in Deutschland und mit Abwandlungen in Österreich. Bei den folgenden Überlegungen konzentrieren wir uns auf die (siebenstellige) PZN.

---

[5] Es ist allerdings auch möglich, auf diese Ziffernfolgen zu verzichten und so diese Problematik zu umgehen.

9.4.1 Aufbau der PZN und Berechnung der Prüfziffer

Jede (siebenstellige) PZN besteht aus 7 Ziffern, vorgeschaltet ist immer ein Bindestrich. Die letzte Ziffer – im folgenden Beispiel p genannt – ist stets die Prüfziffer, die wie folgt aus den vorhergehenden Ziffern berechnet wird: Die erste Ziffer wird mit 2, die zweite Ziffer mit 3, . . ., die sechste Ziffer mit 7 multipliziert. Die Teilprodukte werden addiert, das Ergebnis durch 11 geteilt („Modulo-11-Verfahren").

Beispiel (PZN -341496 p)

$$2 \cdot 3 + 3 \cdot 4 + 4 \cdot 1 + 5 \cdot 4 + 6 \cdot 9 + 7 \cdot 6 = 138$$

$$138 : 11 = 12 \text{ Rest } 6, \text{ also } p = 6.$$

Die Prüfziffer p ist im Regelfall gleich dem Rest, hier also gleich 6, die vollständige PZN lautet: PZN -3414966.

Ist der Rest 10, so wurde früher die betreffende PZN ausgelassen, heute ordnet man ihr 0 als Prüfziffer zu. Gleiches gilt auch, wenn 11 die Summe ohne Rest teilt.   ■

Bemerkung

Die Berechnung der Prüfziffer bei der PZN8 verläuft analog. Die erste Ziffer wird jetzt mit 1, die zweite mit 2, . . ., die siebte Ziffer mit 7 multipliziert. Das weitere Prozedere entspricht dem Weg der PZN7.

9.4.2 Sicherheit der PZN

Wenngleich der formale Aufbau und die Prüfziffernbestimmung bei der PZN vom Verfahren bei der ISBN-10 abweichen, können wir nach einer leichten Modifikation der PZN diese dennoch weithin als **Spezialfall der ISBN-10** deuten und daher leicht auf die Beweise der dortigen Sätze 9.3 und 9.4 zurückgreifen.

Der Pharmazentralnummer $a_2 a_3 a_4 a_5 a_6 a_7 p$ schalten wir hierzu zunächst links drei Nullen vor, die wir a_{10} bzw. a_9 bzw. a_8 nennen, mit 10 bzw. 9 bzw. 8 multiplizieren, und ohne Veränderung der Summe $2 \cdot a_2 + 3 \cdot a_3 + 4 \cdot a_4 + 5 \cdot a_5 + 6 \cdot a_6 + 7 \cdot a_7$ hierzu addieren. Schreiben wir jetzt die PZN in der Form

$$a_{10} a_9 a_8 a_2 a_3 a_4 a_5 a_6 a_7 \; p$$

auf, so stimmen bei den Indizes $i = 2, 3, \ldots, 10$ die Faktoren mit den Indizes überein und es sind alle neun Faktoren paarweise *verschieden* – genauso wie bei der ISBN-10. Daher können wir die Beweisführung bei der ISBN-10 in den Sätzen 9.3 und 9.4 weitestgehend übernehmen.[6] Wir müssen nur beachten, dass die Prüfziffern in den beiden Fällen etwas unterschiedlich berechnet werden (und den Sonderfall 10 betrachten): Bei

---

[6] Für eine detaillierte Ableitung vgl. Padberg/Büchter [24], S. 232 ff.

der ISBN-10 bestimmen wir die Prüfziffer so, dass die Prüfsumme hierdurch gerade ein Vielfaches von 11 wird und daher durch 11 teilbar ist. Bei der PZN dividieren wir dagegen die Teil-Prüfsumme aus den ersten sechs Ziffern $a_2 a_3 a_4 a_5 a_6 a_7$ durch 11. Der so erhaltene Rest ist dann die Prüfziffer, wobei speziell im Fall des Restes 10 die PZN früher einfach ausgelassen wurde, während heute die Ziffer 0 als Prüfziffer genommen wird (genauso wie in dem Fall, dass diese Teil-Prüfsumme durch 11 ohne Rest teilbar ist). Wählen wir jetzt bei der PZN statt 1 (wie bei der ISBN-10) -1 als Faktor für die Prüfziffer p, so ist die so erhaltene komplette Prüfsumme ebenfalls durch 11 teilbar, bis auf die Ausnahme, dass die Prüfziffer eigentlich 10 sein müsste, stattdessen jedoch 0 als Prüfziffer verwandt wird. Im Zusammenhang mit der Prüfziffer 0 können ferner auch durchaus in Einzelfällen Verwechslungen *einer* Ziffer wie auch Drehfehler bei der PZN *nicht* auffallen. Dies passiert immer dann, wenn ein Fehler bewirkt, dass aus der richtigen Prüfsumme 0 die Prüfsumme 10 wird, für die jedoch bekanntlich dann die Prüfziffer 0 verwendet wird (und umgekehrt). Die Ausnahmen stehen im Zusammenhang mit der Prüfziffer 0.

Das bei der PZN verwendete Prüfziffernverfahren ist also – genau wie das ISBN-10-Prüfziffernverfahren und aus denselben Gründen – dem bei der EAN und ISBN-13 verwendeten Prüfziffernverfahren *sehr stark* überlegen (vgl. auch Abschn. 9.3.3).

9.5 Die Internationale Bankkontonummer IBAN

Den Zweck und Aufbau der **Internationalen Bankkontonummer IBAN** haben wir in Abschn. 1.4 bereits ausführlich dargestellt. Dort haben wir nach einem Beispiel mit einem ersten Schritt zur Verallgemeinerung festgestellt, dass ein Tippfehler an der vorletzten Stelle einer *beliebigen* deutschen IBAN *stets* automatisch erkannt werden kann. In diesem Kapitel können wir daher direkt mit der allgemeinen Analyse der *Sicherheit* des IBAN-Prüfziffernverfahrens in Analogie zur Untersuchung der anderen Prüfziffernverfahren beginnen. Wir beschränken uns dabei weiterhin auf deutsche IBANs, um die Komplexität nicht weiter zu erhöhen.

9.5.1 Sicherheit des IBAN-Prüfziffernverfahrens

Wie im Abschn. 1.4 nutzen wir, dass *jede* gültige IBAN bei der **Validierung der Prüfsumme**[7] den Rest 1 lässt. Ausgehend von einer 22-stelligen IBAN der Form

$$L_1 L_2 \; p_1 p_2 \; b_1 b_2 b_3 b_4 b_5 b_6 b_7 b_8 \; k_1 k_2 k_3 k_4 k_5 k_6 k_7 k_8 k_9 k_{10},$$

---

[7] Mit „Prüfsumme" wird im Zusammenhang mit der IBAN – gemäß den offiziellen Festlegungen – etwas anderes bezeichnet als etwa im Zusammenhang mit der GTIN/EAN, den ISBNs oder der PZN. Daher wird im Folgenden auch die Einführung des zusätzlichen Begriffs „Prüfzahl" erforderlich. Grundsätzlich sollte man bei der Analyse von Prüfziffernverfahren genau darauf achten, wie die Begriffe im Rahmen des jeweiligen festgelegt definiert sind.

wobei L_1 und L_2 Buchstaben und die anderen Zeichen Dezimalziffern sind, wird die 24-stellige Ziffernfolge

$$b_1 b_2 b_3 b_4 b_5 b_6 b_7 b_8 \ k_1 k_2 k_3 k_4 k_5 k_6 k_7 k_8 k_9 k_{10} \ l_{1_1} l_{1_2} l_{2_1} l_{2_2} \ p_1 p_2$$

betrachtet, die durch Umstellen der ersten vier Zeichen ($L_1 L_2 \ p_1 p_2$) ans Ende der Folge und den anschließenden Austausch der beiden Buchstaben ($L_1 L_2$) gegen jeweils zwei Ziffern ($l_{1_1} l_{1_2} l_{2_1} l_{2_2}$) entsteht. Dabei wird „A" durch „10", „B" durch „11", „C" durch „12"… und schließlich „Z" durch „35" ersetzt. Die obige 24-stellige Ziffernfolge, deren Ziffern allesamt aus dem Vorrat $\{0, 1, \dots, 9\}$ stammen, wird dann als 24-stellige Dezimalzahl S betrachtet, die wir im Folgenden **Prüfzahl** nennen. Wenn für die Prüfzahl S dann $S \equiv 1 \ (97)$ gilt, handelt es sich um eine gültige IBAN.

Für unsere Analysen *vereinfachen* wir die Notation der 24-stelligen Zahl, indem wir die Ziffern von links nach rechts mit $z_{23} z_{22} \dots z_1 z_0$ bezeichnen, sodass an der k-ten Stelle die Ziffer z_{24-k} steht. Die Prüfzahl S lässt sich damit – wie im Dezimalsystem üblich – schreiben als $S = 10^{23} \cdot z_{23} + 10^{22} \cdot z_{22} + \dots 10^1 \cdot z_1 + 10^0 \cdot z_0$. Man kann das IBAN-Prüfziffernverfahren also als „Modulo-97-Verfahren" jeweils mit dem Faktor 10^i für die Ziffer z_i (für $i = 0, 1, 2 \dots, 23$) verstehen.[8]

Eingabe eines falschen Zeichens

Wir möchten hier – falls möglich – eine allgemeingültige Aussage darüber treffen, ob die Eingabe *genau* eines falschen Zeichens *stets* automatisch erkannt werden kann. Da die z. B. im Online-Banking eingegebene IBAN mit zwei Buchstaben beginnt und anschließend ausschließlich Dezimalziffern enthält, unterscheiden wir diese beiden Fälle. Die Buchstaben gehen bei der *Validierung der Prüfsumme* an jeweils zwei Stellen in die Prüfzahl ein[9], die Dezimalziffern nur an einer. Bei unserer Analyse dürfen wir davon ausgehen, dass an den Stellen für Buchstaben nur – ggf. falsche – Buchstaben und an den Stellen für Dezimalziffern nur – ggf. falsche – Dezimalziffern stehen. Andernfalls kann schon ohne Prüfziffer erkannt werden, dass die Eingabe nicht gültig ist.

Fall 1: Eingabe einer falschen Ziffer

Wir betrachten die Prüfzahl S zur richtigen IBAN und die Prüfzahl S' zur falschen IBAN, die durch die Eingabe *genau einer* falschen Ziffer entsteht. Die Ziffern der richtigen Prüfzahl bezeichnen wir mit z_i, die Ziffern der falschen Prüfzahl mit z_i' (jeweils mit $i = 0, 1, \dots, 23$). Die Eingabe der falschen Ziffer bei der IBAN wirkt sich bei der Prüfzahl S bei *genau einer* der Ziffern z_i mit $i = 0, 1$ (Prüfziffern) oder $i = 6, 7, \dots, 23$ (BBAN) aus; diese Stelle habe den Index j. Dann gilt $z_j \neq z_j'$ und $z_i = z_i'$ für alle $i \neq j$.

Für die Differenz der Prüfzahlen S und S' gilt daher:

$$S - S' = 10^j \cdot z_j - 10^j \cdot z_j' = 10^j \cdot (z_j - z_j')$$

---

[8] Die Faktoren werden auch *Gewichte* genannt, weil die jeweilige Ziffer mit dem Faktor *gewichtet* in die Summe eingeht.

[9] Konkret handelt es sich um die Ziffern z_5, z_4, z_3 und z_2.

- Angenommen, die Eingabe der falschen Ziffer würde bei der *Validierung der Prüfsumme* nicht auffallen, d. h., $S' \equiv 1$ (97) würde gelten.
- Da für die Prüfzahl S der richtigen IBAN auf jeden Fall $S \equiv 1$ (97) gilt, würde dann auch $S \equiv S'$ (97) gelten.
- Nach Definition 6.1 bedeutet dies $97 \mid S - S'$, also würde $97 \mid 10^j \cdot (z_j - z_j')$ gelten.
- Da 97 eine Primzahl ist, müsste nach Satz 4.4 also $97 \mid 10^j$ oder $97 \mid z_j - z_j'$ gelten.
- Wegen der Eindeutigkeit der Primfaktorzerlegung gilt sicher $97 \nmid 10^j$, also müsste $97 \mid z_j - z_j'$ gelten.
- Dann müsste aber $z_j - z_j' = 0$ gelten, da $-9 \leq z_j - z_j' \leq 9$ gilt (warum?).
- Dies ist aber ein Widerspruch zu $z_j \neq z_j'$, sodass $S \not\equiv 1$ (97) gelten muss und die Eingabe der falschen Ziffer auffällt.

Fall 2: Eingabe eines falschen Buchstaben

Wenn *genau ein* Buchstabe falsch eingegeben wird, dann wirkt sich dies bei der Prüfzahl *entweder* bei mindestens einer der beiden Ziffern z_5 und z_4 *oder* bei mindestens einer der beiden Ziffern z_3 und z_2 aus. Alle anderen Ziffern sind jeweils nicht betroffen. Sei wieder S die Prüfzahl zur richtigen IBAN und S' die Prüfzahl zur falschen IBAN. Für deren Differenz gilt dann:

$$ S - S' = \left(10 \cdot z_{j+1} + z_j - \left(10 \cdot z_{j+1}' + z_j' \right) \right) \cdot 10^j, \text{ mit } j = 2 \text{ oder } j = 4 $$

- Wenn wir wieder annehmen, dass die Eingabe des falschen Buchstaben bei der *Validierung der Prüfsumme* nicht auffallen würde, können wir wie im Fall 1 folgern, dass dann $97 \mid 10 \cdot z_{j+1} + z_j - (10 \cdot z_{j+1}' + z_j')$ gelten müsste.
- Da $z_{j+1}z_j$ und $z_{j+1}'z_j'$ in der Ziffernfolge der jeweiligen Prüfzahl anstelle eines Buchstaben der IBAN stehen, gilt nach der Bildungsvorschrift für die Prüfzahl $10 \leq 10 \cdot z_{j+1} + z_j, \ 10 \cdot z_{j+1}' + z_j' \leq 35$.
- Für die betrachtete Differenz gilt dann $-25 \leq 10 \cdot z_{j+1} + z_j - (10 \cdot z_{j+1}' + z_j') \leq 25$.
- Also müsste wiederum $10 \cdot z_{j+1} + z_j - (10 \cdot z_{j+1}' + z_j') = 0$ und somit $10 \cdot z_{j+1} + z_j = 10 \cdot z_{j+1}' + z_j'$ gelten, im Widerspruch zum vorausgesetzten Eingabefehler.
- Also fällt die Eingabe des falschen Buchstaben auf.

Damit haben wir insgesamt bewiesen:

Satz 9.6

Das IBAN-Prüfziffernverfahren deckt **alle** Fehler auf, bei denen **genau ein** Zeichen der IBAN falsch ist.

Bemerkung

Bei der zusammenfassenden Formulierung von Satz 9.6 bedeutet „genau ein Zeichen", dass *entweder* „genau ein Buchstabe" *oder* „genau eine Ziffer" falsch ist.

Eingabe zweier falscher Zeichen

Die Eingabe zweier (oder gar mehrerer) falscher Zeichen wird in speziellen Fällen durch das IBAN-Prüfziffernverfahren *nicht* aufgedeckt, so beispielsweise in dem folgenden Beispiel:

$$\begin{aligned} \text{richtige IBAN:} &\quad \text{DE 25 12345678 } \underline{00}\text{31415926} \\ \text{falsche IBAN:} &\quad \text{DE 25 12345678 } \underline{97}\text{31415926} \end{aligned}$$

Man kann leicht Bedingungen dafür aufstellen, dass das IBAN-Prüfziffernverfahren bei der Eingabe von mindestens zwei falschen Zeichen versagt, und die Fälle dadurch identifizieren (vgl. Aufgabe 19). Insgesamt handelt es sich aber um seltene Fälle, vor allem wenn nur zwei falsche Zeichen eingegeben wurden.

Vertauschung von zwei Zeichen (Drehfehler)

Da sich die Betrachtungen für die Vertauschung der beiden Buchstaben und die Vertauschung von zwei Ziffern bei der Eingabe der IBAN wiederum ein wenig unterscheiden, betrachten wir auch hier zwei Fälle.

Fall 1: Vertauschung von zwei Ziffern

Wir betrachten wiederum die Prüfzahl S zur richtigen IBAN und die Prüfzahl S' zur falschen IBAN, die durch Vertauschung von zwei Ziffern entsteht. Bezeichnen wir wieder die Ziffern der richtigen Prüfzahl mit z_i und die Ziffern der falschen Prüfzahl mit z_i' (jeweils mit $i = 0, 1, \ldots, 23$), dann gibt es also zwei *verschiedene* Indizes j und l mit $z_j = z_l'$ und $z_l = z_j'$; ansonsten gilt $z_i = z_i'$ für alle $i \neq j, l$.[10] Wir können ohne Einschränkung annehmen, dass $l > j$ gilt. Für $d = l - j$ gilt dann $1 \leq d \leq 23$ (warum?).

Für die Differenz der Prüfzahlen S und S' gilt mit diesen Festlegungen (insbesondere mit $z_{j+d}' = z_j$ und $z_j' = z_{j+d}$):

$$\begin{aligned} S - S' &= 10^{j+d} \cdot z_{j+d} - 10^{j+d} \cdot z_{j+d}' + 10^j \cdot z_j - 10^j \cdot z_j' \\ &= 10^{j+d} \cdot z_{j+d} - 10^{j+d} \cdot z_j + 10^j \cdot z_j - 10^j \cdot z_{j+d} \\ &= 10^{j+d} \cdot (z_{j+d} - z_j) + 10^j \cdot (z_j - z_{j+d}) \\ &= 10^{j+d} \cdot (z_{j+d} - z_j) - 10^j \cdot (z_{j+d} - z_j) \\ &= (10^{j+d} - 10^j) \cdot (z_{j+d} - z_j) \\ &= (10^d - 1) \cdot 10^j \cdot (z_{j+d} - z_j) \end{aligned}$$

---

[10] Streng genommen müssten wir bei unseren Betrachtungen wiederum die Prüfzahlziffern z_5, z_4, z_3 und z_2 außen vor lassen, da diese für die beiden Buchstaben der IBAN stehen. Die folgenden Überlegungen sind aber unabhängig von der Berücksichtigung oder Nichtberücksichtigung dieser Ziffern gültig, sodass wir auf die Ausnahme verzichten, um Schreibarbeit zu sparen.

- Wenn wir wieder zunächst annehmen, dass die Vertauschung von zwei Dezimalziffern bei der *Validierung der Prüfsumme* nicht auffallen würde, können wir wie bei der Eingabe eines falschen Zeichens folgern, dass dann $97 \mid (10^d - 1) \cdot 10^j \cdot (z_{j+d} - z_j)$ gelten müsste.

- Da 97 eine Primzahl ist, müsste also zunächst $97 \mid 10^d - 1$ oder $97 \mid 10^j \cdot (z_{j+d} - z_j)$ und daraus folgend $97 \mid 10^d - 1$ oder $97 \mid 10^j$ oder $97 \mid z_{j+d} - z_j$ gelten.

- Wegen der Eindeutigkeit der Primfaktorzerlegung gilt aber $97 \nmid 10^j$.

- Aus $97 \mid z_{j+d} - z_j$ würde – wie bei der Eingabe einer falschen Dezimalziffer – folgen, dass $z_{j+d} - z_j = 0$, also $z_{j+d} = z_j$ gelte. Dann wären die beiden vertauschten Ziffern aber identisch und es läge kein Fehler vor.

- Also müsste $97 \mid 10^d - 1$ gelten. Die Dezimalbruchentwicklung von $\frac{1}{97}$ hat aber die Periodenlänge 96, sodass 96 nach Satz 8.3 die kleinste natürliche Zahl s ist, für die $97 \mid 10^s - 1$ gilt. Aus $d \leq 23$ folgt somit, dass auch $97 \nmid 10^d - 1$ gilt.

- Also haben wir wieder einen Widerspruch erhalten und auch die Vertauschung von zwei Dezimalziffern fällt auf.

Fall 2: Vertauschung der beiden Buchstaben

Die Vertauschung der beiden Buchstaben der IBAN bewirkt auf der Ebene der Prüfzahl eine Vertauschung von zwei speziellen benachbarten Zweierblöcken. Mit den bisher verwendeten Bezeichnungen gilt $z_5 = z_3'$ und $z_4 = z_2'$ sowie $z_3 = z_5'$ und $z_2 = z_4'$. Für die beiden Zweierblöcke von Ziffern verwenden wir im Folgenden $a = 10 \cdot z_5 + z_4$ und $b = 10 \cdot z_3 + z_2$ als abkürzende Bezeichnungen, wobei $10 \leq a, b \leq 35$ gilt (vgl. „Eingabe eines falschen Buchstaben"). Alle anderen Ziffern bleiben unverändert, d. h. $z_i = z_i'$ für $i = 0, 1$ und $i = 6, 7, \ldots, 23$, sodass für die Differenz der Prüfsummen gilt:

$$S - S' = 10^4 \cdot a - 10^4 \cdot b + 10^2 \cdot b - 10^2 \cdot a$$
$$= 10^4 \cdot (a - b) + 10^2 \cdot (b - a)$$
$$= 10^4 \cdot (a - b) - 10^2 \cdot (a - b)$$
$$= (10^4 - 10^2) \cdot (a - b)$$
$$= 9900 \cdot (a - b)$$

- Wenn wir wieder zunächst annehmen, dass die Vertauschung der beiden Buchstaben der IBAN bei der *Validierung der Prüfsumme* nicht auffallen würde, können wir erneut folgern, dass dann $97 \mid 9900 \cdot (a - b)$ gelten müsste.

- Da 97 eine Primzahl ist, müsste also $97 \mid 9900$ oder $97 \mid a - b$ gelten.

- Da $97 \nmid 9900$ gilt, müsste also $97 \mid a - b$ gelten.

- Wegen $-25 \leq a - b \leq 25$ (warum?) würde dann folgen, dass $a - b = 0$, also $a = b$ gelte. Dann wären die beiden vertauschten Ziffern aber identisch und es läge kein Fehler vor.

- Also haben wir wieder einen Widerspruch erhalten und auch die Vertauschung der beiden Buchstaben fällt auf.

Damit haben wir insgesamt bewiesen:

Satz 9.7
Das IBAN-Prüfziffernverfahren deckt **alle** Fehler auf, bei denen zwei Zeichen der IBAN vertauscht wurden.

Bemerkungen

(1) Bei der zusammenfassenden Formulierung von Satz 9.7 bedeutet „zwei Zeichen", dass *entweder* die beiden Buchstaben *oder* zwei Ziffern vertauscht werden.
(2) Als Spezialfall von Satz 9.7 ist damit auch insbesondere gezeigt, dass die Vertauschung zweier benachbarter Zeichen stets auffällt.

Vertauschung zweier benachbarter Zweierblöcke
Die Vertauschung zweier unmittelbar benachbarter Zweierblöcke bei der Eingabe wird in speziellen Fällen durch das IBAN-Prüfziffernverfahren *nicht* aufgedeckt, so beispielsweise in dem folgenden Beispiel:

richtige IBAN: DE 54 12345678 <u>0198</u>002137
falsche IBAN: DE 54 12345678 <u>9801</u>002137

Oben haben wir gesehen, dass die Vertauschung der beiden Buchstaben der IBAN auf Ebene der Prüfzahl eine spezielle Vertauschung von benachbarten Zweierblöcken bewirkt. Aufgrund des konkreten Wertevorrats für *diese* Zweierblöcke können aber alle entsprechenden Vertauschungen automatisch entdeckt werden. Offensichtlich lassen sich Bedingungen dafür herleiten, dass das IBAN-Prüfziffernverfahren bei der Vertauschung zweier benachbarter Zweierblöcke (aus Ziffern) versagt; auf dieser Basis können weitere Beispiele konstruiert werden (vgl. Aufgabe 20). Insgesamt handelt es sich aber bei diesem Fehler um sehr seltene Fälle.

9.5.2 Zusammenfassung

Die Sicherheit des IBAN-Prüfziffernverfahrens gegenüber verschiedenen Fehlertypen können wir der folgenden Tabelle entnehmen:

Fehlertyp	Aufdeckung
Verwechslung *eines* Zeichens	immer
Verwechslung *zweier* Zeichen	meistens
Vertauschung zweier Nachbarzeichen *(Drehfehler)*	immer
Drehfehler *beliebiger* Zeichen	immer
Vertauschung zweier benachbarter Zweierblöcke	fast immer

Das IBAN-Prüfziffernverfahren deckt also insgesamt *noch mehr* Fehler auf als das bei der ISBN-10 eingesetzte. Dies beruht auf der Gewichtung der einzelnen Ziffern mit unterschiedlichen Zehnerpotenzen und auf der Verwendung des Moduls 97:

- So wie die beim ISBN-10-Prüfziffernverfahren verwendete Zahl 11 ist auch 97 eine Primzahl. Dies war bei den Herleitungen der Resultate immer wieder relevant.
- Die Periodenlänge des Stammbruchs $\frac{1}{97}$ beträgt 96, also ist 96 die kleinste natürliche Zahl s, für die $97 \mid 10^s - 1$ gilt. Dies stellt – wie wir gesehen haben – sicher, dass die Vertauschung von zwei Zeichen *stets* automatisch erkannt werden kann.
- 97 ist die größte (im Dezimalsystem) zweistellige Primzahl. Bei der *Validierung der Prüfsumme* sind 97 verschiedene Reste möglich, wodurch z. B. die Wahrscheinlichkeit dafür, dass nach Eingabe zweier falscher Zeichen der Fehler *nicht* aufgedeckt wird, äußerst gering ist.

Bemerkung

Wir haben uns hier auf die Untersuchung deutscher IBANs beschränkt. Grundsätzlich ist eine *Übertragung* auf das allgemeine IBAN-Format ohne Schwierigkeiten möglich (vgl. Aufgabe 21). Dabei muss beachtet werden, dass in anderen Ländern Buchstaben auch im Bereich der BBAN auftreten können, sodass sich die Untersuchung bestimmter Fehlerarten etwas anders darstellen kann als bei deutschen IBANs. Die Betrachtungen sind aber insgesamt analog zu solchen, die wir hier angestellt haben.

9.6   Quick-Response-Code & Co. – eine Skizze

Im Alltag begegnen uns heute regelmäßig **Matrix-Codes**, mit denen Informationen codiert sind. Neben den Berechtigungs- und Gültigkeitsinformationen, die auf Bahntickets oder Internetmarken in solchen zweidimensionalen Codes „versteckt" sind, enthalten auch Informationsbroschüren, Werbeplakate oder Produktinformationen auf Verpackungen diese Codes, um die geneigten Passanten oder Konsumenten zu weiterführenden Informationen zu leiten. Häufig handelt es sich dabei um Internetseiten, die umfassendere Inhalte anbieten können als die genannten Kurzformate.

Während die Strichcodes auf Waren (vgl. Abschn. 9.1) schon seit vielen Jahrzehnten im Alltag zum Einsatz kommen, ist die häufige Verwendung von Matrix-Codes – und hier insbesondere des QR-Codes – noch relativ neu. Die heutige weite Verbreitung ist dabei eng an die Möglichkeiten aktueller Smartphones gekoppelt: Mit der Kamerafunktion können die QR-Codes eingelesen werden, eine geeignete App decodiert die Information und ruft – im Fall eines codierten Links – einen Internetbrowser und die entsprechende Seite auf. „QR" steht dabei für „Quick Response" – und in der Tat dauert der Vorgang in der Regel höchstens wenige Sekunden. Im Internet findet man Barcode-Generatoren, mit de-

nen man selbst Informationen entsprechend codieren und darstellen kann.[11] Mit einem
solchen Generator haben wir den Link zum Internetauftritt unserer Buchreihe *Mathematik
Primarstufe und Sekundarstufe I+II*[12] als QR-Code dargestellt:

9.6.1 Entwicklung, Zielsetzung und Aufbau des QR-Codes

Der **QR-Code** gehört aufgrund seines Aufbaus zu den *Matrix-Codes* – eine Bezeichnung,
die mit Blick auf den abgebildeten QR-Code selbsterklärend ist. Er wurde 1994 in Japan
zum Zwecke der Automatisierung der Logistik bei der Automobilproduktion entwickelt.
Die auf Bauteile aufgebrachten Matrix-Codes können von elektronischen Lesegeräten
automatisch erkannt und erfasst werden. Da es gerade bei Produktionsprozessen immer
wieder zur Beschädigung oder Verunreinigung der aufgebrachten Codes kommen kann,
ist besonders wichtig, dass die codierten Daten auch dann decodiert werden können, wenn
ein (nicht zu großer) Teil unlesbar geworden ist.

QR-Codes sind quadratisch und bestehen aus mindestens $21 \cdot 21$ und höchstens $177 \cdot 177$
Elementen. Ein QR-Code umfasst verschiedene Bestandteile. Auffällig sind die drei großen Quadrate, die sich in den beiden oberen Ecken sowie in der unteren linken Ecke
befinden und mit deren Hilfe die *Ausrichtung* des Codes automatisch erkannt werden
kann. Zusätzlich enthält der Code noch einige formale Informationen, u. a. zur Version
und zum Format des Codes, sowie – vor allem bei größeren Codes – weitere Hilfen zur
schnellen und sicheren Erkennung der Ausrichtung. Schließlich gibt es noch den eigentlichen Datenbereich. Der maximale Informationsgehalt beträgt nahezu 3000 Byte, sodass
z. B. fast 3000 Zeichen im ASCII-Format codiert werden können. Für die Codes gibt es
vier verschiedene Level der **Fehlerkorrektur**, die je nach Einsatzgebiet verwendet werden können. Die höchte **Fehlerkorrekturrate** wird auf dem Level H (High) erzielt, bei
dem bis zu 30 % *unlesbar* sein dürfen. Das Verfahren zur Fehlerkorrektur wurde 1960 von
Irvin S. Reed und Gustave Solomon veröffentlicht (vgl. Reed/Solomon [27]) und nach
seinen Erfindern *Reed-Solomon-Algorithmus* genannt.

---

[11] Z. B. https://barcode.tec-it.com/de/; außer QR-Codes kann dieser Generator viele weitere, u. a.
alle in diesem Kapitel thematisierten Codes erzeugen.
[12] http://www.springer.com/series/8296.

9.6.2 Grundidee der Fehlerkorrektur

Bei der Fehlerkorrektur nach dem **Reed-Solomon-Algorithmus** spielen *Polynomfunktionen über endlichen Körpern* die zentrale Rolle. Ohne alle Details auszuführen, stellen wir die Grundidee im Folgenden dar.

Dafür gehen wir davon aus, dass eine Nachricht so vorliegt, dass sie sich mit k natürlichen Zahlen $n_1, \ldots, n_k$ darstellen lässt.[13] Zu diesen k Zahlen wird nun ein Polynom vom Grad $k - 1$ bestimmt, das an k vorher festgelegten verschiedenen Stellen $x_1, \ldots, x_k$, die auch **Stützstellen** genannt werden, die k natürlichen Zahlen $n_1, \ldots, n_k$ als Werte annimmt. Das heißt:

- Seien $x_1, \ldots, x_k$ die k Stützstellen mit $x_i \neq x_j$ für $i \neq j$ (für $1 \leq i, j \leq k$).
- $f(x) = a_{k-1} \cdot x^{k-1} + a_{k-2} \cdot x^{k-2} + \ldots + a_1 \cdot x + a_0$ mit $a_{k-1} \neq 0$ ist die allgemeine Gleichung eines Polynoms vom Grad $k - 1$.
- Für das gesuchte Polynom soll $f(x_1) = n_1, \ldots, f(x_k) = n_k$ gelten.
- Mit den zuvor aufgestellten k Bedingungen lassen sich die k Koeffizienten durch das Lösen eines linearen Gleichungssystems ($k \times k$) bestimmen.[14]

Entsprechend der gewünschten **Redundanz** werden für das so bestimmte Polynom an l weiteren vorab festgelegten Stützstellen $x_{k+1}, \ldots, x_{k+l}$ mit $x_i \neq x_j$ für $i \neq j$ (für $1 \leq i, j \leq k + l$) ebenfalls die Funktionswerte bestimmt. Die $k + l$ Funktionswerte werden im Datenbereich des QR-Codes dargestellt. Wenn der Code nun beschädigt oder verunreinigt ist oder wenn andere Ausfälle beim Einlesen passieren, werden weniger als $k + l$ Werte korrekt gelesen. Solange aber mindestens k Werte korrekt gelesen werden können, kann das Polynom *rekonstruiert* werden.

Durch Einsetzen der Stützstellen $x_1, \ldots, x_k$ in das rekonstruierte Polynom kann man nun die natürlichen Zahlen $n_1, \ldots, n_k$, die die relevanten Daten darstellen, *zurückerhalten*. Offensichtlich ist hierbei von großer Bedeutung, dass beim Erstellen und Lesen des Codes die *gleichen* Stützstellen verwendet werden und dass bekannt ist, wie viele Zeichen für die Darstellung der Nachricht verwendet wurden.

Ein *praktisches* Problem stellen noch die erforderlichen Berechnungen dar. Wir verwenden zunächst natürliche Zahlen für die Darstellung der Nachricht, müssen im Verlauf der Berechnungen aber addieren, subtrahieren, multiplizieren und dividieren, sodass wir im Körper der *rationalen Zahlen* rechnen müssten. Das kann praktisch zu *aufwändig* werden, sodass bei *Reed-Solomon-Codes* in überschaubaren Körpern mit nur *endlich* vie-

---

[13] Das lässt sich durch geeignetes Codieren immer erreichen, z. B. mit einem ASCII-Zeichensatz und einer weiteren Vorcodierung; wichtig ist jeweils nur, dass diese Schritte *umkehrbar eindeutig* sind, damit man die interessierende Nachricht rekonstruieren kann.

[14] Dieses Vorgehen entspricht grundsätzlich den aus der Schule bekannten „Steckbriefaufgaben". Tatsächlich werden die linearen Gleichungssysteme (in Abhängigkeit von der Nachrichtenlänge) sehr groß; hierfür gibt es aber mit der *Langrange-Interpolation* einen effizienten Lösungsalgorithmus.

len Elementen gerechnet wird. Beispiele für solche Körper sind die *Restklassenkörper* $(R_m, \oplus, \odot)$, wobei m eine Primzahl ist (vgl. Abschn. 6.2.5).[15] **In endlichen Körpern** gibt es *effiziente Algorithmen*, mit denen die erforderlichen Berechnungen durchgeführt werden können.

Vertiefende Ausführungen zu *Reed-Solomon-Codes*, die mit dem Vorwissen aus dem vorliegenden Band zugänglich sind, findet man z. B. in Manz [15], Kap. 5.

9.6.3 Verwandte Codes

Der *QR-Code* ist nur ein Beispiel für *Matrix-Codes*, die wiederum eine Klasse innerhalb der optoelektronisch lesbaren **2-D-Codes** darstellen. Unterschiedliche Matrix-Codes berücksichtigen die unterschiedlichen Einsatzgebiete. Wir stellen noch drei weitere – im Alltag verbreitete – Beispiele für Matrix-Codes vor, bei denen die Fehlerkorrektur nach dem *Reed-Solomon-Algorithmus* durchgeführt wird.

- *DataMatrix-Code* (vgl. Abbildung links): Den meisten Menschen begegnet dieser Code in Form von elektronischen Briefmarken (Intermarken), die im Internet gekauft und zuhause (oder im Büro) ausgedruckt werden können. Die Ausrichtung dieses Codes kann durch die durchgezogenen Kanten (links und unten) automatisch erkannt werden. *Allgemein* besteht er aus mindestens $10 \cdot 10$ und höchstens $144 \cdot 144$ Elementen. Die Fehlerkorrekturrate beträgt bis zu 25 %.
- *MaxiCode* (vgl. Abbildung Mitte): Der MaxiCode kommt bei einem Paketdienst im Bereich der automatisierten Logistik (z. B. Sortierung von Paketen) zum Einsatz. Er enthält u. a. Informationen zum Paket und zum Adressaten. Das Zentrum des Codes wird durch die konzentrischen Kreise automatisch erkannt. Mit ihm können bis zu 93 ASCII-Zeichen dargestellt werden. Auch bei ihm beträgt die Fehlerkorrekturrate bis zu 25 %.
- *Aztec-Code* (vgl. Abbildung rechts): Dieser Code ist nach den Azteken benannt, weil er der Draufsicht auf eine aztekische Pyramide ähneln soll. Er ist über die Bahntickets, die im Internet gekauft und vom Kunden ausgedruckt werden oder auf dem Smartphone verfügbar sind, weit verbreitet. Die konzentrischen Quadrate markieren die Mitte des

---

[15] Darüber hinaus gibt es weitere endliche Körper, die aber stets p^n Elemente enthalten, wobei p eine Primzahl und n eine natürliche Zahl ist.

Codes so, dass sie automatisch erkannt werden kann. Mit dem Code können bis zu
3000 Zeichen dargestellt werden. Die Fehlerkorrekturrate beträgt – je nach Größe des
Codes – zwischen bis zu 25 % und bis zu 40 %.

Schlussbemerkung

Dieses Kapitel zeigt eindrucksvoll, wie man schon mit elementaren Sätzen aus der Zahlentheorie *sehr weitgehende* Aussagen über die Sicherheit von Prüfziffernverfahren machen
kann. Es ist – ebenso wie das folgende Kap. 10 – zugleich ein gutes Beispiel dafür,
dass mathematische Gebiete wie die Zahlentheorie, die auf den ersten Blick recht anwendungsfern wirken, durchaus handfeste Beiträge zu wirtschaftlich und gesellschaftlich sehr
relevanten Fragestellungen leisten können – auch wenn dies bei der Entwicklung dieses
mathematischen Gebietes so sicher *nicht* vorhergesehen werden konnte.

9.7   Aufgaben

1. Wie viele verschiedene Europäische Artikelnummern kann man mit den „deutschen"
    Präfixen 400, 401, . . ., 440 bilden?
2. Bestimmen Sie zu drei selbst gewählten zwölfstelligen Ziffernfolgen jeweils die zu-
    gehörige EAN-Prüfziffer.
3. Begründen Sie, dass auch die vereinfachte Berechnungsmethode der Prüfziffer bei
    der EAN stets zu demselben Ergebnis führt. Welche Rechengesetze der natürlichen
    Zahlen benutzen Sie bei Ihrer Begründung?
4. Welche der folgenden EANs sind falsch?
    a) 4062300078711
    b) 4011600001958
    c) 4153240080625
    d) 4052400068810
5. Bestimmen Sie zu folgenden EANs jeweils die Prüfziffer:
    a) 412325140122
    b) 420052346587
    c) 402005140238
    d) 411020546783
6. Ergänzen Sie die fehlende Ziffer in der ansonsten richtigen EAN:
    a) 4080?28356247
    b) 413?564289219
7. Bei den beiden folgenden EANs ist jeweils nur eine einzige der 13 Ziffern falsch.
    Wo könnte der Fehler stecken? Versuchen Sie jeweils mehrere Vorschläge für eine
    richtige EAN zu finden:
    a) 5001234506789
    b) 4004400234567

8. Führen Sie die Vorüberlegungen zu Satz 9.2 für *den* Fall durch, dass die Ziffer a_i in der richtigen EAN an einer *ungeraden* Stelle steht.

9. Begründen Sie, dass der Beweisgedanke von Satz 9.2 auch in *dem* Fall greift, dass die Ziffer a_i in der richtigen EAN an einer *ungeraden* Stelle steht.

10. Welche der folgenden ISBN-10 sind falsch?
    a) 3-596-25420-5
    b) 3-4862-3028-X
    c) 2-1025-0346-2
    d) 3-86025-675-0
    e) 3-8274-2196-8
    f) 3-7624-0931-1

11. Bestimmen Sie die fehlende Prüfziffer:
    a) 3-6243-5289-?
    b) 0-238-46537-?
    c) 2-5876-4201-?
    d) 3-426-23001-?

12. Bei jeder der folgenden ISBN-10 ist eine einzige Ziffer falsch. Wo könnte der Fehler stecken? Machen Sie jeweils einen Vorschlag für eine richtige ISBN-10.
    a) 3-499-14444-9
    b) 3-453-00038-0
    c) 3-426-04174-8
    d) 3-1231-0130-7

13. Bei der Berechnung der Prüfziffer der ISBN-10 können wir auch von links nach rechts die ersten neun Ziffern der Reihe nach mit den Faktoren 1, 2, 3, 4, 5, 6, 7, 8 und 9 multiplizieren und die Produkte addieren. Der Rest dieser Summe beim Dividieren durch 11 liefert direkt die Prüfziffer. Begründen Sie die Richtigkeit dieser Aussage.

14. Überprüfen Sie, ob das ISBN-10-Prüfziffernverfahren folgenden Fehler aufdeckt: richtige ISBN: 3-435-16880-3, falsche ISBN: 3-423-16880-3.

15. Beweisen Sie:
    Die Eingabe zweier falscher Ziffern bei der ISBN-10 fällt genau dann nicht auf, wenn $11 \mid i \cdot (a_i' - a_i) + j \cdot (a_j' - a_j)$ gilt. Hierbei seien a_i, a_j die richtigen Ziffern, a_i', a_j' die falschen Ziffern und i, j die zugehörigen Faktoren mit $i, j \in \{1, 2, \ldots, 10\}$.

16. Konstruieren Sie ein Beispiel, bei dem durch das ISBN-10-Prüfziffernverfahren die Vertauschung zweier unmittelbar benachbarter Zweierblöcke
    a) aufgedeckt,
    b) nicht aufgedeckt wird.
    Erläutern Sie Ihre Vorgehensweise.

17. Konstruieren Sie zwei Beispiele, bei denen die irrtümliche Eingabe zweier falscher Ziffern bei der PZN durch das Prüfziffernverfahren nicht aufgedeckt wird.

18. Konstruieren Sie ein Beispiel, bei dem die Vertauschung zweier unmittelbar benachbarter Zweierblöcke der PZN durch das Prüfziffernverfahren nicht aufgedeckt wird.

19. Leiten Sie für die IBAN Bedingungen für Fälle mit genau zwei falsch eingegebenen Zeichen her, bei denen das IBAN-Prüfziffernverfahren versagt.

20. Konstruieren Sie zwei weitere Beispiele für die Vertauschungen zweier unmittelbar benachbarter Zweierblöcke, bei denen das IBAN-Prüfziffernverfahren versagt. Erläutern Sie Ihre Vorgehensweise.

21. Wählen Sie ein Land aus, in dem die IBAN mehr als 22 Zeichen umfasst und Buchstaben auch im Bereich der BBAN auftreten dürfen. Untersuchen Sie die Sicherheit des IBAN-Prüfziffernverfahrens für dieses Land.

Verschlüsselung und digitale Signaturen – RSA & Co.

Menschen haben seit jeher das Bedürfnis, gelegentlich vertraulich mit anderen Menschen zu kommunizieren – sei es zu privaten, ökonomischen oder militärischen Zwecken. Entsprechend üben Geheimcodes auf viele Menschen eine sehr starke Faszination aus. Klassisch stellen wir uns die Verschlüsselung von Nachrichten und Versuche, geheime Botschaften zu entschlüsseln, im Umfeld von Agenten oder Kriminellen vor. Die Grundsituationen und Grundanforderungen an vertrauliche Kommunikation können wir uns aber auch im Privaten vorstellen, wenn wir eine prekäre Nachricht an eine Person, der wir vertrauen, übermitteln möchten.

10.1 Grundsituationen der Kryptologie

Vor allem wenn es besser ist, „nicht zusammen gesehen zu werden", möchten wir sicherstellen, dass eine vertrauliche Nachricht tatsächlich bei der vertrauten Person ankommt. Umgekehrt möchte die vertraute Person auch sichergehen, dass die Nachricht tatsächlich von uns stammt, also kein „Fake" ist, und vollständig angekommen ist. Schließlich wäre es am sichersten, wenn eine dritte Person nichts mit der gesprochenen oder geschriebenen Nachricht anfangen könnte, z. B. weil nur wir die eigentliche Bedeutung kennen – etwa weil wir vereinbarte Codewörter oder aufwändigere Geheimhaltungstechniken verwendet haben. Wollten wir hingegen als „Whistleblower" ein Geheimnis verraten, wäre uns vielleicht die Anonymität am wichtigsten.

Damit haben wir die wesentlichen Grundsituationen im Blick, um die es in der *Kryptologie*, der Wissenschaft vom Verschlüsseln und Entschlüsseln, geht. Von der Antike bis in die zweite Hälfte des 20. Jahrhunderts waren vor allem die Mächtigen und die Militärs an sicheren Verfahren der verschlüsselten Kommunikation – und an der Entschlüsselung fremder Nachrichten – interessiert. Im Zeitalter der allgegenwärtigen Digitalisierung sind sie in weiten Bereichen der modernen Gesellschaft unverzichtbar geworden, auch wenn sie von vielen Nutzern gar nicht mehr wahrgenommen werden: Online-Banking, sichere Internetverbindungen, Mobilfunktechnologie, elektronische Unterschriften, elektronisches Geld, anonyme Internetkommunikation, geheime Login-Daten, verschlüsselte E-Mails und viele andere mehr sind auf effektive und effiziente Verschlüsselungstechnologien angewiesen – es geht dabei um **Informationssicherheit**.

Dementsprechend gibt es in der Wirtschaft und in der Wissenschaft – hier vor allem in der Mathematik, der Informatik und der Elektrotechnik – mittlerweile viele Menschen, die sich tagaus, tagein mit der Weiterentwicklung entsprechender Verfahren beschäftigen. In der Mathematik hat dies einerseits entsprechende Forschungsaktivitäten, insbesondere im Bereich der Algebra und Zahlentheorie, intensiviert und andererseits zur **Anwendung** zunächst anwendungsfern wirkender Mathematik geführt.

In diesem Kapitel beschäftigen wir uns vor allem mit der **Kryptografie**, das ist der Teil der **Kryptologie**, in dem es vor allem um die Entwicklung von Verschlüsselungsverfahren inklusive der Einschätzung von deren Effektivität und Effizienz geht. Dagegen geht es in der **Kryptoanalyse** um das „Brechen" der Verschlüsselung, also eine unerwünschte Entschlüsselung. Für ein gutes Verschlüsselungsverfahren kann man dabei eine naheliegende erste Anforderung formulieren: Die Nachricht, die vertraulich übermittelt werden soll und daher verschlüsselt wird, muss dem Empfänger nach der Entschlüsselung *unverfälscht* vorliegen.

Das Entschlüsseln muss das Verschlüsseln daher vollständig rückgängig machen, also *invers* zu ihm sein. Die unverschlüsselte Nachricht werden wir im Folgenden **Klartext** und die verschlüsselte Nachricht **Geheimtext** nennen. Dabei ist wie beim *Codieren* im vorangegangenen Kapitel klar, dass man Nachrichten vor der Verschlüsselung aus *jedem beliebigen* Zeichensystem umkehrbar eindeutig in Zahlen und diese nach der Entschlüsselung wieder in das ursprüngliche Zeichensystem übersetzen kann. Dies ermöglicht uns die *Anwendung* von zahlentheoretischen Resultaten. Tatsächlich werden wir in diesem Kapitel im Wesentlichen auf Eigenschaften der *Kongruenzrelation* bzw. des Rechnens in *Restklassenmengen* (vgl. Abschnitte 6.1 und 6.2), die *Euler'sche φ-Funktion* (vgl. Definition 6.9), den *Euler'schen Satz* (Satz 6.19) und den *Chinesischen Restsatz* (Satz 6.22) zurückgreifen.

Im nächsten Abschnitt werden wir zwei wichtige Klassen von Verschlüsselungsverfahren unterscheiden: **symmetrische Verfahren**, bei denen zwei oder mehr Beteiligte den gleichen Schlüssel verwenden und Nachrichten damit ver- und entschlüsseln können, und **asymmetrische Verfahren**, bei denen in der Regel viele Beteiligte nur verschlüsseln und wenige Beteiligte auch entschlüsseln können, sodass hier unterschiedliche Schlüssel zum Einsatz kommen. Danach werden wir zunächst klassische symmetrische Verfahren wie die *Cäsar-Chiffren* betrachten und anschließend das **RSA-Verfahren** als wohl bekanntestes asymmetrisches Verfahren intensiver vorstellen und analysieren. Dabei und beim Ausblick auf weitere asymmetrische Verfahren wird das Potenzial der Anwendung der *Elementaren Zahlentheorie* hervorragend erfahrbar. Wer die Thematik darüber hinaus vertiefen möchte, dem seien zunächst die äußerst lesenswerten und sehr gut zugänglichen Bücher von Beutelspacher [1] und Paar/Pelzl [17] empfohlen; mathematisch etwas tiefer gehend, aber auf der Basis des vorliegenden Bands ebenfalls zugänglich und ebenfalls empfehlenswert ist das Buch von Beutelspacher et al. [2].

10.2 Symmetrische und asymmetrische Verschlüsselung

Wir skizzieren hier wesentliche Merkmale von Verfahren zur **symmetrischen Verschlüsselung** einerseits und zur **asymmetrischen Verschlüsselung** andererseits, ohne auf Details konkreter Verfahren einzugehen, und stellen einige *Vor- und Nachteile* der beiden Verfahrensklassen gegenüber. Bis in die 1970er-Jahre hinein gab es *nur* symmetrische Verfahren, bevor nach einer theoretischen Grundlegung auch asymmetrische Verfahren bis zur Anwendungsreife entwickelt und implementiert wurden. *Oberflächlich* betrachtet könnte dies zur Einschätzung verleiten, dass symmetrische Verfahren veraltet sind und alleine asymmetrischen Verfahren die Zukunft gehört. Die Vor- und Nachteile der Verfahren dieser beiden Klassen führen aber dazu, dass beide jeweils spezifische Einsatzgebiete haben und häufig in Kombination als sogenannte **hybride Verfahren** eingesetzt werden.

10.2.1 Symmetrische Verfahren

Bei *symmetrischen Verfahren* kommt die *Symmetrie* darin zum Ausdruck, dass *alle* Beteiligten über vollständige Information zum Verfahren und über die Möglichkeiten zur Ver- und Entschlüsselung verfügen.

Beispiel

Andreas und Friedhelm möchten vertraulich natürliche Zahlen austauschen und einigen sich auf das folgende – für praktische Zwecke zu einfache – Verfahren:

- Die Zahl, die mitgeteilt werden soll (**Klartext** $K \in \mathbb{N}$), wird zunächst quadriert (**Chiffrierfunktion** $C : \mathbb{N} \to \mathbb{N}$, $K \mapsto K^2$).
- Die verschlüsselte Zahl (**Geheimtext** G mit $G = C(K) = K^2$) wird verschickt.
- Der jeweilige Empfänger entschlüsselt die Zahl durch Ziehen der Quadratwurzel, also mit der **Dechiffrierfunktion** $D : \{n \in \mathbb{N} \mid n = m^2$ für ein $m \in \mathbb{N}\} \to \mathbb{N}$ mit $G \mapsto \sqrt{G}$.
- Wenn alle Berechnungen richtig durchgeführt wurden, liegt dem Empfänger nun die Zahl, die mitgeteilt werden sollte, vor $(D(G) = D(C(K)) = D(K^2) = \sqrt{K^2} = K)$. ∎

Wenn ein Außenstehender mehrere solcher Geheimbotschaften abfangen oder mitlesen könnte, würde natürlich schnell auffallen, dass es sich ausnahmslos um Quadratzahlen handelt, und ein Rückschluss auf das gewählte Verfahren läge nahe. Charakteristisch an diesem *symmetrischen Verfahren* ist, dass Andreas und Friedhelm sich auf ein konkretes

Verfahren mit Chiffrier- und Dechiffrierfunktion verständigt haben und beide über vollständige Information zum Verfahren verfügen. Für wirklich vertrauliche Kommunikation müssen Andreas und Friedhelm sicherstellen, dass kein Außenstehender an diese Information zum Verfahren gelangt, sich also insbesondere wechselseitig darauf verlassen, dass diese nicht weitergegeben wird. Wenn Andreas aber zusätzlich mit Wolfgang vertraulich Zahlen austauschen möchte, ohne dass Friedhelm die Zahlen kennen darf, müssen sich Andreas und Wolfgang auf eine andere Chiffrier- und Dechiffrierfunktion einigen. Sollten auch Friedhelm und Wolfgang derart vertraulich kommunizieren wollen, müssten sie eine dritte Funktion nutzen ...

Dieses Beispiel verdeutlicht einige *Eigenschaften symmetrischer Verfahren*:

- Alle an einem vertraulichen Kommunikationsnetz Beteiligten verfügen über eine *vollständige Information* zum Verfahren, insbesondere über den verwendeten *Schlüssel*, der als *Chiffrier-* und umgekehrt als *Dechiffrierfunktion* genutzt wird.
- Die Verständigung auf das Verfahren und den Schlüssel bzw. der Austausch des Schlüssels muss vertraulich stattfinden; insbesondere müssen sich die Beteiligten wechselseitig auf die Wahrung der Vertraulichkeit verlassen.
- Der verwendete Schlüssel kann relativ einfach konstruiert und eingesetzt werden (im Beispiel allerdings zu einfach).
- Wenn in einem Kommunikationsnetz von n Personen alle auch *paarweise*, zu dritt, zu viert, ... vertraulich kommunizieren möchten, benötigen sie hierfür sehr viele Schlüssel. Für die fragliche Anzahl s gilt[1] : $\binom{n}{2} + \binom{n}{3} + \ldots + \binom{n}{n} = 2^n - n - 1$. Bei 10 Personen würde man dann 1013 Schlüssel benötigen, bei 20 Personen 1 048 555 Schlüssel und bei 100 Personen mehr als 10^{30}.

10.2.2 Asymmetrische Verfahren

Bei *asymmetrischen Verfahren* kommt die *Asymmetrie* darin zum Ausdruck, dass es *unterschiedliche* Rollen, Information und Möglichkeiten zur Entschlüsselung gibt. Solche Verfahren werden auch **Public-Key-Verfahren** genannt, worin ein wesentlicher Aspekt zum Ausdruck kommt: Über einen *öffentlich zugänglichen* Schlüssel kann jeder Nachrichten verschlüsseln (*Chiffrierfunktion*). Zum Entschlüsseln benötigt man aber einen geheim gehaltenen Schlüssel (*Dechiffrierfunktion*), über den im Extremfall nur eine Person verfügt. Dabei ist das verwendete Verfahren, z. B. das RSA-Verfahren (vgl. Abschn. 10.4), öffentlich bekannt. Wenn man diese Idee zum ersten Mal hört oder liest, klingt sie unglaublich, ja nahezu unmöglich. Ein vergleichbar einfaches Beispiel wie für symmetrische Verfahren lässt sich auch nicht angeben, das *RSA-Verfahren* können wir aber vor allem auf der Grundlage von Kap. 6 vollständig nachvollziehen.

Eine entscheidende Rolle bei asymmetrischen Verfahren nehmen sogenannte *Einwegfunktionen mit Falltür* ein. Als **Einwegfunktion** wird ein Funktion f bezeichnet, deren

---

[1] Vgl. Padberg/Büchter [23], Kap. 10 (Kombinatorik).

Funktionswerte relativ einfach berechnet werden können, die jedoch *praktisch* nicht um-kehrbar ist. Das heißt, dass es nicht möglich ist, aus einem Funktionswert a das *Urbild* $f^{-1}(a)$ in „angemessener" Zeit zu berechnen.[2] Ein gutes – wenn auch im Internetzeital-ter antiquiertes – Beispiel ist ein gedrucktes Telefonbuch. Selbst in Millionenstädten fällt es aufgrund der Sortierung nicht schwer, zu einem beliebigen Namen die Telefonnum-mer herauszufinden. Eine umgekehrte Suche, die von der Telefonnummer ausgeht, wäre *praktisch* zu aufwändig.

In der Mathematik geht man heute davon aus, dass – aus dem Bereich der *Elementaren Zahlentheorie* – die *Multiplikation von Primzahlen* und die *Berechnung der n-ten Potenz* eines Elements einer endlichen Gruppe Beispiele für gute *Einwegfunktionen* sind:

- Es ist relativ einfach, sehr große Zahlen, insbesondere auch Primzahlen, zu multipli-zieren. Dies ist grundsätzlich mit der schriftlichen Multiplikation oder mit entspre-chenden – einfach zu schreibenden – Computerprogrammen möglich. Die Umkehrung besteht im Fall von Primzahlen in der Primfaktorzerlegung; hierfür gibt es bis heute keine schnellen Algorithmen.
- In einer endlichen Gruppe ist es relativ einfach, Potenzen von Elementen auch für gro-ße Exponenten, z. B. durch sukzessives Potenzieren, zu berechnen. Wir betrachten ein Beispiel in $(R_{1023}^*, \odot)$: Für $\overline{2} \in R_{1023}^*$ gilt $\overline{2}^{10} = \overline{1}$; damit berechnen wir $\overline{2}^{3123}$ durch $\overline{2}^{3123} = \overline{2}^{3120} \cdot \overline{2}^3 = \left(\overline{2}^{10}\right)^{312} \cdot \overline{8} = \overline{8}$. Für den *diskreten Logarithmus* als Umkehrung, also z. B. die Frage, für welche Basis $\overline{a}$ die Gleichung $\overline{a}^{239} = \overline{578}$ gilt, gibt es ebenfalls bis heute keine schnellen Algorithmen.

Damit eine Einwegfunktion für die asymmetrische Verschlüsselung genutzt werden kann, benötigt sie eine sogenannte **Falltür**, die es ermöglicht, die Einwegfunktion um-zukehren, wenn man über eine (geheime) Zusatzinformation verfügt. So wird auch die Bezeichnung nachvollziehbar: Es ist zwar einfach (wenn auch häufig ungewollt), durch eine Falltür zu fallen, aber nur mit einer Zusatzinformation oder mit Hilfe ist es möglich, sie von der anderen Seite zu öffnen.[3] Beim RSA-Verfahren nutzt man als Einwegfunktion die *Multiplikation von Primzahlen* und konstruiert eine (geheim zu haltende) *Dechiffrier-funktion*, mit der die Falltür zur Entschlüsselung geöffnet werden kann.

Nach dieser Skizze lassen sich einige *Eigenschaften asymmetrischer Verfahren* ange-ben:

- Das *Verfahren* und der *öffentliche Schlüssel*, der als *Chiffrierfunktion* eingesetzt wird, sind *öffentlich* bekannt, sodass jeder einen *Klartext* in einen *Geheimtext* verschlüsseln kann.
- Entschlüsseln kann den *Geheimtext* nur, wer über den *geheimen Schlüssel*, der als *De-chiffrierfunktion* eingesetzt wird, verfügt.

---

[2] $f^{-1}(a)$ ist die Menge aller x aus dem Definitionsbereich der Funktion, für die $f(x) = a$ gilt.
[3] Als Parallele hierzu wird häufig ein Briefkasten genannt, in den zwar jeder einen Brief werfen kann, der aber nur mit einem (physischen) Schlüssel geöffnet werden kann.

- Ein *Austausch* von Schlüsseln oder eine gemeinsame Verständigung auf alle Schlüssel *entfällt* also. Wer es anderen ermöglichen möchte, ihm vertrauliche Nachrichten zukommen zu lassen, der konstruiert die beiden Schlüssel, hält den *geheimen Schlüssel* geheim und veröffentlicht den *öffentlichen Schlüssel* (und den Hinweis, nach welchem Verfahren verschlüsselt werden muss).

- Dadurch werden in einem Kommunikationsnetz von *n* Personen, die auch *paarweise*, zu dritt, zu viert, … vertraulich kommunizieren möchten, pro Person nur zwei Schlüssel benötigt. Bei 10 Personen würde man dann 20 Schlüssel (symmetrische Verfahren: 1013) benötigen, bei 20 Personen 40 Schlüssel (1 048 555) und bei 100 Personen genau 200 (mehr als 10^{30}).

- Die Konstruktion und vor allem der Einsatz der Schlüssel sind – im Vergleich zu symmetrischen Verfahren – relativ *aufwändig*; insbesondere sind die Verschlüsselung und Entschlüsselung längerer Nachrichten für die Bedürfnisse im Internetzeitalter (zu) *langsam*.

Einige asymmetrische Verfahren wie das *RSA-Verfahren* haben zusätzlich die Eigenschaft, dass man Klartexte, die man mit dem *geheimen Schlüssel* verschlüsselt, mit dem *öffentlichen Schlüssel* entschlüsseln kann – also die Möglichkeit der Umkehrung des oben beschriebenen Weges. Dies ergibt natürlich für die Geheimhaltung von Nachrichten keinen Sinn, aber für eine andere – im Internetzeitalter nicht minder wichtige – Funktion: die **digitale Signatur**. Da *nur* der Konstrukteur bzw. der Herausgeber des *öffentlichen Schlüssels* über den *geheimen Schlüssel* verfügt, kann er auf diesem Weg seine Identität nachweisen.

10.2.3   Vor- und Nachteile der beiden Verfahren & hybride Verfahren

Die Vor- und Nachteile von *symmetrischen* und *asymmetrischen Verfahren* lassen sich direkt gegenüberstellen, was in naheliegender Weise zur Überlegung führt, die Verfahren zu **hybriden Verfahren** zu *kombinieren.*

- Bei symmetrischen Verfahren ist der **Bedarf an Schlüsseln** – und damit verbunden der Aufwand für den Austausch der Schlüssel – erheblich höher als bei asymmetrischen Verfahren, wie wir oben gesehen haben.

- Bei symmetrischen Verfahren stellt die **Geheimhaltung der Schlüssel** eine große Herausforderung dar, da diese vor der vertraulichen Kommunikation sicher *ausgetauscht* werden müssen; bei asymmetrischen Verfahren wird der öffentliche Schlüssel einfach mitgeteilt.

- Die Konstruktion der Schlüssel ist bei asymmetrischen Verfahren *aufwändiger*. Ein größeres Problem stellt aber die **Rechenzeit für die Ver- und Entschlüsselung** dar, die *erheblich höher* ist als bei symmetrischen Verfahren.

- Mit asymmetrischen Verfahren lassen sich **digitale Signaturen** realisieren, mit symmetrischen nicht.
- Aufgrund der spezifischen *Vor- und Nachteile der Verfahrensklassen* liegt die folgende Kombination zu **hybriden Verfahren** nahe, bei denen *asymmetrische Verfahren* das Problem des Austauschs für *symmetrische Verfahren* lösen:
    - Mit *asymmetrischen Verfahren* werden die *Identitäten* der Beteiligten z. B. über eine *digitale Signatur* sichergestellt;
    - dann erfolgt ebenfalls mit einem *asymmetrischen Verfahren* der *Austausch eines verschlüsselten Schlüssels* für ein *symmetrisches Verfahren*,
    - das anschließend mit seiner höheren Einsatzgeschwindigkeit verwendet wird.

10.3   Beispiele für symmetrische Verfahren – Cäsar-Chiffren & Co.

Wir stellen hier klassische **monoalphabetische Substitutionen**, wie die *Cäsar-Chiffren*, und **polyalphabetische Substitutionen** als deren Weiterentwicklung vor.

10.3.1   Monoalphabetische Substitution

Bei diesen Verfahren werden den Buchstaben des Alphabets („Klartextalphabet“) eindeutig die Buchstaben des Geheimtextalphabets zugeordnet, etwa durch eine zyklische Verschiebung des Alphabets um drei Stellen. Solche Verschlüsselungen sollen schon auf den vielleicht bekanntesten Staatsmann im antiken Rom, *Gaius Julius Cäsar*, zurückgehen und werden nach ihm auch **Cäsar-Chiffren** genannt.

$$\text{Klartextalphabet} \qquad A\,B\,C\ldots X\,Y\,Z$$
$$\text{Geheimtextalphabet} \quad D\,E\,F\ldots A\,B\,C$$

Identifiziert man die Buchstaben des Klartextalphabets der Reihe nach mit den Elementen der additiven Restklassengruppen $(R_{26}, \oplus)$, also A mit $\overline{0}$, B mit $\overline{1}$,... und Z mit $\overline{25}$, so kann man die Verschlüsselung mit der Chiffrierfunktion C durch die Addition von Restklassen beschreiben:

$$C(\overline{x}) = \overline{x} \oplus \overline{3} = \overline{x+3} \text{ für alle } \overline{x} \in R_{26}$$

Die Entschlüsselung mit der Dechiffrierfunktion D lässt sich dann durch

$$D(\overline{y}) = \overline{y} \oplus \overline{23} = \overline{y+23} \text{ für alle } \overline{x} \in R_{26}$$

beschreiben, da $\overline{23}$ in $(R_{26}, \oplus)$ *additiv invers* zu $\overline{3}$ ist.

Da es jedoch – neben der Identität – nur 25 verschiedene Verschlüsselungsmöglichkeiten von diesem Typ gibt, nämlich $C(\overline{x}) = \overline{x} \oplus \overline{m} = \overline{m+3}$ mit $m \in \{1, 2, \ldots, 25\}$, ist diese Form der Verschlüsselung äußerst unsicher.

Wenn wir statt zu addieren im Restklassenring $(R_{26}, \oplus, \odot)$ *multiplizieren*, also mittels $C(\overline{x}) = \overline{n} \odot \overline{x} = \overline{n \cdot x}$ verschlüsseln, so stellen wir rasch fest, dass längst nicht alle $n \in \{1, 2, \ldots, 25\}$ hierfür geeignet sind.

Beispiel

Mit $n = 2$, also $C(\overline{x}) = \overline{2} \odot \overline{x} = \overline{2 \cdot x}$, gilt $C(\overline{0}) = C(\overline{13}) = \overline{0}$. Folglich werden sowohl der Klartextbuchstabe A als auch der Klartextbuchstabe N dem Geheimtextbuchstaben A zugeordnet. Die Verschlüsselung ist nicht *umkehrbar eindeutig*, folglich ist eine Rückgewinnung des Klartextes durch Entschlüsselung nicht mehr möglich.

Ursache hierfür ist, dass $ggT(2, 26) = 2$ gilt, der Faktor 2 und der Modul 26 also nicht teilerfremd sind. Verlangen wir, dass $ggT(n, 26) = 1$ gilt, also $n \in R_{26}^*$, so ist die Verschlüsselung umkehrbar eindeutig (vgl. Aufgabe 1). Die Anzahl der verschiedenen Verschlüsselungen ist hier aber noch geringer als im additiven Fall, es gibt nur zwölf verschiedene Möglichkeiten. Diese Form der Verschlüsselung ist also ebenfalls äußerst unsicher, zumal dem Klartextbuchstaben A *stets* auch der Geheimtextbuchstabe A zugeordnet wird.

Kombinieren wir Addition *und* Multiplikation, betrachten wir also die Verschlüsselung $C_{n,m}$ mit $C_{n,m}(\overline{x}) = \overline{n} \odot \overline{x} \oplus \overline{m} = \overline{n \cdot x + m}$ mit $0 \leq n, m \leq 25$ und $ggT(n, 26) = 1$, so gibt es neben der Identität ($n = 1, m = 0$) noch $12 \cdot 26 - 1$, also 311 verschiedene Möglichkeiten der Verschlüsselung. Eine Entschlüsselung der durch $C_{n,m}$ codierten Texte ist einfach möglich. Sei hierfür $\overline{y} = C_{n,m}(\overline{x}) = \overline{n} \odot \overline{x} \oplus \overline{m}$ der Geheimtext; dann gilt:

$$\overline{y} = \overline{n} \odot \overline{x} \oplus \overline{m} \quad \Longleftrightarrow \quad \overline{y} \oplus \overline{26 - m} = \overline{n} \odot \overline{x} \quad \Longleftrightarrow \quad \overline{n}' \odot (\overline{y} \oplus \overline{26 - m}) = \overline{x}$$

Dabei ist $\overline{n}'$ das multiplikative Inverse zu $\overline{n}$, das wegen $ggT(n, 26) = 1$ stets existiert. ∎

Beispiel

Sei $(n, m) = (3, 17)$. Dann erfolgt die Verschlüsselung durch $C_{3,17}(\overline{x}) = \overline{3} \odot \overline{x} \oplus \overline{17}$. Als multiplikatives Inverses zu $\overline{3}$ findet man durch Probieren schnell $\overline{9}$. Die Dechiffrierfunktion zu $(n, m) = (3, 17)$ ist also gegeben durch $D_{3,17}(\overline{y}) = \overline{9} \odot (\overline{x} \oplus \overline{26 - 17}) = \overline{9} \odot \overline{x} \oplus \overline{3}$ (warum?) und damit identisch mit der Chiffrierfunktion $C_{9,3}$.

Das folgende Beispiel zeigt, dass nicht alle 311 verschiedenen Verschlüsselungen, die denkbar sind, auch gleich gut einsetzbar sind: Es gilt $C_{3,2}(\overline{12}) = \overline{12}$ und $C_{3,2}(\overline{25}) = \overline{25}$, d. h., die Buchstaben L und Y bleiben *unverändert*.

Buchstaben bleiben bei einer Verschlüsselung durch $C_{n,m}$ *unverändert*, wenn gilt:

$$\overline{n} \odot \overline{x} \oplus \overline{m} = \overline{x} \quad \Longleftrightarrow \quad \overline{n} \odot \overline{x} \oplus \overline{m} \oplus \overline{-x} = \overline{0} \quad \Longleftrightarrow$$
$$\Longleftrightarrow \quad 26 \mid n \cdot x + m - x \quad \Longleftrightarrow \quad 26 \mid x \cdot (n - 1) + m$$

Wegen $ggT(n, 26) = 1$, ist n ungerade, also $n - 1$ und damit auch $x \cdot (n - 1)$ gerade. Wir können also verhindern, dass Buchstaben bei Benutzung von $C_{n,m}$ unverändert bleiben, indem wir uns bei der Auswahl der m auf *ungerade* m beschränken. Dann reduziert sich die Anzahl der Möglichkeiten aber auf 156 (warum?).

Lassen wir *jede mögliche Permutation* der 26 Buchstaben des Alphabets als eine Verschlüsselung zu, dann können wir die Verschlüsselungen zwar nicht mehr so elegant im Restklassenring beschreiben, gleichzeitig erhöht sich jedoch die Anzahl der möglichen Schlüssel gewaltig von 156 auf 26!($\approx 4{,}03 \cdot 10^{26}$). Selbst wenn wir die Permutationen herausnehmen, die einen oder mehrere Buchstaben unverändert lassen, also *fixpunktfreie Permutationen* betrachten, erhalten wir immer noch !26($\approx 1{,}48 \cdot 10^{26}$) mögliche Permutationen.[4] Eine Entschlüsselung mittels „Durchspielen" aller Möglichkeiten ist nicht mehr so einfach möglich.

Dennoch bietet auch diese Verschlüsselungsform *keinen* sicheren Schutz gegen Entschlüsselungsversuche; denn wegen der eindeutigen Zuordnung zwischen den Buchstaben des Klartext- und des Geheimtextalphabets schlägt die *charakteristische Buchstabenhäufigkeit* etwa der deutschen Sprache auch auf den verschlüsselten Text durch. Durch Auszählung eines hinreichend langen Textes gelangt man zu einer Klassifikation der Buchstaben in der *deutschen* Sprache beispielsweise in acht *Klassen* nach ihrer Häufigkeit:[5]

Buchstaben	Häufigkeit in % (gerundet)	Buchstaben	Häufigkeit in % (gerundet)
e	17,4	c, g, l, m, o	2,5–3,4
n	9,8	b, f, k, w, z	1,1–1,9
a, i, r, s, t	6,2–7,6	v, p,	0,7–0,8
d, h, u	4,4–5,1	j, q, x, y	0,0–0,3

Die Identifizierung von *e* und *n* gelingt wegen ihrer herausragenden Häufigkeit in der Regel schnell, die Entschlüsselung für die beiden folgenden Klassen meist nach einigen Versuchen. Durch die Ergänzung der so erhaltenen Wort- und Satzfragmente sowie durch Ausnutzung der typischen Kombinationen von zwei oder drei Buchstaben gelingt schließlich die völlige Entschlüsselung des Textes, immer eine hinreichende Textlänge und die Kenntnis der verwendeten Sprache vorausgesetzt. ∎

---

[4] Die Anzahl der fixpunktfreien Permutationen kann mit der sogenannten *Subfakultät* !n berechnet werden; dabei gilt !$n = n! \cdot \sum_{k=0}^{n} \frac{(-1)^k}{k!}$.

[5] Eine eindeutige Identifizierung von *einzelnen* Buchstaben aus dem Vergleich mit der Häufigkeitsverteilung in einem gegebenen Text kann man wegen der Schwankungen der Häufigkeit je nach Text und wegen der geringen Unterschiede in den Häufigkeiten mancher Buchstaben nicht erwarten. Bei der angegebenen Klassifikation wurden die Umlaute ausgeschrieben, also z. B. „ä" wie „ae" mit zwei Buchstaben gezählt; vgl. Beutelspacher [1], S. 12.

10.3.2 Polyalphabetische Substitution

Bei der *monoalphabetischen Substitution* entstand das Sicherheitsproblem u. a. daraus, dass ein Klartextbuchstabe *stets* durch den gleichen Geheimtextbuchstaben verschlüsselt wird. Die Sicherheit einer Verschlüsselung kann wesentlich erhöht werden, wenn ein Klartextbuchstabe – in Abhängigkeit von seiner Position im Text – durch verschiedene Geheimtextbuchstaben verschlüsselt wird. Dies kann durch den periodischen Gebrauch von n verschiedenen Geheimtextalphabeten erreicht werden. So steigert sich die Zahl der möglichen Schlüssel extrem stark auf $(26!)^n$, da jetzt auch die Permutationen, welche einzelne Buchstaben unverändert lassen, nicht ausgeschlossen werden müssen. Wichtiger ist aber, dass jetzt *ein und derselbe* Buchstabe im Geheimtext verschiedenen Buchstaben im Klartext entsprechen kann und dass damit nicht ohne Weiteres von der Häufigkeitsverteilung der Buchstaben im Geheimtext auf die zugrunde liegenden Buchstaben im Originaltext geschlossen werden kann. Bei geschickter Auswahl der Geheimtextalphabete und ihrer Abfolge lässt sich sogar eine sehr starke Angleichung der Buchstabenhäufigkeit im Geheimtext erreichen.

Beispiel (einer polyalphabetischen Substitution)

Klartextalphabet	A	B	C	D	...
Geheimtextalphabete	C	E	X	L	...
	N	A	F	K	...
	S	I	Y	X	...
	P	U	R	A	...

Der erste Buchstabe des Klartextes wird durch den zugehörigen Buchstaben des *ersten* Geheimtextalphabets verschlüsselt, der zweite Buchstabe des Klartextes durch den zugehörigen Buchstaben des *zweiten* Geheimtextalphabets ... und schließlich der fünfte Buchstabe des Klartextes wieder durch den zugehörigen Buchstaben des ersten Geheimtextalphabets usw.

Das Beispiel verdeutlicht allerdings auch, dass bei Kenntnis der *Periodenlänge der Verschlüsselung* die Entschlüsselung entsprechend wieder wie bei der *monoalphabetischen Substitution* durchgeführt werden kann. Bei der Entschlüsselung muss also zunächst versucht werden, diese Periodenlänge zu bestimmen. Hierzu achtet man z. B. auf die Abstände von gleichen *Bigrammen*, das sind Kombinationen von zwei Buchstaben. Da die Häufigkeitsverteilung der verschiedenen Bigramme (Beispiele: EI, RS, CH) in der deutschen Sprache sehr unterschiedlich ist, sind die Abstände benachbarter gleicher Bigramme des Geheimtextes sehr häufig *Vielfache der Periode n* der Verschlüsselung. Durch die Bestimmung von gemeinsamen Teilern bzw. des größten gemeinsamen Teilers dieser Abstände gewinnt man so Hinweise auf die Periodenlänge („Kasiski-Test"). ∎

Die bekannteste periodische polyalphabetische Verschlüsselung ist die *Vigenere-Chiffre*, die nach dem französischen Diplomaten *Blaise de Vigenère*, der im 16. Jahrhundert lebte, benannt ist. Für eine ausführliche Darstellung dieser Codierung und der *Kryptoanalyse* mit dem *Kasiski-Test* verweisen wir hier auf das Buch von Beutelspacher ([1], S. 33 ff.).

Man kann bei der polyalphabetischen Substitution die Geheimtextalphabete mithilfe von Schlüsselwörtern auch aperiodisch einsetzen. Aber selbst in diesem Fall kann man zeigen, dass auch diese Codierungsverfahren *äußerst unsicher* sind (vgl. Schröder [38]).

10.4   Ein Beispiel für asymmetrische Verschlüsselung – das RSA-Verfahren

Vor dem Hintergrund des beginnenden Computerzeitalters und der damit verbundenen Relevanz von Fragen der Informationssicherheit wurde in den 1970er-Jahren unter Hochdruck an *grundsätzlich neuen*, d. h. die Nachteile der *symmetrischen Verfahren* überwindenden Verschlüsselungsverfahren gearbeitet. Dies geschah sowohl geheim bei Nachrichtendiensten und Militärs als auch öffentlich in der Wissenschaft, vor allem in der gerade geborenen Disziplin *Informatik*. Nachdem andere Wissenschaftler grundlegende theoretische Arbeit zu *Public-Key-Verfahren* geleistet und erste konkrete Algorithmen zur asymmetrischen Verschlüsselung entwickelt hatten, schlugen die US-amerikanischen Forscher *Ronald L. Rivest*, *Adi Shamir* und *Leonard Adleman* vom renommierten *Massachusetts Institute of Technology (MIT)* das nach ihnen benannte **RSA-Verfahren** vor. Das Zusammenspiel der Vorteile dieses Verfahrens und der immer breiteren Verfügbarkeit von leistungsfähigen Computern, auch im privaten Bereich, führte dazu, dass dieses Verfahren bis heute – also gut 40 Jahre später – das wichtigste und verbreitetste asymmetrische Verschlüsselungsverfahren ist.

10.4.1   Grundidee des RSA-Verfahrens

Die *Genialität* des RSA-Verfahrens liegt nicht zuletzt in seiner einfachen Grundidee, die den – seit dem 18. Jahrhundert bekannten – *Euler'schen Satz* (Satz 6.19) nutzt und davon ausgehend geschickt mit Kongruenzen bzw. in Restklassenringen rechnet. Als *Einwegfunktion mit Falltür* nutzen *Rivest*, *Shamir* und *Adleman* die *Multiplikation von Primzahlen* und die *Berechnung der Euler'schen φ-Funktion*. Nach einer Wiederholung des *Euler'schen Satzes* skizzieren wir die Mechanismen des Verschlüsselns und Entschlüsselns nach dem *RSA-Verfahren* und verdeutlichen diese dann an einem überschaubaren Zahlenbeispiel.

Es stellt – zumindest theoretisch – *keine Einschränkung* dar, wenn wir im Folgenden nur noch mit *Zahlen als Klartext* arbeiten: Bei unseren Bemerkungen zur *Codierungstheo-*

rie zu Beginn von Kap. 9 haben wir bereits ausgeführt, dass grundsätzlich *jede* „Sprach-nachricht … des uns vertrauten Alphabets" (umkehrbar eindeutig) in Zahlen übersetzt werden kann, etwa mit den ASCII-Zeichensätzen. Diese Aussage lässt sich offensichtlich auf jede endliche Zeichenkette aus jedem endlichen Alphabet verallgemeinern. Für diese Zahlen können wir auch eine maximale Stellenzahl z. B. im Dezimalsystem oder im Du-alsystem festlegen. Sollte eine Klartextzahl nämlich mehr Stellen umfassen, so *zerlegen* wir sie nach einem festen Schema in mehrere Zahlen, die nicht mehr als die maximale Stellenzahl aufweisen, und verschlüsseln diese.[6] Dies ermöglicht es uns, die relevanten Klartexte z. B. als kanonische Reste, die bei Division durch eine sehr große natürliche Zahl m auftreten können, darzustellen und damit in $(R_m, \oplus, \odot)$ oder in $(R_m^*, \odot)$ zu arbeiten. Aber genug der Vorrede:

Euler'scher Satz

Für alle $a, m \in \mathbb{N}$ mit $ggT(a, m) = 1$ gilt $a^{\varphi(m)} \equiv 1 \ (m)$; dies ist gleichbedeutend mit:
  Für alle $\overline{a} \in R_m^*$ gilt $\overline{a}^{\varphi(m)} = \overline{1}$.

Bemerkung

Als direkte Folgerung aus dem Euler'schen Satz erhalten wir:
  Für alle $\overline{a} \in R_m^*$ und $n \in \mathbb{N}$ gilt $\overline{a}^{n \cdot \varphi(m)+1} = \overline{a}$ (vgl. Aufgabe 3).

Verschlüsseln und Entschlüsseln in $(R_m^*, \odot)$

Ausgehend von einem Modul m benötigen wir für eine erste Demonstration der Mecha-nismen des *Verschlüsselns* und *Entschlüsselns* im Rahmen des *RSA-Verfahrens* lediglich zwei natürliche Zahlen c, d mit $c \cdot d \equiv 1 \ (\varphi(m))$. Über eine bestmögliche Wahl des Mo-duls m, die Berechnung von $\varphi(m)$ und die Frage, ob wir *stets* entsprechende Zahlen c und d finden können, machen wir uns dann im Abschn. 10.4.2 Gedanken.

Wenn wir von beliebigen Personen verschlüsselte Nachrichten erhalten möchten, die möglichst *nur* wir entschlüsseln können, gehen wir wir folgt vor:

- Wir geben das Paar (c, m) für die *Chiffrierfunktion* $C_c : R_m^* \to R_m^*$ bekannt und halten die Zahl d für die *Dechiffrierfunktion* D_d geheim. *Chiffrieren* und *Dechiffrieren* erfolgt durch Potenzieren mit c bzw. d in R_m^*.
- Wer uns also einen *Klartext* $\overline{k} \in R_m^*$ schicken möchte, verschlüsselt diesen wie folgt:

$$\overline{g} = C_c \left(\overline{k} \right) = \overline{k}^c$$

---

[6] Lange Sprachnachrichten bzw. umfangreiche Klartexte allgemeiner Art werden ohnehin eher im Rahmen *hybrider Verfahren* mit symmetrischen Verfahren verschlüsselt, für die zuvor der Schlüssel mit einem asymmetrischen Verfahren verschlüsselt ausgetauscht wurde (vgl. Abschn. 10.2.3).

- Nach Erhalt des Geheimtextes $\overline{g} \in R_m^*$ entschlüsseln wir diesen so:

$$D_d(\overline{g}) = D_d\left(C_c\left(\overline{k}\right)\right) = D_d\left(\overline{k}^c\right) = \left(\overline{k}^c\right)^d = \overline{k}^{c \cdot d} = \overline{k}$$

Dabei gilt die letzte Gleichheit nach der obigen Bemerkung, da nach Wahl von c und d gilt: $c \cdot d = n \cdot \varphi(m) + 1$ für ein $n \in \mathbb{N}$ (warum?).

Schon hier deutet sich an, dass ein *Geheimnis* – bzw. *das* Erfolgsrezept – des Verfahrens darin liegt, dass $\varphi(m)$ zwar eine wichtige Rolle spielt, aber weder öffentlich bekannt gegeben noch für den geheimen Schlüssel verwendet wird.

Zahlenbeispiel

Wir verdeutlichen nun das *Verschlüsseln* und *Entschlüsseln* bei konkret gewähltem Modul m und dazu passend gewählten bzw. berechneten Schlüsseln c und d.

Sei $m = 187$ mit $\varphi(187) = 160$. Dazu passend wählen bzw. berechnen wir $c = 7$ und $d = 23$ mit $c \cdot d = 161$, also $c \cdot d \equiv 1\ (160)$. Zur Darstellung von Klartexten stehen uns 160 verschiedene Restklassen in $(R_{187}^*, \odot)$ zur Verfügung.

Wolfgang möchte uns sicher verschlüsselt den Klartext 42 zukommen lassen. Wir gehen jetzt wie oben – nur mit unseren *konkreten Zahlen* – vor:

- Wir nennen Wolfgang das Paar $(7, 187)$ für die *Chiffrierfunktion* $C_7 : R_{187}^* \to R_{187}^*$ und halten die Zahl 23 für die *Dechiffrierfunktion* D_{23} geheim.
- Wolfgang verschlüsselt seinen *Klartext* $\overline{42} \in R_{187^*}$ durch Potenzieren mit 7:

$$\overline{g} = C_7\left(\overline{42}\right) = \overline{42}^7 = \overline{42^7} = \overline{230\,539\,333\,248} = \overline{15}$$

Die Potenz 42^7 hat bereits zwölf Dezimalstellen; hier wäre es vermutlich effizienter, schrittweise zu rechnen und immer wieder mit kleinen Repräsentanten der Restklassen, am besten mit den kanonischen Resten, zu arbeiten (s. u.).

- Wolfgang schickt uns den Geheimtext $\overline{15} \in R_{187}^*$, den wir umgehend entschlüsseln:

$$D_{23}(\overline{15}) = \overline{15}^{23} = \cdots = \overline{42}$$

Wenn uns das Schließen der Lücke „$\cdots$" gelingt, haben wir den Geheimtext $\overline{15}$ entschlüsselt und uns liegt der Klartext $\overline{42}$ vor. Die Potenz 15^{23} hat aber bereits 28 Dezimalstellen; wir kommen nicht mehr umhin, die Vorteile des Rechnens mit Resten zu nutzen, zumal erste Rechenprogramme versagen und die Zahl runden.

Schon bei so kleinen Zahlen wird der *große Rechenaufwand* des Verfahrens deutlich – und bei praktischen Anwendungen verwendet man sogar Zahlen, die mehrere hundert Dezimalstellen haben. Wie können wir $\overline{15}^{23}$ praktisch in $(R_{187}^*, \odot)$ berechnen?

Eine Möglichkeit wäre die sukzessive Multiplikation von $\overline{15}$ mit sich selbst, bis $\overline{15}^{23}$ erreicht ist, wobei schrittweise immer wieder der *kanonische Rest* als Repräsentant des jeweiligen Produkts ausgewählt wird:

$$\overline{15}^2 = \overline{15} \odot \overline{15} \quad= \overline{225} = \overline{38}$$
$$\overline{15}^3 = \overline{15}^2 \odot \overline{15} = \overline{38} \odot \overline{15} = \overline{570} = \overline{9}$$
$$\overline{15}^4 = \overline{15}^3 \odot \overline{15} = \overline{9} \odot \overline{15} = \overline{135}$$
$$\overline{15}^5 = \overline{15}^4 \odot \overline{15} = \overline{135} \odot \overline{15} = \overline{2025} = \overline{115}$$
$$\vdots$$

Dieses Verfahren wäre zwar praktisch durchführbar, aber schon recht *aufwändig*. Eine naheliegende Effizienzsteigerung wäre das *sukzessive Quadrieren*. Allgemein kann man x^{23} berechnen, indem man zunächst nacheinander x^2, $x^4 = \left(x^2\right)^2$, $x^8 = \left(x^4\right)^2$ und $x^{16} = \left(x^8\right)^2$ berechnet und dann durch schrittweise Multiplikation $x^{23} = \left(\left(x^{16} \cdot x^4\right) \cdot x^2\right) \cdot x$. Dies übertragen wir auf unser Beispiel:

$$\overline{15}^2 \quad= \overline{15} \odot \overline{15} \quad= \overline{225} = \overline{38}$$
$$\overline{15}^4 \quad= \overline{15}^2 \odot \overline{15}^2 \quad= \overline{38} \odot \overline{38} = \overline{1444} = \overline{135}$$
$$\overline{15}^8 \quad= \overline{15}^4 \odot \overline{15}^4 \quad= \overline{135} \odot \overline{135} = \overline{18225} = \overline{86}$$
$$\overline{15}^{16} = \overline{15}^8 \odot \overline{15}^8 \quad= \overline{86} \odot \overline{86} = \overline{7396} = \overline{103}$$
$$\overline{15}^{20} = \overline{15}^{16} \odot \overline{15}^4 = \overline{103} \odot \overline{135} = \overline{13905} = \overline{67}$$
$$\overline{15}^{22} = \overline{15}^{20} \odot \overline{15}^2 = \overline{67} \odot \overline{38} = \overline{2546} = \overline{115}$$
$$\overline{15}^{23} = \overline{15}^{22} \odot \overline{15} \quad= \overline{115} \odot \overline{15} = \overline{1725} = \overline{42}$$

Wir haben den Geheimtext nun also erfolgreich entschlüsselt und mit dem schrittweisen Quadrieren eine erste effiziente Rechentechnik entwickelt.

Erste wichtige Aspekte

Aus der Darstellung der *Mechanismen* des Verschlüsselns und Entschlüsselns sowie aus dem *Zahlenbeispiel* können wir erste *wichtige Aspekte* des RSA-Verfahrens herausarbeiten:

- Die Klartexte $\overline{k}$ und Geheimtexte $\overline{g}$ sind Elemente aus R_m^*. Damit ist begrenzt, wie viele verschiedene Klartexte dargestellt werden können. Wenn eine bestimmte Klartextlänge angestrebt wird, muss der Modul m entsprechend groß gewählt werden. Praktisch muss hier natürlich auch berücksichtigt werden, aus welchem Alphabet die Zeichen der eigentlichen Nachricht stammen und wie diese mit Zahlen codiert wird.
- Für die beim Verschlüsseln und Entschlüsseln erforderlichen Rechnungen in $(R_m^*, \odot)$ sind offensichtlich *effiziente Rechentechniken* nötig, weil der Rechenaufwand selbst für Hochleistungsrechner zu groß ist.

- Für die Sicherheit des Verfahrens ist essenziell, dass der Schlüssel d für die Dechiffrierfunktion D_d geheim bleibt; insbesondere darf es *praktisch* nicht möglich sein, ihn aus den öffentlich zugänglichen Werten (c, m) zu berechnen.
- Wir werden zwar erst im nächsten Abschnitt herleiten, wie man an einen bestmöglichen Modul m gelangt und wie man $\varphi(m)$, c und d berechnet, haben aber bereits erwähnt, dass die Geheimhaltung von $\varphi(m)$ eine zentrale Rolle für die Sicherheit des Verfahrens spielt. Nachdem c und d berechnet sind, können die Informationen zu $\varphi(m)$ ebenso wie weitere Informationen, die zur Berechnung von $\varphi(m)$ beitragen, vernichtet werden. $\varphi(m)$ bzw. der daraus abgeleitete Schlüssel d ermöglicht das „Öffnen der Falltür“.
- Wir schließen diese Bemerkungen mit einem Hinweis zum Rechnen in $(R_m^*, \odot)$: Aufgrund der Gleichung $\left(\overline{k}^c\right)^d = \overline{k}$ kann man das Potenzieren mit d in $(R_m^*, \odot)$ auch als Ziehen der c-ten Wurzel betrachten.

10.4.2 Wahl des Moduls und Generierung der Schlüssel

Für die Durchführung der Ver- und Entschlüsselung nach dem RSA-Verfahren benötigen wir – wie oben dargestellt – den **Modul** m, den **öffentlichen Schlüssel** c für die Chiffrierfunktion und den **geheimen Schlüssel** d für die Dechiffrierfunktion. Die *zentrale Rolle* für das Verfahren spielt aber die *Euler'sche φ-Funktion*, da wir die Schlüssel c und d aus $\varphi(m)$ ableiten. Es ist also wichtig, dass wir $\varphi(m)$ (einfach) berechnen können. Grundsätzlich kann man $\varphi(m)$ direkt berechnen, wenn man die Primfaktorzerlegung von m kennt (vgl. Reiss/Schmieder [29], S. 352 ff.); andernfalls wird die exakte Berechnung extrem aufwändig und bei sehr großen Zahlen *praktisch* unmöglich. Für das RSA-Verfahren nutzt man nun, dass die Primfaktorzerlegung sehr großer Zahlen ebenfalls nicht effizient möglich, praktisch also nicht in angemessener Zeit durchführbar ist – hingegen ist es einfach, zwei große Primzahlen miteinander zu multiplizieren.

Als Quintessenz aus dieser Überlegung nutzt man die *Multiplikation von Primzahlen* als *Einwegfunktion* und die Möglichkeit der Berechnung der *Euler'schen φ-Funktion* für das jeweilige Produkt als Zusatzinformation für die *Falltür-Eigenschaft*:

- Zunächst werden zwei sehr große Primzahlen p und q *gewählt*, wobei „sehr groß“ heute in der Regel mehr als 300 Dezimalstellen bedeutet.
- Der **Modul** m wird mit $m = p \cdot q$ als Produkt der Primzahlen *berechnet*.
- Aufgrund der Konstruktion von m kann man $\varphi(m)$ nun einfach berechnen. Von den Zahlen x mit $1 \leq x \leq m$ müssen genau die Vielfachen von p, also $1 \cdot p, 2 \cdot p, \ldots, q \cdot p$, und die Vielfachen von q, also $1 \cdot q, 2 \cdot q, \ldots, p \cdot q$, weggenommen werden, um nur noch zu m teilerfremde Zahlen übrig zu lassen; dabei wurde $p \cdot q$ allerdings zweimal berücksichtigt. Es ergibt sich also:

$$\varphi(m) = m - p - q + 1 = p \cdot q - p - q + 1 = (p - 1) \cdot (q - 1)$$

- Nun wird der **öffentliche Schlüssel** c so gewählt, dass $ggT(c, \varphi(m)) = 1$ gilt. Dies kann durch Probieren erfolgen, wobei mit dem *Euklidischen Algorithmus* (Satz 5.5) überprüft wird, ob die beiden Zahlen teilerfremd sind.
- Schließlich wird der **geheime Schlüssel** d als Inverses von c in $(R_{\varphi(m)}, \odot)$ berechnet. Da $(R_{\varphi(m)}, \odot)$ eine Gruppe ist, sind die Existenz und die Eindeutigkeit dieses Inversen gesichert. Mit dem erweiterten Euklidischen Algorithmus kann das Inverse auch konkret berechnet werden (vgl. Beweis von Satz 5.10). Damit gilt $c \cdot d \equiv 1 \; (\varphi(m))$.

Bemerkungen

(1) Nach der Berechnung von m, c und d können alle Informationen zu p, q und $\varphi(m)$ vernichtet werden. Der geheime Schlüssel d kann *praktisch* – so wie das RSA-Verfahren heute eingesetzt wird – nicht aus m und c berechnet werden.
(2) Damit ist nun auch geklärt, dass *stets* zwei Zahlen c und d mit der erforderlichen Eigenschaft $c \cdot d \equiv 1 \; (\varphi(m))$ gewählt bzw. berechnet werden können.
(3) In Kap. 3 sind wir u. a. auf die Suche nach Primzahlen und die Jagd nach Primzahlrekorden eingegangen. Tatsächlich sind so viele Primzahlen in der erforderlichen Größenordnung bekannt, dass das RSA-Verfahren hier auf einen riesigen Fundus zurückgreifen kann. Beim praktischen Einsatz stellt man noch weitere Bedingungen an die Primzahlen p und q, um die Verfahrenssicherheit weiter zu erhöhen (vgl. Beutelspacher et al. [2], S. 117 ff.).

Ausgehend von der Folgerung aus dem *Euler'schen Satz* zu Beginn von Abschn. 10.4.1 hatten wir bislang nur R_m^*, also die *primen Restklassen modulo m*, für die Darstellung von Klartexten betrachtet. Auf der Basis der Folgerung konnten wir direkt zeigen, dass das RSA-Verfahren in dem Sinne *korrekt* funktioniert, dass verschlüsselte Klartexte durch Entschlüsseln zurückgewonnen werden können.

Tatsächlich können wir den Vorrat für die Darstellung von Klartexten auf die Menge R_m erweitern, ohne dass das Verfahren Schaden nimmt:

- Gegeben seien zwei verschiedene Primzahlen p und q, deren Produkt $m = p \cdot q$ mit $\varphi(m) = (p-1) \cdot (q-1)$ sowie zwei Zahlen c und d mit $c \cdot d \equiv 1 \; (\varphi(m))$.
- Wir wissen bereits, dass für alle $\overline{k} \in R_m$ mit $ggT(k, m) = 1$ das RSA-Verfahren korrekt funktioniert, dass also $\left(\overline{k}^c \right)^d = \overline{k}$ gilt.
- Für $\overline{0} \in R_m$ gilt stets $\left(\overline{0}^c \right)^d = \overline{0}$; allerdings findet hier nicht im eigentliche Sinne eine Verschlüsselung und Entschlüsselung statt.
- Wir wählen daher nun ein beliebiges $\overline{k} \in R_m \backslash \{\overline{0}\}$ mit $ggT(k, m) > 1$. Wegen der Eindeutigkeit der Primfaktorzerlegung muss *entweder* $p \mid k$ *oder* $q \mid k$ gelten; beides zugleich kann nicht gelten, weil sonst $\overline{k} = \overline{0}$ gelten würde.
  Wir dürfen ohne Einschränkung annehmen, dass $p \mid k$, also $k = r \cdot p$ für ein $r \in \mathbb{N}$, und $ggT(k, q) = 1$ gilt. Für den Modul q gilt dann wegen des *Euler'schen Satzes*

$k^{q-1} \equiv 1\ (q)$, woraus für alle $n \in \mathbb{N}$ folgt: $k^{n \cdot \varphi(m)} \equiv 1\ (q)$. Dies können wir schreiben als

$$k^{n \cdot \varphi(m)} = 1 + s \cdot q$$

für ein $s \in \mathbb{N}$. Die Multiplikation dieser Gleichung mit k ergibt (wegen $k = r \cdot p$)

$$k^{n \cdot \varphi(m)+1} = k + r \cdot p \cdot s \cdot q,$$

was äquivalent ist zu

$$k^{n \cdot \varphi(m)+1} = k + r \cdot s \cdot m.$$

Auf der Ebene von Kongruenzen – jetzt wieder mit dem Modul m – bedeutet dies

$$k^{n \cdot \varphi(m)+1} \equiv k\ (m),$$

woraus – wegen $c \cdot d = n \cdot \varphi(m) + 1$ für ein $n \in \mathbb{N}$ – folgt:

$$(k^c)^d \equiv k\ (m) \text{ bzw. } \left(\overline{k}^c\right)^d = \overline{k}.$$

Insgesamt haben wir durch unsere Betrachtungen zum RSA-Verfahren in diesem Kapitel damit u. a. die folgenden Aussagen gezeigt:

Satz 10.1 (Realisierbarkeit und Korrektheit des RSA-Verfahrens)
Seien p und q zwei verschiedene Primzahlen und $m = p \cdot q$. Dann gilt:

1. $\varphi(m) = (p-1) \cdot (q-1)$
2. Es gibt $c, d \in \mathbb{N}$ mit $c \cdot d \equiv 1\ (\varphi(m))$.
3. Für alle $\overline{k} \in R_m$ und alle $c, d \in \mathbb{N}$ mit $c \cdot d \equiv 1\ (\varphi(m))$ gilt $\left(\overline{k}^c\right)^d = \overline{k}$.

10.4.3   Effektivität und Effizenz des Verfahrens

Für den praktischen Einsatz von Verschlüsselungsverfahren zum Zwecke der Informationssicherheit spielt einerseits die Effektivität eine Rolle („Ist das Verfahren wirklich sicher?") und andererseits die Effizienz („Ist es mit den verfügbaren Mitteln in angemessener Zeit umsetzbar?"). Zu diesen Aspekt möchten wir jeweils noch einige kurze Anmerkungen ergänzen.[7]

---

[7] Für vertiefende Betrachtungen vgl. Beutelspacher et al. [2] und Paar/Pelzl [17].

Effektivität des Verfahrens: Sicherheit

- Experten schätzen zurzeit, dass bis zum Ende des Jahres 2020 Module mit etwas mehr als 600 Dezimalstellen, also zwei Ausgangsprimzahlen mit etwas mehr als 300 Dezimalstellen, hinreichend sicher sind. Sofern keine neuen Faktorisierungsverfahren für sehr große Zahlen entdeckt werden, geschieht die Anpassung vor allem mit Blick auf die Rechnerleistung (Hardware und Implementierung von Algorithmen).
- Doch selbst mit größeren Primzahlen sollte das RSA-Verfahren nicht alleine, sondern *stets* in Kombination mit andere Verfahren angewendet werden. Das RSA-Verfahren alleine wäre z. B. anfällig gegen die Analyse von Zeichenhäufigkeit. Auch könnten „Angreifer" typische Klartexte in großer Zahl mit dem öffentlichen Schlüssel verschlüsseln und fremde Geheimtexte mit ihrem „Katalog" vergleichen. Dagegen gibt es aber Möglichkeiten, zufällige Verschlüsselungen und zufällige Häufigkeiten zu erzeugen (z. B. sogenanntes *Padding*, vgl. Paar/Pelzl [17], S. 219 f.).
- Wichtig ist darüber hinaus, dass grundsätzlich zu einem Modul eine große Anzahl von Paaren öffentlicher und geheimer Schlüssel existiert. Hier kann man sich aber einfach vergewissern, dass dies beim beschriebenen Verfahren stets der Fall ist.

Effizienz des Verfahrens: Geschwindigkeit und Ressourcenbedarf

- Beim Einsatz des Verfahrens ist häufig typisch, dass z. B. ein Kunde am heimischen Computer oder vom Smartphone aus Klartexte mit dem öffentlichen Schlüssel verschlüsselt. Die Entschlüsselung mit dem geheimen Schlüssel erfolgt dann häufig bei großen Firmen auf Hochleistungsrechnern. Da es sich bei den auszuführenden Operationen jeweils um das Potenzieren im Restklassenring $(R_m, \oplus, \odot)$ handelt und der Aufwand relativ eng an die Größe des Exponenten gekoppelt ist, bietet es sich an, eine relativ kleine Zahl c als öffentlichen Schlüssel zu wählen.
- Bei der Implementierung des Potenzierens kann auf schnelle Algorithmen zurückgegriffen werden. Bei unserem *Zahlenbeispiel* haben wir ein Verfahren für schnelles Potenzieren, bei dem zunächst der Exponent schrittweise jeweils verdoppelt wird, vorgestellt. Die Idee lässt sich leicht verallgemeinern. In der Literatur findet sich ein vergleichbarer Algorithmus unter den Namen *binäre Exponentiation* oder als *Square-and-Multiply-Algorithmus* (vgl. Beutelspacher et al. [2], S. 119 f.). Mit Blick auf solche Algorithmen kann es auch sinnvoll sein, entsprechende Schlüsselpaare zu suchen, die für schnelles Potenzieren besonders gut geeignet sind.
- Die Entschlüsselung lässt sich außerdem auch durch eine geschickte Anwendung des *Chinesischen Restsatzes* (Satz 6.22) effizienter gestalten. Für diese Anwendung ist allerdings wichtig, dass die Primzahlen p und q noch bekannt sind, da die Idee ist, mit diesen Zahlen als erheblich kleineren Modulen anstelle des Moduls m zu arbeiten (für Details der Durchführung vgl. Paar/Pelzl [17], S. 211 ff.).
- Beim Vergleich von *symmetrischen* und *asymmetrischen Verfahren* im Abschn. 10.2.3 haben wir darauf hingewiesen, dass *symmetrische Verfahren* in der Durchführung häu-

fig erheblich schneller sind. Daher werden längere Klartexte mit solchen Verfahren verschlüsselt und die Schlüssel für diese Verfahren zuvor mit *asymmetrischen Verfahren* verschlüsselt ausgetauscht.

Schlussbemerkung

Es gibt über das hier vorgestellte RSA-Verfahren hinaus noch einige weitere asymmetrische Verfahren, die auch praktisch angewendet werden. Vergleichbar intensiv können wir auf diese aus Platzgründen nicht eingehen, obwohl auch sie aus zahlentheoretischer Perspektive interessant wären. Da in kurzen Skizzen die wesentlichen Mechanismen kaum erfahrbar werden, verweisen wir hier noch einmal auf die eingangs benannte Spezialliteratur (Beutelspacher [1], Beutelspacher et al. [2] und Paar/Pelzl [17]), in der einigen Verfahren entsprechender Platz eingeräumt wird.

10.5 Aufgaben

1. Zeigen Sie, dass $C_n(x)$ mit $ggT(n, 26) = 1$ umkehrbar eindeutig ist.
2. Bestimmen Sie die Entschlüsselungen zu $C_{5,22}$; $C_{9,14}$; $C_{15,16}$.
3. Beweisen Sie – mit den Notationen von Abschn. 10.4.1 – die Folgerung aus dem *Euler'schen Satz*: Für alle $\overline{a} \in R_m^*$ und $n \in \mathbb{N}$ gilt $\overline{a}^{n \cdot \varphi(m)+1} = \overline{a}$.
4. Sie kennen zufälligerweise neben $n = 6497$ auch $\varphi(n) = 6336$, obwohl $\varphi(n)$ eigentlich streng geheim gehalten werden muss. Berechnen Sie daraus die zugehörigen Primzahlen p und q.
5. Bestimmen Sie mithilfe des erweiterten Euklidischen Algorithmus zu $p = 47$, $q = 61$ und $c = 67$ die entsprechende Zahl d, mit der Nachrichten entschlüsselt werden können.

Ausblick: Quadratische Reste

In den Kap. 2 bis 8 haben wir grundlegende Aussagen über Eigenschaften der *Teilbarkeits-relation*, von *Primzahlen* und der *Kongruenzrelation* hergeleitet. Auf dieser Basis haben wir einerseits vertieftes schulrelevantes Hintergrundwissen (*Teilbarkeitsregeln, Dezimal-bzw. Systembruchentwicklungen*) bereitgestellt und andererseits tiefer gehende *zahlentheoretische Sätze* bewiesen. Unser Umgang mit Kongruenzen hat sich dabei auf *lineare Kongruenzen* der Form $x \equiv a \ (m)$ beschränkt. Dabei haben wir auch auf gemeinsame Eigenschaften von Kongruenzen und Gleichungen hingewiesen. So wie man in der Schule nicht beim Lösen *linearer Gleichungen* stehen bleibt, sondern im nächsten Schritt *quadratische Gleichungen* und später weitere Gleichungstypen betrachtet, so liegt es in der *Elementaren Zahlentheorie* ebenfalls nahe, auch **quadratische Kongruenzen** der Form $x^2 \equiv a \ (m)$ zu betrachten. So ist z. B. 4 eine Lösung der Kongruenz $x^2 \equiv 2 \ (7)$ und 2 wird als Rest, den das Quadrat von 4 bei Division durch 7 lässt, **quadratischer Rest** genannt.

Aus solchen Betrachtungen hat sich die *Theorie der quadratischen Reste* entwickelt, deren zentraler Satz, das *Quadratische Reziprozitätsgesetz*, häufig als *Höhepunkt* der *Elementaren Zahlentheorie* betrachtet wird. Dieser Satz wiederum war Anlass für eine Weiterentwicklung der Zahlentheorie, die sich auch mathematischer Begriffe und Methoden *jenseits* der Arithmetik bedient. Neben der Bedeutung für die weitere Theorieentwicklung spielen quadratische Reste auch bei vertieften Anwendungen der Zahlentheorie, z. B. in der *Codierungstheorie* und der *Kryptografie* (*jenseits* der von uns betrachteten Anwendungen), eine zentrale Rolle.

Aufgrund dieser Bedeutung beenden wir unseren Band zur *Elementaren Zahlentheorie* mit einem **Ausblick** auf die *Theorie der quadratischen Reste*, deren zentraler Satz grundsätzlich auf der Basis unserer bisherigen Resultate bewiesen werden könnte, was aber noch einigen Aufwand bedeuten würde, sodass wir es bei einer *Skizze* belassen.

© Springer-Verlag GmbH Deutschland, ein Teil von Springer Nature 2018
F. Padberg, A. Büchter, *Elementare Zahlentheorie*,
Mathematik Primarstufe und Sekundarstufe I + II

11.1   Erste Begriffe und Erkundungen

Wir beginnen diesen Abschnitt mit einer üblichen Definition von *quadratischen Resten modulo m*. Die anschließenden Bemerkungen und die Untersuchung erster Beispiele führen uns dann direkt zu ersten Resultaten.

Definition 11.1 (Quadratischer Rest modulo m)
Seien $m \in \mathbb{N}$ und $a \in \mathbb{Z}$ mit $ggT(a, m) = 1$. Dann heißt a genau dann **quadratischer Rest *modulo* m**, wenn es ein $x \in \mathbb{Z}$ gibt mit $x^2 \equiv a \ (m)$; andernfalls heißt a **quadratischer Nichtrest *modulo* m**.   ◆

In Abschn. 6.2.4 haben wir gesehen, dass wir in der *Elementaren Zahlentheorie* auf unterschiedlichen *Sprachebenen* arbeiten können und dass der *Wechsel* der Sprachebenen hilfreich beim Herleiten und Beweisen von Sätzen sein kann:

- Wir gehen von der *quadratischen Kongruenz* $x^2 \equiv a \ (m)$ aus.
- Diese Kongruenz können wir auf der Ebene der *ganzen Zahlen* als *quadratische diophantische Gleichung* schreiben: $x^2 + m \cdot y = a$.
- Schließlich können wir auf Ebene der *Restklassen modulo m* ebenfalls eine *quadratische Gleichung* formulieren: $\overline{x}^2 = \overline{a}$, wobei $\overline{x}^2 = \overline{x} \odot \overline{x} = \overline{x \cdot x} = \overline{x^2}$ gilt.

Den Wechsel zwischen den Sprachebenen werden wir im Folgenden bei Bedarf einsetzen, ohne jeweils explizit darauf hinzuweisen.

Bemerkungen

(1) Wenn man in Analogie zur Definition der *quadratischen Reste* auch *lineare Reste* definieren würde, dann erhielte man genau die Reste, die bei der Division von ganzen Zahlen durch m auftreten. *Quadratische Reste* sind genau die Reste, die bei der Division von *Quadratzahlen* durch m auftreten können.

(2) Mit einer Lösung x einer quadratischen Kongruenz $x^2 \equiv a \ (m)$ sind stets auch alle $y \in \overline{x}_m$ Lösungen. Wir können uns bei weiteren Überlegungen also auf die kanonischen Reste $0, 1, \ldots m - 1$ beschränken, wenn dies hilfreich ist.

(3) Wenn x eine Lösung der quadratischen Kongruenz $x^2 \equiv a \ (m)$ ist und $ggT(a, m) = 1$ gilt, dann gilt auch $ggT(x, m) = 1$. Andernfalls hätten nämlich auch x^2 und m einen gemeinsamen Teiler $t \in \mathbb{N}$, $t > 1$. Die Kongruenz könnte man umschreiben in $x^2 + z \cdot m = a$ für ein $z \in \mathbb{Z}$, wodurch erkennbar wird, dass t dann auch ein gemeinsamer Teiler von a und m wäre – im Widerspruch zu $ggT(a, m) = 1$.

(4) Wenn wir auf die Ebene der Restklassen wechseln, können wir die Definition 11.1 also auch wie folgt betrachten: *Genau die Quadrate in der primen Restklassengruppen* $(R_m^*, \odot)$ sind die *quadratischen Reste modulo m*.

Für *quadratische Gleichungen* kennen wir aus der Schule Lösungsverfahren bzw. -formeln, mit denen man entscheiden kann, ob eine gegebene Gleichung lösbar ist und welche Lösung(en) sie ggf. hat. Diese Untersuchung auf Lösbarkeit und die Bestimmung von Lösungen ist bei *quadratischen Kongruenzen* schwieriger. Für einen gegebenen Modul m kann man theoretisch alle *quadratischen Reste modulo m* bestimmen, indem man alle Quadrate der *primen Restklassengruppe* $(R_m^*, \odot)$ bestimmt. Mit dieser systematischen Herangehensweise erhält man aber keine *allgemeinen* Aussagen über die Lösbarkeit oder zur Bestimmung quadratischer Reste.

Wenn wir von allen nach Definition 11.1 möglichen Modulen $m \in \mathbb{N}$ ausgehen und zu Aussagen gelangen möchten, dann genügt es im Wesentlichen, wenn wir ungerade Primzahlen betrachten. Denn:

- $m = 1$ ist – wie *immer* bei Teilbarkeit etc. – uninteressant (warum?).
- $m = 2$ ist ebenfalls uninteressant, weil die *prime Restklassengruppe* $(R_m^*, \odot)$ aus nur einem Element besteht, das daher offensichtlich sein eigenes Quadrat sein *muss*.
- Ist m mit $m \geq 3$ eine zusammengesetzte Zahl, dann hat m *entweder* mehrere unterschiedliche Primfaktoren *oder* ist eine Primzahlpotenz:
  - Wenn m mehrere unterschiedliche Primfaktoren p_i (jeweils mit dem Exponenten α_i) hat, dann ist auch die Kongruenz $x^2 \equiv a \ (p_i^{\alpha_i})$ für alle Primfaktoren lösbar, weil aus $p_i^{\alpha_i} \mid m$ und $m \mid x^2 - a$ stets $p_i^{\alpha_i} \mid x^2 - a$ folgt. Wenn also die Kongruenz $x^2 \equiv a \ (p_i^{\alpha_i})$ für mindestens einen Primfaktor nicht lösbar ist, dann gilt dies insbesondere für die Kongruenz $x^2 \equiv a \ (m)$.
  - Aus der Lösbarkeit von $x^2 \equiv a \ (p_i^{\alpha_i})$ für eine Primzahl p_i folgt analog die Lösbarkeit von $x^2 \equiv a \ (p_i)$.

  Also ist die Frage zentral, welche quadratischen Reste *modulo p* es für *ungerade Primzahlen* p gibt.

Beispiele

$p = 7$:

$\overline{x}$	$\overline{1}$	$\overline{2}$	$\overline{3}$	$\overline{4}$	$\overline{5}$	$\overline{6}$
$\overline{x}^2$	$\overline{1}$	$\overline{4}$	$\overline{2}$	$\overline{2}$	$\overline{4}$	$\overline{1}$

$p = 11$:

$\overline{x}$	$\overline{1}$	$\overline{2}$	$\overline{3}$	$\overline{4}$	$\overline{5}$	$\overline{6}$	$\overline{7}$	$\overline{8}$	$\overline{9}$	$\overline{10}$
$\overline{x}^2$	$\overline{1}$	$\overline{4}$	$\overline{9}$	$\overline{5}$	$\overline{3}$	$\overline{3}$	$\overline{5}$	$\overline{9}$	$\overline{4}$	$\overline{1}$

$p = 13$:

$\overline{x}$	$\overline{1}$	$\overline{2}$	$\overline{3}$	$\overline{4}$	$\overline{5}$	$\overline{6}$	$\overline{7}$	$\overline{8}$	$\overline{9}$	$\overline{10}$	$\overline{11}$	$\overline{12}$
$\overline{x}^2$	$\overline{1}$	$\overline{4}$	$\overline{9}$	$\overline{3}$	$\overline{12}$	$\overline{10}$	$\overline{10}$	$\overline{12}$	$\overline{3}$	$\overline{9}$	$\overline{4}$	$\overline{1}$

Die Gemeinsamkeiten und Unterschiede der quadratischen Reste *modulo 7, modulo 11* und *modulo 13* führen zu ersten Vermutungen, zu denen wir im folgenden Abschnitt Sätze formulieren und beweisen werden:

- Der quadratische Rest 1 tritt jeweils genau als Quadrat der kanonischen Reste 1 und $p - 1$ auf.
- In jeder Tabelle tritt *jeder* quadratische Rest *genau zweimal* auf. Es gibt also jeweils $\frac{p-1}{2}$ inkongruente quadratische Reste *modulo p*.
- Die Summe der kanonischen Reste, die jeweils zum gleichen quadratischen Rest führen, beträgt stets p.
- Die Einträge in der zweiten Zeile jeder Tabelle treten symmetrisch bzgl. der Mitte auf, d. h., es gilt $\overline{i}^2 = \overline{p - i}^2$.
- Eine ganze Zahl a kann für zwei verschiedene ungerade Primzahlen p_1 und p_2 quadratischer Rest *modulo p_1* und quadratischer Nichtrest *modulo p_2* sein. ∎

11.2   Erste Aussagen über quadratische Reste

Eine erste Aussage über quadratische Reste haben wir beim Beweis des *Satzes von Wilson* (Satz 6.23) hergeleitet und verwendet; sie betrifft den quadratischen Rest 1:

Satz 11.1
Seien p eine Primzahl und $x \in \mathbb{Z}$. Dann gilt genau dann $x^2 \equiv 1 \ (p)$, wenn $x \equiv 1 \ (p)$ oder $x \equiv -1 \ (p)$ gilt.

Beweis (vgl. Beweis von Satz 6.23)

- Gelte $x^2 \equiv 1 \ (p)$. Das heißt $p \mid x^2 - 1$ und mit $x^2 - 1 = (x + 1) \cdot (x - 1)$ folgt, dass auch $p \mid (x + 1)$ oder $p \mid x - 1$, also $x \equiv -1 \ (p)$ oder $x \equiv 1 \ (p)$ gilt.
- Gelte umgekehrt $x \equiv 1 \ (p)$ oder $x \equiv -1 \ (p)$. Dann folgt durch Quadrieren jeweils, dass auch $x^2 \equiv 1 \ (p)$ gilt. □

Satz 11.1 sagt, dass für alle Primzahlen p genau $\overline{1}$ und $\overline{p - 1}$ die *selbstinversen* Elemente in $(R_p^*, \odot)$ sind. Die weitergehende Beobachtung zur *Symmetrie* von Quadraten halten wir im folgenden Satz *allgemein* für alle $m \in \mathbb{N}$ fest:

Satz 11.2
Für alle $m \in \mathbb{N}$ und alle $i \in \mathbb{Z}$ gilt in $(R_m, \odot)$: $\overline{i}^2 = \overline{m - i}^2$.

Beweis
Es gilt $\overline{m - i}^2 = \overline{(m - i)^2} = \overline{m^2 - 2 \cdot m \cdot i + i^2} = \overline{(m - 2 \cdot i) \cdot m + i^2} = \overline{i^2}$. □

Die Beobachtungen zur *Anzahl inkongruenter Lösungen* und zur *Anzahl der quadratischen Reste modulo p* fassen wir zusammen im

Satz 11.3

Sei p eine ungerade Primzahl. Dann gilt:

1. Wenn die Gleichung $\overline{x}^2 = \overline{a}$ in $(R_p^*, \odot)$ lösbar ist, dann hat sie genau zwei verschiedene Lösungen.
2. Es gibt genau $\frac{p-1}{2}$ verschiedene Quadrate in $(R_p^*, \odot)$, also genau $\frac{p-1}{2}$ quadratische Reste und $\frac{p-1}{2}$ quadratische Nichtreste *modulo* p unter den kanonischen Resten $1, 2, \ldots, p-1$.

Beweis

1. Wenn die Gleichung $\overline{x}^2 = \overline{a}$ in $(R_p^*, \odot)$ lösbar ist, dann gibt es mindestens eine Lösung $\overline{i} \in R_p$. Sei $\overline{j} \in R_p$ ebenfalls eine Lösung. Dann gilt $\overline{i}^2 = \overline{j}^2$, also $p \mid i^2 - j^2$. Aus $i^2 - j^2 = (i+j) \cdot (i-j)$ folgt, dass $p \mid i+j$ oder $p \mid i-j$ gilt. Also gilt für jede weitere Lösung $\overline{j} = \overline{i}$ oder $\overline{j} = \overline{p-i}$. Da $\overline{p-i}$ auf jeden Fall eine zweite, von $\overline{i}$ verschiedene Lösung ist, gibt es also *genau* zwei verschiedene Lösungen.
2. Diese Aussage ist eine direkt Folgerung aus 1. □

Mit den Sätzen 11.1 bis 11.3 haben wir einen ersten Eindruck davon gewonnen, wie quadratische Reste auftreten und sich verhalten. Ein Kriterium für die Lösbarkeit von $\overline{x}^2 = \overline{a}$ fehlt aber noch. Der folgende Satz liefert ein notwendiges und hinreichendes Kriterium.

Satz 11.4 (Euler-Kriterium)

Sei p eine ungerade Primzahl. Dann ist die Gleichung $\overline{x}^2 = \overline{a}$ in $(R_p^*, \odot)$ genau dann lösbar, wenn $\overline{a}^{\frac{p-1}{2}} = \overline{1}$ gilt.

Beweis

Für den Beweis zeigen wir zunächst, dass aus der Lösbarkeit der quadratischen Restklassengleichung die Gültigkeit der anderen Gleichung folgt, und anschließend die Kontraposition der Umkehrung.

- Sei $\overline{i} \in R_p^*$ eine Lösung von $\overline{x}^2 = \overline{a}$. Dann gilt $\overline{a}^{\frac{p-1}{2}} = \overline{i}^{2 \cdot \frac{p-1}{2}} = \overline{i}^{p-1} = \overline{1}$, wobei die letzte Gleichheit aus Satz 6.20 folgt.
- Die Umkehrung der gerade gezeigten Implikation lautet: Wenn $\overline{a}^{\frac{p-1}{2}} = \overline{1}$ gilt, dann ist die Gleichung $\overline{x}^2 = \overline{a}$ in $(R_p^*, \odot)$ lösbar. Wir zeigen hier die logisch gleichwertige Kontraposition: Wenn die Gleichung $\overline{x}^2 = \overline{a}$ in $(R_p^*, \odot)$ nicht lösbar ist, dann gilt auch nicht $\overline{a}^{\frac{p-1}{2}} = \overline{1}$, also $\overline{a}^{\frac{p-1}{2}} \neq \overline{1}$.

Sei die Gleichung $\overline{x}^2 = \overline{a}$ in $(R_p^*, \odot)$ nicht lösbar. Wir betrachten die lineare Gleichung $\overline{b} \cdot \overline{x} = \overline{a}$, die in $(R_m^*, \odot)$ nach den Sätzen 6.12 und 6.15 eine eindeutige Lösung $\overline{c}$ hat. Es muss $\overline{c} \neq \overline{b}$ gelten, weil die Gleichung $\overline{x}^2 = \overline{a}$ andernfalls eine Lösung in $(R_p^*, \odot)$ hätte.

Also gibt es $\frac{p-1}{2}$ Paare von Restklassen in R_p^*, deren Produkt jeweils $\overline{a}$ ist. Dann gilt $\overline{(p-1)!} = \overline{1} \odot \overline{2} \odot \ldots \odot \overline{p-1} = \overline{a}^{\frac{p-1}{2}}$. Da aus dem Satz von Wilson (Satz 6.23) folgt, dass $\overline{(p-1)!} = \overline{p-1}$ gilt, folgt hieraus insgesamt $\overline{a}^{\frac{p-1}{2}} = \overline{p-1} \neq \overline{1}$.   □

11.3 Das Legendre-Symbol und weitere Aussagen

Ob eine ganze Zahl a ein quadratischer Rest *modulo* einer ungeraden Primzahl p ist, wird mit einer eigenen Schreibweise abgekürzt:

Definition 11.2 (Legendre-Symbol)
Seien p einen ungerade Primzahl und $a \in \mathbb{Z}$ mit $p \nmid a$, also $ggT(a, p) = 1$. Dann heißt

$$\left(\frac{a}{p}\right) := \begin{cases} 1, & \text{falls } a \text{ quadratischer Rest modulo } p \text{ ist.} \\ -1, & \text{falls } a \text{ quadratischer Nichttest modulo } p \text{ ist.} \end{cases}$$

das **Legendre-Symbol** (gelesen „a nach p").   ♦

Bemerkungen

(1) Wenn man das *Legendre-Symbol* als Funktion für alle ganzen Zahlen definieren möchte, dann setzt man noch $\left(\frac{a}{p}\right) := 0$ für alle a mit $p \mid a$.
(2) Das *Euler-Kriterium* (Satz 11.4) kann mit dem *Legendre-Symbol* elegant formuliert werden: Seien p eine ungerade Primzahl und $a \in \mathbb{Z}$ mit $ggT(a, p) = 1$. Dann gilt:

$$\left(\frac{a}{p}\right) \equiv a^{\frac{p-1}{2}} \ (p)$$

Aus dem Euler-Kriterium kann man direkt herleiten, dass das *Legendre-Symbol* wie folgt *multiplikativ* ist:

Satz 11.5
Sei p eine ungerade Primzahl. Dann gilt für alle $a, b \in \mathbb{Z}$ mit $ggT(a, p) = ggT(b, p) = 1$

$$\left(\frac{a \cdot b}{p}\right) = \left(\frac{a}{p}\right) \cdot \left(\frac{b}{p}\right).$$

Damit lässt sich insgesamt einfach zeigen:

Satz 11.6
Sei p eine ungerade Primzahl. Dann bilden die quadratischen Reste eine Untergruppe in $(R_m^*, \odot)$.

Bemerkung
Eine Untergruppe ist eine Teilmenge einer Gruppe, die mit der gleichen inneren Verknüpfung wiederum selbst eine Gruppe ist. Da sich das Assoziativgesetz vererbt, ist noch zu zeigen, dass die Teilmenge das neutrale Element enthält, abgeschlossen ist und zu allen Elementen auch die inversen Elemente enthält. Dies lässt sich für den obigen Satz einfach nachweisen.

11.4   Das Quadratische Reziprozitätsgesetz

Das *Quadratische Reziprozitätsgesetz* wurde von *Leonhard Euler* entdeckt und von *Carl Friedrich Gauß* im Jahr 1796 bewiesen. Für *Gauß* war es der *Hauptsatz der Elementaren Zahlentheorie*. Seine Kraft entfaltet es aber vor allem jenseits der *Elementaren Zahlentheorie*, sodass wir sie hier nicht erfahrbar werden lassen können. Den überraschenden *Kern* der Aussage kann man so zusammenfassen: Für zwei verschiedene ungerade Primzahlen p und q ist es letztlich die *gleiche* Frage, ob p ein quadratischer Rest *modulo q* oder ob q ein quadratischer Rest *modulo p* ist.

Satz 11.7 (Quadratisches Reziprozitätsgesetz)
Seien p und q zwei verschiedene ungerade Primzahlen. Dann gilt:

$$\left(\frac{p}{q}\right) \cdot \left(\frac{q}{p}\right) = (-1)^{\frac{(p-1)\cdot(q-1)}{4}}$$

Bemerkung
Der Beweis des *Quadratischen Reziprozitätsgesetzes* wäre ausgehend von unseren bisher bereitgestellten Sätzen möglich, wenn noch weitere Hilfssätze hergeleitet und dafür auch weitere Schreibweisen eingeführt würden. Insgesamt liegt die Komplexität dieser Beweise aber etwas oberhalb der Beweise im vorliegenden Band.

Schlussbemerkung
Wer die Auseinandersetzung mit der **Elementaren Zahlentheorie** vertiefen möchten dem seien z. B. die Bücher Reiss/Schmieder [29], Remmert/Ullrich [30] oder Stroth [41] empfohlen, die etwas über unseren Band hinausgehen, aber gut zugänglich sind. Etwas tiefer

geht z. B. Forster [6]. Für die weitere Vertiefung der Zahlentheorie gibt es zahlreiche Bücher für die Fachstudiengänge Mathematik. Wer an der **„Königin der Mathematik"** in unserem Band Gefallen gefunden hat, sollte den vertiefenden Blick in dieses elegante mathematische Teilgebiet nicht scheuen. Nicht umsonst hat mit *Godfrey H. Hardy* ein bekannter Zahlentheoretiker des frühen 20. Jahrhunderts gesagt:

> The mathematician's patterns, like the painter's or the poet's must be beautiful; the ideas, like the colours or the words must fit together in a harmonious way. Beauty is the first test: there is no permanent place in this world for ugly mathematics.

> Die Muster des Mathematikers müssen wie die des Malers oder Dichters schön sein, die Ideen müssen wie Farben oder Worte in harmonischer Weise zusammenpassen. Schönheit ist das erste Kriterium: Es gibt keinen Platz in dieser Welt für hässliche Mathematik.

Lösungshinweise zu ausgewählten Aufgaben

Kapitel 2

2. Die Ergebnisse von Rechenoperationen müssen eindeutig sein. Bei der Teilbarkeitsrelation wird dies dagegen in Definition 2.1 nicht verlangt.

4. Geben Sie für die Aussage b) ein Gegenbeispiel an.

6. Benutzen Sie die anschauliche Vorstellung des Aufteilens, wie wir sie vor der Definition 2.1 im Zusammenhang mit der vorgestellten Sachsituation verwendet haben. Verdeutlichen Sie etwa am Beispiel von 2 | 4 und 4 | 12, dass wegen der restlosen Aufteilung jeder Menge mit vier Elementen in Teilmengen mit jeweils zwei Elementen (wegen 2 | 4) und wegen der restlosen Aufteilung jeder Menge mit zwölf Elementen in Teilmengen mit jeweils vier Elementen (wegen 4 | 12) *zwangsläufig* auch jede Menge mit zwölf Elementen restlos in Teilmengen mit je zwei Elementen aufgeteilt werden kann, dass also zwangsläufig 2 | 12 gilt. Verdeutlichen Sie, dass diese Folgerung so nicht nur für die drei speziellen Zahlen 2, 4 und 12 gilt, sondern für *alle* Zahlen $a, b, c \in \mathbb{N}$ mit $a \mid b$ und $b \mid c$, dass also auch im allgemeinen Fall stets $a \mid c$ zwangsläufig gilt.

7. Tauschen Sie im Beweis von Satz 2.2 jeweils $\mathbb{N}$ gegen $\mathbb{Z}$ aus.

8. $a \mid b$ bedeutet, dass ich eine Menge mit b Elementen restlos in Teilmengen mit jeweils a Elementen aufteilen kann. Entsprechendes bedeutet auch $a \mid c$. Welche Konsequenz können Sie hieraus für $b + c$ ziehen?

9. Wegen $a \mid b$ gilt $m \cdot a = b$, wegen $a \nmid c$ gibt es *kein n* mit $n \cdot a = c$. Vielmehr bleibt ein von null verschiedener *Rest r* mit $0 < r < a$ übrig und es gilt: $n \cdot a + r = c$ mit $0 < r < a$. Seitenweise Addition und das Distributivgesetz ergeben den Beweis.

13. Greifen Sie auf die Definition 2.1 zurück und multiplizieren Sie diese beiden Gleichungen seitenweise.

15. Gehen Sie entsprechend vor wie beim Beweis von 2.5.

16. Fassen Sie $n \cdot c$ als *eine* natürliche Zahl auf und wenden Sie zunächst das Assoziativgesetz an. Benutzen Sie ggf. *runde* Klammern, wenn Sie – wie im Beispiel $(n \cdot c)$ – dieses Produkt als *eine* feste Zahl interpretieren, und an den übrigen Stellen *eckige* Klammern. Der Start der schrittweisen Begründung lautet dann etwa $[m \cdot a] \cdot (n \cdot c) = m \cdot [a \cdot (n \cdot c)] = \ldots$

© Springer-Verlag GmbH Deutschland, ein Teil von Springer Nature 2018
F. Padberg, A. Büchter, *Elementare Zahlentheorie*,
Mathematik Primarstufe und Sekundarstufe I + II

19. Zeigen Sie, dass für *jedes* $c \in T(a)$ gilt: $c \in T(b)$. Benutzen Sie die Transitivität der Teilbarkeitsrelation.

20. Beachten Sie, dass $a \in T(a)$ gilt.

23. Gehen Sie völlig entsprechend vor wie im Fall $q_1 \geq q$ und setzen Sie $q \geq q_1$ voraus. Subtrahieren Sie die beiden Darstellungen von a seitenweise in der zweiten möglichen Reihenfolge.

26. Beachten Sie, dass a und b bei Division durch m denselben Rest r lassen, und subtrahieren Sie diese beiden Gleichungen voneinander.

27. Ausgehend von $a = q_1 \cdot m + r_1$ und $b = q_2 \cdot m + r_2$ mit $0 \leq r_1, r_2 < m$ bilden Sie die Differenz $a - b$.
    Wegen $m \mid (a - b)$ und $m \mid (q_1 - q_2) \cdot m$ (warum jeweils?) folgt $r_1 = r_2$ (warum?).

28. Fassen Sie beispielsweise die Aussagen von 26. und 27. zu einer „Genau dann, wenn"-Aussage zusammen, und wenden Sie die Definition der Teilbarkeitsrelation an.

31. Gehen Sie analog vor wie beim Beweis von Satz 2.9.

33. Die Endziffer entspricht dem Rest bei Division durch 10.

34. Jede ungerade Quadratzahl ist das Quadrat einer ungeraden Zahl (warum?). Alle ungeraden Zahlen sind darstellbar in der Form $8n + 1$ oder $8n + 3$ oder $8n + 5$ oder $8n + 7$ (warum?).
    Beachten Sie die Reste, die Zahlen dieser Form bei Division durch 8 jeweils lassen, und wenden Sie auf die so gewonnenen Kongruenzen jeweils Satz 2.10 an.

Kapitel 3

2. $4 \cdot n$ und $4 \cdot n + 2$ lassen sich direkt aussondern. Statt $4 \cdot n - 1$ mit $n \in \mathbb{N}$ können wir auch gleichwertig $4 \cdot n + 3$ mit $n \in \mathbb{N}_0$ schreiben.

9. Argumentieren Sie mit der Transitivität.

11. Benutzen Sie Satz 3.2.

13. Unterscheiden Sie die folgenden drei Fälle:
    (A) n ist durch 3 teilbar und $n > 3$, also $n = 3 \cdot m$ mit $m > 1$.
    (B) n lässt bei Division durch 3 den Rest 1 und $n > 3$, also $n = 3 \cdot m + 1$ mit $m \in \mathbb{N}$.
    (C) n lässt bei Division durch 3 den Rest 2 und $n > 3$, also $n = 3 \cdot m + 2$ mit $m \in \mathbb{N}$.

16. Alle Primzahlen $p \leq n$ sind Teiler von $n!$. Wären sie auch Teiler von $n! - 1$, dann müsste wegen der Differenzregel stets auch $p \mid 1$ gelten. Widerspruch!

21. b) Beachten Sie, dass alle Primzahlen $p > 2$ ungerade Zahlen sind und dass 2 die einzige gerade Primzahl ist.

24. Beachten Sie zunächst den Zusammenhang zwischen der Differenz zweier benachbarter Primzahlen und der Anzahl der dazwischenliegenden zusammengesetzten Zahlen. Beachten Sie ferner, dass Primzahlen (größer als 2) stets ungerade sind.

27. Zeigen Sie, dass für alle geraden vollkommenen Zahlen $n > 6$ die Beziehung $n \equiv 1 \ (9)$ gilt. Dazu zeigen Sie zunächst: $3 \mid 2^{p-1} - 1$, folgern hieraus $2^{p-1} = 3 \cdot k + 1$ bzw. $2^p - 1 = 6 \cdot k + 1 (k \in \mathbb{N})$ und setzen dies in $n = 2^{p-1} \cdot (2^p - 1)$ ein.

Kapitel 4

2.   Achten Sie auf die Primfaktoren bei den Produkten.

6.   Greifen Sie auf die Definition der Teilbarkeit zurück.

8.   Was passiert, wenn n_1 oder n_2 oder n_3 1 ist?

14. a)   Ordnen Sie auf einer Achse eines Rechteckschemas die Teiler $p^0, p^1, \ldots, p^m$, auf der anderen Achse die Teiler $q^0, q^1, \ldots, q^n$ an und bestimmen Sie so die Anzahl der Teiler.

     b), c)   Gehen Sie wie in Teil a) von einem Rechteckschema für $p^3 \cdot q^2$ bzw. $p^m \cdot q^n$ aus. Durch den Primfaktor r erhalten Sie ein zweites darüberliegendes Rechteckschema, in dem sich jede Zahl um den Faktor r von der entsprechenden Zahl in dem darunterliegenden Rechteckschema unterscheidet.

19. Greifen Sie beim Beweis auf die Aufgaben 20 und 21 zurück.

20. a) a sei eine Quadratzahl. Also gilt:
     $a = q_1^2$ mit $q_1 \in \mathbb{N}$. q_1 besitze die normierte Primfaktorzerlegung $q_1 = p_1^{r_1} \cdot p_2^{r_2} \cdot \ldots \cdot p_s^{r_s}$, dann gilt:
     $a = q_1^2 = p_1{}^{2r_1} \cdot p_2{}^{2r_2} \cdot \ldots \cdot p_s{}^{2r_s}$, also: Alle Exponenten sind gerade.

     b)   Alle Exponenten der Primfaktorzerlegung von a seien gerade, also

$$a = \prod_{i=1}^{\infty} p_i{}^{2n_i} = \prod_{i=1}^{\infty} (p_i{}^{n_i})^2 = \left(\prod_{i=1}^{\infty} p_i{}^{n_i}\right)^2.$$

     Folglich ist a eine Quadratzahl.

21. Beweis mittels vollständiger Induktion über die Anzahl s der verschiedenen Primfaktoren von $a = p_1^{n_1} \cdot p_2^{n_2} \cdot \ldots \cdot p_s^{n_s}$.
     Induktionsbeginn: $s = 1$: $p_1^{n_1}$ besitzt genau die $n_1 + 1$ verschiedenen Teiler: $1, p_1, p_1^2, \ldots, p_1^{n_1}$.
     Induktionsvoraussetzung: Satz 4.7 gelte für alle Zahlen mit $s = k$ verschiedenen Primfaktoren.
     Induktionsschluss: Es ist zu zeigen, dass Satz 4.7 auch für alle Zahlen mit $s = k + 1$ verschiedenen Primfaktoren gilt: Die Zahl a besitze $k + 1$ verschiedene Primfaktoren, also $a = a' \cdot p_{k+1}{}^{n_{k+1}}$ mit $a' = p_1^{n_1} \cdot p_2^{n_2} \cdot \ldots \cdot p_k^{n_k}$.
     Man erhält sämtliche Teiler von a, indem man sämtliche Teiler von a' nacheinander mit $1, p_{k+1}, p_{k+1}^2, \ldots, p_{k+1}{}^{n_{k+1}}$ multipliziert. Da a' nach Induktionsvoraussetzung genau $(n_1 + 1) \cdot (n_2 + 1) \cdot \ldots \cdot (n_k + 1)$ Teiler besitzt, besitzt folglich a gerade $(n_1 + 1) \cdot (n_2 + 1) \cdot \ldots \cdot (n_k + 1) \cdot (n_{k+1} + 1)$ Teiler.

Kapitel 5

1.   Beachten Sie, dass $T(0) = \mathbb{N}_0$ und $T(a) \subset T(0)$ für $a \neq 0$ gilt.

3.   Die eine Beweisrichtung ist leicht mithilfe der Transitivität der Teilbarkeitsrelation zu führen, die andere Beweisrichtung ergibt sich praktisch unmittelbar aus dem entsprechenden Diagrammtyp.

8. a) $T(1) \cap T(a) = T(1)$, also $ggT(1,a) = 1$ für alle $a \in \mathbb{N}$.

   b) $a \mid b$, sei $z \in T(a)$, z beliebig, es gilt also $z \mid a$, dann gilt auch $z \mid b$, also $z \in T(b)$ und daher $T(a) \subseteq T(b)$, folglich $T(a) \cap T(b) = T(a)$, also $ggT(a,b) = a$.

15. Sei

$$a = \prod_{i=1}^{\infty} p_i^{m_i}, \quad b = \prod_{i=1}^{\infty} p_i^{n_i},$$

dann ist

$$ggT(a,b) = \prod_{i=1}^{\infty} p_i^{Min(m_i,n_i)}$$

und

$$ggT(ggT(a,b),b) = \prod_{i=1}^{\infty} p_i^{Min(Min(m_i,n_i),n_i)} = \prod_{i=1}^{\infty} p_i^{Min(m_i,n_i)} = ggT(a,b).$$

17. Gehen Sie völlig entsprechend vor wie im Fall $q_1 \geq q$ und setzen Sie $q \geq q_1$ voraus. Subtrahieren Sie die beiden Darstellungen von a seitenweise in der zweiten möglichen Reihenfolge.

19. a) $247 \cdot (-6) + 299 \cdot 5 = 13$

    b) $105 \cdot 57 + 352 \cdot (-17) = 1$

20. $ggT(25,35) = 5$, daher ist nach Satz 5.13: $45, 50 \in L(25,35)$ und $49 \notin L(25,35)$.

22. Beachten Sie bei der ersten Beweisrichtung $b \in V(b)$ und $V(b) \subseteq V(a)$.

    Bei der umgekehrten Beweisrichtung sei $v \in V(b)$, v beliebig. Laut Voraussetzung gilt $a \mid b$. Wenden Sie die Transitivität an.

25. a) $V(1) = \mathbb{N}$, daher $V(1) \cap V(a) = V(a)$ und $kgV(1,a) = a$

    b) $V(a) \cap V(a) = V(a)$

    c) $a \mid b \Rightarrow V(b) \subseteq V(a) \Rightarrow V(a) \cap V(b) = V(b) \Rightarrow kgV(a,b) = b$

30. Wir kürzen ab: $v = \prod_{i=1}^{\infty} p_i^{Max(m_i,n_i)}$

    a) $v \in V(a) \cap V(b)$ nach Satz 4.5, da $Max(m_i,n_i) \geq m_i$ und $Max(m_i,n_i) \geq n_i$.

    b) $v = kgV(a,b)$, denn sei $c \in V(a) \cap V(b)$, c beliebig und $c = \prod_{i=1}^{\infty} p_i^{k_i}$, dann gilt nach Satz 4.5 $m_i \leq k_i$ und zugleich $n_i \leq k_i$, also $Max(m_i,n_i) \leq k_i$ und daher $v \mid c$, also $v \leq c$ und daher $v = \prod_{i=1}^{\infty} p_i^{Max(m_i,n_i)} = kgV(a,b)$.

31. Beachten Sie bei der Begründung, dass wir auch eine (eindeutige) Darstellung von $n \cdot a$ als Produkt von Primzahlen bzw. von Primzahlpotenzen erhalten, indem wir die Primfaktorzerlegungen von n und a formal hintereinander notieren und miteinander multiplizieren (warum?). Entsprechendes gilt auch für $n \cdot b$.

33. Beachten Sie, dass $ggT(a,b) = 1$ gilt, dass es also keine gemeinsamen Primzahlen in den Primfaktorzerlegungen von a und b gibt.

34. Beachten Sie die Gültigkeit des Assoziativgesetzes bezüglich der Durchschnittsmengenbildung von Mengen sowie Satz 5.3.

35. Gehen Sie völlig analog vor wie in dem entsprechenden Beispiel im Abschn. 5.6 (Fall 1) und ersetzen Sie dort die konkreten Zahlen 4 und 12 durch a und b.

39. Wenn a, b teilerfremd, dann $L(a, b) = \mathbb{Z}$, also existieren $x, y \in \mathbb{Z}$ mit $x \cdot a + y \cdot b = 1$ und $x \cdot a \cdot c + y \cdot b \cdot c = c$. Wegen $a \mid x \cdot a \cdot c$ und $a \mid y \cdot b \cdot c$ gilt $a \mid x \cdot a \cdot c + y \cdot b \cdot c$, also $a \mid c$.

40. a) $\mathbb{L} = \{(x, y) \in \mathbb{Z} \times \mathbb{Z} \mid x = 13 - t \cdot 25$ und $y = -6 + t \cdot 12$ für $t \in \mathbb{Z}\}$

    b) Die Gleichung ist wegen $ggT(18, 33) = 3$ und $3 \nmid 25$ nicht lösbar.

    c) $\mathbb{L} = \{(x, y) \in \mathbb{Z} \times \mathbb{Z} \mid x = -17 - t \cdot 40$ und $y = 9 + t \cdot 21$ für $t \in \mathbb{Z}\}$

    d) $\mathbb{L} = \{(x, y) \in \mathbb{Z} \times \mathbb{Z} \mid x = -1 - t \cdot 9$ und $y = 2 + t \cdot 14$ für $t \in \mathbb{Z}\}$

41. Man betrachte die äquivalente Gleichung $\frac{a}{d} \cdot x + \frac{b}{d} \cdot y = \frac{c}{d}$.

Kapitel 6

4. Für den Beweis nutze man $c \mid a \cdot b$ und die Eindeutigkeit der Primfaktorzerlegung.

6. Für die Differenz d von zwei solchen Resten gilt $-12 < d < 12$. Daher gilt $12 \mid d$ genau für $d = 0$, also genau dann, wenn beide Reste gleich sind. Sind zwei solche Reste verschieden, müssen sie somit inkongruent *modulo* 12 sein.

9. Die Symmetrie bezüglich der Hauptdiagonalen ergibt sich aus der Kommutativität der Multiplikation: In der Zelle zu $3 \cdot 1$ muss der gleiche Eintrag stehen wie in der Zelle zu $1 \cdot 3$.

   Die Symmetrie bezüglich der Nebendiagonalen bedeutet, dass in der Zelle zu $3 \cdot 1$ der gleiche Eintrag steht wie in der Zelle zu $9 \cdot 7$. Dass dies so sein muss, lässt sich auf der Basis der folgenden Rechnung einsehen (warum?): $9 \cdot 7 = (10 - 1) \cdot (10 - 3) = 10 \cdot 10 - 10 \cdot 3 - 1 \cdot 10 + 1 \cdot 3$

15. Gleichungen mit natürlichen Zahlen der Form $a \cdot x = b$ sind genau dann lösbar, wenn $a \mid b$ gilt.

16. Gleichungen mit natürlichen Zahlen der Form $a + x = b$ sind genau dann lösbar, wenn $a < b$ gilt.

18. a) $\overline{x} = \overline{7}$

    b) $\overline{x} = \overline{17}$

    c) $\overline{x} = \overline{39}$

20. Die Gleichung $\overline{-a} = \overline{a}$ gilt in R_m z. B. für $a = 2$ und $m = 4$, für $a = 3$ und $m = 6$ sowie für $a = 11$ und $m = 22$.

21. Eine Lösung der diophantischen Gleichung, die man z. B. „erraten" kann, ist $y = 2$ und $x = -3$. Daraus erhält man $\overline{-3}_9$ ($= \overline{6}_9$) als Lösung der Restklassengleichung.

24. Die identitive Ordnungsrelation $\leq$ ist im Bereich der ganzen Zahlen verträglich mit der Addition, d. h., für alle $a, b, c \in \mathbb{Z}$ gilt: Aus $a \leq b$ folgt $a + c \leq b + c$. Eine vergleichbare Verträglichkeit einer identitiven Ordnungsrelation mit der Restklassenaddition in R_m kann es nicht geben, da R_m nur endlich viele Elemente umfasst.

25. Zum Nachweis der *Abgeschlossenheit* begründe und verwende man, dass mit $ggT(a,m) = 1$ und $ggT(b,m) = 1$ stets auch $ggT(a \cdot b, m) = 1$ gilt.

    Das *Assoziativgesetz* gilt in $(R_m, \odot)$, also insbesondere in $(R_m^*, \odot)$.

    Wegen $ggT(1,m) = 1$ hat $(R_m^*, \odot)$ ein *neutrales Element*.

    Die Elemente aus $(R_m^*, \odot)$ sind in $(R_m, \odot)$ invertierbar (vgl. Satz 6.9). Für den Nachweis, dass die *inversen Elemente* $\bar{\bar{a}}$ tatsächlich auch in R_m^* liegen, begründe und verwende man, dass aus $ggT(\bar{a}, m) > 1$ folgen würde, dass $\bar{\bar{a}}$ ein Nullteiler und damit nicht invertierbar wäre.

27. Die Zahlbereiche $\mathbb{Z}$, $\mathbb{Q}$ und $\mathbb{R}$ bilden bezüglich der Addition jeweils eine Gruppe. Bezüglich der Multiplikation bildet $\mathbb{Q}^+$ eine Gruppe. Nach Ausschluss der Null bilden die verbliebenen rationalen bzw. reellen Zahlen, also $\mathbb{Q}\backslash\{0\}$ bzw. $\mathbb{R}\backslash\{0\}$, ebenfalls bezüglich der Multiplikation jeweils eine Gruppe.

29. Wenden Sie Satz 6.22 bzw. die Vorüberlegungen vor Satz 6.22 an.

31. Wenden Sie Satz 6.22 bzw. die Vorüberlegungen vor Satz 6.22 an.

Kapitel 7

1. Alle Basispotenzen ergeben unverändert 1. Die Eindeutigkeit der Darstellung ist daher nicht gegeben.

2. Beachten Sie die Potenzrechenregeln und bilden Sie beispielsweise den Quotienten $\frac{10^2}{10^2}$.

5. Beachten Sie, dass $2 \cdot a = a + a$, $3 \cdot a = (a + a) + a$ usw. gilt.

6. Beachten Sie die Bemerkung im Anschluss an Satz 7.2.

7. Beachten Sie die Bemerkung im Anschluss an Satz 7.3.

9. Gehen Sie völlig analog vor wie beim Beweis von Satz 7.5. Ersetzen Sie im Beweis jeweils 8 durch 6 und 4 durch 3.

11. Beachten Sie, dass $6^2 \equiv 0$ (9) gilt.

12. Beachten Sie, dass $6^3 \equiv 0$ (8) gilt.

13. Die fehlerhafte Formulierung besitzt drei Fehler.

16. Ausgehend von $10^2 \equiv 1$ (11) beweisen Sie als zentralen Baustein: Für alle geraden Zehnerpotenzen 10^{2i} (mit $i = 0, 1, 2, \ldots$) gilt $10^{2i} \equiv 1$ (11), für alle ungeraden Zehnerpotenzen 10^{2i+1} (mit $i = 0, 1, 2, \ldots$) gilt $10^{2i+1} \equiv 10$ (11).

20. Begründen Sie zunächst die Kongruenz $b \equiv 1$ $(b - 1)$. Gehen Sie danach völlig analog vor wie im Beweis von Satz 7.6.

21. Beachten Sie die zweite Bemerkung im Anschluss an Satz 7.8.

22. Greifen Sie für die *eine* Beweisrichtung auf die Transitivität der Teilbarkeitsrelation zurück, für die *andere* Beweisrichtung auf die Eindeutigkeit der Primfaktorzerlegung natürlicher Zahlen.

24. Gehen Sie analog vor wie beim Beweis von Aufgabe 23. Beachten Sie, dass aus t_1 und t_2 teilerfremd folgt, dass es in der Primfaktorzerlegung von t_1 und t_2 keine gemeinsamen Primzahlen gibt.

25. Gehen Sie völlig analog vor wie beim Beweis von $Q(a \cdot b) \equiv Q(a) \cdot Q(b)$ (9) bei der Neunerprobe im Anschluss an Satz 7.9.

28. Wandeln Sie die Divisionsaufgaben in Multiplikationsaufgaben um.

29. a) Für alle $a \in \mathbb{N}$ gilt $Q(a) \equiv a$ (9), also gilt auch für die Zahl $Q(a)$:
$$Q(Q(a)) \equiv Q(a) \ (9)$$

30. Gehen Sie analog vor wie beim Beweis von Satz 7.10.

32. Begründen Sie zunächst die Kongruenz $b \equiv -1 \ (b + 1)$. Gehen Sie danach völlig analog vor wie im Beweis von Satz 7.11.

33. Beachten Sie die Verallgemeinerung im Anschluss an Satz 7.11.

Kapitel 8

2. d) $0,\overline{7} = \frac{7}{9}$; $0,0\overline{7} = \frac{7}{90}$; $0,\overline{07} = \frac{7}{99}$; $0,\overline{250} = \frac{250}{999}$; $0,25\overline{1} = \frac{226}{900}$

4. Dies lässt sich gut einsehen, wenn man vom vollständig gekürzten Bruch ausgeht. Die anderen Brüche, die dieselbe Bruchzahl repräsentieren, gehen aus diesem Bruch durch Erweitern hervor. Der Divisionsalgorithmus beginnt im Vergleich zum vollständig gekürzten Bruch also mit einem Dividenden und einem Divisor, die mit der gleichen Zahl vervielfacht wurden. Die Dezimalbruchentwicklung, die aus dem Divisionsalgorithmus hervorgeht, muss im Vergleich zum vollständig gekürzten Bruch also unverändert bleiben. Diese Überlegungen lassen sich gut an Beispielen nachvollziehen und von dort aus verallgemeinern.

6. $\frac{1}{5}$

7. Dividiere die zweite Gleichung bei (8.1) durch 10 und setze anschließend die rechte Seite für r_0 in die erste Gleichung ein. Setzt man diese Idee fort, erhält man (8.2), aus der (8.3) durch Division durch n hervorgeht.

8. Man nutze die Charakterisierungen für endliche und für reinperiodische Dezimalbruchentwicklungen (Sätze 8.1 und 8.2).

9. a) $\frac{1}{10} = 0,\overline{0462}_{\boxed{7}} = 0,1\overline{24\,97}_{\boxed{12}}$

   b) $\frac{24}{35} = 0,4\overline{54\,12}_{\boxed{7}} = 0,828\,\overline{ze7\,z76\,620}_{\boxed{12}}$

   c) $\frac{25}{36} = 0,\overline{460\,123}_{\boxed{7}} = 0,84_{\boxed{12}}$

   d) $\frac{13}{14} = 0,6\overline{3}_{\boxed{7}} = 0,\overline{e18\,6z3\,5}_{\boxed{12}}$

Kapitel 9

13. Beachten Sie, dass die Gesamtsumme aus der in Aufgabe 13 beschriebenen Summe und der beim üblichen Weg erhaltenen Summe stets ein Vielfaches von 11 ergibt (warum?).

15. Nennen Sie den „Rest" in den Prüfsummen jeweils s, dann gilt $S = s + i \cdot a_i + j \cdot a_j$, $S' = s + i \cdot a_i' + j \cdot a_j'$.

16. Der bei den beiden ISBN-10 einheitliche Teil sei s. Die vier betroffenen Ziffern seien $a_{j+3}, a_{j+2}, a_{j+1}$ und a_j ($j = 1, 2, \ldots, 7$), die zugehörigen Faktoren sind dann $j + 3, j + 2, j + 1$ und j. Die Prüfsumme der richtigen ISBN lautet $s + (j + 3) \cdot a_{j+3} + (j + 2) \cdot a_{j+2} + (j + 1) \cdot a_{j+1} + j \cdot a_j$, die Prüfsumme der falschen ISBN lautet $s + (j + 3) \cdot a_{j+1} + (j + 2) \cdot a_j + (j + 1) \cdot a_{j+3} + j \cdot a_{j+2}$.

19. Exemplarisch geben wir eine Bedingung für genau zwei falsch eingegebene Ziffern bei der IBAN, also auch genau zwei falsche Ziffern bei der Prüfzahl an:
    Die betroffenen Ziffern der Prüfzahl seinen z_{j+d} und z_j mit den zugehörigen falschen Ziffern z'_{j+d} und z'_j. Mit $a := z_{j+d} - z'_{j+d}$ und $b := z_j - z'_j$ gilt dann $S - S' = \left(10^d \cdot a + b\right) \cdot 10^j$. Hieraus lässt sich die Bedingung $97 \mid 10^d \cdot a + b$ folgern.

20. Da es nur im Bereich der Ziffern der IBAN zwei benachbarte Zweierblöcke geben kann, beschränken wir uns auf deren Betrachtung. Mögliche weitere Beispiele sind:

    Richtige IBAN: DE 54 12345678 0097002137
    Falsche IBAN: DE 54 12345678 9700002137

    Richtige IBAN: DE 54 12345678 0299002137
    Falsche IBAN: DE 54 12345678 9902002137

Analog zum Fall der Vertauschung der beiden Buchstaben muss $97 \mid a - b$ gelten, wobei a und b die zweistelligen natürlichen Zahlen sind, die aus den beiden Ziffern des ersten bzw. zweiten Zweierblocks gebildet werden können.

Kapitel 10

1. $C_n(x_1) = C_n(x_2)$ und $ggT(n, 26) = 1$
   $\Leftrightarrow n \cdot x_1 \equiv n \cdot x_2 \pmod{26} \wedge ggT(n, 26) = 1$
   $\Leftrightarrow 26 \mid n \cdot (x_1 - x_2) \wedge ggT(n, 26) = 1$
   $\Leftrightarrow 26 \mid (x_1 - x_2)$
   $\Leftrightarrow x_1 = x_2 (-26 < x_1 - x_2 < 26)$
2. $ggT(a, m) = 1$; nach Satz 5.10 gibt es also $x, y \in \mathbb{Z}$ mit $x \cdot a + y \cdot m = 1$. Folglich gilt $x \cdot a \equiv 1 \pmod{n}$.
3. $a^{\varphi(m)} \equiv 1 \ (m) \quad \Leftrightarrow \quad \left(a^{\varphi(m)}\right)^n \equiv 1^n \ (m) \quad \Leftrightarrow \quad a^{n \cdot \varphi(m)} \cdot a \equiv a \ (m) \quad \Leftrightarrow \quad a^{n \cdot \varphi(m)+1} \equiv a \ (m) \quad \Leftrightarrow \quad \overline{a}^{n \cdot \varphi(m)+1} = \overline{a}$
4. Zu lösen ist das Gleichungssystem

   $$6497 = p \cdot q$$
   $$6336 = (p - 1) \cdot (q - 1)$$

   mit den Variablen p und q. Die beiden gesuchten Primzahlen sind 73 und 89.
5. Ergebnis: $d = 1483$

Liste der wichtigsten Symbole und Bezeichnungen

$\mathbb{N}$	Menge der natürlichen Zahlen
$\mathbb{N}_0$	Menge der natürlichen Zahlen zuzüglich Null
$\mathbb{Z}$	Menge der ganzen Zahlen
$\mathbb{Q}^+$	Menge der positiven rationalen Zahlen
$\mathbb{Q}$	Menge der rationalen Zahlen
$\mathbb{R}$	Menge der reellen Zahlen
$\mathbb{P}$	Menge der Primzahlen
$=$	gleich
$:=$	definitorisch gleich
$\neq$	ungleich
$<$	kleiner
$\leq$	kleiner oder gleich
$>$	größer
$\geq$	größer oder gleich
a^n	n-te Potenz von a
$\sqrt{a}$	Wurzel aus a
$|a|$	Absolutbetrag von a
$ln\, n$	Logarithmus zur Basis e (logarithmus naturalis) von n
$n!$	$n! = 1 \cdot 2 \cdot \ldots \cdot n$, gelesen n Fakultät
$\displaystyle\sum_{i=0}^{n} z_i \cdot 10^i$	$z_0 \cdot 10^0 + z_1 \cdot 10^1 + \ldots + z_n \cdot 10^n$ (gelesen: Summe aller $z_i \cdot 10^i$ von $i = 0$ bis $i = n$)
$\displaystyle\prod_{i=1}^{s} p_i^{n_i}$	$\displaystyle\prod_{i=1}^{s} p_i^{n_i} := p_1^{n_1} \cdot p_2^{n_2} \cdot \ldots \cdot p_s^{n_s}$
$\displaystyle\prod_{i=1}^{\infty} p_i^{n_i}$	vergleiche Erläuterungen zur Notation im Anschluss an die Bemerkungen nach Satz 4.2
$232_{\boxed{4}}$	Zwei-Drei-Zwei in der Basis 4
$a_{\boxed{7}}$	natürliche Zahl a, dargestellt in der Basis 7
$0,08\overline{23}$	periodischer Teil einer Dezimalbruchentwicklung (gelesen: Null-Komma-Null-Acht-Periode-Zwei-Drei)

$\{a, b, c\}$	Menge mit den Elementen a, b, c
$\{\}$ bzw. $\emptyset$	leere Menge
$\{x \mid \ldots\}$	Menge aller x, für die gilt
$\in$	ist Element von
$\notin$	ist nicht Element von
$\subseteq$	ist Teilmenge von
$\subset$	ist echte Teilmenge von
$\cup$	vereinigt mit
$\cap$	geschnitten mit
(a, b)	geordnetes Paar a, b
$A \times B$	Kreuzprodukt der Mengen A und B
$\mathbb{Z} \times \mathbb{Z}$	$\mathbb{Z} \times \mathbb{Z} := \{(a, b) \mid a \in \mathbb{Z} \text{ und } b \in \mathbb{Z}\}$
$A \setminus B$	Mengendifferenz der Mengen A und B („A ohne B")
$\vee$	oder
$\wedge$	und
$\Longrightarrow$	aus … folgt …
$\Longleftrightarrow$	ist äquivalent zu
$a \mid b$	a ist Teiler von b (von links nach rechts gelesen)
$a \mid b$	b ist ein Vielfaches von a (von rechts nach links gelesen)
$a \nmid b$	a ist kein Teiler von b (von links nach rechts gelesen)
$a \nmid b$	b ist kein Vielfaches von a (von rechts nach links gelesen)
$T(a)$	Teilermenge von a
$V(a)$	Vielfachenmenge von a
$M(a)$	Menge der ganzzahligen Vielfachen von a
$L(a, b)$	Menge aller Linearkombinationen von a und b
$Q(a)$	Quersumme von a
$Q(a_{\boxed{7}})$	Quersumme von $a_{\boxed{7}}$
$Q'(a)$	alternierende Quersumme von a
$Q'(a_{\boxed{7}})$	alternierende Quersumme von $a_{\boxed{7}}$
$Q'_3(a)$	alternierende Quersumme dritter Ordnung von a
$ggT(a, b)$	größter gemeinsamer Teiler von a und b
$kgV(a, b)$	kleinstes gemeinsames Vielfaches von a und b
$a \equiv b \ (n)$	a ist restgleich (kongruent) zu b bei Division durch n
$a \not\equiv b \ (n)$	a ist nicht restgleich (kongruent) zu b bei Division durch n
$\bar{7}_{12}$	Restklasse von 7 modulo 12
$\bar{a}_m$	Restklasse der ganzen Zahl a modulo der natürlichen Zahl m
$\bar{a}$	Restklasse der ganzen Zahl a (Modul aus dem Kontext)
R_m	Restklassenmenge modulo m
$\oplus$	Restklassenaddition
$\odot$	Restklassenmultiplikation
EAN	Europäische Artikelnummer
ISBN	Internationale Standardbuchnummer

PZN	Pharmazentralnummer
RSA	Rivest-Shamir-Adleman-Verschlüsselungssystem
GTIN	Globale Artikelidentnummer (Global Trade Item Number)
S	richtige Prüfsumme (EAN, ISBN, PZN)
S'	fehlerhafte Prüfsumme (EAN, ISBN, PZN)
φ	Euler'sche φ-Funktion
$\pi(n)$	Anzahl der Primzahlen kleiner oder höchstens gleich n
$\sigma(n)$	Summe aller Teiler von n

Bisher erschienene Bände der Reihe Mathematik Primarstufe und Sekundarstufe I + II

Herausgegeben von
Prof. Dr. Friedhelm Padberg, Universität Bielefeld
Prof. Dr. Andreas Büchter, Universität Duisburg-Essen

Didaktik der Mathematik

P. Bardy: Mathematisch begabte Grundschulkinder – Diagnostik und Förderung (P)

C. Benz/A. Peter-Koop/M. Grüßing: Frühe mathematische Bildung (P)

M. Franke/S. Reinhold: Didaktik der Geometrie (P)

M. Franke/S. Ruwisch: Didaktik des Sachrechnens in der Grundschule (P)

K. Hasemann/H. Gasteiger: Anfangsunterricht Mathematik (P)

K. Heckmann/F. Padberg: Unterrichtsentwürfe Mathematik Primarstufe, Band 1 (P)

K. Heckmann/F. Padberg: Unterrichtsentwürfe Mathematik Primarstufe, Band 2 (P)

F. Käpnick: Mathematiklernen in der Grundschule (P)

G. Krauthausen: Digitale Medien im Mathematikunterricht der Grundschule (P)

G. Krauthausen: Einführung in die Mathematikdidaktik (P)

G. Krummheuer/M. Fetzer: Der Alltag im Mathematikunterricht (P)

F. Padberg/C. Benz: Didaktik der Arithmetik (P)

P. Scherer/E. Moser Opitz: Fördern im Mathematikunterricht der Primarstufe (P)

A.-S. Steinweg: Algebra in der Grundschule (P)

G. Hinrichs: Modellierung im Mathematikunterricht (P/S)

A. Pallack: Digitale Medien im Mathematikunterricht der Sekundarstufen I + II (P/S)

R. Danckwerts/D. Vogel: Analysis verständlich unterrichten (S)

C. Geldermann/F. Padberg/U. Sprekelmeyer: Unterrichtsentwürfe Mathematik Sekundarstufe II (S)

G. Greefrath: Didaktik des Sachrechnens in der Sekundarstufe (S)

G. Greefrath/R. Oldenburg/H.-S. Siller/V. Ulm/H.-G. Weigand: Didaktik der Analysis für die Sekundarstufe II (S)

K. Heckmann/F. Padberg: Unterrichtsentwürfe Mathematik Sekundarstufe I (S)

K. Krüger/H.-D. Sill/C. Sikora: Didaktik der Stochastik in der Sekundarstufe (S)

F. Padberg/S. Wartha: Didaktik der Bruchrechnung (S)

H.-J. Vollrath/H.-G. Weigand: Algebra in der Sekundarstufe (S)

H.-J. Vollrath/J. Roth: Grundlagen des Mathematikunterrichts in der Sekundarstufe (S)

H.-G. Weigand/T. Weth: Computer im Mathematikunterricht (S)

H.-G. Weigand et al.: Didaktik der Geometrie für die Sekundarstufe I (S)

Mathematik

M. Helmerich/K. Lengnink: Einführung Mathematik Primarstufe – Geometrie (P)

F. Padberg/A. Büchter: Einführung Mathematik Primarstufe – Arithmetik (P)

F. Padberg/A. Büchter: Vertiefung Mathematik Primarstufe – Arithmetik/Zahlentheorie (P)

K. Appell/J. Appell: Mengen – Zahlen – Zahlbereiche (P/S)

A. Filler: Elementare Lineare Algebra (P/S)

S. Krauter/C. Bescherer: Erlebnis Elementargeometrie (P/S)

H. Kütting/M. Sauer: Elementare Stochastik (P/S)

T. Leuders: Erlebnis Algebra (P/S)

T. Leuders: Erlebnis Arithmetik (P/S)

F. Padberg/A. Büchter: Elementare Zahlentheorie (P/S)

F. Padberg/R. Danckwerts/M. Stein: Zahlbereiche (P/S)

A. Büchter/H.-W. Henn: Elementare Analysis (S)

B. Schuppar: Geometrie auf der Kugel – Alltägliche Phänomene rund um Erde und Himmel (S)

B. Schuppar/H. Humenberger: Elementare Numerik für die Sekundarstufe (S)

G. Wittmann: Elementare Funktionen und ihre Anwendungen (S)

P: Schwerpunkt Primarstufe

S: Schwerpunkt Sekundarstufe

Literatur

1. Beutelspacher, A.: Kryptologie. Eine Einführung in die Wissenschaft vom Verschlüsseln, Verbergen und Verheimlichen, 10. Aufl. Springer Spektrum, Wiesbaden (2015)
2. Beutelspacher, A., Neumann, H.B., Schwarzpaul, Th : Kryptografie in Theorie und Praxis. Mathematische Grundlagen für Internetsicherheit, Mobilfunk und elektronisches Geld, 2. Aufl. Vieweg + Teubner, Wiesbaden (2010)
3. Bourseau, F., Fox, D., Thiel, C.: Vorzüge und Grenzen des RSA-Verfahrens. Dud – Datenschutz Sicherh. **26**(2), 84–89 (2002)
4. Brent, R.P., Cohen, G.L., te Riele, H.J.J.: Improved techniques for lower bounds for odd perfect numbers. Math. Comp. **57**(196), 857–868 (1991)
5. EAN: EAN-GS1 Germany (www.gs1-germany.de)
6. Forster, O.: Algorithmische Zahlentheorie, 2. Aufl. Springer Spektrum, Wiesbaden (2015)
7. Gottwald, S., Ilgauds, H.-J., Schlote, K.-H.: Lexikon bedeutender Mathematiker. Bibliographisches Institut, Leipzig (1990)
8. Haenni, R.: Kryptographie in Theorie und Praxis. Universität Bern, Hochschule für Technik und Informatik Biel
9. Ifrah, G.: Universalgeschichte der Zahlen. Campus, Frankfurt/New York (1991)
10. ISBN Handbuch. Frankfurt 2005
11. ISBN: ISBN-Agentur: Agentur für Buchmarktstandards (www.german-isbn.org)
12. Klima, R.E.: Applying the Diffie-Hellmann key exchange to RSA. Umap J. **1**, 21–27 (1999)
13. Knoellinger, H., Berger, R.: PKA 21. Das Lehrbuch für Pharmazeutisch-kaufmännische Angestellte, 21. Aufl. Deutscher Apotheker Verlag, Stuttgart (1999)
14. Koch, H.: Periodische Positionsbrüche und elementare Zahlentheorie. Elem. Math. **1**, 1–9 (2005)
15. Manz, O.: Fehlerkorrigierende Codes. Konstruieren, Anwenden, Decodieren. Springer Spektrum, Wiesbaden (2017)
16. Oswald, N., Steuding, J.: Elementare Zahlentheorie. Ein sanfter Einstieg in die höhere Mathematik. Springer Spektrum, Berlin/Heidelberg (2015)
17. Paar, Chr , Pelzl, J.: Kryptografie verständlich. Ein Lehrbuch für Studierende und Anwender. Springer Vieweg, Berlin/Heidelberg (2016)
18. Padberg, F.: Über Einsatzmöglichkeiten von Restklassenkörpern im Bereich der Gleichungslehre, bei Körpererweiterungen und in der Geometrie. Math. Naturwissenschaftliche Unterr. **1**, 22–27 (1978)
19. Padberg, F.: Elementare Zahlentheorie, 2. Aufl. B.I. Wissenschaftsverlag, Mannheim (1991)
20. Padberg, F., Danckwerts, R., Stein, M.: Zahlbereiche – Eine elementare Einführung. Spektrum Akademischer Verlag, Heidelberg (1995)

21. Padberg, F.: Elementare Zahlentheorie, 3. Aufl. Spektrum Akademischer Verlag, Heidelberg (2008)
22. Padberg, F., Benz, C.: Didaktik der Arithmetik für Lehrerausbildung und Lehrerfortbildung, 4. Aufl. Spektrum Akademischer Verlag, Heidelberg (2011)
23. Padberg, F., Büchter, A.: Einführung Mathematik Primarstufe – Arithmetik. Springer Spektrum, Berlin/Heidelberg (2015)
24. Padberg, F., Büchter, A.: Vertiefung Mathematik Primarstufe – Arithmetik/Zahlentheorie. Springer Spektrum, Berlin/Heidelberg (2015)
25. Padberg, F., Wartha, S.: Didaktik der Bruchrechnung, 5. Aufl. Springer Spektrum, Heidelberg (2017)
26. PZN: PZN-IFA GmbH, Informationsstelle für Arzneispezialitäten (www.ifaffm.de)
27. Reed, I.S., Solomon, G.: Polynomial Codes over certain finite fields. J. Soc. Ind. Appl. Math. (siam Journal) **S**, 300–304 (1960)
28. Reiss, K., Schmieder, G.: Basiswissen Zahlentheorie – Eine Einführung in Zahlen und Zahlbereiche. Springer, Heidelberg (2005)
29. Reiss, K., Schmieder, G.: Basiswissen Zahlentheorie – Eine Einführung in Zahlen und Zahlbereiche, 3. Aufl. Springer Spektrum, Heidelberg (2014)
30. Remmert, R., Ullrich, P.: Elementare Zahlentheorie, 3. Aufl. Birkhäuser, Basel/Boston/Berlin (2008)
31. Ribenboim, P.: The little book of bigger primes. Springer, New York (2004)
32. Ribenboim, P.: The new book of prime number records, 3. Aufl. Springer, New York (1995)
33. Richstein, J.: Verifying the Goldbach conjecture up to 4×10^{14}. Math. Comput. **70**, 1745–1749 (2001)
34. Scheid, H.: Zahlentheorie, 4. Aufl. Spektrum Akademischer Verlag, Heidelberg (2007)
35. Scheid, H., Schwarz, W.: Elemente der Arithmetik und Algebra, 6. Aufl. Springer Spektrum, Berlin/Heidelberg (2016)
36. Schulz, R.-H.: Codierungstheorie. Eine Einführung, 2. Aufl. Vieweg, Wiesbaden (2003)
37. Schulz, R.-H., Witten, H.: RSA & Co. in der Schule. Moderne Kryptologie, alte Mathematik, raffinierte Protokolle. Teil 1: RSA für Einsteiger. Neue Folge. Log **23**(140), 45–54 (2006)
38. Schröder, T.: Breaking Short Vigenère Ciphers. Cryptologia **4**, 334–347 (2008)
39. Sigmon, N., Yankowsky, B.: RSA encryption with the TI-82. Math. Comput. Educ. **1**, 13–23 (2002)
40. Singh, S.: Fermats letzter Satz – Die abenteuerliche Geschichte eines mathematischen Rätsels. Deutscher Taschenbuch Verlag, München (2000)
41. Stroth, G.: Elementare Algebra und Zahlentheorie. Birkhäuser, Basel (2012)
42. Titze, H.: Periodische Dezimalbrüche – ein Blick hinter die Kulissen. Prax. Math. Sch. **3**, 118–120 (2002)
43. Weitsmann, J.: A general test for divisibility by primes. Math. Gazette Dec. **23**, 255–262 (1980)
44. Witten, H.; Letzner, I.; Schulz, R. H.: RSA & Co. in der Schule. Moderne Kryptologie, alte Mathematik, raffinierte Protokolle. Teil 1: Sprache und Statistik, Teil 2: Von Caesar über Vigenère zu Friedmann. In: Log In, Teil 1: 3/4/1998, S. 57–65; Teil 2: 5/1998, S. 31–39; 2/1999, S. 50–57
45. Ziegenbalg, J., Wittmann, E. Chr : Zahlenfolgen und vollständige Induktion. In: Müller, G.N., Steinbring, H., Wittmann, E. Chr (Hrsg.) Arithmetik als Prozess, S. 226–230. Kallmeyer, Seelze (2004)

Sachverzeichnis

Willkommen zu den Springer Alerts

- Unser Neuerscheinungs-Service für Sie:
  aktuell *** kostenlos *** passgenau *** flexibel

Springer veröffentlicht mehr als 5.500 wissenschaftliche Bücher jährlich in gedruckter Form. Mehr als 2.200 englischsprachige Zeitschriften und mehr als 120.000 eBooks und Referenzwerke sind auf unserer Online Plattform SpringerLink verfügbar. Seit seiner Gründung 1842 arbeitet Springer weltweit mit den hervorragendsten und anerkanntesten Wissenschaftlern zusammen, eine Partnerschaft, die auf Offenheit und gegenseitigem Vertrauen beruht.

Die SpringerAlerts sind der beste Weg, um über Neuentwicklungen im eigenen Fachgebiet auf dem Laufenden zu sein. Sie sind der/die Erste, der/die über neu erschienene Bücher informiert ist oder das Inhalts-verzeichnis des neuesten Zeitschriftenheftes erhält. Unser Service ist kostenlos, schnell und vor allem flexibel. Passen Sie die SpringerAlerts genau an Ihre Interessen und Ihren Bedarf an, um nur diejenigen Information zu erhalten, die Sie wirklich benötigen.

Mehr Infos unter: springer.com/alert

Printed in the United States
By Bookmasters